高校 これでわかる
物 理

文英堂編集部 編

文英堂

基礎からわかる！
成績が上がるグラフィック参考書。

1 ワイドな紙面で，わかりやすさバツグン

2 わかりやすい図解と斬新レイアウト

3 イラストも満載，面白さ満杯

4 どの教科書にもしっかり対応
- **学習内容が細かく分割**されているので，どこからでも能率的な学習ができる。
- **テストに出やすいポイント**がひと目でわかる。
- 方法と結果だけでなく，考え方まで示した**重要実験**。
- **図が大きくてくわしい**から，図を見ただけでもよく理解できる。
- 物理の話題やクイズを扱った**ホッとタイム**で，学習の幅を広げ，楽しく学べる。

5 章末の定期テスト予想問題で試験対策も万全！

もくじ

1編 物体の運動

1章 さまざまな運動

1. 速度の合成と相対速度 …………… 6
2. 平面上の運動 …………………… 8
3. 空気の抵抗力 …………………… 12
4. 剛体のつり合い ………………… 13
5. 重心 …………………………… 15

定期テスト予想問題 ………………… 17

2章 運動量と力積

1. 運動量と力積 …………………… 20
2. 運動量保存の法則 ……………… 22
3. 衝突と反発係数 ………………… 26

重要実験 衝突における
　　　　　運動量の変化 …………… 28
重要実験 物体の分裂における
　　　　　運動量の変化 …………… 29

定期テスト予想問題 ………………… 30

3章 円運動と万有引力

1. 等速円運動 ……………………… 32
2. 慣性力と遠心力 ………………… 34
3. 単振動 …………………………… 36
4. 振り子の運動 …………………… 38
5. 天体の運動と万有引力 ………… 40

重要実験 単振り子の T と L の
　　　　　関係を探す ……………… 44
定期テスト予想問題 ………………… 46
ホッとタイム キミにもできる
　　　　　　　物理の実験 ………… 48
ホッとタイム 地球の裏側まで
　　　　　　　何分？ ……………… 50

2編 熱とエネルギー

1章 気体の状態方程式

1. 気体の状態方程式 ……………… 52
2. 気体の圧力と分子運動 ………… 55

重要実験 ボイルの法則 …………… 57
定期テスト予想問題 ………………… 58

2章 気体の変化とエネルギー

1. 内部エネルギーと仕事 ………… 60
2. 気体の状態変化 ………………… 62
3. 気体の比熱 ……………………… 66
4. 熱力学の第2法則 ……………… 68

定期テスト予想問題 ………………… 69
ホッとタイム だれでも作れる
　　　　　　　熱機関 ……………… 71

3編 波

1章 波の性質
1 波の干渉 …………………………… 74
2 正弦波を表す式 …………………… 77
3 ホイヘンスの原理と回折・反射 … 79
4 波の屈折 …………………………… 81
定期テスト予想問題 ……………………… 83

2章 音波
1 音の干渉・回折・屈折 …………… 84
2 ドップラー効果 …………………… 87
定期テスト予想問題 ……………………… 90
ホッとタイム 波を立体視しよう！ … 92

3章 光波
1 光とその速さ ……………………… 94
2 光の反射・屈折 …………………… 96
3 レンズのはたらき ………………… 98
4 ヤングの干渉実験 ………………… 100
5 回折格子 …………………………… 102
6 薄膜による光の干渉 ……………… 104
7 ニュートンリング ………………… 106
8 光の分散 …………………………… 108
重要実験 レンズの焦点距離 …… 109
重要実験 格子定数の測定 ……… 110
定期テスト予想問題 ……………………… 111

4編 電気と磁気

1章 電場と電位
1 静電気力 …………………………… 114
2 電場 ………………………………… 116
3 電位と電位差 ……………………… 118
定期テスト予想問題 ……………………… 121

2章 静電誘導とコンデンサー
1 静電誘導と誘電分極 ……………… 122
2 コンデンサー ……………………… 124
3 コンデンサーの接続 ……………… 126
4 静電エネルギー …………………… 128
定期テスト予想問題 ……………………… 130
ホッとタイム 静電気をためて
　　　　　　感電させちゃおう … 132

3章 直流回路
1 電流と仕事 ………………………… 134
2 キルヒホッフの法則 ……………… 136
3 ホイートストンブリッジ ………… 138
4 電池の起電力と内部抵抗 ………… 140
5 電流計と電圧計 …………………… 142
6 コンデンサーを含む直流回路 …… 144
7 非直線抵抗 ………………………… 146
8 半導体 ……………………………… 148
重要実験 等電位線を描く ……… 150
重要実験 メートルブリッジによる
　　　　　抵抗値の測定 ………… 151
重要実験 電池の内部抵抗と
　　　　　起電力の測定 ………… 152
定期テスト予想問題 ……………………… 153

4章 電流と磁場

1 磁石と磁場 …………………… 156
2 直線電流がつくる磁場 ………… 158
3 円形電流がつくる磁場 ………… 160
4 電流が磁場から受ける力 ……… 162
5 ローレンツ力 …………………… 164
定期テスト予想問題 ……………… 166

5章 電磁誘導と電磁波

1 電磁誘導 ………………………… 168
2 磁場の中を運動する導線 ……… 170
3 自己誘導 ………………………… 172
4 相互誘導 ………………………… 174
5 交　流 ………………………… 175
6 交流回路 ………………………… 178
7 電気振動と電磁波 ……………… 180
定期テスト予想問題 ……………… 183
ホッとタイム　交流の位相を
　　　観察しよう ………………… 186
ホッとタイム　ACアダプターの
　　　しくみ ……………………… 188
ホッとタイム　オシロスコープで
　　　波形を見よう ……………… 190

5編 原子と原子核

1章 電子と光子

1 電子の比電荷 …………………… 192
2 電気素量 ………………………… 195
3 光電効果 ………………………… 196
4 光量子説と光電効果の解釈 …… 198
5 Ｘ　線 ………………………… 200
6 電子の波動性 …………………… 203
定期テスト予想問題 ……………… 204
ホッとタイム　CDで観察する虹 … 208

2章 原子と原子核

1 原子の構造 ……………………… 210
2 ボーア模型 ……………………… 212
3 原 子 核 ………………………… 214
4 原子核の崩壊 …………………… 216
5 核反応と核エネルギー ………… 218
6 素 粒 子 ………………………… 220
定期テスト予想問題 ……………… 222
ホッとタイム　復習もまた楽し
　　　クロスワードパズル ……… 224

定期テスト予想問題 の解答 ……………………………………………………… 226
ホッとタイム の解答 ……………………………………………………………… 268
さくいん …………………………………………………………………………… 269

1編 物体の運動

1章 さまざまな運動

1 速度の合成と相対速度

1 移動を表すベクトル

■ 物体が運動して、どちらの向きにどれだけ移動したかを表す量を**変位**という。**変位も大きさと向きをもつベクトル**であり、点Aから点Bに移動したときの変位を記号$\overrightarrow{AB}$で表す。

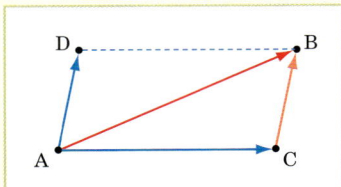

図1．変位ベクトル

■ 図1の点Aから点Bへ移動するとき、まず点Aから点Cへ向かい、続いて点Cから点Bへ向かっても、結果は同じである。このことから、ベクトル$\overrightarrow{AB}$は、ベクトル$\overrightarrow{AC}$とベクトル$\overrightarrow{CB}$を合成したものであるといえる。これを次のように書く。

$$\overrightarrow{AB} = \overrightarrow{AC} + \overrightarrow{CB}$$

■ ここで、$\overrightarrow{CB} = \overrightarrow{AD}$であるから、

$$\overrightarrow{AB} = \overrightarrow{AC} + \overrightarrow{AD}$$

となる。$\overrightarrow{AB}$は、$\overrightarrow{AC}$、$\overrightarrow{AD}$を2辺とした平行四辺形の対角線である。

■ 一直線上の運動では、ひとつの向き（右向きなど）を正と決めて、変位に正負の符号＋，－をつけることで移動した向き（変位の向き）を示すことができる。そのため、ベクトルの矢印を省略することがある（図2）。

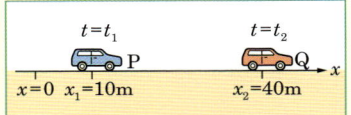

図2．自動車の変位
時刻t_1〔s〕で$x_1 = 10$ mの位置Pにあった自動車が、時刻t_2〔s〕で$x_2 = 40$ mの位置Qに移動したものとする。この間の車の変位は、
$x_2 - x_1 = 40 - 10 = +30$ m
である。もし、QからPに移動したのであれば、この間の変位は、次のように表す。
$x_1 - x_2 = 10 - 40 = -30$ m

2 2つの速度を合わせる考え方

■ 流れている川面を進む船の運動を岸から見ると、船は川の流れる速度と船自身の速度を合わせた速度で進むように見える。2つの速度を合わせた速度のことを**合成速度**といい、合成速度を求めることを**速度の合成**という。

■ 図3のように、川の流れる速度をv_1、船自身の速度をv_2とすると、船が下流に向かって進むときの岸から見た船の速度vは、（流れの速度）＋（船自身の速度）となるので、次のように表せる。

$$v = v_1 + v_2$$

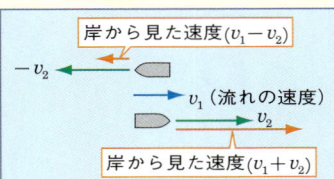

図3．川を上下する船の速度
下流に向かう船の速度は、
　（流れの速さ）＋（船自身の速さ）
上流に向かう船の速度は、
　（流れの速さ）－（船自身の速さ）

■ 船が上流に向かって進むときは，$v = v_1 - v_2$であるが，船自身の速度の向きが川の流れの向きと反対であるから，船自身の速度を$-v_2$と表すと，次のようになる。
$$v = v_1 + (-v_2)$$

■ 船が川の流れと垂直あるいは斜めの向きに進むときの合成速度も，（流れの速度）＋（船自身の速度）とすればよいが，向きが異なるので，ベクトル記号を使い，
$$\vec{v} = \vec{v_1} + \vec{v_2}$$
と表す。この場合の合成速度$\vec{v}$は，図4のように，$\vec{v_1}$と$\vec{v_2}$の矢印を2辺とする平行四辺形の対角線から求められる。

> **ポイント** 合成速度の式
> $$\vec{v} = \vec{v_1} + \vec{v_2}$$

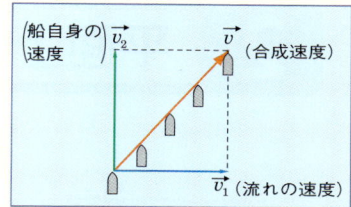

図4．川を横断する船の速度
船自身の速度は，流れの速度に対して垂直になっている。この場合の合成速度は，平行四辺形の法則を用いて，ベクトルを合成する。

3 動きながら見ると，速度が変わる

■ 高速で走っている自動車でも，同じくらいのスピードで走っているバスなどから見ると，ゆっくり走っているように見える。ふつう物体の速度は，地面を基準にして示されるので，動いている物体を基準にすると，違った速度になる。動いている物体Bから見た物体Aの速度を**Bに対するAの相対速度**という。

■ 自動車A，Bが同じ向きに進む場合を考えよう。A，Bの速さをv_A，v_Bとすると，Bから見たAの相対速度v_{BA}は，$v_{BA} = v_A - v_B$となる。また，自動車A，Bが反対向きに進む場合は，Bの速度を$-v_B$と考えれば，
$$v_{BA} = v_A - (-v_B) = v_A + v_B$$

■ 図5のように，自動車A，Bの運動方向が互いに垂直とか，斜めになっている場合は，ベクトル記号を用いて，
$$\vec{v_{BA}} = \vec{v_A} - \vec{v_B}$$
となる。これはベクトルの引き算であるから，図6のようにして$\vec{v_{BA}}$を求める。

> **ポイント** Bに対するAの相対速度の式
> $$\vec{v_{BA}} = \vec{v_A} - \vec{v_B}$$　　（$\vec{v_{BA}}$：Bから見たAの速度）

問 1. 船が東向きに30 m/sの速さで走っている上をヘリコプターが北向きに40 m/sの速さで飛んでいる。ヘリコプターから見た船の速さを求めよ。

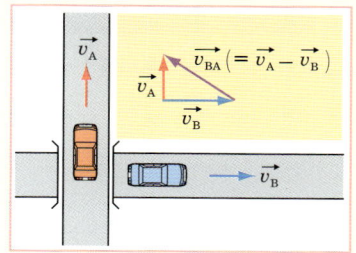

図5．異なる方向に走る自動車の相対速度

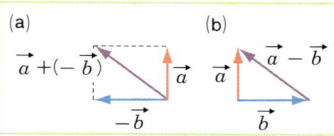

図6．ベクトルの引き算
$\vec{a} - \vec{b} = \vec{a} + (-\vec{b})$であるから，(a)のように，$\vec{a}$と$-\vec{b}$（$\vec{b}$と反対向きで長さが等しい）との和を求めればよい。
または，(b)のように，$\vec{b}$の先から$\vec{a}$の先へ向かう矢印を引く。

解き方 問1.

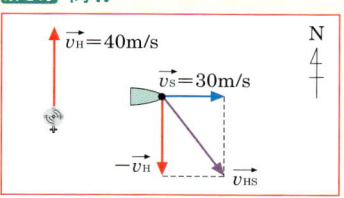

$$\vec{v_{HS}} = \vec{v_S} - (-\vec{v_H})$$
$$= \sqrt{40^2 + 30^2}$$
$$= 50 \text{ m/s}$$

答 50 m/s

1章　さまざまな運動

2 平面上の運動

1 水平に投げた物体の運動

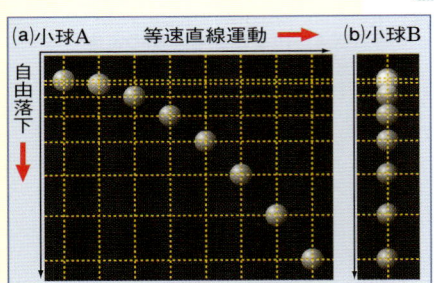

図1. 水平投射と自由落下

■ 図1(a)は，水平に投げ出された（水平投射された）小球Aの運動を表す。これは$\frac{1}{30}$s間隔でストロボを発光させ，そのときの小球の位置を写したものである。小球は曲がりながら落下している。

■ 図1(a)の縦の点線は間隔が同じであるから，$\frac{1}{30}$sに同じ距離だけ右に動いている。このことから，Aの水平方向（x方向）の運動は，等速直線運動とわかる。

■ 図1(a)の横の点線に注目すると，その間隔がだんだん大きくなっている。図1(b)に示した，小球Bを自由落下させた図と比較すると，Bの点線の間隔とAの点線の間隔は同じになっている。これから，Aの鉛直方向（y方向）の運動は，自由落下運動になっていることがわかる。

■ このように，一直線上でない物体の運動を考えるときは，各方向それぞれについて別べつに考える。落下の運動では，水平方向と鉛直方向に分けて考えるとよい（図2）。

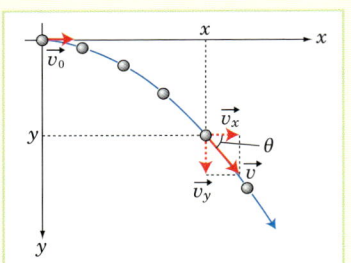

図2. 水平に投げた球の速度と位置

2 水平投射での速度と位置

■ 空気の抵抗力が無視できるとき，空中に投げ出された物体にはたらく力は重力だけである（図3）。もし，重力のない宇宙空間で小球を投げたら，図1のように曲がることはなく，まっすぐに等速直線運動をする。

■ 図1では，水平方向にはたらく力が存在しないから，この方向では等速直線運動をする。したがって，t〔s〕経過したあとの小球Aの水平方向の速度v_xは，最初に投げ出した速度v_0と同じである。　$v_x = v_0$

■ 一方，鉛直方向には一定の大きさの重力を受けるので，小球Aの速度は増加していく。この場合の加速度（速度の増加する割合）は，$g(=9.8\text{m/s}^2)$である。t〔s〕経過したあとのy方向の速度v_yは，自由落下の場合と同じで，$v_y = gt$

■ したがって，t〔s〕後の小球Aの速さvは，三平方の定理を使って，次のようになる。

$$v = \sqrt{v_x^2 + v_y^2} = \sqrt{v_0^2 + (gt)^2}$$

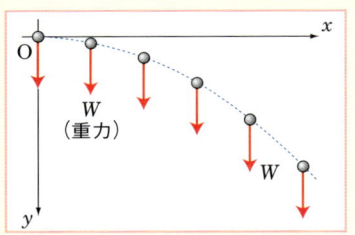

図3. 水平に投げ出した物体にはたらく力

投げ出されたあと，物体には重力のみがはたらく。このように同じ大きさの力が同じ向きにはたらくと，物体は放物運動をする。

1編　物体の運動

● 水平方向には等速直線運動をするので，t〔s〕後の小球Aの位置のx座標は，　　$x = v_0 t$

鉛直方向は自由落下と同じ運動となるので，初速度が0で加速度がgの等加速度直線運動である。したがって，小球Aのt〔s〕後の位置のy座標は，　　$y = \dfrac{1}{2} g t^2$

水平に投げた物体の運動

$\begin{cases} \text{水平方向…初速度}v_0\text{の等速直線運動} \\ \text{鉛直方向…自由落下運動} \end{cases}$

速度 $\begin{cases} v_x = v_0 \\ v_y = gt \end{cases}$　　位置 $\begin{cases} x = v_0 t \\ y = \dfrac{1}{2} g t^2 \end{cases}$

■救援物資の投下

　飛んでいる飛行機から救援物資を投下することを考える。
　物資が飛行機から切り離されるとき，物資は飛行機と同じ速さをもっているので，水平に投げ出された物体と同じ運動になる。
　水平方向は飛行機も物資も等速運動だから，物資が地上に落下したとき，飛行機は着地した物資の真上を飛んでいることになる。

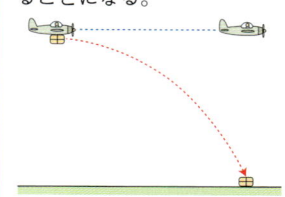

 崖の上から小石を水平方向に19.6 m/sの初速度で投げた。次の問いに答えよ。

(1) 小石は2.8 s後に崖下の地面に到達した。崖の高さを求めよ。
(2) 小石の水平到達距離を求めよ。
(3) 小石を投げてから1.0 s後の速度の水平成分v_xと鉛直成分v_yを求めよ。
(4) 小石の速度の水平成分と鉛直成分が等しくなるのは何s経過後か。また，このときの小石の速度の大きさはいくらか。

解説　(1) 鉛直方向は自由落下と同じだから，崖の高さyは，　$y = \dfrac{1}{2} g t^2 = \dfrac{1}{2} \times 9.8 \times 2.8^2 ≒ \mathbf{38\,m}$ ……答

(2) 水平方向は等速直線運動だから，水平到達距離Lは，
$L = v_0 t = 19.6 \times 2.8 ≒ \mathbf{55\,m}$ ……答

(3) 水平方向は初速度v_0の等速直線運動と同じだから，
$v_x = v_0 \; \mathbf{19.6\,m/s}$ ……答
鉛直方向は自由落下と同じだから，
$v_y = gt = 9.8 \times 1.0 = \mathbf{9.8\,m/s}$ ……答

(4) $v_y = 19.6$ m/sとなる時間を求めればよい。
$v_y = gt$ より，$19.6 = 9.8 \times t$
よって，$t = \mathbf{2.0\,s}$ ……答
小石の速度の大きさは，
$v = \sqrt{v_x^2 + v_y^2} = \sqrt{19.6^2 + 19.6^2} ≒ \mathbf{28\,m/s}$ …答

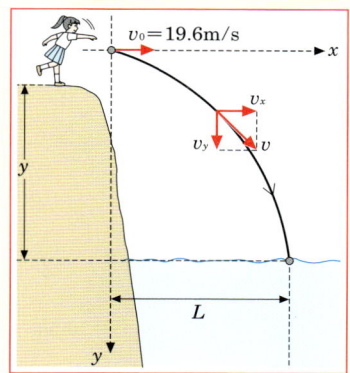

1章　さまざまな運動

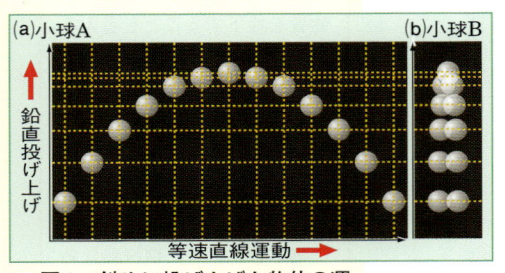

図4. 斜めに投げ上げた物体の運動

3 斜めに投げた物体の運動

■ 日常生活でボールを投げるとき，水平に投げることはまれで，斜め上に投げる（斜方投射する）ことが多い。バスケットボールのフリースロー，バレーボールのサーブなどである。また，野球のホームランのボールも斜め上に飛んでいく。そこで，斜めに投げ上げたボールの運動を考える。

■ 図4(a)は，斜めに投げ上げた小球Aを写したものである。$\frac{1}{30}$ s間隔でストロボが発光している。これも水平方向の運動と鉛直方向の運動に分けて考えていこう。

■ 縦に引いた点線の間隔は同じになっている。これは小球Aが等速直線運動をしている証拠である。水平方向（x方向）には力がはたらいていないからである。

■ 横に引いた点線の間隔はだんだん狭くなり，最高点をこえるとだんだん広くなっていく。図4の右側(b)に，ほぼ真上に投げ上げた小球Bを写したものを示した。

■ 小球AとBの点線の間隔は同じである。このことから，小球Aの鉛直方向の運動は，真上に投げ上げた小球の運動と同じであることがわかる。鉛直方向（y方向）には重力がはたらいているから，加速度がgの等加速度直線運動をすることになる。

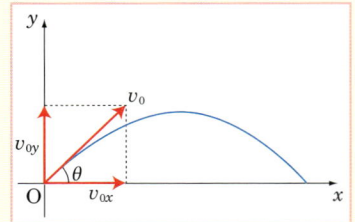

図5. 初速度の分解

4 斜方投射での速度と位置

■ x方向とy方向の初速度は，図5のように初速度v_0を分解したv_{0x}とv_{0y}になる。もし，初速度が10 m/sで，投げ出した角度（仰角）θが30°ならば，直角三角形の辺の比1：2：$\sqrt{3}$の関係より，次のように計算できる（図6）。

$$v_{0x} = 5\sqrt{3} \fallingdotseq 8.7 \text{ m/s}$$
$$v_{0y} = 5.0 \text{ m/s}$$

■ 水平方向は，等速直線運動をしているので，t〔s〕後の速度v_xは，初速度のv_{0x}と同じである。

$$\boldsymbol{v_x = v_{0x}}$$

■ 鉛直方向は，真上に投げ上げた小球の運動と同じなので，t〔s〕後の速度v_yは，

$$\boldsymbol{v_y = v_{0y} - gt}$$

となる。

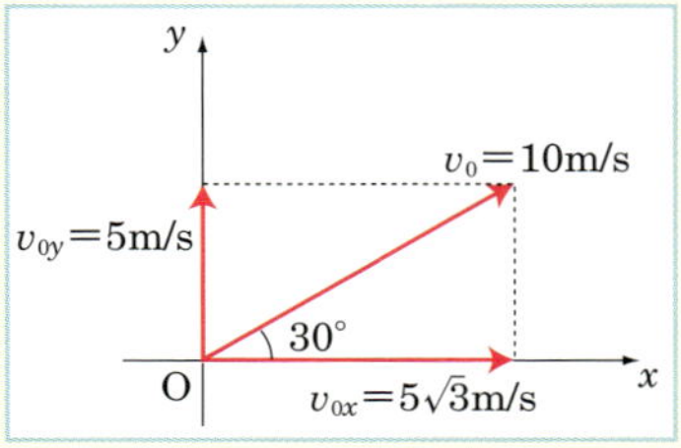

図6. 大きさ10 m/s，仰角30°の初速度の分解

- t〔s〕後の水平位置xは，等速直線運動をしていることから，次のようになる。
$$x = v_{0x}t$$
- t〔s〕後の鉛直位置yは，鉛直投げ上げと同じだから，
$$y = v_{0y}t - \frac{1}{2}gt^2$$

となる。

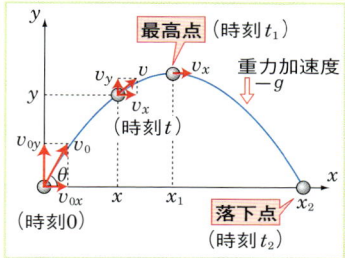

図7．斜めに投げ上げた物体の速度と位置

水平方向にx軸，鉛直方向にy軸をとり，水平方向には等速直線運動，鉛直方向には等加速度運動をすると考える。

> **ポイント**
> 斜めに投げ上げた物体の運動
> $\begin{cases} 水平方向 \cdots 初速度 v_{0x} の 等速直線運動 \\ 鉛直方向 \cdots 初速度 v_{0y} の 投げ上げ運動 \end{cases}$
> 速度 $\begin{cases} v_x = v_{0x} \\ v_y = v_{0y} - gt \end{cases}$ 位置 $\begin{cases} x = v_{0x}t \\ y = v_{0y}t - \frac{1}{2}gt^2 \end{cases}$
> $v_{0x} = v_0 \cos\theta,\ v_{0y} = v_0 \sin\theta$ と表すこともできる。

5 どこまで上がるか？

- 最高点の高さを求めてみよう。最高点では，速度の鉛直成分v_yが0になっている。投げてから最高点に行くまでにかかる時間をt_1とおくと，

$$v_y = v_{0y} - gt_1 = 0 \quad より，\quad t_1 = \frac{v_{0y}}{g}$$

これを位置の式に代入すると，

$$x = v_{0x}t_1 = \frac{v_{0x}v_{0y}}{g}$$

$$y = v_{0y} \cdot \frac{v_{0y}}{g} - \frac{1}{2}g \cdot \left(\frac{v_{0y}}{g}\right)^2 = \frac{v_{0y}^2}{2g}$$

6 どこまで飛ぶか？

- 斜めに投げ出された小球は，どこまで飛ぶか求めてみよう。小球が着地するまでの時間t_2は，最高点までの時間t_1の2倍である。よって，$t_2 = 2t_1 = \dfrac{2v_{0y}}{g}$

小球が飛んだ距離Lは，x方向が等速直線運動であることから，

$$L = v_{0x}t_2 = \frac{2v_{0x}v_{0y}}{g}$$

問 1． 水平な地面上で，仰角45°，初速度28 m/sで投げられた小球の，最高点の高さと飛んだ距離を求めよ。

解き方 問1． 初速度の水平成分と鉛直成分は同じで，
$$v_{0x} = v_{0y} = \frac{28}{\sqrt{2}}$$
最高点に達するまでの時間tは，$v_y = 0$となることを使い，
$$0 = \frac{28}{\sqrt{2}} - 9.8t$$
より，$t ≒ 2$ s
このときの高さyは，
$$y = v_{0y}t - \frac{1}{2}gt^2$$
より，
　$y = 20$ m ……… **答**
飛んだ距離xは，$x = 2v_{0x}t$より，
　$x = 80$ m ……… **答**

1章　さまざまな運動

3 空気の抵抗力

1 抵抗力とその大きさ

■ 上空1000 m付近で雨粒が発生して地上に落ちてくるとき，雨粒に重力しかはたらかないとすると，地面に到達するときの雨粒の速さは140 m/sを超えるはずである。

✿1. 上空1000 m付近で雨粒が発生し，これが空気の抵抗を受けずに自由落下したとする。
$v^2 = 2gh$ より，地面に到達するときの雨滴の速さ v は，
$v = \sqrt{2 \times 9.8 \times 1000} = 140$ m/s
となり，これは約500 km/hである。

■ しかし，実際には雨粒の速さは10 m/s程度にとどまる。これは，雨粒に空気の抵抗力がはたらくからである。

■ 物体が気体や液体の中を運動するとき，物体には運動をさまたげる抵抗力がはたらく。抵抗力の向きは物体の運動とは反対向きで，物体が速いほど大きな力がはたらく。

■ 物体の速さv [m/s]が小さいとき，抵抗力の大きさf [N]はvに比例するので，比例定数kを使い次式で表せる。

✿2. 比例定数kは，物体の形状と，気体や液体の種類などで決まる。

ポイント
$$f = kv$$
抵抗力の大きさ ＝ 比例定数 × 速さ

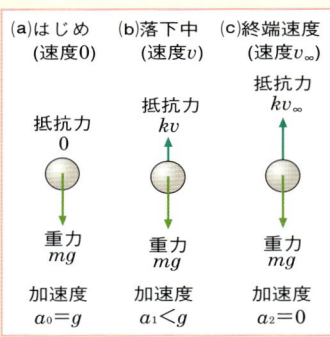

図1. 空気抵抗がはたらく落下

2 終端速度

■ 左の図1のように物体が初速度0で落下する場合を考える。(a)のように落下しはじめたときは，$v = 0$なので抵抗力ははたらかず，加速度a_0は，$a_0 = g$である。

■ 図1(b)のように物体が加速していくと，抵抗力も大きくなっていく。速さvのときの加速度をa_1とすると，運動方程式より

$$ma_1 = mg - kv$$

という関係がある。

✿3. この過程をv-tグラフに表すと，下の図2のようになる。グラフの傾きは加速度を表すことに注意すると，$t = 0$での加速度はgとなり，加速度がだんだん減少していくことがわかる。

■ さらに物体の速さが大きくなると，さらに空気抵抗が大きくなり，ついに重力と同じ大きさになる(図1(c))。このとき物体にはたらく力がつり合い，加速度$a_2 = 0$となり，以後物体は等速直線運動をする。このときの速さを終端速度という。

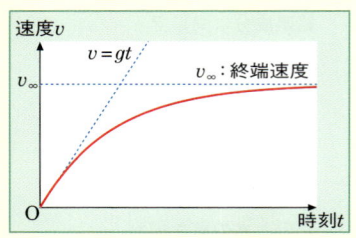

図2. 空気抵抗がはたらく落下の速度変化

■ 終端速度v_∞は$a_2 = 0$となる速さなので，$v_\infty = \dfrac{mg}{k}$である。よって，同じ形状の物体では，質量の大きいほど，終端速度が大きい。

✿4. スカイダイビングでは，落下しはじめて10 s程度で終端速度に達し，200 km/h程度となる。

4 剛体のつり合い

1 剛体とは

これまでは，大きさが無視できる物体を考えてきた。このような，質量と位置が決まり，体積が0とみなせる物体を**質点**という。これに対し，質量と位置にくわえて大きさはあるが，大きな力を加えても変形しない理想的な物体を**剛体**という。

剛体にはたらく力は，**同一作用線上で移動させても効果は変わらない**。一方，同じ大きさの力がはたらいても，作用線が異なれば物体におよぼす効果が異なる（図1）。

2 力のモーメント

図2のように，質量が無視できる棒の両端に2個のおもりA，Bを固定し，1点Oに糸をつけ，棒をつるす。おもりAにはたらく重力$\vec{F_1}$は，棒を点Oのまわりに反時計回りに回転させようとし，おもりBにはたらく重力$\vec{F_2}$は，棒を点Oのまわりに時計回りに回転させようとする。

このように，力が物体をある点のまわりに回転させる能力のことを**力のモーメント**という。力のモーメントの大きさMは，物体にはたらく力Fと，ある点Oから力の作用線までの距離l（**うでの長さ**という）の積で定義される（図3）。

> **ポイント**
>
> $$M = Fl$$
> 力のモーメント ＝ 力 × うでの長さ

図2で，反時計回りのモーメントは$F_1 l_1$，時計回りのモーメントは$F_2 l_2$となるが，棒が回転せずにつり合っているときは，次の関係がある。

$$F_1 l_1 = F_2 l_2 \quad \cdots\cdots\cdots ①$$

力のモーメントの単位は**ニュートンメートル〔N・m〕**である。また，力のモーメントは反時計回りを正，時計回りを負と決めることが多い。①式を変形すると，

$$F_1 l_1 + (-F_2 l_2) = 0$$

となるが，これは，**力のモーメントの和が0であれば，物体は回転しない**ことを示している。

○1. **小物体**や**小球**というときは，質点と考えてよい場合が多い。

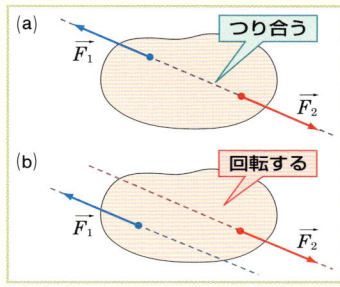

図1．大きさが同じ（$F_1 = F_2$）2力が剛体にはたらくようす
(a) 力の向きが反対で，作用線が一致しているのでつり合う。
(b) 作用線が異なるので，回転する。

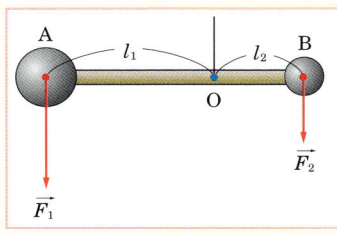

図2．剛体にはたらく力のつり合い

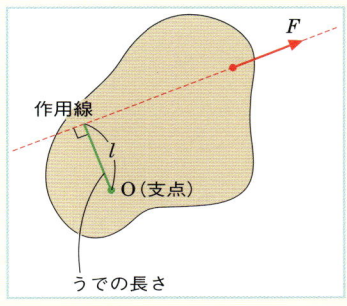

図3．作用線とうでの長さ

1章　さまざまな運動

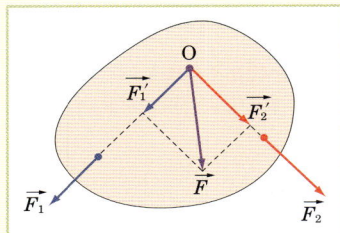

図4．平行でない2力の合成
$\vec{F_1}$を移動させ$\vec{F_1'}$とし，$\vec{F_2}$を移動させ$\vec{F_2'}$とする。

✿2．合力の作用点は，合力の作用線上であれば，剛体内のどこでもよい。

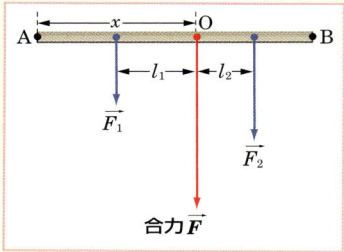

図5．平行な2力の合成

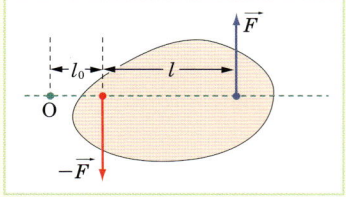

図6．偶力
図中の任意の点Oのまわりの力のモーメントの和は，
$-F \cdot l_0 + F(l_0 + l) = Fl$
となる。

3 剛体にはたらく力の合成

■ **平行でない力の合成** 図4のように，平行でない2力$\vec{F_1}$，$\vec{F_2}$が剛体にはたらいているときの合力$\vec{F}$は，2力を作用線の交点に平行移動させ，この2力の合力を求める。

■ **平行な力の合成** 図5のように，平行な2力$\vec{F_1}$，$\vec{F_2}$が剛体にはたらくときの合力の大きさFは，次式で求める。

F_1とF_2が同じ向きのとき，　$F = F_1 + F_2$　…②

F_1とF_2が反対向きのとき，　$F = |F_1 - F_2|$　…③

また，合力の作用点は力のモーメントを利用して，次のようにして求める。図5のように，質量が無視できる棒ABに平行な2力$\vec{F_1}$，$\vec{F_2}$がはたらくとき，合力の大きさFは②式から求められる。合力の作用点が，図5に示す点Oにあるとすると，点Aのまわりの$\vec{F_1}$と$\vec{F_2}$による力のモーメントの和が，合力$\vec{F}$による力のモーメントと等しいので

$$F_1(x - l_1) + F_2(x + l_2) = Fx$$

この式と②式より，

$$F_1 l_1 = F_2 l_2$$

が得られる。したがって，$l_1 : l_2 = F_2 : F_1$であるから，**合力の作用点は，2力$\vec{F_1}$，$\vec{F_2}$がはたらく作用点の間の線分を$F_2 : F_1$に内分した点（逆比内分点）になる。**

4 偶　力

■ 図6のように，異なる作用線上にあって，大きさが等しく，逆向きの2つの力が剛体にはたらくとき，この2力は物体を回転させるだけで，物体を一方の向きに引き動かしたりはしない。このように物体に回転の効果だけをあたえる2力を**偶力**という。**偶力だけがはたらくとき，力の大きさをF，2力の作用線間の距離をlとすると，どの点のまわりの力のモーメントの和もFlとなる。**

5 剛体にはたらく力のつり合い

■ 剛体にはたらく力は，次の1と2が両方満たされたときのみつり合う。

1 力のベクトルの和 = $\vec{0}$

2 力のモーメントの和 = 0

■ 1だけ満たされているときは，物体は移動せずに回転し，2だけ満たされたときは，回転せずに移動する。

5 重心

1 重心とは

■ 大きさのある物体の各部分にはたらく重力の合力の作用点を**重心**という。[1]

■ 質量を無視できる軽い棒ABの両端に，質量m〔kg〕のおもりが図1のようにつるしてあるとき，この棒とおもりからなる物体の重心Gを求めてみよう。Aには$3mg$〔N〕，Bには$2mg$〔N〕の重力がはたらくから，$3mg:2mg=3:2$より，この平行な2力の合力の作用点はABを2:3に内分する点で，この点が重心Gとなる。

■ 上で求めた重心Gに糸などをつけてつるすと，つり合うから，重心のまわりの重力のモーメントの和は0になっている。[2]したがって，**重心は，その点のまわりの重力のモーメントの和が0になる点である**ということもできる。

2 いろいろな物体の重心

■ 図2のような板の点Aに糸をつけてつるしたときつり合ったとすると，板の各部分にはたらく重力の合力と糸の張力がつり合っているから，重心は張力の作用線上にある。

■ ほかの点Bに糸をつけてつるしたときでも同様に，糸の張力の作用線上に重心があるから，これら2本の作用線の交点を求めれば，それが重心となる。

■ **一様な**(材質や密度，厚さ，半径などがどこも同じという意味)**棒**では，図3のように，その中心から左右に細かく等分して，AとA′に加わる重力の合力，BとB′に加わる重力の合力，CとC′に加わる重力の合力，……というように，各部分の合力を求めていくと，すべて棒の中心Mに加わる合力となるから，棒の各部分にはたらく重力の合力は，棒の中心Mに加わる。よって，Mが重心である。

■ **一様な三角形の板**では，次ページの図4のように，板を辺BCに平行な細い棒の集まりと考えると，各棒の重心は棒の中心M，M′，M″，……となるから，板全体の重心は中線AM上にある。同様に，板をACに平行な細い棒の集まりと考えると，重心は中線AN上にあるとわかるので，三角形の板の重心は，中線の交点であることがわかる。

[1]. 物体の各部分にはたらく重力の合力というのは，物体の各部分にはたらく重力による効果を1つの力におきかえたものであるから，重心に糸などをつけて物体をつるすと，重力の合力と糸の張力がつり合って，物体は静止する。

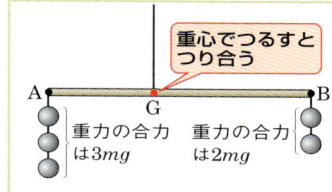

図1．おもりをつるした棒の重心
1個のおもりにはたらく重力は，重力加速度をg〔m/s²〕とすると，mg〔N〕である。おもりが2個，3個では，その合力はそれぞれ，$2mg$〔N〕，$3mg$〔N〕となる。

[2]. 図1で，重力のモーメントの和が0になることから，
$3mg×AG−2mg×BG=0$
となる。これから，
$AG:BG=2:3$
を求めてもよい。

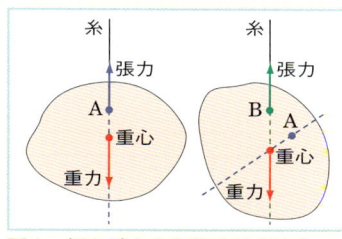

図2．板の重心を実験的に求める

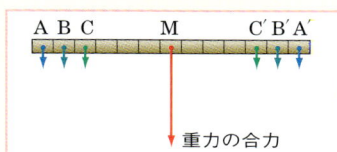

図3．棒の重心

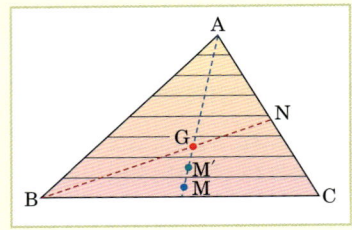

図4. 三角形の板の重心

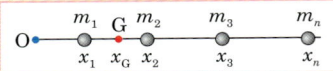

図5. 多数のおもりがついているときの重心の座標を求める

$x_G - x_n$ が負のときは、時計回りのモーメントであるとみなす。

■ 円形や長方形、平行四辺形の板の重心も同様にして、作図で求めることができる。

3 重心の座標

■ 図5のように、質量の無視できる軽い棒に、質量m_1, m_2, m_3, ……, m_n〔kg〕のおもりがつけてある。このときの重心を求めてみよう。棒の一端を原点Oとして、おもりの位置（x座標）をそれぞれx_1, x_2, ……, x_n、重心Gの位置をx_Gとすると、重心Gのまわりの重力のモーメントの和は0となることから、

$$m_1 g(x_G - x_1) + m_2 g(x_G - x_2) + \cdots\cdots + m_n g(x_G - x_n) = 0$$

これより、

$$x_G = \frac{m_1 x_1 + m_2 x_2 + \cdots\cdots + m_n x_n}{m_1 + m_2 + \cdots\cdots + m_n}$$

例題 左の図のような、1辺がa〔m〕の正方形を3枚合わせた形をした一様な板の重心を求めよ。

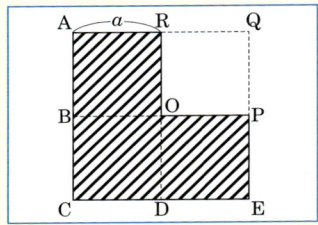

解説 左図(a)は、直線COが水平になるように図形を見たものである。各正方形の重心は、図形の対称性より、対角線の交点O_1, O_2, O_3である。今、正方形の板1枚の質量をm〔kg〕とすると、各正方形の重心にmg〔N〕の重力が加わるとみなせる。正方形ABORと正方形ODEPを1組の図形と考えると、この図形に加わる重力の合力の大きさは$2mg$〔N〕で、その作用点は、図形の対称性から点Oとなる。したがって、図形全体では、O_1にmg〔N〕、Oに$2mg$〔N〕の重力が加わっているのと同じことになる。この2力の合力の作用点は、$mg : 2mg = 1 : 2$より、線分$O_1 O$を2:1に内分する点である。よって、

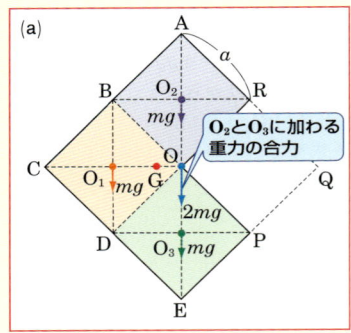

$$\frac{1}{2+1} O_1 O = \frac{1}{3} O_1 O = \frac{1}{3} \times \frac{\sqrt{2}}{2} a = \frac{\sqrt{2}}{6} a$$

となるので、板の重心は、線分CO上で点Oから$\frac{\sqrt{2}}{6} a$の点である。　　　答

（別解）正方形ROPQも合わせたとき（右図(b)）、Oに加わる重力は$4mg$〔N〕で、これが正方形ROPQと重心Gに加わる重力の合力であるから、$mg : 3mg = x : \frac{\sqrt{2}}{2} a$となる。この式より、$x$を求めればよい。

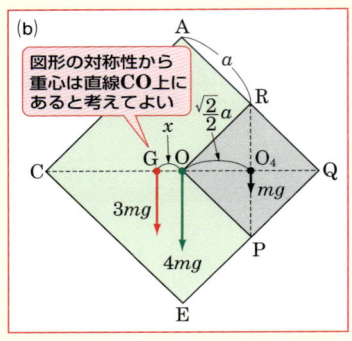

定期テスト予想問題 　解答→p.226~230

1 速度の合成

静水に対して4.0 m/sで進むことのできる船を，流速3.0 m/sの川に浮かべた。これについて，以下の各問いに答えよ。
(1) 船の先端を流れに垂直に向けて進めるとき，岸から見た船の速さは何m/sになるか。
(2) 船を川の流れに対して垂直に進めるには，どの向きに船を進めればよいか。必要であれば三角関数を用いて示せ。
(3) (2)のとき，岸から見た船の速さは何m/sになるか。

2 相対速度

10 m/sの速さで走っている電車の中から外を見ると，雨が鉛直方向に対して60°の角度をなして降っているように見えた。電車の外から見ると，雨粒の落下速度は何m/sか。風はないものとして答えよ。

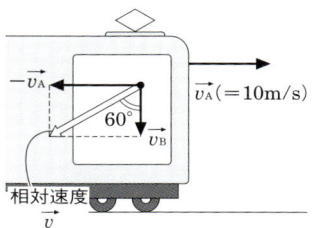

3 水平投射(1)

地上から高さ396.9 mのところを，水平に120 m/sでまっすぐ飛行している飛行機から，小物体を静かに落とす。重力加速度を9.8 m/s^{2}として，以下の各問いに答えよ。
(1) 落としてから5.0 s経過後の，小物体の速度の鉛直成分の大きさを求めよ。
(2) (1)のときの小物体の速さを求めよ。
(3) 小物体が地面に落下するのは何s後か。
(4) (3)の時間内に飛行機は何m進むか。

4 水平投射(2)

高さ10 mのビルの屋上から，小球を水平方向に15 m/sの速さで投げた。重力加速度を9.8 m/s^{2}として，あとの各問いに答えよ。

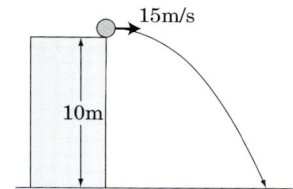

(1) 小球が地面にぶつかるまで何sかかるか。
(2) 小球が地面にぶつかるのは，ビルから水平方向に何m離れた場所か。
(3) 小球が地面にぶつかるとき，小球の速さは何m/sか。

5 斜方投射の初速度と角度

地上から斜め上方に物体を投げたとき，投げた点から再び地面に落下した点までの水平距離x〔m〕と，その間の時間t〔s〕とは測定しやすい値である。これらの値から，物体の初速度V_0〔m/s〕と，投げ上げた角度θの正接$\tan\theta$をそれぞれ求める式を示せ。ただし，重力加速度をgとする。

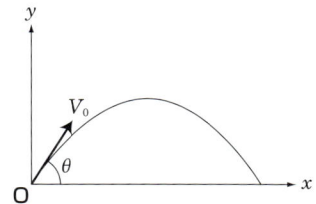

6 最高点と水平到達距離

地上から60°斜め上方に向けて，20 m/sの初速度でボールを投げた。重力加速度を9.8 m/s^{2}として，以下の値を求めよ。
(1) 最高点の高さと最高点に達する時間。
(2) 地面に落下する時間と水平到達距離。

1章 さまざまな運動

7 斜方投射(1)

バッターがボールを打って4.0s後に，ボールが外野席に飛びこんだ。打った場所からボールの落下点までの水平距離は120mで，打った場所と落下点の高さは同じとして問いに答えよ。
(1) 最高点に達するまで何sかかったか。
(2) 最高点の高さは何mか。
(3) 初速度の大きさを求めよ。

8 斜方投射(2)

水面からの高さ14.7mの橋の上の点Aから，初速度19.6m/sで仰角30°の向きに物体を投げ上げた。あとの各問いに答えよ。

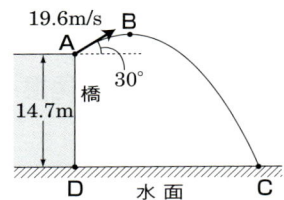

(1) 物体が最高点Bに達するのは，投げてから何s後か。
(2) 最高点Bの水面からの高さは何mか。
(3) 物体が水面上の点Cに達するのは，投げてから何s後か。
(4) 点Aの真下の点Dと点Cの距離は何mか。

9 斜方投射(3)

水平な地面の1点から初速度20m/sで仰角60°の向きに小石を投げた。このとき，あとの(1)〜(4)の値を求めよ。

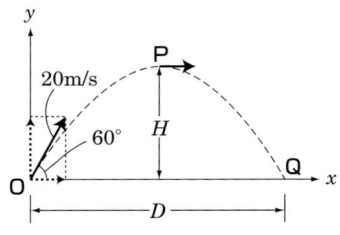

(1) 最高点に達するまでの時間。
(2) 最高点における速さと，最高点の高さ。
(3) 小石を投げてから地面に落下するまでの時間。
(4) 小石を投げた点から落下点までの距離。

10 斜方投射(4)

次の文章を読み，空欄にあてはまる値を答えよ。ただし，必要なら根号や分数を用い，簡単な形で示せ。

下図に示すように水平方向にx軸，鉛直方向にy軸をとり，原点Oからx軸と斜め上に角度60°をなす方向に質量mの球を，初速度v_0で投げ上げた。重力加速度の大きさをgとすると，その後の時刻tにおけるこの球のx方向，y方向の速度はそれぞれ，

$v_x = \boxed{①} \cdot v_0$
$v_y = \boxed{②} \cdot v_0 - gt$

である。そして，このときの球の座標は，

$x = \boxed{③} \cdot v_0 t$
$y = \boxed{④} \cdot v_0 t - \frac{1}{2}gt^2$

と書ける。この両方からtを消去すると，軌道の式として，

$y = \boxed{⑤} \cdot x - \boxed{⑥} \cdot \frac{gx^2}{v_0^2}$

を得る。

球はある点Pで最高点に達する。点Pのx座標をX，y座標をYとすると，

$X = \boxed{⑦} \cdot \frac{v_0^2}{g}$
$Y = \boxed{⑧} \cdot \frac{v_0^2}{g}$

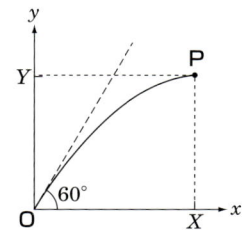

11 空気の抵抗力

傾角 θ で摩擦のない斜面上に，帆のついた質量 m の物体をおいたところ，すべりはじめた。物体の帆には，速さ v に比例した空気抵抗力 kv（k は比例定数）がはたらく。次の各問いに答えよ。

(1) 物体が終端速度よりも小さい速さ v ですべっているときの，物体の加速度の大きさを求めよ。

(2) 終端速度の大きさを求めよ。

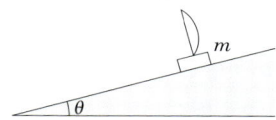

12 力のモーメント

軽い棒ABに，図のように平行な2力が作用している。あとの各問いに答えよ。

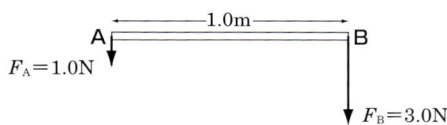

(1) 点Aのまわりの F_A, F_B の力のモーメントの大きさはそれぞれ何 N・m か。
(2) F_A と F_B の合力の大きさは何Nか。
(3) F_A と F_B の合力の作用線の位置は点Aより何mの位置か。

13 力のモーメントのつり合い

あとの図のように，質量の無視できる長さ 1.0 m の棒を壁にちょうつがいで固定し，固定点から 0.60 m のところに 0.40 kg のおもりをつり下げた。このとき，棒の右端を上に引いて棒を水平にするには，何 N の力が必要か。ただし，重力加速度を 9.8 m/s² とする。

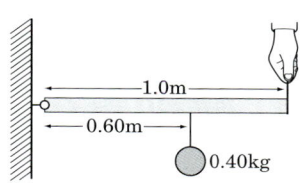

14 剛体のつり合い

水平な床の上に，図の角 θ が30°になるように，質量 m のはしごが立てかけてある。壁とはしごの間の摩擦はないものとしたとき，床とはしごの間の摩擦力がいくら以上であれば，はしごはすべらないか。ただし，重力加速度は g とする。

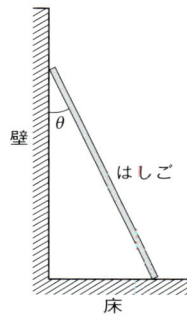

15 重心

次の各問いに答えよ。

(1) 図1のように，軽い棒の両端に質量 1.0 kg と 2.0 kg のおもりをつけた。重心の位置は左端（1.0 kgのおもり）から何 m の位置か。

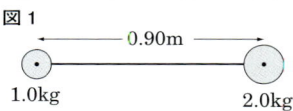

(2) 図2のように，一様な密度の円盤の斜線部の重心は，x 軸上の点Oからどちら側にいくらの位置か。

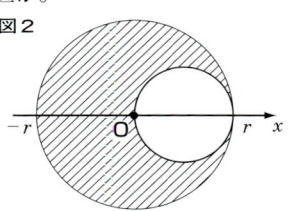

2章 運動量と力積

1 運動量と力積

1 運動量とは？

ボールをバットで打つ場合のように，瞬間的にはたらく力によって物体の速度が変わる運動は，力と加速度の関係（運動方程式）では扱いにくいので，べつの量を考える。

図1の ⓐ と ⓑ では，速さの大きい ⓑ のほうが衝突は激しい。ⓑ と ⓒ では，質量の大きい ⓒ のほうが衝突は激しい。そこで**運動のいきおいを表す量として質量 × 速度**を考える。この量を**運動量**という。

> **ポイント**
> 質量 m〔kg〕の物体が速度 v〔m/s〕で動いているとき，この物体がもっている運動量は，
> $$運動量 = 質量 × 速度 = mv$$
> 〔kg·m/s〕　〔kg〕　〔m/s〕

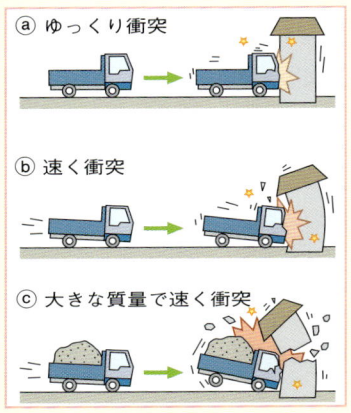

図1．衝突の激しさ

✿1．単位はいっぱんに**キログラムメートル毎秒**〔kg·m/s〕を用いる。

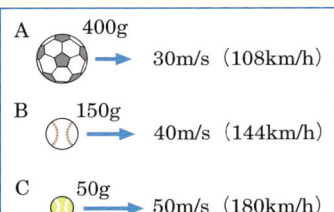

例題 次の3種類のボールの運動について，運動量の大きい順に並べよ。
A　400gのサッカーボールが30m/sで動いている。
B　150gの硬式野球のボールが40m/sで動いている。
C　50gのテニスボールが50m/sで動いている。

解説 それぞれについて mv を計算する。
A　$0.400 × 30 = 12$ kg·m/s
B　$0.150 × 40 = 6.0$ kg·m/s
C　$0.050 × 50 = 2.5$ kg·m/s
したがって，運動量は大きい順に，**A ＞ B ＞ C** ……**答**

2 運動量と力積の関係

図2のように，質量 m〔kg〕の物体が速度 v_0〔m/s〕で走っている。これを指先で押すと，物体の速さは大きくなり，v〔m/s〕になったとする。押す力は一定の大きさ F〔N〕で，力を加えていた時間を t〔s〕とする。

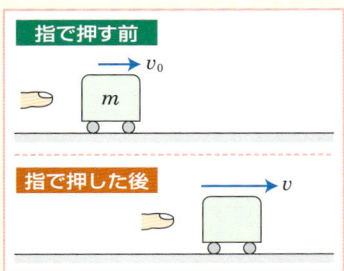

図2．物体を押す

■ 力を加えているときの物体の加速度の大きさaは，運動の第2法則$ma = F$より，$a = \dfrac{F}{m}$である。
等加速度直線運動の式より，vは，
$$v = v_0 + at = v_0 + \dfrac{F}{m}t$$
である。
■ この式の両辺にmをかけて整理すると，
$$mv - mv_0 = Ft$$
となる。この式の左辺は，物体の運動量がどれだけ増加したかを表している。右辺は運動量が増加した原因で，力Fをtの間加えたことを表している。このFtを**力積**という。単位は**ニュートン秒〔N・s〕**である。

> **ポイント**
> $$m\vec{v} - m\vec{v_0} = \vec{F}t$$
> 運動量の変化 = 力積

③ 瞬間的な力をどう扱うか

■ 飛んできたボールをバットやラケットで打ち返すときは，力が作用する時間はきわめて短いのに，速度が大きく変化するので，運動量の変化が大きい。したがって，きわめて大きな力がはたらくことがわかる。このように，瞬間的にはたらく大きな力を**撃力**という。

■ 撃力の効果は，力の大きさで示すよりも力積の大きさで示したほうが理解しやすい。力積と運動量の次元は同じだから，同種の物理量としてたし算や引き算ができる。上の式を変形すると，$m\vec{v} = m\vec{v_0} + \vec{F}t$となり，はじめの物体がもっていた運動量ベクトルに力積のベクトルを加えたものが，撃力の加わったあとの運動量ベクトルになる。

> **例題** 質量0.15 kgで速さ40 m/sのボールをキャッチした。ボールが止まるまでにボールとミットが接触している時間が，2.0×10^{-2} sと6.0×10^{-2} sの場合に，それぞれミットに加わる力の大きさを求めよ。

解説 ボールに加わる力が$-F$であることに注意すると，$t = 2.0 \times 10^{-2}$のときは，
$$F = \dfrac{mv_0}{t} = \dfrac{0.15 \times 40}{2.0 \times 10^{-2}} = \mathbf{300\,N} \quad \cdots\cdots 答$$
同様に$t = 6.0 \times 10^{-2}$ sのときは，$F = \mathbf{100\,N}$ $\cdots\cdots$ 答

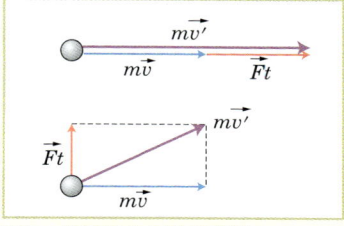

図3．運動量と力積の関係
物体がはじめにもっていた運動量ベクトルに力積のベクトルを加えると，力積を受けたあとの運動量ベクトルになる。

✦2．1 N = 1 kg・m/s^{2}であるから，1 N・s = 1 kg・m/s

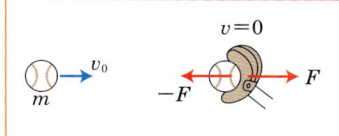

ボールについて式を立てると，
$$mv - mv_0 = -Ft$$

作用・反作用の法則により，ミットにも同じ大きさの力が加わる。同じ力積なので，6.0×10^{-2} sのほうが小さい力となる。ミットを引きながら捕球すると，tが長くなり，手が痛くないことがわかる。

2章　運動量と力積

2 運動量保存の法則

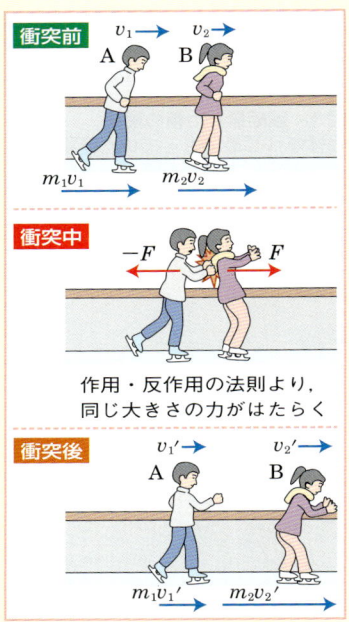

図1．直線上の運動における運動量保存の法則

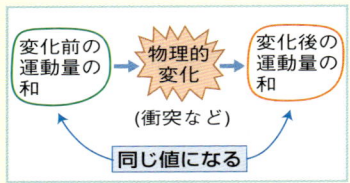

図2．運動量保存の法則

✿1．正確には，力積が加わらない場合である。

✿2．**保存**というのは，もとの量が，そのままの大きさに保存されるという意味で，量が一定に保たれることを意味する。

✿3．いくつかの物体のまとまりを**物体系**または**系**という。また，物体系に含まれる物体どうしでおよぼしあう力を**内力**といい，外から物体系におよぼされる力を**外力**という。

1 運動量の和は変わらない

■ 図1のように，スケート場でAがBに追いついて，AがBを押すとどうなるだろうか。Aの速度は遅くなり，Bの速度は速くなることは予想できる。このとき，速度は遅くなったり速くなったりしていても，AとBの運動量の和は変化していない。このことを調べてみよう。

■ AがBを押しているとき，作用・反作用の法則により，AがBを右向きに押す力と，BがAを左向きに押す力は，大きさが同じになっている。

■ この力の大きさをFとし，押している時間をtとする。外力による力積がないとき，運動量の変化と力積の関係を，AとBそれぞれについて式で表すと，次のようになる。

A：$m_1v_1' - m_1v_1 = -Ft$　　B：$m_2v_2' - m_2v_2 = Ft$

Aには左向きの力がはたらくので，$-F$としている。

■ この2式の左辺どうし，右辺どうしをそれぞれ加えるとFtが消去されて，次のようになる。

$$m_1v_1 + m_2v_2 = m_1v_1' + m_2v_2' \quad \cdots\cdots ①$$

この式の左辺は，AがBを押す前にAとBがもっている運動量の和である。右辺は，押したあとのAとBがもっている運動量の和である。

■ ①式は，2つの物体が互いに作用・反作用の力をおよぼしあい，外から力を受けないときは，力のはたらく前後で運動量の和が変化しないことを示している。これを**運動量保存の法則**という。

■ 3つ以上の物体からなる物体系でも，それぞれの物体に外力がはたらかなければ，運動量保存の法則が成り立つ。

> **ポイント**
> **運動量保存の法則**
> いくつかの物体は互いに力をおよぼしあうが，外から力を受けない場合，各物体の運動量の総和は，力が作用する前後で変化しない。
> $$m_1v_1 + m_2v_2 = m_1v_1' + m_2v_2'$$
> $\begin{pmatrix}力が作用する前\\の運動量の和\end{pmatrix} = \begin{pmatrix}力が作用したあ\\との運動量の和\end{pmatrix}$

例題 ボウリングのボールの質量をピンの質量のちょうど5倍とする。ボールが5.0m/sの速さで1本のピンの正面からぶつかって、そのピンを7.5m/sの速さではじき飛ばしたとすると、その後のボールの速さはいくらになるか。

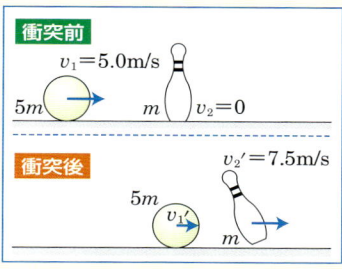

解説 ピンの質量をmとおくと、ボールの質量は$5m$である。図より、運動量保存の式を立てると、

$$m_1 v_1 + m_2 v_2 = m_1 v_1' + m_2 v_2'$$

この式で

$$m_1 = 5m,\ m_2 = m,\ v_1 = 5.0,\ v_2 = 0,\ v_2' = 7.5$$

として、

$$5m \times 5.0 + m \times 0 = 5m \times v_1' + m \times 7.5$$

よって、$v_1' =$ **3.5 m/s** ……………………………… 答

例題 右の図のように、質量60kgの人が5.0m/sで走ってきて、止まっている240kgのボートに飛び乗った。飛び乗ったあと、人とボートはいっしょに進みはじめた。このときの速さvを求めよ。

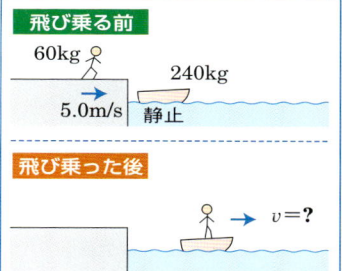

解説 運動量保存の法則より、

$$60 \times 5.0 + 240 \times 0 = (60 + 240)v$$

よって、$v =$ **1.0 m/s** ……………………………… 答

例題 質量がそれぞれ0.10kg、0.20kgの2球A、Bが、右の図のように一直線上を互いに逆向きに進んで衝突した。衝突前のA、Bの速さはそれぞれ30m/s、10m/sで、衝突後Bは8.0m/sの速さではね返った。Aは、衝突後どちら向きにどれだけの速さで進むか。

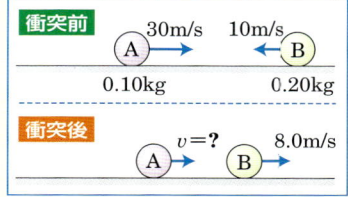

解説 図で右向きを正とすると、衝突前のBの速度は左向きだから、負となる。また、衝突後のAの速度vの向きは不明である。そこで、vの向きを右向きと仮定する。こうすると、計算の結果$v < 0$となれば、Aの速度は左向きであったことになる。
このことに注意して運動量保存の式を立てると、

$$0.10 \times 30 + 0.20 \times (-10) = 0.10 \times v + 0.20 \times 8$$

これより、$v = -6.0$ m/sとなるので、衝突後のAの速さは **6.0 m/sで左向き** である。 ……………… 答

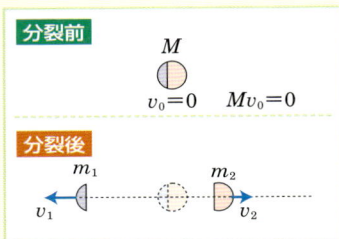

図3. 静止していた物体の分裂

静止していた物体が，内部に発生した力によって分裂すると，互いに反対向きに運動し，速さは質量に反比例する。

✪4. ロケットは燃焼ガスを後方に噴射し，その反作用によって前進する。このとき，ロケット本体と噴射されたガスとが，作用・反作用の力をおよぼしあう。

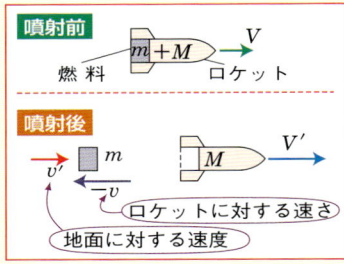

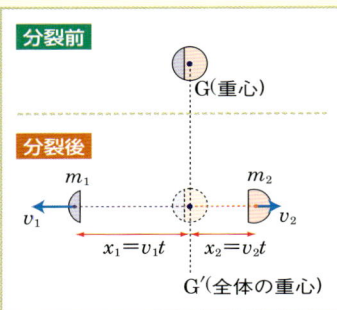

図4. 静止している物体の分裂と重心

2 物体が分裂するとき

■ 物体内部に発生した力の作用によって，**物体が2つ以上の部分に分裂する場合も，外から力が作用しなければ，運動量保存の法則が成り立ち**，分裂の前後で運動量の和は変わらない。

■ 静止している質量M〔kg〕の物体が，物体内部に発生した力によって，質量m_1〔kg〕，m_2〔kg〕($m_1 + m_2 = M$)の2つの部分に分裂したとする。分裂前は静止していたから，運動量の和は0である。よって，分裂後の速度をそれぞれv_1〔m/s〕，v_2〔m/s〕とすれば，運動量保存の法則より，

$$m_1 v_1 + m_2 v_2 = 0 \quad \text{ゆえに，} \quad m_2 v_2 = -m_1 v_1$$

■ これから，**2つの部分は互いに反対向きに運動し，速さは質量に反比例する**ことがわかる。

例題 速度Vで進んでいたロケットから，質量mの燃料が，後方に噴射された。この燃料の速さは，噴射後のロケットに対してvであった。このとき，噴射後のロケットの速度V'を求めよ。ただし，噴射後のロケットの質量をMとする。

解説 噴射された燃料の地面に対する速度をv'として，運動量保存の法則の式を立てると，

$$(m + M)V = MV' + mv' \quad \cdots\cdots ①$$

一方，ロケットから見た燃料の速度(相対速度)vは，左図でそれぞれの向きに注意して，$-v = v' - V'$

この式を変形して，$v' = V' - v$ $\cdots\cdots ②$

②式を①式に代入してV'を求めると，

$$V' = V + \frac{mv}{M + m} \quad \cdots\cdots \text{答}$$

3 重心の運動は変わらない

■ 静止していた物体が2つの部分に分裂して，それぞれが速度v_1，v_2でt〔s〕の間移動すると，それぞれもとの位置から$x_1 = v_1 t$，$x_2 = v_2 t$だけ離れる。2つの部分をひとまとめにした全体の重心は，それぞれの重心間を質量の逆比($m_2 : m_1$)に内分した点である。一方，x_1とx_2の比も質量の逆比に等しいから，**全体の重心は，分裂する前に静止していた物体の重心と一致する**。

■ このことから，**外から力が作用しなければ，物体相互間にはたらく力の作用だけでは，全体の重心の位置を変えることはできない**ことがわかる。たとえば，なめらかな床の上にある台に乗って，その上を歩くと，台は人と逆向きに動いて，全体の重心の位置は変わらない。

■ 等速直線運動をしていた物体が，途中で分裂したときも，全体の重心は変化せず，等速直線運動をつづける(図5)。

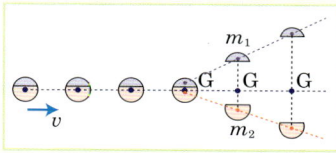

図5．等速直線運動する物体の分裂と重心

例題 質量M〔kg〕の静水上に静止したボートに乗っていた質量m〔kg〕の人が，ボートから水平に飛びこんだ。飛びこんだあとの人の速さはボートに対してv〔m/s〕で，ボートの水に対する抵抗はないものとして，水に対するボートの速さV〔m/s〕と人の速さu〔m/s〕とを求めよ。

解説 まず，運動量保存の法則の式を立てると，
$$0 = MV + m(-u) \quad \cdots\cdots ①$$
飛びこんだあとのボートに対する人の速度vを式で表すと，
$$-v = -u - V \quad \cdots\cdots ②$$
①，②式を解いて，
$$V = \frac{m}{M+m}v, \quad u = \frac{M}{M+m}v \quad \cdots\cdots 答$$

(補足) 最初は止まっていたので，人とボートが動いても，重心の位置は止まったままである。

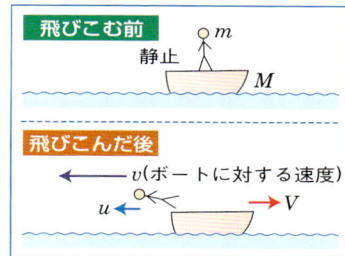

4 斜めに衝突する場合

■ 図6のように，水平面上で2球A，Bが斜めに衝突した場合を考える。この場合も運動量は保存する。運動量がベクトルであることに注意して式で表すと，
$$m_1\vec{v_1} + m_2\vec{v_2} = m_1\vec{v_1}' + m_2\vec{v_2}'$$

■ この式を実際に解くには，**x，y成分に分解して，それぞれの成分ごとに運動量が保存される**ことを使えばよい。したがって，次の式を用いる。

$$m_1v_{1x} + m_2v_{2x} = m_1v_{1x}' + m_2v_{2x}'$$
$$m_1v_{1y} + m_2v_{2y} = m_1v_{1y}' + m_2v_{2y}'$$

■ 斜めに衝突する場合にも，その重心の運動は変わらない。図7は質量が2：3の小球の衝突を示しているが，重心は図の×印のように運動して，衝突の影響を受けない。

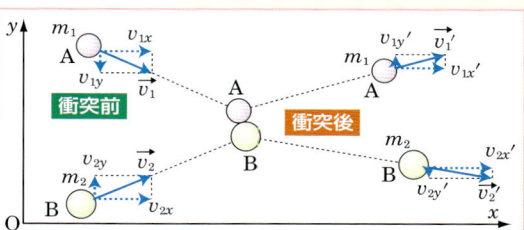

図6．2球の斜め衝突

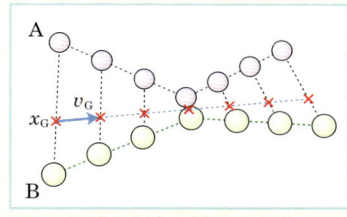

図7．2球の衝突と重心の運動

2章 運動量と力積

3 衝突と反発係数

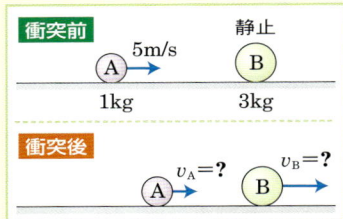

図1. 2つの球の衝突

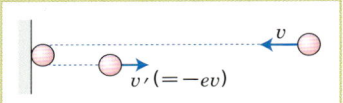

図2. 物体が壁に垂直にあたってはね返る場合
はね返る速さv'は、衝突前の速さvより小さいのがふつうである。

☆1. マイナス記号がついているのは、v'とvの向きが反対であることを示すためである。

1 衝突問題を解くには？

■ 左の図1のような場合に、運動量保存の式を立てると、$1 \times 5 + 3 \times 0 = 1 \times v_A + 3 \times v_B$ となり、未知数が2つあるので解けない。そこで、衝突で成り立つもう1つの式（**反発係数の式**）と連立させて解く。

2 はね返る速さはもとの何倍？

■ ボールを壁や床にぶつけると、はね返る速さは、ふつうぶつかる前の速さより遅くなる。はね返る速さとぶつかる前の速さの比を**反発係数（はね返り係数）**という。

> **ポイント**
> 物体が壁や床に垂直に v〔m/s〕の速度で衝突し、v'〔m/s〕の速度ではね返ったとき、反発係数eは、
> $$v' = -ev ☆1$$
> （衝突後の速さ）＝ －（反発係数）×（衝突前の速さ）

■ 反発係数eの値は、衝突する物体と壁や床の材質などで決まり、$0 \leqq e \leqq 1$ である。

① $e = 1$ の場合は、衝突前の速さvと衝突後の速さv'が等しいときで、衝突によって力学的エネルギーは失われない。これを**(完全)弾性衝突**という。

② $e = 0$ の場合は、衝突後の速さが0、つまり、物体がはね返らずに壁や床にくっついてしまう場合である。この場合、衝突前に物体がもっていた力学的エネルギーは、すべて熱エネルギーなどに変わってしまう。これを**完全非弾性衝突**という。

③ $0 < e < 1$ の場合を**非弾性衝突**という。

> **例題** 軟式野球の公認ボールは、規格で、1.50 mの高さから大理石板の上に落としたとき、0.85～1.05 mの高さまではね上がるものと決められている。このときの反発係数は、どんな範囲にあるか。
>
> **解説** 大理石板に衝突する直前の速さをv、直後の速さをv'、反発係数をeとすると、$v = \sqrt{2gH}$、$v' = \sqrt{2gh}$
> 下向きの速度を正とすると、v'は上向きであるから、

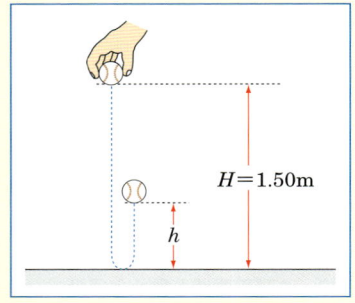

$$e = -\frac{v'}{v} = -\frac{-\sqrt{2gh}}{\sqrt{2gH}} = \sqrt{\frac{h}{H}}$$
$$\fallingdotseq \begin{cases} 0.75\,(h = 0.85\text{のとき}) \\ 0.84\,(h = 1.05\text{のとき}) \end{cases}$$

ゆえに，**$0.75 \leqq e \leqq 0.84$** ……… 答

3 運動しながら衝突する場合

■ 2つの物体が運動しながら衝突する場合も，一方の物体から見ると他方の物体が近づいてきて，衝突後離れていくように見える。したがって，**衝突後の相対速度が衝突前の相対速度の何倍になるかという値が反発係数**となる。

■ 図3のように，2物体A，Bが一直線上を速度v_1，v_2で運動しているとすると，Bから見たAの相対速度は$v_1 - v_2$である。衝突後，A，Bの速度がそれぞれv_1'，v_2'になったとすると，Bから見たAの相対速度は$v_1' - v_2'$である。このときの反発係数eは，次の式で表される。

ポイント
$$e = -\frac{v_1' - v_2'}{v_1 - v_2} \left(= -\frac{\text{衝突後の相対速度}}{\text{衝突前の相対速度}} \right)$$

■ 衝突の際，2つの物体は非常に短い時間接触して，その間互いに作用・反作用の力をおよぼしあう。このとき，**外から力がはたらいている場合でも，時間が非常に短いため，それによる力積は無視できる**。したがって，**衝突の際には，運動量保存の法則が成り立つとしてよい**。

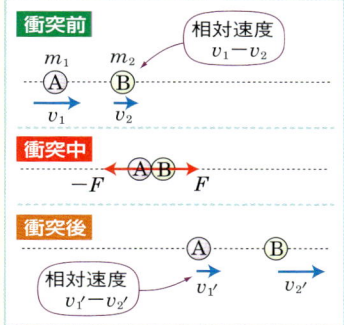

図3．一直線上で起こる2物体の衝突

この場合は，運動量保存の法則が成り立つとともに，相対速度の間に，反発係数の関係が成り立つ。

✿2．AがBに衝突するためには$v_1 > v_2$でなければならないから，相対速度$v_1 - v_2 > 0$である。

✿3．衝突後，BがAから離れるためには$v_1' < v_2'$でなければならない。したがって，相対速度$v_1' - v_2' < 0$である。このように，衝突前と衝突後の相対速度の向きが反対である。

例題 質量50gの静止している球Aに，質量100gの球Bが2.0 m/sの速度で正面衝突した。完全弾性衝突であるとして，衝突後の両球の速度を求めよ。

解説 衝突後のAの速度は右向き（この向きを正とする）であるが，Bの速度の向きは右か左か不明である。そこで右向き（正の向き）と仮定して式を立てる。

運動量保存の式は，$0.100 \times 2.0 = 0.100 \times v_B + 0.050 \times v_A$

反発係数の式は，$1 = -\dfrac{v_B - v_A}{2.0 - 0}$

2つの式を整理すると，$4.0 = 2.0 v_B + v_A$，$v_B = v_A - 2.0$

よって，$v_A = \dfrac{8}{3} \fallingdotseq 2.7\,\text{m/s}$，$v_B = v_A - 2.0 \fallingdotseq 0.7\,\text{m/s}$

答 大きさ：A…**2.7 m/s**，B…**0.7 m/s**
向き：**衝突前のBの向き**

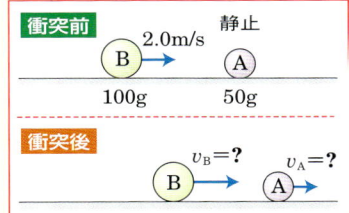

重要実験 衝突における運動量の変化

方法

1. 台車A，Bを用意し，それぞれの質量m_A，m_Bを測定する。
2. 台車Aには記録テープをつけ，記録タイマーでその運動のようすが記録できるようにする。
3. 台車AとBが接触する箇所に粘着テープをつけておき，衝突後はAとBがつながったまま走るようにする。
4. AをBに衝突させ，衝突前のAの速さと衝突後のAとBが一体となったものの運動を記録テープに記録する。
5. 台車AとBにいろいろな質量のおもりをのせ，4の実験をする。

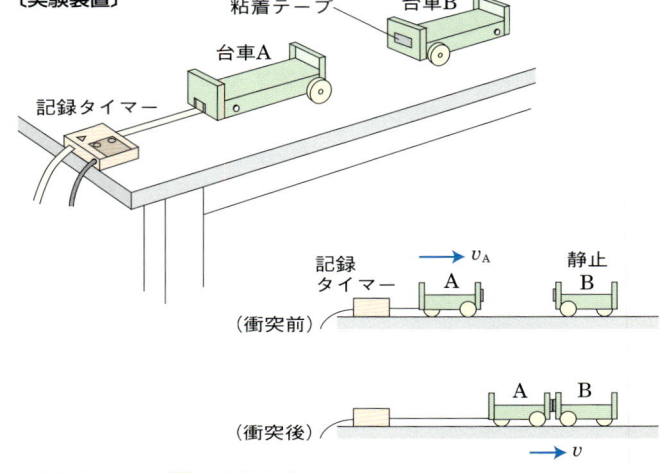

〔実験装置〕

（衝突前）

（衝突後）

結果

1. 衝突前のAの速さv_A，および衝突後のA，B一体になったものの速さvを記録テープから求めて，下のような表にまとめる。
2. 衝突前の運動量の和$m_A v_A$と衝突後の運動量の和$(m_A+m_B)v$とをそれぞれ求める。

		衝突前		衝突後	
	質量	速さ	運動量	速さ	運動量
A	m_A	v_A	$m_A v_A$	v	$m_A v$
B	m_B	0	0	v	$m_B v$
運動量の和			$m_A v_A$		$(m_A+m_B)v$

〔測定例〕

	質量	速さ	運動量	速さ	運動量
A	1.0 kg	0.96 m/s	0.96 kg·m/s	0.46 m/s	0.46 kg·m/s
B	1.0 kg	0	0	0.46 m/s	0.46 kg·m/s
運動量の和			0.96 kg·m/s		0.92 kg·m/s

考察

■ 衝突前と衝突後の運動量の和は，どのような関係になっているか。

→ 衝突前の運動量の和$m_A v_A$と，衝突後の運動量の和$(m_A+m_B)v$はほぼ等しい。この関係は，台車A，Bにおもりをのせて質量を変えた場合も同じである。このことから，物体が衝突して運動する場合，衝突前と衝突後で運動量は保存されることがわかる。

重要実験 物体の分裂における運動量の変化

方法

1. 台車A，Bを用意し，それぞれの質量m_A，m_Bを測定する。
2. 台車Bに内蔵されたばねをおし縮めて，止め金で止める。
3. 水平な実験台の上に巻き尺をセロハンテープで固定する。
4. 実験台の中央に2台の台車を密着させて静止させる。
5. ばねの止め金をはずすと，2台の台車は同時に，互いに反対向きに走りはじめる。
6. 一方の台車が10～20cm動いたときに両方の台車を同時に止め，それぞれの移動距離l_A，l_Bを巻き尺を使って測定する。
7. 2台の台車にいろいろな質量のおもりをのせ，質量を変えて同じ実験をしてみる。

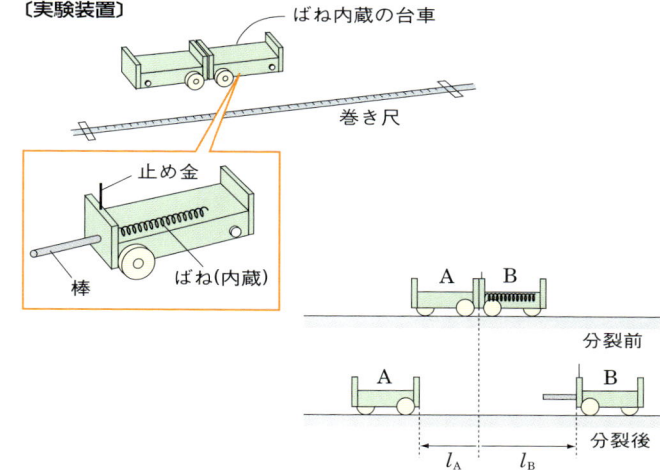

結果

それぞれの台車の質量と移動距離の積を計算し，下のような表にまとめる。

	質量	移動距離	質量×移動距離
A	m_A	l_A	$m_A l_A$
B	m_B	l_B	$m_B l_B$

〔測定例〕

	質量	移動距離	質量×移動距離
A	1.0 kg	17.5 cm	0.175 kg·m
B	2.0 kg	8.5 cm	0.17 kg·m

考察

1. それぞれの台車の分裂後の運動量は，どのような関係になっているか。
   → 分裂後，台車が走った距離をl，時間をtとすると，$v = \dfrac{l}{t}$だから，運動量は$mv = m \cdot \dfrac{l}{t}$となるが，この実験の場合，AとBの$t$が共通であるから，**運動量は$ml$に比例**する。分裂後のA，Bの運動量は等しいことがわかる。

2. 運動量は保存しているか。
   → A，Bの走る向きは互いに逆向きであるから，A，Bの運動量の符号は反対である。よって，運動量の和は0となり，**分裂前の運動量と等しい**。つまり，**運動量は保存する**。

定期テスト予想問題　解答 → p.230〜232

1 運動量と力積(1)

30.00 m/s の速さで飛んできた質量150 g のボールが，壁に衝突して25.00 m/s の速さではね返った。
(1) このボールが壁から受けた力積の大きさはいくらか。
(2) ボールと壁とが衝突している時間が 2.00×10^{-2} s であったとすると，ボールが壁から受けた平均の力の大きさはいくらか。

2 運動量と力積(2)

速さ120 m/s で飛んできた40.0 g の金属球が壁にあたり，5 m/s でもとの方向にはね返った。
(1) 金属球の運動量の変化はいくらか。
(2) 衝突している時間が $\frac{1}{200}$ s とすると，金属球が壁におよぼした平均の力はいくらか。

3 物体の衝突

静止している質量0.60 kg の球Bに，質量0.20 kg の球Aが速度2.0 m/s で衝突し，BはAのはじめの速度の向きに0.80 m/s の速さではね飛ばされた。Aはどの向きに，どのような速さになるか。

4 運動量保存の法則

一直線上で物体が運動している。次の各問いに答えよ。
(1) 静止している質量3.0 kg の物体に，2.0 kg の小球が速さ6.0 m/s で衝突し，衝突後一体となって運動した。衝突後の速さはいくらか。
(2) 静止している質量4.0 kg の小球Bに，速さ10 m/s で運動している質量2.0 kg の小球Aをぶつけた。衝突後，小球Bは速さが6.0 m/s になった。衝突後の小球Aと小球Bが同一直線上を運動しているとき，衝突後の小球Aの速さはいくらか。
(3) 質量6.0 kg の小球Aと質量4.0 kg の小球Bが，速さ5.0 m/s と2.0 m/s で逆向きに運動し，衝突した。衝突後一体となって運動したとすれば，衝突後はどちら向きにいくらの速さで進むか。

5 物体の融合(1)

質量1.0 kg の台車が0.30 m/s の速さで等速直線運動をしている。後方から質量2.0 kg の別の台車が0.45 m/s の速さで追突した。追突後，2つの台車は連結されて進んで行った。このときの速さを求めよ。

6 物体の融合(2)

なめらかな氷上で，質量60 kg のP君が東向きに2.0 m/s の速度で進んでいる。一方，質量40 kg のQさんは北向きに4.0 m/s の速度で進んで，両者は衝突したのち，くっついてすべった。このことについて，次の各問いに答えよ。

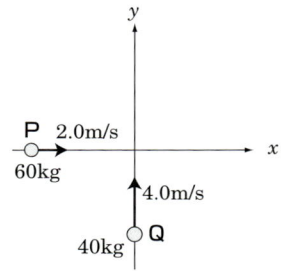

(1) 衝突前のP君の運動量の大きさと向きを求めよ。
(2) 衝突前のP君とQさんの運動量の和はどうなるか。その大きさと向きを求めよ。
(3) 衝突後の2人の速度の大きさと向きを求めよ。

7 物体の分裂

質量10 kgの物体が2.0 m/sの速さで+x方向に動いている。この物体が突然爆発を起こし，6 kgと4 kgの2つの物体に分裂した。このうち4 kgの物体は-x方向に1.0 m/sの速度で飛んで行ったとすると，6 kgの物体は何m/sの速さでどちらの向きに飛んで行くことになるか。

8 反発係数(1)

次の問いに答えよ。
(1) 10 m/sで壁に投げつけたボールが，8 m/sの速さではね返ってきた。反発係数はいくらか。ただし，ボールの運動の方向は壁との衝突の前後とも壁に垂直であるとする。
(2) (1)でボールの質量を200 gとすると，ボールの運動量の変化はいくらになるか。ただし，衝突前のボールの方向を正とする。

9 反発係数(2)

ボールをある高さから水平な床の上に落としたら，何回もはね返った。第1回目にはね返った高さは80 cm，第2回目にはね返った高さは40 cmであった。これについて，次の問いに答えよ。

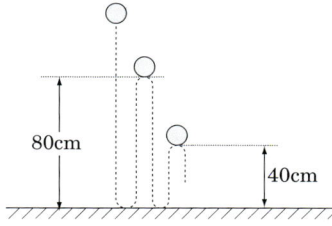

(1) ボールと床の間の反発係数はいくらか。
(2) 最初，ボールは床の上何mの高さから落とされたか。

10 反発係数(3)

物体Aが一直線上を右向きに6.0 m/sの速さで動いているところに，物体Bが10.0 m/sの速さで追突した。その後Aは右向きに12.0 m/s，Bは右向きに8.8 m/sの速さでそれぞれ進んだ。この場合の反発係数を求めよ。

11 運動量保存と反発係数(1)

同一直線上を，ともに右向きに速さu_1，u_2（ただし，$u_1 > u_2$）で運動する質量m_1，m_2の2つの球が衝突した。反発係数をeとして，衝突後の両球の速さu_1'，u_2'を求めよ。

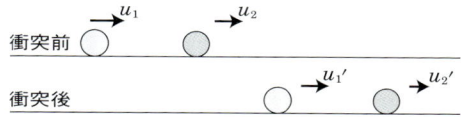

12 運動量保存と力積

質量がそれぞれ0.10 kg，0.20 kgの2つの物体AとBが，一直線上を互いに逆向きにともに10.0 m/sの速さで進んで正面衝突した。衝突後，Aははじめの運動と逆向きにはね返され，速さが6.0 m/sとなった。衝突後のAの運動する向きを左向きとして，次の問いに答えよ。
(1) 衝突後のBの速さと向きはどうなったか。
(2) 反発係数はいくらになるか。
(3) AがBに与えた力積はいくらになるか。

13 運動量保存と反発係数(2)

静止している質量2.0 kgの物体Aに向かって，質量6.0 kgの物体Bが10 m/sの速さで正面衝突した。2物体の反発係数を0.6として，衝突後の物体AとBの速度の大きさと向きを求めよ。

3章 円運動と万有引力

1 等速円運動

1 角速度とは

■ 物体が円周上を一定の速さで動く運動を**等速円運動**という。遊園地の観覧車の回転運動，時計の針の動き，地球の自転による物体の動きなどは，ほぼ等速円運動である。

■ 円運動する物体の位置は，**物体の原点からの位置 $\overrightarrow{OP}$ と x 軸とのなす角度 θ** で表せる。また，円運動する物体の速度を表すには**角速度**という量を用いると便利である。

■ 角速度とは $\overrightarrow{OP}$ が単位時間（1s）あたりに回転する角度を示す量で，記号 ω で表す。角速度を扱うときは，角度を**弧度法**の単位**ラジアン〔rad〕**で示す。時間 t〔s〕に角度 θ〔rad〕回転したときの角速度 ω〔rad/s〕は，

$$\text{角速度} = \frac{\text{回転角度}}{\text{かかった時間}}, \quad \omega = \frac{\theta}{t}$$

■ 等速円運動をする物体は，円周上を1周すると，最初の位置に戻り，あとは同じ運動をくり返す。このような運動を**周期運動**という。周期運動で1回の運動をするのにかかる時間を**周期**といい，記号 T で表す。

■ 半径 r〔m〕の円周上を一定の速さ v〔m/s〕で等速円運動をする物体を考えよう。この運動の周期を T〔s〕とすると，この物体が円周を1周する距離は $2\pi r$〔m〕であるから，

$$\text{速さ} = \frac{\text{距離}}{\text{時間}}, \quad v = \frac{2\pi r}{T}$$

1周の回転角が 2π rad だから，角速度 ω〔rad/s〕は，

$$\omega = \frac{2\pi}{T}$$

上の2式から T を消去すると，速さ v と角速度 ω の間に

$$v = r\omega$$

という関係が成り立つことがわかる。

> **ポイント**
> 等速円運動の速さ
> $$v = r\omega$$

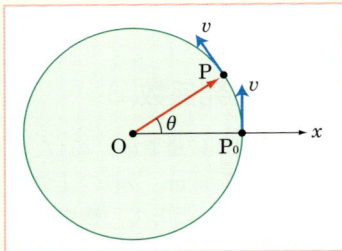

図1. 等速円運動する物体の位置の表し方
ベクトル $\overrightarrow{OP}$ と x 軸とのなす角 θ で表される。

★1. 弧度法は円弧の長さ x〔m〕と半径 r〔m〕との比 $\dfrac{x}{r}$ で角 θ を表す方法である。

$$\theta = \frac{x}{r}$$

1回転（360°）は 2π rad に等しい。

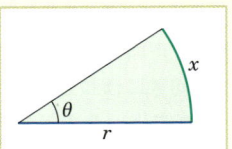

2 等速円運動は加速度運動

■ 等速円運動では，速さは一定でも，向きが刻々と変わっていくので，速度は変化している。つまり，加速度運動である。

■ 半径 r〔m〕の円周上を一定の速さ v〔m/s〕または角速度 ω〔rad/s〕で等速円運動をする物体の加速度 a〔m/s²〕は，

$$a = \frac{v^2}{r} = r\omega^2$$

と表される。

■ 加速度の向きはつねに円の中心を向いているので，**向心加速度**とよばれる。

問 1. 水平面上で，小さい物体が，半径 0.80 m の円周上を 4.0 m/s の速さでまわっている。この物体の，次の各値を求めよ。
(1) 加速度　(2) 周期　(3) 角速度

3 等速円運動をさせる力

■ 等速円運動をしている物体には加速度が生じているから，運動の法則により，その加速度を与えるための力が物体にはたらいていなければならない。この力も，加速度と同じように，円の中心を向いているので，**向心力**とよばれる。

■ 質量 m〔kg〕の物体が，半径 r〔m〕の円周上を速さ v〔m/s〕または角速度 ω〔rad/s〕で等速円運動をするときの向心力 F〔N〕は，次のように表される。

$$F = m\frac{v^2}{r} \quad または \quad F = mr\omega^2$$

> **ポイント　等速円運動**
> 加速度　$a = \dfrac{v^2}{r} = r\omega^2$
> 向心力　$F = m\dfrac{v^2}{r} = mr\omega^2$

問 2. 10 kg 以上のおもりをつるすと切れる糸がある。この糸を 0.50 m とり，先に質量 1.0 kg の物体をつけて，なめらかな水平面上で回転させた。物体の速さをいくらにすると糸が切れるか。

解き方 問 1.
$r = 0.8$ m, $v = 4.0$ m/s だから，
$a = \dfrac{v^2}{r} = \dfrac{4.0^2}{0.80} = 20$ m/s²
$T = \dfrac{2\pi r}{v} = \dfrac{2\pi \times 0.80}{4.0}$
　$\fallingdotseq 1.3$ s
$\omega = \dfrac{v}{r} = \dfrac{4.0}{0.80} = 5.0$ rad/s
答 (1) **20 m/s²**
(2) **1.3 s**
(3) **5.0 rad/s**

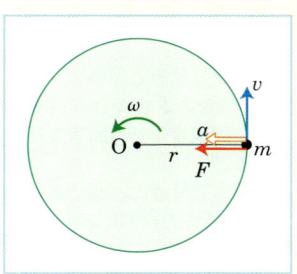

図 2．向心加速度と向心力
向心加速度と向心力の向きは同じで，円の中心を向く。

解き方 問 2.
10 kg のおもりにかかる重力 F は，
$F = 10 \times 9.8 = 98$ N
$m\dfrac{v^2}{r} \geqq F$ のときに糸が切れるので，
$1 \times \dfrac{v^2}{0.5} \geqq 98$
$v^2 \geqq 49 = 7^2$
ゆえに，$v \geqq 7.0$ m/s
答 **7.0 m/s 以上**

2 慣性力と遠心力

1 慣性力とはどんな力か？

■ 静止していた電車が動き出すと，電車内の人は後方に押されるような力を感じる。また，つり革も後方に傾く。このような力は，電車が加速している間つづき，電車が等速直線運動に入るとなくなる。この力を**慣性力**という。

■ 電車内に質量 m 〔kg〕のおもりを糸でつるす。電車が動き出すと糸は後方に傾く（図1）。電車の外から見ると，おもりは電車といっしょに加速度運動をしており，その加速度を与える力は，糸の張力 $\vec{S}$ と重力 $m\vec{g}$ の合力 $\vec{F}$ である。

■ 加速している電車の中で見ると，おもりは糸が傾いたまま静止しているので，おもりにはたらく力はつり合っていなければならない。

■ 糸の張力 $\vec{S}$ と重力 $m\vec{g}$ の2つではつり合うことはできないので，第3の力 $\vec{f}$ がはたらいていることになる。$\vec{f}$ は，$\vec{S}$ と $m\vec{g}$ の合力 $\vec{F}$ とつり合うから，$\vec{f} = -\vec{F}$ となる。この $\vec{f}$ が慣性力である。電車の加速度を $\vec{a}$ 〔m/s²〕とすると，おもりの加速度も $\vec{a}$ だから，運動方程式より，

$$m\vec{a} = \vec{F}$$

よって，

$$\vec{f} = -\vec{F} = -m\vec{a}$$

> **ポイント**
> 観測者が加速度 $\vec{a}$ の運動をすると，質量 m の物体には $\vec{f} = -m\vec{a}$ の力がはたらくように見える。この力を**慣性力**という。

問 1. 電車が等加速度で走りだしたとき，電車内のおもりをつるした糸が，鉛直線から30°傾いて静止していた。このときの電車の加速度はいくらか。

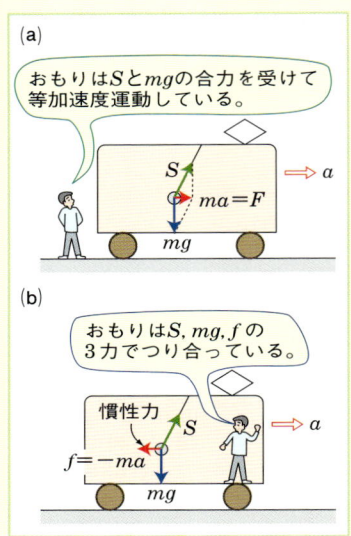

図1．電車内につり下げたおもりの運動
(a) 地上から見ると，張力 $\vec{S}$ と重力 $m\vec{g}$ の合力 $\vec{F}$ を受けて，電車と同じ加速度 $\vec{a}$ で等加速度運動をする。
(b) 電車内で見ると，張力 $\vec{S}$，重力 $m\vec{g}$，慣性力 $\vec{f}$ の3つの力がつり合っている。

解き方 問1.

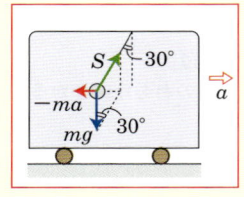

$$\tan 30° = \frac{ma}{mg} = \frac{a}{g}$$

ゆえに，

$$a = g \tan 30° = \frac{9.8}{\sqrt{3}}$$
$$\fallingdotseq 5.7 \text{ m/s}^2$$

答 5.7 m/s²

2 エレベーター内の奇妙な現象

■ エレベーターが上方に動き出すと，内部に乗っている人は体が重くなったように感じる。実際，体重計を持ちこんではかると，エレベーターが上方に動き出したとたんに体重計の針がふれる。これも慣性力が原因である。

■ エレベーター内に，ばね定数k〔N〕のばねで質量m〔kg〕のおもりをつるしたとする。エレベーターが静止しているときのばねののびをx_0〔m〕とすると，$kx_0 = mg$である。

■ 次に，エレベーターが一定の加速度a〔m/s²〕で上昇を始めると，ばねは最初よりのびてx〔m〕になるとする。このとき，おもりもエレベーターと同じ加速度で上昇運動をしているので，エレベーター外の地面から見れば，おもりの運動方程式は，$ma = kx - mg$となる（図2(a)）。

■ エレベーター内でこのおもりを見ると，静止しているから，おもりにはたらく力はつり合っていなければならない。つり合いの式は，（上向きの力）＝（下向きの力）より，$kx = mg + ma$となり，おもりには，ばねの弾性力kxと重力mgのほかに，**大きさma〔N〕の力が下向き（加速度と反対向き）**にはたらいている。この力が慣性力である。

■ 加速度a〔m/s²〕で上昇しているエレベーター内では，質量m〔kg〕の物体の重さはmg〔N〕ではなく，**$m(g+a)$〔N〕**のように見える。これは**重力加速度が$(g+a)$〔m/s²〕**になったのと同じで，このエレベーター内部の人からは，加速度$(g+a)$〔m/s²〕で落下するように見える。

問 2. 質量Mのエレベーター内に，下端に質量mのおもりをつけたつる巻きばねがつるされている。エレベーターがロープで一定の加速度aで引き上げられるとき，
(1) ロープの張力はいくらか。重力加速度をgとする。
(2) ばねののびはエレベーターが静止しているときの何倍になるか。

③ 遠心力とはどんな力か？

■ 電車がカーブすると，電車内の人は円軌道の外側に押しやられる向きの力を受ける。これも慣性力である。

■ 円運動をする物体には，円の中心を向く加速度が生じ，**円運動をする電車内などでは，この加速度と反対向きの慣性力がはたらく**。円運動の慣性力を特に**遠心力**という。

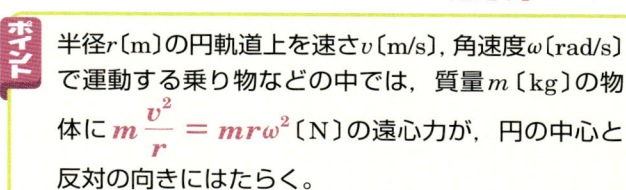

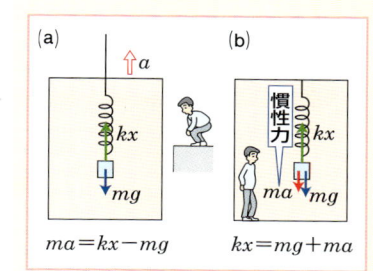

> **ポイント** 半径r〔m〕の円軌道上を速さv〔m/s〕，角速度ω〔rad/s〕で運動する乗り物などの中では，質量m〔kg〕の物体に$m\dfrac{v^2}{r} = mr\omega^2$〔N〕の遠心力が，円の中心と反対の向きにはたらく。

図2．エレベーター内にばねでつるした物体の運動
(a) エレベーターの外から見ると，おもりは，弾性力kxと重力mgの合力で等加速度運動をする。
(b) エレベーター内で見ると，弾性力kx，重力mg，慣性力maの3力がつり合う。

解き方 問2.
(1) $(M+m)a = T - (M+m)g$
よって，
$T = (M+m)(a+g)$
(2) 静止しているときののびx_0は，$kx_0 = mg$より，
$x_0 = \dfrac{mg}{k}$
エレベーターが加速するときののびxは，
$kx = mg + ma$
より，
$x = \dfrac{mg + ma}{k}$
よって，
$\dfrac{x}{x_0} = \dfrac{mg + ma}{mg} = 1 + \dfrac{a}{g}$

答 (1) $(M+m)(g+a)$
(2) $1 + \dfrac{a}{g}$倍

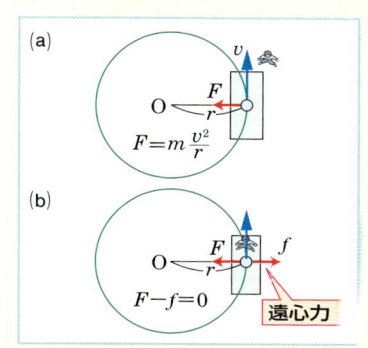

図3．円運動する電車内の物体
(a) 車外から見ると，円運動。
(b) 車内から見ると，つり合い。

3章 円運動と万有引力

3 単振動

1 単振動とは？

■ 身のまわりには，振動している物体がたくさんある。その中で，最も単純な振動を考えてみよう。

■ 左の図1は，等速円運動をしている物体Pに左から光をあてたものである。Pはx軸上に影Qをつくり，QはPの回転とともに上下に振動する。この運動を**単振動**という。

■ P_0の位置から回転をはじめ，時刻t〔s〕にPの位置にきたとすると，影Qの変位xは，次の式で与えられる。

ポイント　単振動の変位　　$x = A\sin\omega t = A\sin\dfrac{2\pi}{T}t$

■ ∠P_0OPを単振動の**位相**という。

■ 時刻tが増加するにしたがって，$\sin\omega t$の値は$+1$と-1の間で変化するので，xの値は$+A$から$-A$までの間で変化する。変位xの最大値Aを単振動の**振幅**という。

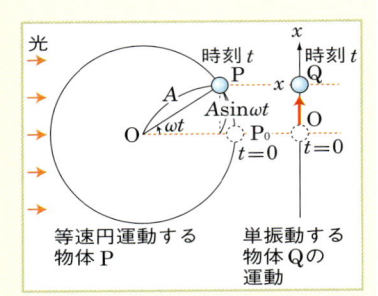

図1. 等速円運動をする物体と単振動をする物体
等速円運動をする物体Pの影Qは，上下に振動する。この運動を単振動という。

2 速度・加速度の表し方

■ 単振動をする点Qの速度は，Pの速度ベクトルをx軸上に射影したものに等しい。Pの速さは$A\omega$であるから，点Qのt〔s〕後の速度v〔m/s〕（図2のv_{0x}）は，次のように表される。

ポイント　単振動の速度　　$v = A\omega\cos\omega t = A\omega\cos\dfrac{2\pi}{T}t$

■ 点Qの速度が最大になるのは，中心Oを通るときで，その大きさは$A\omega$，最小になるのは，両端にきたときで，その大きさは0である。

■ 点Qの速度はつねに変化しているので，加速度がある。点Qの加速度も，Pの加速度ベクトルをx軸上に射影したものに等しい。Pの加速度は$A\omega^2$なので，点Qの時刻t〔s〕の加速度a〔m/s²〕（図3のa_{0x}）は，次の式で表される。

ポイント　単振動の加速度　　$a = -A\omega^2\sin\omega t = -\omega^2 x$

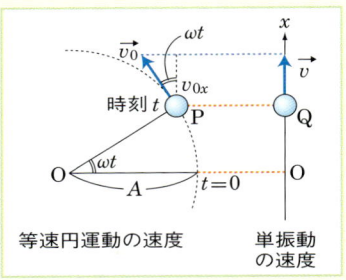

図2. 等速円運動の速度と単振動の速度

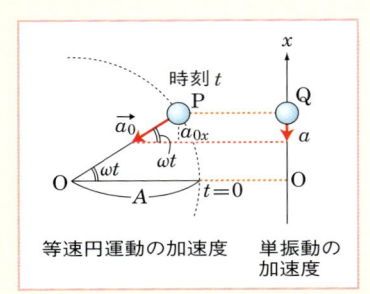

図3. 等速円運動の加速度と単振動の加速度

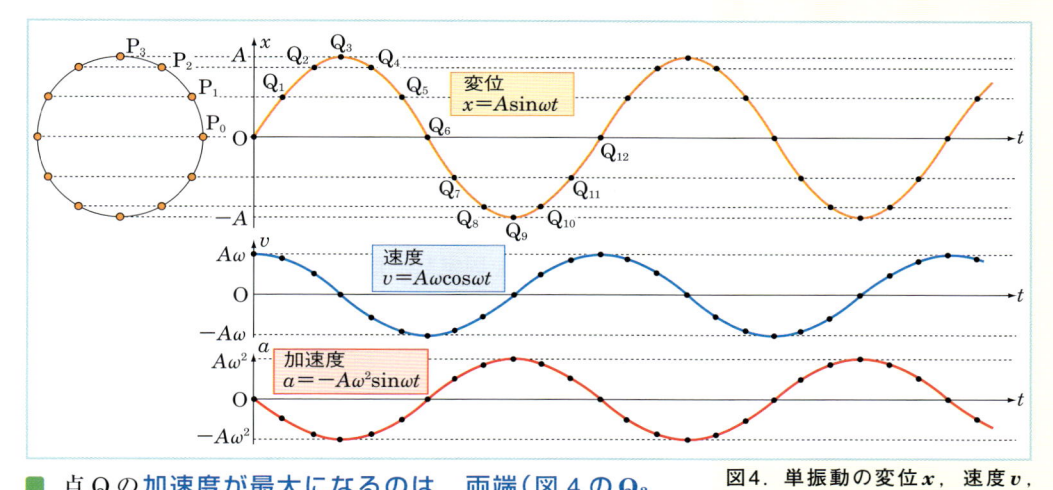

図4．単振動の変位 x，速度 v，加速度 a のグラフ
位相が $\frac{\pi}{2}$ ずつずれていることに注目すること。

■ 点 Q の加速度が最大になるのは，両端（図 4 の Q_3，Q_9）にきたときで，その大きさは $A\omega^2$，最小になるのは，中心 O を通るときで，その大きさは 0 である。

③ 単振動の運動方程式

■ 物体が単振動をしているときは，加速度 $a = -\omega^2 x$ が生じている。したがって，物体の質量を m〔kg〕とすると，単振動の運動方程式は，次のように書くことができる。

$$F = ma = -m\omega^2 x \quad \cdots\cdots ①$$

質量 m と角速度 ω は決まった値であるから，

$$m\omega^2 = C（定数）$$

とすれば，①式は次のように書きかえられる。

$$F = -Cx \quad \cdots\cdots ②$$

ポイント 物体に $F = -Cx$ の力がはたらくと，物体は単振動をする。

✪1．周期運動がすべて単振動であるとは限らない。単振動かどうかを調べるときは，この式が成り立つかどうかをみればよい。

■ 上の式の比例定数 C から単振動の周期 T〔s〕が求められる。$C = m\omega^2$ であるから，

$$\omega = \sqrt{\frac{C}{m}}$$

よって，次の式を得る。

$$T = \frac{2\pi}{\omega} = 2\pi\sqrt{\frac{m}{C}} \quad \cdots\cdots ③$$

ポイント 単振動の周期

$$T = \frac{2\pi}{\omega} = 2\pi\sqrt{\frac{m}{C}}$$

3章 円運動と万有引力

4 振り子の運動

1 ばねにつけたおもりの振動

■ 図1のように，なめらかな水平面上にばね定数k〔N/m〕のばねの一端を固定し，他端に質量m〔kg〕の物体をつけ，物体を引いてばねをのばすと，物体には，ばねののび（物体の変位）に比例し，変位$\vec{x}$と反対向きの力

$$F = -kx$$

がはたらく。

■ 単振動は前ページの②式のように，$F = -Cx$の力がはたらくときに起こる。$C = k$と置きかえて考えると，この物体は単振動をしていることがわかる。これを**ばね振り子**という。

■ その周期Tは，前ページの③式で$C = k$と置きかえると，次の式になる。

$$T = 2\pi\sqrt{\frac{m}{k}}$$

■ 今度はばねをつるして上下に振動させてみよう。図2のように，ばねに質量m〔kg〕の物体をつるしたとき，ばねがx_0〔m〕のびてつり合ったとすると，

$$mg = kx_0$$

の関係が成り立つ。つり合いの位置からさらにx〔m〕だけ物体を引き下げると，物体にはたらく力の合力は，上式を用いると，次のようになる。

$$F = mg - k(x_0 + x) = -kx$$

これは**つり合いの位置からの変位xに比例した力**を表すので，物体は，**つり合いの位置を中心として単振動**をする。

■ ばね振り子が単振動をするときの周期T〔s〕は，水平方向，鉛直方向のどちらに振動する場合でも同じである。

> **ポイント** ばね振り子の周期 $T = 2\pi\sqrt{\dfrac{m}{k}}$

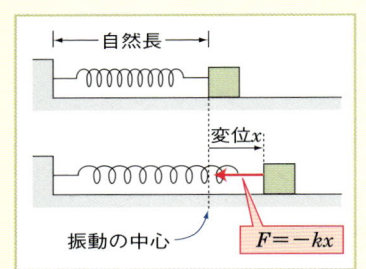

図1. 水平ばね振り子
物体をxだけ変位させると，$\vec{x}$の向きを正として，$F = -kx$（$\vec{x}$と反対向き）の力がはたらく。

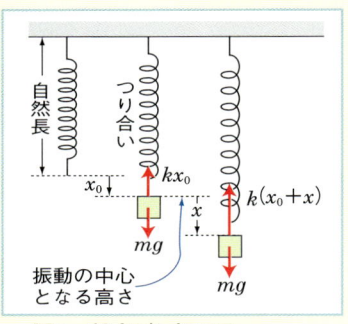

図2. 鉛直ばね振り子
物体をつり合いの位置からxだけ変化させると，$F = mg - k(x_0 + x) = -kx$（$\vec{x}$と反対向き）の力がはたらく。

解き方 問1.
つり合っているときは弾性力kxと重力mgが等しい。
$mg = kx$
より，
$0.1 \times 9.8 = k \times 0.05$
なので，$k = 19.6$ N/mとなる。
ばね振り子の周期Tは，
$T = 2\pi\sqrt{\dfrac{m}{k}} = 2\pi\sqrt{\dfrac{0.1}{19.6}}$
$\fallingdotseq 0.45$ s
答 0.45 s

問 1. 軽いつる巻きばねに100gのおもりをつるしたところ，5.0cmのびてつり合った。このおもりをさらに2.5cm引いてから手を離したあとの振動の周期を求めよ。

2 単振り子の振動

■ 糸におもりをつけて振らせるものを，一般に**振り子**というが，鉛直面内でおもりが左右に振動するような振り子を**単振り子**といい，その**振幅が小さいとき，振り子の周期は，振幅やおもりの質量に関係なく，糸の長さだけで決まる**。

■ 振り子が振れているとき，おもりにはたらく力は，重力 mg〔N〕と糸の張力 S〔N〕である。図3のように，糸が鉛直方向から角 θ だけ傾いているとき，おもりにはたらく力の運動方向（糸と垂直方向）の成分は $mg\sin\theta$ である。ここで θ が非常に小さい角であるとすると，おもりの描く軌道 $\overset{\frown}{P_0P}$ も直線とみなすことができ，$P_0P = x$〔m〕とすれば，$x = 2l\sin\dfrac{\theta}{2} \fallingdotseq l\theta$ と近似できるから，おもりにはたらく力の運動方向の成分 f_x は，

$$f_x = -mg\sin\theta \fallingdotseq -mg\theta \fallingdotseq -mg\dfrac{x}{l} = -Cx$$

となり，おもりが単振動をすることがわかる。

■ 単振り子の周期 T〔s〕は，$C = \dfrac{mg}{l}$ であるから，

$$T = 2\pi\sqrt{\dfrac{m}{C}} = 2\pi\sqrt{\dfrac{l}{g}} \quad \cdots\cdots\cdots ①$$

> **ポイント　単振り子の周期**
>
> $$T = 2\pi\sqrt{\dfrac{l}{g}} \quad 周期 = 2\pi\sqrt{\dfrac{糸の長さ}{重力加速度}}$$

■ **単振り子の周期は，おもりの質量 m や振幅 A に無関係で，糸の長さ l だけで決まる**。これを**等時性**という。

■ 単振り子は重力加速度の大きさの測定に用いられる。①式より，

$$g = \dfrac{4\pi^2 l}{T^2}$$

であるから，単振り子の周期 T と糸の長さ l を正確に測定すれば，重力加速度 g が求められる。

問 2. 重力加速度を測定するために，長さ70.0cmの単振り子を用いて，小さい振幅で振動させ，100回の振動に要する時間の平均を求めたところ，168.0sであった。重力加速度の値はいくらか。

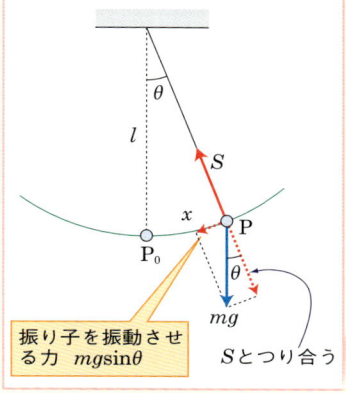

図3．単振り子
θ が小さい角であれば，$\overset{\frown}{P_0P}$ も直線とみてよく，おもりの運動は単振動とみなすことができる。

振り子を振動させる力 $mg\sin\theta$

S とつり合う

◎1. ここで，$\sin\phi \fallingdotseq \phi$ の近似式を使った。この近似式が成り立つのは，ϕ が $0 \leqq \phi < \dfrac{\pi}{36}$（$\fallingdotseq 5°$）ぐらいのときである。この範囲外では，単振り子の式では誤差が大きい。したがって，ブランコなどには適用できない。

解き方　問2.
1回の振動にかかる時間は，
$T = \dfrac{168.0}{100} = 1.680\,\text{s}$
よって，
$l = 70.0\,\text{cm} = 0.700\,\text{m}$
より，
$g = \dfrac{4\pi^2 l}{T^2} = \dfrac{4 \times \pi^2 \times 0.700}{1.680^2}$
$\fallingdotseq 9.78\,\text{m/s}^2$

答 $9.78\,\text{m/s}^2$

3章　円運動と万有引力

5 天体の運動と万有引力

1 ケプラーの偉大な発見

■ ケプラーは，1600年ごろ惑星の運動について次の3つの法則を発見した。これを**ケプラーの法則**という。

第1法則：惑星は，太陽を焦点とする楕円軌道を描いて運動している。

第2法則：太陽と惑星を結ぶ動径が単位時間におおう面積は，それぞれの惑星について一定である（**面積速度一定の法則**）。

第3法則：惑星の楕円軌道の半長軸の長さ（長半径）aの3乗と，公転周期Tの2乗との比は一定である。

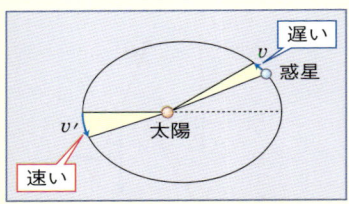

図1. 面積速度一定の法則
惑星は，太陽から遠い所ではゆっくり動き，太陽に近い所では速く動くが，太陽と惑星を結ぶ動径が単位時間におおう面積は一定である。

⚙ 1. 下の表を用いると，a^3とT^2の比T^2/a^3が一定になることが確かめられる。

惑星	半長軸の長さ a〔天文単位〕	公転周期 T〔年〕
水星	0.3871	0.2409
金星	0.7233	0.6152
地球	1.0000	1.0000
火星	1.524	1.881

太陽と地球の平均距離，正確には地球の半長軸の長さを**1天文単位**といい，およそ1.5×10^{11}mにあたる。

例題 地球の公転半長軸の2倍の位置をまわる惑星が存在するとしたら，その公転周期は何年になるか。

解説 ケプラーの第3法則により，惑星の軌道半径aと周期Tの間には，次の関係がある。

$$\left(\frac{T^2}{a^3}\right)_{地球} = \left(\frac{T^2}{a^3}\right)_{水星} = \left(\frac{T^2}{a^3}\right)_{金星} = \cdots$$

したがって，地球の場合$a = 1$天文単位，$T = 1$年を代入して，求める周期T'は，

$$\frac{1^2}{1^3} = \frac{T'^2}{2^3} \text{より，} T' = \sqrt{8} ≒ \textbf{2.82年} \quad \cdots\cdots \text{答}$$

2 ニュートンの偉大な発見

■ 物体を円運動させるためには向心力が必要である。ニュートンは，1666年ごろ天体の円運動にも向心力となる力が存在するはずだと考えた。そして，この力となるのが，**万有引力**であることを理論的に説明した。

> **ポイント　万有引力の法則**
> 質量m，M〔kg〕の2つの物体が，距離r〔m〕離れて存在するとき，互いに作用する万有引力F〔N〕は，
> $$F = G\frac{mM}{r^2} \quad \text{万有引力} = \text{定数} \times \frac{\text{質量} \times \text{質量}}{(\text{距離})^2}$$

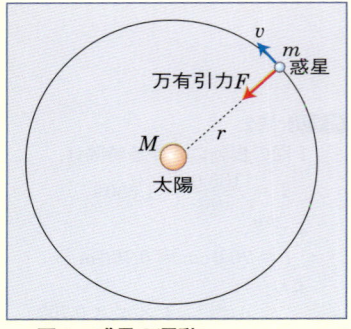

図2. 惑星の運動
惑星には，万有引力がはたらき，これが向心力となって運動する。

■ この比例定数Gを**万有引力定数**という。
$$G = 6.67 \times 10^{-11} \text{N·m}^2/\text{kg}^2$$

3 重力と万有引力

■ 地上の物体にはたらく引力は，地球の各部分が物体に及ぼす万有引力の合力で，地球の全質量が中心に集まったとしたときの万有引力と，大きさも向きも同じになる。

■ 地上の物体は，引力の他に地球の自転による遠心力も受けている。**万有引力と遠心力の合力が重力**である。ただし，遠心力の大きさが最も大きい赤道付近でも，万有引力の $\dfrac{1}{300}$ なので，重力の方向は地球の中心とみなしてよい。

■ 地球の質量を M〔kg〕，半径を R〔m〕とすれば，地表にある質量 m_0〔kg〕の物体にはたらく重力 $m_0 g$〔N〕は，万有引力の法則より，

$$m_0 g = G\dfrac{Mm_0}{R^2}$$

よって，次の式を得る。

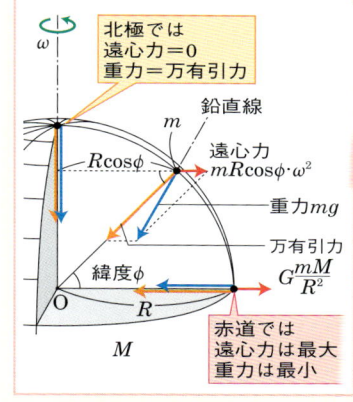

図3．万有引力と重力

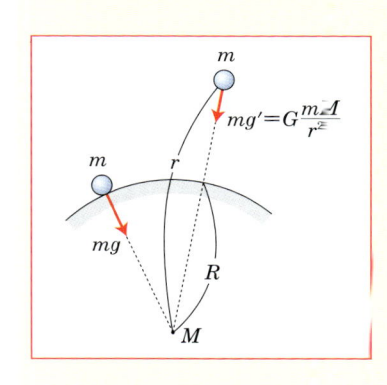

> **ポイント** 万有引力と重力　$GM = gR^2$　$\begin{pmatrix} M：地球の質量 \\ R：地球の半径 \end{pmatrix}$

■ これまで，重力加速度 g の値は高さが変わっても一定であると考えてきた。これは地球の半径 6400 km と比較して無視できるくらいの変化であったからである。

■ 地表から 1000 km，2000 km，…の上空では，g の値はだんだん小さくなっていく。

例題 地表（地球の中心から 6400 km）での重力加速度が g のとき，重力加速度 g' が $g' = \dfrac{1}{2}g$ になるのは，地表から何 km の場所か。

解説 地球の中心からの距離が r，質量が m の物体について，加速度 a を g' と置きかえて運動方程式を立てると，

$$mg' = G\dfrac{mM}{r^2}$$

$GM = gR^2$ を用いて変形すると，$g' = \dfrac{GM}{r^2} = \left(\dfrac{R}{r}\right)^2 g$

$g' = \dfrac{1}{2}g$ となるためには，$\left(\dfrac{R}{r}\right)^2 = \dfrac{1}{2}$

ゆえに，$r = \sqrt{2}R$

したがって，地表からの高さ h は，

$$h = r - R = \sqrt{2}R - R ≒ \mathbf{2650\,km} \quad\cdots\cdots\text{答}$$

4 静止衛星

■ **人工衛星**のうち，気象衛星やBS放送の衛星は**静止衛星**とよばれる。**静止衛星は「静止」しているのではなく，地球の自転と同じように約24時間で1周するので**，地上の人にはいつも同じ方角に静止しているように見える。

■ 24時間の周期で円運動する静止衛星の軌道半径は，地球の半径の約6.5倍である。もっと地表に近いところで静止衛星を飛ばすことができれば通信も簡単になるが，物理的に不可能なのである。

■ さらに，図4のように，静止衛星P′がO′を中心とする円軌道を取ることはできない。万有引力の向きは，P′→Oの方向であって，P′→O′の方向ではないからである。したがって，静止衛星は赤道の上空にしか存在できない。

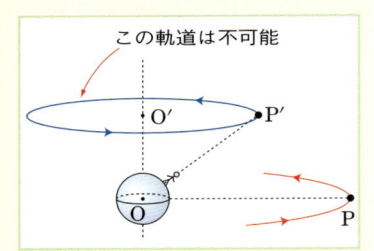

図4．静止衛星

❷2. $\sqrt[3]{}$ の計算ができる電卓が必要である。42000 km ≒ 6.5R である。

静止衛星は地球の半径の約6.5倍のところをまわっていることを考えると，意外に遠いところにいることがわかる。

例題 地球の半径を 6.4×10^6 m として，静止衛星の軌道半径を求めよ。

解説 速度 v で円運動をしている静止衛星について運動方程式を立てると，

$$m\frac{v^2}{r} = G\frac{mM}{r^2}$$

この式に $v = \frac{2\pi r}{T}$，$GM = gR^2$ を代入して整理すると，

$$r^3 = \frac{gR^2T^2}{4\pi^2}$$

ゆえに，

$$r = \sqrt[3]{\frac{gR^2T^2}{4\pi^2}} \fallingdotseq 4.2 \times 10^4 \text{ km} \quad \text{❷2} \quad \cdots\cdots \text{答}$$

■ 地球の重力を向心力として，地球表面すれすれをまわる円運動の速さを，とくに**第1宇宙速度**という。

例題 地球の半径を 6.4×10^6 m として，第1宇宙速度を求めよ。

解説 人工衛星について運動方程式を立てると，

$$m\frac{v^2}{R} = G\frac{mM}{R^2}$$

これを v について解くと，

$$v = \sqrt{\frac{GM}{R}} = \sqrt{gR} \fallingdotseq 7.9 \text{ km/s} \quad \cdots\cdots \text{答}$$

5 万有引力による位置エネルギー

■ 地表近くでは，位置エネルギーは高さ h に比例して mgh 〔J〕と表されるが，これは g が一定とみなせる範囲に限られる。高さが非常に高くなると，g の値も小さくなるので，位置エネルギーの増加の割合は小さくなる。

■ 無限のかなたに離れた点では，位置エネルギーは一定の値になるので，これを位置エネルギーの基準 0 とする。●3

> **ポイント**
> 地球の中心から r〔m〕の点での**位置エネルギー**は，
> $$U = -G\frac{mM}{r} \quad \binom{M：地球の質量}{m：物体の質量}$$

■ 質量 m の物体が，ロケットのような噴射をせずに万有引力だけを受けて運動するとき，力学的エネルギーは保存する。したがって，軌道上のどの場所でも次式が成り立つ。●4

$$K + U = \frac{1}{2}mv^2 + \left(-G\frac{mM}{r}\right) = 一定$$

■ 地表から初速度だけを与えてロケットを打ち上げる。途中でエンジンを噴射しなくても地球の引力を振りきって無限遠に飛びさるような最小の初速度を，**第2宇宙速度**という。

例題 地球の半径を 6.4×10^6 m として，第2宇宙速度を求めよ。

解説 右の図のように，発射点Pでの打ち上げ速度を v_0（第2宇宙速度），軌道の途中の点Qでの速度を v として，力学的エネルギー保存の法則の式を立てると，

$$\frac{1}{2}mv_0^2 + \left(-G\frac{mM}{R}\right) = \frac{1}{2}mv^2 + \left(-G\frac{mM}{r}\right)$$

点Qが無限遠となればよいので，位置エネルギーの式で $r \to \infty$ として，$-G\frac{mM}{r} \to 0$

よって，

$$\frac{1}{2}mv_0^2 - G\frac{mM}{R} = 0 \quad ●5$$

したがって，

$$v_0 = \sqrt{\frac{2GM}{R}} = \sqrt{2gR} \fallingdotseq 1.1 \times 10^4 \text{m/s}$$
$$= \mathbf{11\ km/s} \quad \cdots\cdots\cdots \text{答}$$

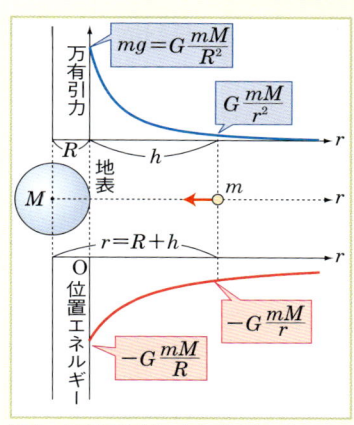

図5. 万有引力による位置エネルギーと距離

●3. 地球に近づく（高度が下がる）ほど位置エネルギーは小さくなる。
よって，地球から無限に離れた点の位置エネルギーを 0 とするので，それぞれの点の万有引力による位置エネルギーは負になる。

●4. 摩擦のないジェットコースターでは，軌道上のどの場所でも次の式が成り立っていた。
$$K + U = \frac{1}{2}mv^2 + mgh = 一定$$

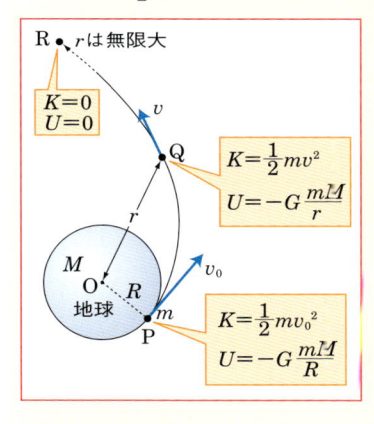

●5. v_0 は最小の速度であるから，無限遠での速度を 0 にする。よって，無限遠の運動エネルギーは，$\frac{1}{2}mv^2 = 0$

3章 円運動と万有引力

重要実験 単振り子のTとLの関係を探す

方法

〔xとyの関係を見つけ出す方法〕

　一般に，下の表のようなxとyのデータが実験で得られたとする。xとyの間にはどのような関係があるのだろうか。

　表のデータだけを見て，関係を探し出せる人はほとんどいないであろう。まずはy-xグラフをかいてみる。下の右側のグラフを見ると放物線のようだが確証がない。

　そこで今度は，横軸をx^2にしてみる。表のxの欄のとなりにx^2の欄をつくって，下の表のように書きこむ。これから，$x^2 = 9$のとき$y = 18$のようにして，y-x^2のグラフをかいてみると，原点を通る傾きが2の直線になっていることがわかる。つまり，yとx^2が比例していて，比例定数が2だから，xとyの関係は，$y = 2x^2$であることがわかる。

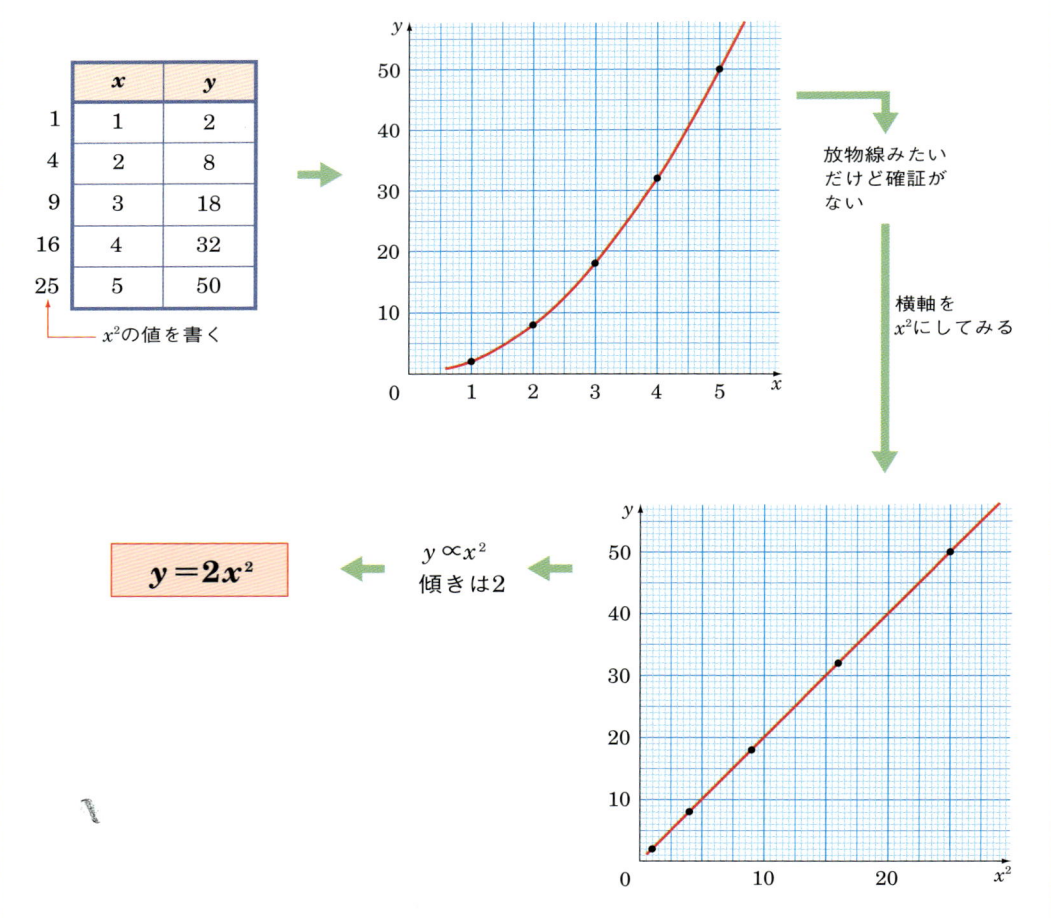

x^2	x	y
1	1	2
4	2	8
9	3	18
16	4	32
25	5	50

↑ x^2の値を書く

放物線みたいだけど確証がない

横軸をx^2にしてみる

$y \propto x^2$
傾きは2

$$y = 2x^2$$

　以上のことを踏まえて，単振り子の糸の長さLと，周期Tの関係を探してみよう。

1 θ を5°以下で振らせて，10回の振動時間 $10T$ を測定し，周期 T を求める。糸の長さ L は，0.20～1.5mの範囲で7種類くらいのデータをとる。「x と y の関係を見つけ出す方法」を参考にして，L と T の関係を探す。

2 測定したデータを，次の表のようにまとめる。

L〔cm〕	$10T$〔s〕	T〔s〕	T^2〔s^2〕
116.9	21.700	2.170	4.706
100.9	20.030	2.003	4.012
84.4	18.500	1.850	3.423
60.9	15.800	1.580	2.496
51.4	14.500	1.450	2.103
39.4	12.500	1.250	1.563
25.2	10.000	1.000	1.000

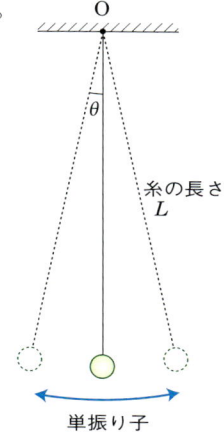

結果

1 このデータをもとに，T-L グラフをかくと下の左図のようになる。このグラフは平方根の曲線に似ている。

2 T^2-L グラフをかくと下の右図のように原点を通る直線状になるので，T^2 と L は比例していると考えられる。

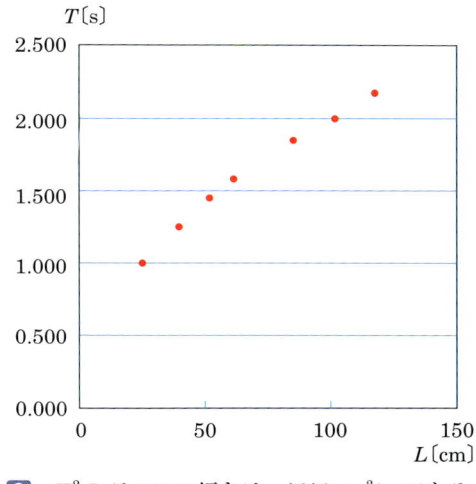

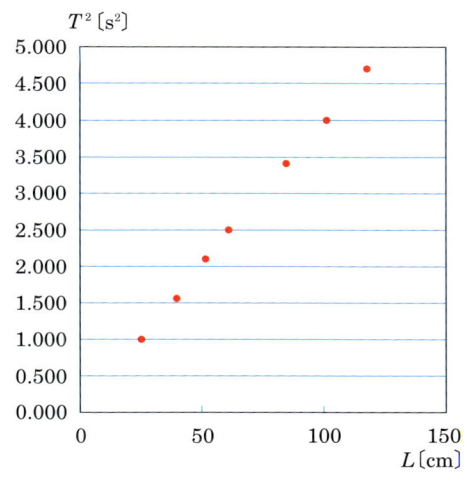

3 T^2-L グラフの傾きは，ほぼ $4 \text{ s}^2/\text{m}$ である。これから T と L の関係は，$T^2 = 4 \times L$ である。

4 p.39で学習したように，$T = 2\pi\sqrt{\dfrac{L}{g}}$ だから，両辺を2乗すると，$T^2 = \dfrac{4\pi^2}{g} L$ となる。

$\dfrac{4\pi^2}{g} = \dfrac{4 \times 3.14^2}{9.8} ≒ 4.0$ より，$T^2 = 4L$ となって，実験から求めた式と一致する。

考察

■ 単振り子の実験によって，重力加速度 g の測定もできる。→ $T = 2\pi\sqrt{\dfrac{L}{g}}$ を変形すると，$g = \dfrac{4\pi^2 L}{T^2}$ となるので，これに L と T の測定データを代入することにより，g が求められる。

定期テスト予想問題　解答→p.232~235

1 等速円運動

質量0.10kgの物体が半径0.50m，速さ0.30m/sで等速円運動をしている。
(1) 円運動の周期を求めよ。
(2) 円運動の回転数を求めよ。
(3) 角速度を求めよ。
(4) 加速度の大きさを求めよ。
(5) 物体にはたらく合力の大きさを求めよ。

2 円すい振り子

質量mのおもりを長さlの糸でつるし，半頂角がθの円すい面内で回転させた。重力加速度を$9.8\,\text{m/s}^2$とする。

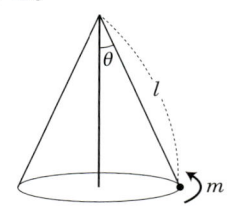

(1) おもりにはたらく向心力をm，g，θで表せ。
(2) おもりの周期を求めよ。
(3) $\theta = 30°$，$l = 1.0\,\text{m}$のとき，周期を求めよ。
(4) (3)のとき，回転を速くしたところ$\theta = 45°$になった。周期は何sになったか。
(5) (4)のとき，糸の張力は$\theta = 30°$の場合の何倍になったか。

3 慣性力(1)

$0.98\,\text{m/s}^2$の加速度で等加速度運動をしている電車の中で，高さ2.5mの位置から小物体を静かに落下させた。重力加速度を$9.8\,\text{m/s}^2$とする。

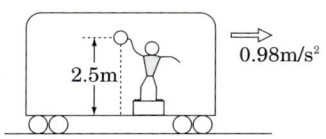

(1) 小物体の質量を0.10kgとすると，この小物体にはたらく慣性力の大きさは何Nか。
(2) 小物体が電車の床に落下するまでの時間を求めよ。
(3) 小物体は，落下させた点の真下の床の位置から，どのくらい後方に落下するか。

4 慣性力(2)

$2.0\,\text{m/s}^2$の一定の加速度で速さを増しながら動いている電車の中で，電車内の人から見て10m/sの速さで台車を図のように押し出した。

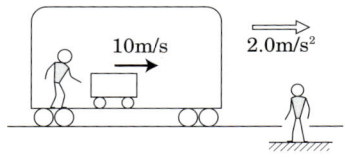

(1) 電車内の人から見ると，この台車はどんな運動をするか。
(2) 電車の外に静止している人がこの台車の運動を観察すると，台車はどんな運動するように見えるか。
(3) 電車の中の人から見て，台車の速さが0になるのは何s経過した後か。

5 向心力と遠心力

摩擦のある水平な円板上に小物体をのせ，円板の中心を通る鉛直軸のまわりで，円板を1秒間に1回転の割合で回転させる。円板と物体の間の摩擦係数を0.20とすると，この物体がすべらずに円板とともに回転するためには，中心からどれだけの範囲になければならないか。

6 単振動

質量1.6kgの物体が一直線上を運動している。物体にはたらいている力は，線上の1点Oからの距離に比例し，向きはつねに点Oに向いている。点Oからの距離が1.00mのとき，はたらく力が19.6Nであれば，物体の振動の周期はいくらか。

7 単振動のグラフ

単振動している物体がある。その時刻と位置の関係は，下図のグラフで示してある。

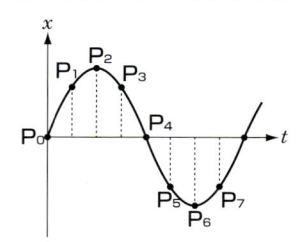

次の各問いにあてはまる物体の位置$P_0 \sim P_7$ですべて答えよ。
(1) 速さが最も大きいときの位置。
(2) 速さが最も小さいときの位置。
(3) 加速度の大きさが最も大きいときの位置。
(4) 加速度の大きさが最も小さいときの位置。

8 ばね振り子の単振動

質量0.50 kgのおもりをつるすと，0.10 mのびるつる巻きばねがある。その下端に，1.00 kgのおもりをつけ，自然の長さから0.30 mのばしたところで手を離した。おもりの振動の周期を求めよ。

9 単振り子の周期

単振り子の周期は，次の(1)〜(4)のとき，どのようになるか。ただし，(3)のときも含めて振幅は十分に小さいものとする。
(1) 長さを少し長くしたとき。
(2) おもりの質量を少し大きくしたとき。
(3) 振幅を少し大きくしたとき。
(4) 同じ振り子を地上より高い場所で振らせたとき。

10 地球の質量と平均密度

地球の半径を6.4×10^3 km，万有引力定数を6.7×10^{-11} N・m²/kg²とする。このとき，重力加速度から地球の質量および平均密度を求めよ。

11 太陽の質量

地球は太陽を中心とする半径1.5×10^{11} mの円軌道を公転しているとして，太陽の質量を求めよ。ただし，地球の公転周期を3.16×10^7 s，万有引力定数を6.7×10^{-11} N・m²/kg²とする。

12 月の公転周期

月は地球を中心とする半径$60R$（Rは地球の半径）の軌道を等速円運動している。月の公転周期はおよそ何日か。ただし，$R = 6.4 \times 10^3$ kmとする。

13 人工衛星

地表から630 kmの距離（地球の中心からは7.00×10^6 mで，重力加速度は7.8 m/s²となる）をまわる質量500 kgの人工衛星がある。次の各問いに答えよ。
(1) 向心力の大きさは何Nか。
(2) 速さは何m/sか。
(3) 周期は何分か。

14 万有引力と惑星の運動

質量mの惑星が質量Mの太陽のまわりを半径rの等速円運動をしているとし，その公転周期をTとする。次の各問いに答えよ。
(1) 惑星の等速円運動の向心力fを求める式を示せ。
(2) 太陽が惑星におよぼす万有引力Fを求める式を示せ。
(3) (1)と(2)から，T^2を求める式を導け。
(4) (3)の式が表す法則を簡単に述べよ。

3章 円運動と万有引力

ホッとタイム キミにもできる物理の実験

◎ 無重量状態をつくってみよう

　地球上の物体には必ず重力が作用するので，重力のはたらかない状態で実験を行うことはむずかしい。でも，重力がはたらいていてもそれと同じ大きさで逆向きの力を与えれば，再現できる。

　右の図のように，ペットボトルに水を入れてキャップを閉め，上下2か所に穴をあける。当然，水は下の穴から放出される。上の穴はペットボトルに空気が入りやすくするためである。

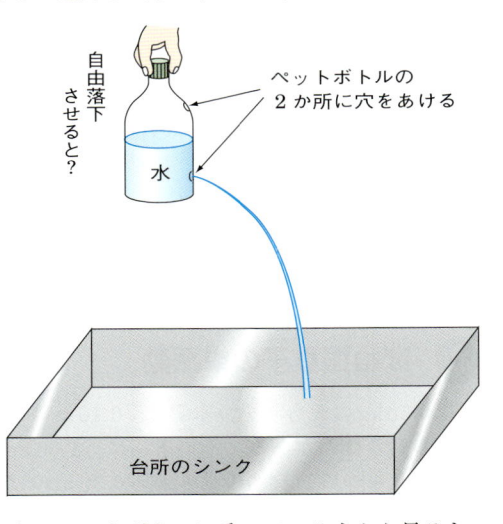

　さて，このペットボトルを台所のシンクに自由落下させてみよう。落下している最中は穴から水が放出されない。地面から見ると，水もペットボトルも同じ重力加速度 g で落下している。こうなるとペットボトルには水圧がかからないので，水は放出されないのである。

　この実験でペットボトルに乗っている人がいると仮定してみよう。ペットボトルと水と人は加速度 a $(=g)$ で下向きに等加速度直線運動を行っている。観測者が加速度運動をすると，物体には a と逆向きに ma の大きさの慣性力がはたらくのであった。ペットボトルに乗っている人から見ると，質量 m の水には下向きに重力 mg がはたらき，同時に上向きに慣性力 ma $(=mg)$ がはたらくので，合力は0になる。つまり，重力がはたらいていないのと同じになる。

　このような状態を，**無重量状態**とか**無重力状態**という。ペットボトルをどのように投げても，ペットボトルの中は無重量状態になり，力がはたらかないので水は出てこない。

　ジェット機の推進力を，空気抵抗とちょうどつり合うように設定すると，ジェット機は放物運動をするので，ジェット機の中は無重量状態になる。無重量状態は1回につき20秒程度しか保てないが，宇宙飛行士の訓練や実験に使われている方法である。

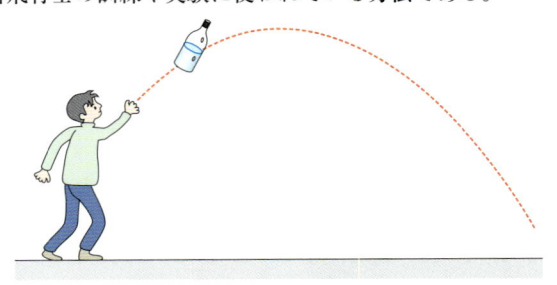

> エレベーターを自由落下させても同様で，無重力を体験できます。でもその後は，…。

物理現象の原理や法則は，つねに実験を通して確かめられてきました。物理の実験のなかには，身近にあるものを使って簡単にできるものもあります。たまには勉強をひと休みして，息抜きに試してみましょう。

❂ 厚紙でできるブーメラン

ブーメランは狩猟や儀式などに使われていた道具で，回転をつけて投げると大きな円を描いて飛行し，投げた場所の近くに戻ってくる。

世界各地の洞窟の岩絵などに描かれていることから，紀元前にはすでに存在していたものだと考えられている。

ここでは，厚紙を使って簡単なブーメランを作ってみよう。

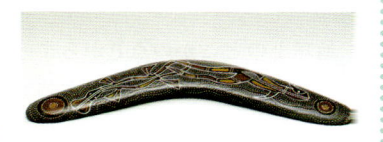

ブーメラン（オーストラリア）

作り方・投げ方

1. 幅4cm，長さ30cmくらいの厚紙を2本切り出し，十字にホチキスでとめる。
2. 設計図にあるように，a，b，c，dの4か所にカッターナイフで切りこみを入れる。
3. 点線の部分をほんの少し（10°くらい），山折りにする。これで完成である。
4. 十字の先を親指と人差し指で持ち，立てた状態で縦向きに回転をかけて（スナップをかけて）投げる。すると，ブーメランは自転しながら大きく弧を描いて戻ってくる。

a,b,c,dの4か所にカッターで切りこみを入れる

点線の部分を10°くらい山折り

ブーメランを立てて持つ

縦向きに回転をかけて投げる

なぜ戻ってくる？

■ 運動方向に対してつねに垂直な力（向心力）が作用しつづけると，その物体は円運動をするのであった。ブーメランはこの力を自転によって発生させている。

■ このブーメランでは，紙を折り曲げたことで，扇風機の羽根のような構造になっている。

■ ブーメランが回転すると，上下で風を切る速さが違うので，ブーメランを倒そうとするはたらきが生じる。しかし，ブーメランは回転しているため簡単には倒れず，一輪車を傾けたときのように，進行方向に対して横向きの力を受ける。

■ この力はブーメランの移動方向に対してつねに垂直にはたらくので，これが向心力となって大きな弧を描く運動になる。

発展——弧の半径を大きくする方法

■ 中心の部分に十円玉などのおもりをセロハンテープではりつけると，質量が大きくなって曲がりにくくなることから，弧の半径が大きくなる。

3章 円運動と万有引力

ホッとタイム

地球の裏側まで何分？

> 地面をまっすぐ下向きに掘っていくと，いつかは地球の裏側にたどり着くんじゃないかと一度は考えたことがあると思います。このトンネルに物体を落としたとき，反対側までたどり着くのにどれだけ時間がかかるか，考えてみましょう。

地球上のどこかの点Pからまっすぐ下向きにトンネルを掘り，地球の中心を通って反対側の地表までの直線のトンネルができたとしよう。この鉛直なトンネルの中に，ボールを自由落下させたらどうなるだろうか。

ボールは地球の万有引力に引かれてどんどん加速していくが，中心Oをすぎると万有引力が速度とは逆向きとなるために減速することは想像できるだろう。Pの反対側の点P′では，ボールの速度が0になる。

もちろん，空気の抵抗は無視しているし，地球の中心がとても熱くなっていることも考えていない。このボールは，いったい何分で地球の反対側まで行けるのだろうか？

地球の密度ρが均質であるとして，地球の質量をM，半径をRとすると，

$$\rho = \frac{M}{V} = \frac{M}{\frac{4}{3}\pi R^3}$$

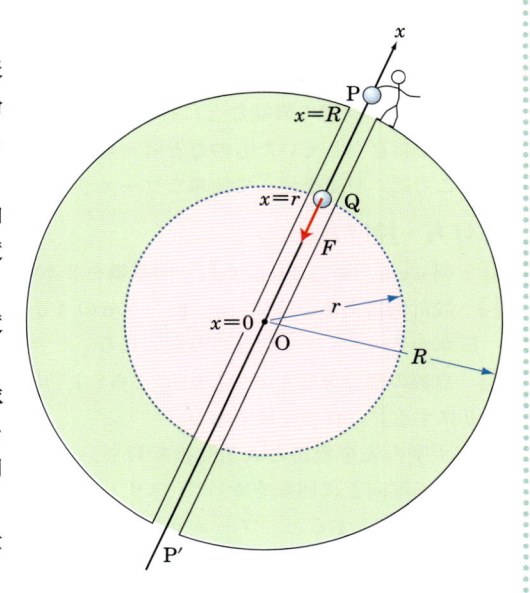

ボールが地中の点Qにあるときに，図の点線の外側（図の緑色）の部分がおよぼす万有引力の合力は0であることがわかっているので，**図の点線の内側（図の赤色）の部分の質量が，点Oに集中しているとして計算してよい**。点線の中の質量をM'とおけば，

$$M' = \rho V' = \frac{M}{\frac{4}{3}\pi R^3} \times \frac{4}{3}\pi r^3 = \frac{M}{R^3}r^3$$

したがって，点Qで質量mのボールにはたらく万有引力Fは，xの正の向きと反対だから負になることと，$GM = gR^2$を用いて変形すると，

$$F = -G\frac{mM'}{r^2} = -\frac{Gm}{r^2}\cdot\frac{M}{R^3}r^3 = -\frac{GMm}{R^3}r = -\frac{mg}{R}r$$

となり，この式は$F = -Kx$の形になっているので，ボールは単振動をすることがわかる。

ここで$K = \frac{mg}{R}$とおくと，単振動の周期の式から，$T = 2\pi\sqrt{\frac{m}{K}} = 2\pi\sqrt{\frac{R}{g}}$

$R = 6400\text{km} = 6.4 \times 10^6\text{m}$，$g = 9.8\text{m/s}^2$を代入して計算すると，$T ≒ 84.6$分である。

PからP′までは$\frac{T}{2}$だから，**地球の反対側まで約42分で行ける**ことになる。

2編
熱とエネルギー

1章 気体の状態方程式

1 気体の状態方程式

1 気体にも弾性がある

注射筒に空気を入れて，先端を左手でおさえ，右手でピストンを押すと，中の空気の体積は小さくなる。ピストンから手をはなすと，空気の体積はもとにもどる。このように，気体は体積に関して，ばねのように弾性を示す。

実験によって圧力と体積の関係を求めると，**一定量の気体の体積は，温度を一定に保つとき，圧力に反比例する**（図1）。これを**ボイルの法則**という。

> **ポイント**
> 圧力 p 〔Pa〕のとき体積 V〔m³〕の気体を，温度一定に保ったまま，圧力 p'〔Pa〕にしたとき，体積が V'〔m³〕になったとすれば，
> $$pV = p'V' \qquad 圧力 \times 体積 = 一定$$

❂ 1. 圧力 p とは，加える力 F をその断面積 S で割ったものである。すなわち，
$$p = \frac{F}{S} \,〔\mathrm{N/m^2}〕$$
である。また，圧力の単位にはパスカル〔Pa〕を用いる。
$1\,\mathrm{Pa} = 1\,\mathrm{N/m^2}$

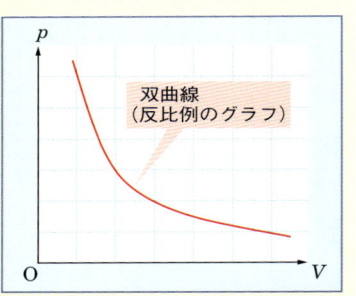

図1. 気体の体積と圧力の関係（双曲線／反比例のグラフ）

問 1. 圧力を $1.5 \times 10^7\,\mathrm{Pa}$ にしてヘリウムガスをつめた容積 40 L のボンベがある。このボンベのガスを風船に，容積 2.0 L，圧力 $1.0 \times 10^5\,\mathrm{Pa}$ でつめたら，何個の風船につめられるか。ただし，温度は一定とする。

解き方 問1.
風船の数を n とすると，
$p \times V = p' \times nV'$
よって，
$n = \dfrac{pV}{p'V'} = \dfrac{1.5 \times 10^7 \times 40}{1.0 \times 10^5 \times 2.0}$
$= 3.0 \times 10^3$ 個

答 3.0×10^3 個

2 熱すると気体は膨張する

空気を熱すると，膨張して体積が大きくなるから密度が小さくなって上へ上がる。タバコの煙がたちのぼるのも，熱気球が大空高く舞い上がるのも，同じ理由である。

実験により，圧力一定で気体を熱すると，温度が 1 ℃ 上がるごとに 0 ℃ のときの体積の $\dfrac{1}{273}$ ずつ膨張するとわかった。すなわち，0 ℃ で V_0 の気体が温度 t ℃ のときの体積は，

$$V = V_0 \left(1 + \frac{1}{273} t\right) = \frac{273 + t}{273} V_0 \quad \cdots\cdots ①$$

となる。

❂ 2. **熱気球**は，下の口が開いた球に，高温の空気を入れたものである。高温の軽い空気は上にたまり，低温の重い空気を下の口から押し出すので，熱気球全体の重さが軽くなり，浮力によって空気中で浮くことができる。

2編 熱とエネルギー

■ ①式を，摂氏温度のかわりに**絶対温度**T〔K〕(ケルビン)で表すと，

$$\frac{V}{T} = \frac{V_0}{273\text{K}} = 一定 \quad \cdots\cdots②$$

となる。①，②式の関係を**シャルルの法則**という。

■ すなわち，シャルルの法則は，**一定量の気体の体積は，圧力を一定に保つとき，絶対温度に比例する**といいかえられる（図2）。

> **ポイント**
> 圧力一定のとき，一定量の気体の体積が，絶対温度T〔K〕でV〔m³〕，T'〔K〕でV'〔m³〕であれば，
>
> $$\frac{V}{T} = \frac{V'}{T'} \quad \frac{体積}{絶対温度} = 一定$$

問 2. 圧力を一定に保って，気体の温度を0℃から100℃まで上げると，体積は何倍になるか。

③ 2つの法則を1つにまとめよう

■ ボイルの法則とシャルルの法則をまとめると，**一定量の気体の体積は，圧力に反比例し，絶対温度に比例する**といえる。これを**ボイル・シャルルの法則**という。すなわち，次式が成り立つ。

$$\frac{pV}{T} = 一定$$

■ ボイル・シャルルの法則が厳密に成り立つような気体を**理想気体**という。実在する気体も，常温常圧付近では理想気体とみなせる。

> **ポイント**
> 一定量の気体の体積が，圧力p_1〔Pa〕，絶対温度T_1〔K〕のときV_1〔m³〕，圧力p_2〔Pa〕，絶対温度T_2〔K〕のときV_2〔m³〕であったとすれば，
>
> $$\frac{p_1 V_1}{T_1} = \frac{p_2 V_2}{T_2} \quad \frac{圧力 \times 体積}{絶対温度} = 一定$$

例題 一定容積のボンベの中に，圧力を1.0×10^5Paにして閉じこめた気体の温度を，27℃から327℃まで上げると，圧力は何Paになるか。

解説
$$\frac{1.0 \times 10^5 \times V}{273 + 27} = \frac{p \times V}{273 + 327} \text{ より，}$$

$$p = \mathbf{2.0 \times 10^5 \text{Pa}} \quad \cdots\cdots\text{答}$$

---

3. 摂氏温度の値をt℃，絶対温度の値をTKと表せるとき，

$$T = t + 273$$

という関係が成り立つ。
このように摂氏温度は，絶対温度の目盛りを水の融点が0になるようにずらした温度目盛りである。

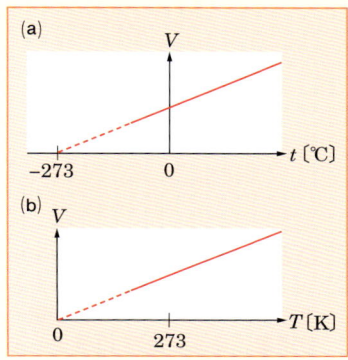

(a), (b) 図2．気体の体積と温度の関係
グラフは傾いた直線となる。横軸を絶対温度Tにすると，(b)のように原点を通る直線となるので，VとTが比例することがわかる。

解き方 問2.
シャルルの法則より，
$$\frac{V'}{V} = \frac{T'}{T} = \frac{373}{273} \fallingdotseq 1.37$$
答 1.37倍

4. ボイルの法則やシャルルの法則において，圧力pや体積Vの単位は両辺が同じなら何でもかまわないが，温度Tは必ず絶対温度を用いなければならない。

5. この式で，温度一定ならば，$T_1 = T_2$であるから，$p_1 V_1 = p_2 V_2$となって，ボイルの法則の式になり，圧力一定ならば，$p_1 = p_2$であるから，$\frac{V_1}{T_1} = \frac{V_2}{T_2}$となって，シャルルの法則の式になる。

1章 気体の状態方程式

4 理想気体の状態方程式

■ ボイル・シャルルの法則で一定となる値 $\dfrac{pV}{T}$ は，気体の種類にはよらず，気体の量によって決まる。

■ 気体の量とは**気体分子の個数**であるが，非常に大きい数なのでそのまま扱うのは難しい。そこで **6.02×10^{23} 個**の分子をひとまとめで考え，**1 mol（モル）**という。

■ 物質の量をモル単位で表したものを，**物質量**といい，分子1 molあたりの個数 $N_A = 6.02 \times 10^{23}$ /mol を**アボガドロ定数**という。

■ 物質1 molあたりの質量を**モル質量**といい，単位〔g/mol〕や〔kg/mol〕で表す。たとえば，水分子のモル質量は18.0 g/molなので，水1 molの質量は18.0 gであり，その中に水分子が 6.02×10^{23} 個存在している。✿6

■ 1 molの気体は，0 ℃，1.013×10^5 Paのもとで，体積が22.4 L ＝ 2.24×10^{-2} m³なので，$\dfrac{pV}{T} = R$ とおいて，

$$R = \dfrac{pV}{T} = \dfrac{1.013 \times 10^5 \times 2.24 \times 10^{-2}}{273}$$

$$= 8.31 \,\mathrm{J/(mol \cdot K)}$$

となる。この R の値を**気体定数**という。

■ n〔mol〕の気体であれば，ボイル・シャルルの法則は，

$$\dfrac{pV}{T} = nR$$

となり，次の式（**理想気体の状態方程式**）を得る。

> **ポイント**
> **理想気体の状態方程式**
> 気体の圧力 p〔Pa〕，体積 V〔m³〕，気体の量 n〔mol〕，絶対温度 T〔K〕，気体定数 R〔J/(mol・K)〕のとき，
> $$pV = nRT$$

■ この式は，理想気体で，p，V，n，T のうちどれか3つの量がわかれば，残りの1つの量は状態方程式から決まることを示している。✿7

■ ボイル・シャルルの法則は，ある状態1から別の状態2に変化したとき，その間の関係を示すものである。状態方程式は，ある1つの状態で成り立つ式である。

問 2. 理想気体2.0 molを0.050 m³の容器につめ，27 ℃に保った。この容器の中の気体の圧力は何Paか。

学校では40人の集団を1クラスとよんでいるけど，原子・分子・イオンの世界では6.02×10^{23}個の集団を1 molというのですね。

✿6. 炭素12原子（¹²C）の質量を12として，それを基準としたときの原子や分子の質量を**原子量**や**分子量**という。炭素12原子のモル質量は12 g/molなので原子量は12，水分子のモル質量は18.0 g/molなので分子量は18.0といえる。

✿7. 実在の気体では，極端に低温や高圧のときには，ボイル・シャルルの法則は成り立たない。その理由は，気体分子にも大きさがあり，また分子どうしでも力をおよぼしあうからである。

[解き方] 問 2.
$pV = nRT$ に代入して，
$p \times 0.05 =$
$\quad 2 \times 8.31 \times (273 + 27)$
ゆえに，
$p = 99720$ Pa
$\quad \fallingdotseq 1.0 \times 10^5$ Pa

答 1.0×10^5 Pa

2 気体の圧力と分子運動

1 気体はどんな姿をしているか

■ すべての気体は，0 ℃，1 気圧（標準状態）で，**1 mol** がおよそ **22.4 L** の体積を占める。その中に含まれる分子の数も決まっていて，どの気体でも **6.02×10^{23} 個**である。

■ 気体に圧力を加えていくと，体積が小さくなる（ボイルの法則）。これは，気体の分子どうしが，互いに大きく離れているからである。

■ また，図1のように，異なる気体を別べつのびんに入れ，口を合わせてから仕切りを取り去ると，やがて2つの気体は混じり合う。この現象を**拡散**という。拡散現象から，気体分子は自由に動きまわっていることがわかる。

■ 以上のことから，気体というのは，多数の分子がばらばらになっていて，自由に運動しているとわかる。

2 気体の圧力の求め方

■ 多数の分子が，かってな運動をすると，分子どうしが衝突し，また，分子が容器の壁にも衝突する。このとき**壁が分子から受ける力積が，気体の圧力の原因**である。

■ 図2のように，1辺 l〔m〕の立方体の容器の中に1個の単原子分子が入っていて，これが向かい合った面A，A′ の間で往復運動をしているとする。

■ **分子と容器の壁との衝突は完全弾性衝突である**から，分子はAA′間で等速運動をする。分子の x 方向の速さを v〔m/s〕とすると，分子は t〔s〕の間に vt〔m〕進み，$2l$〔m〕進むごとに面Aに衝突するから，t の間に面Aに衝突する回数は $\dfrac{vt}{2l}$ 回である。

■ 分子の質量を m〔kg〕とすると，1回の衝突で分子が壁に与える力積は，$mv - (-mv) = 2mv$ なので，t の間に与える力積の和は $2mv \times \dfrac{vt}{2l} = \dfrac{mv^2 t}{l}$ である。

■ この間に壁が分子から受ける平均の力を f〔N〕とすれば，この力による力積は，$ft = \dfrac{mv^2 t}{l}$ より，$f = \dfrac{mv^2}{l}$ となる。

○1. 酸素や水素，二酸化炭素などの分子1個の大きさは，およそ 3×10^{-26} L程度である。仮に，この気体 1 mol をすき間なくつめこんだとすると，その体積は
　$3 \times 10^{-26} \times 6 \times 10^{23} \fallingdotseq 0.02$ L
となる。
気体 1 mol は標準状態で 22.4 L なので，気体の体積は，分子の体積の1000倍にもなることがわかる。

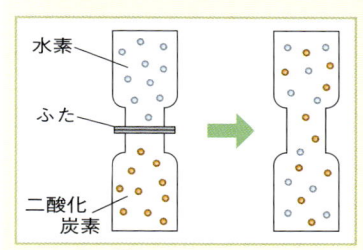

図1．拡　散
軽い気体である水素と重い気体である二酸化炭素とを，別べつの集気びんに入れ，ふたをしたままびんの口を合わせて重ねる。ふたを取ってしばらくすると，両方の気体が一様に混じってしまう。これは気体分子が運動している証拠となる。

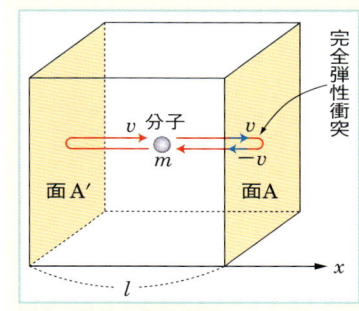

図2．分子1個の運動

1章　気体の状態方程式　55

⭐2. 台はかりの上に球を落とすと、球が台にあたった瞬間だけ、はかりの針が振れる。ところが、球をつづけて落とすと、はかりの針は戻れなくなって振れたままの状態になり、一定の力を受けているのと同じになる。分子が短時間の間に何回もあたるのはこれと同様の効果がある。

こんどは、この容器に1 molの気体を入れた場合を考えてみる。アボガドロ定数をN_Aとすると、容器の中ではN_A個の分子がかってな運動をする。このように**多数の分子が自由に運動する場合は、その$\frac{1}{3}$ずつが上下・左右・前後の3方向に運動している**と考えてよい。したがって、容器の壁が受ける力Fは、fの$\frac{N_A}{3}$倍になる。

よって、面Aの受ける圧力pは、次のようになる。

$$p = \frac{F}{l^2} = \frac{N_A}{3} f \times \frac{1}{l^2} = \frac{1}{3} \cdot \frac{N_A m v^2}{l^3} \quad \cdots\cdots① $$

①式でl^3は容器の体積に等しいから、$\frac{N_A}{l^3}$は単位体積あたりの分子数を表す。これをN〔個/m³〕とし、各分子の速さの2乗の平均値を$\overline{v^2}$〔m²/s²〕とすると、次式を得る。

$$p = \frac{1}{3} N m \overline{v^2}$$

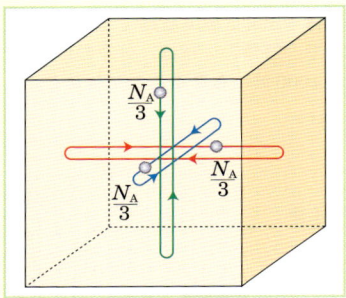

図3. 多数の分子の運動
多数の分子が自由に運動すると、確率的に$\frac{1}{3}$ずつが3方向にそれぞれ運動するのと同じになる。

3 温度を上げると何が変わるか

空気が抜けてはずまなくなったゴムボールでも、あためるとよくはずむようになる。このように、**気体の温度を上げると、圧力が大きくなる**（シャルルの法則→p.53）。①式のうち、Nとmは温度に無関係な量なので、**気体の温度が上がると$\overline{v^2}$が大きくなる**。

気体の状態方程式$pV = nRT$から、Vとnが一定であれば、pはTに比例する。上で求めた式からpは$\overline{v^2}$に比例するから、$\overline{v^2}$もTに比例することになる。したがって、単原子**分子1個の運動エネルギーの平均値$\frac{1}{2}m\overline{v^2}$も$T$に比例する**。このことから、次の関係が得られる。

ポイント
$$\frac{1}{2} m \overline{v^2} = \frac{3}{2} kT$$

kは**ボルツマン定数**とよばれる定数で、気体定数Rをアボガドロ定数N_Aで割った値である。

$$k = \frac{R}{N_A} = \frac{8.31}{6.02 \times 10^{23}} = 1.38 \times 10^{-23} \text{J/K}$$

問 1. 酸素分子（モル質量32 g/mol）の0℃における2乗平均速度$\sqrt{\overline{v^2}}$を求めよ。

解き方 問1.
O_2分子は1 molで32 gだから、分子1個の質量は、
$m = \frac{32}{N_A} = 5.3 \times 10^{-26}$ kg
$\frac{1}{2}m\overline{v^2} = \frac{3}{2}kT$より、
$\sqrt{\overline{v^2}} = \sqrt{\frac{3kT}{m}}$
$= \sqrt{\frac{3 \times 1.38 \times 10^{-23} \times 273}{5.3 \times 10^{-26}}}$
$\fallingdotseq 4.6 \times 10^2$ m/s

答 4.6×10^2 m/s

重要実験 ボイルの法則

方法

1. 50 mL用の大型注射器と、そのノズルをふさぐためのゴム栓を用意する。ゴム栓には、注射器のノズルがやっと入るぐらいの小さい穴をあける。
2. 注射器の押し棒の直径Rを測定し、注射器の断面積Sを求める。
3. 注射器の押し棒をぬいた外側容器とゴム栓の質量の和mをはかる。
4. 気圧計で大気圧p_0をはかる。
5. 注射器に押し棒をはめ、注射器内の空気の体積を読みとる。
6. 注射器のノズルにゴム栓をはめる。
7. 台はかりの上にゴム栓をはめた注射器を立て、手でゆっくりと押し棒を押しこみながら、はかりの読みFと注射器内の空気の体積Vを読みとる。

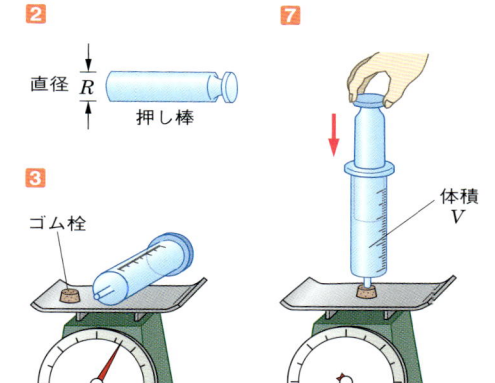

結果

1. 測定値から注射器内の空気の圧力pを求める。pは次式で表される。

$$p = p_0 + \frac{(F-m)g}{S}$$

実　験	1	2	3	4
はかりの読みF〔kg〕				
注射器内の空気の体積V〔mL〕				
注射器内の空気の圧力p〔Pa〕				
注射器内の空気の体積の逆数　$\frac{1}{V}$〔mL〕				

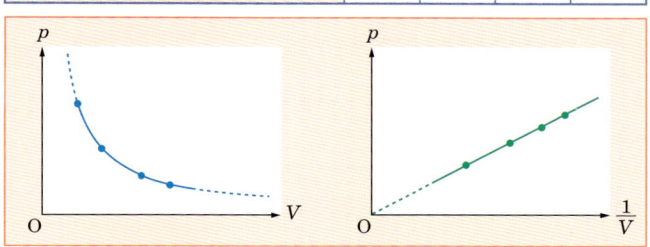

2. 注射器内の空気の圧力pと体積の逆数$\frac{1}{V}$の関係を示すグラフをかく。

考察

■ 注射器内に閉じこめた空気について、ボイルの法則は成り立っているか。

→ 上のグラフより、注射器内の空気の圧力pと体積の逆数$\frac{1}{V}$が比例していることから、pと体積Vは反比例することになり、ボイルの法則は成り立っている。

定期テスト予想問題　解答 → p.236~238

1　力と圧力

なめらかに動くことのできる2つのピストンA，Bを取りつけた容器に，気体が閉じこめてあり，その圧力 p は，大気圧 p_0 よりも大きいので，ピストンにそれぞれ力 F_1，F_2 を加え支えている。ピストンの断面積は，それぞれ S_1，S_2（$S_1 \neq S_2$）である。また，容器自体は固定してあるものとする。これについて，あとの問いに答えよ。

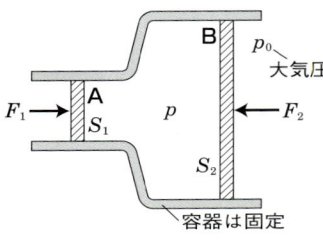

(1) 気体にはたらく力のつり合いの条件から，$F_1 = F_2$ を導けるか。
(2) Aにはたらく大気による力はいくらか。
(3) F_1 と F_2 の比 $\dfrac{F_1}{F_2}$ はいくらか。

2　気体の温度と圧力

ピストンつきで，同じ大きさの円筒形の2つの容器A，Bに等量の気体を入れ，これらを図のように向き合わせて，ピストンをつなぎ，水平な台の上に固定した。はじめ，両気体とも圧力は p_0，体積は V_0，絶対温度は T_0 であった。いま，Aの気体の絶対温度を T_1，Bの気体の絶対温度を T_2 にすると，両気体の圧力，体積はそれぞれいくらになるか。

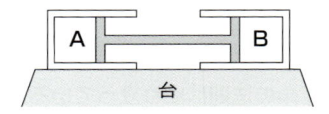

3　気体の体積

絶対温度300K，気圧 $2.0 \times 10^5 \mathrm{N/m^2}$ の気体0.40molがある。この気体の体積は何 $\mathrm{m^3}$ か。ただし，気体定数 $R = 8.3 \mathrm{J/(mol \cdot K)}$ とする。

4　気体の圧力と物質量

体積1Lの大きさの等しいフラスコA，Bを細い管でつなぎ，コックCを設ける。はじめ，コックCを閉じ，Bは真空，Aには $\dfrac{1}{10}$ 気圧のアルゴンを封入して，A，Bとも0℃に保つ。

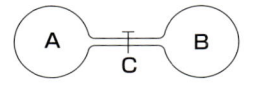

(1) 封入したアルゴンの質量を求めよ。ただし，アルゴンの分子量を39.9とする。
(2) 次に，Aのみを200℃に熱すると，アルゴンの圧力は何気圧になるか。
(3) さらに，Aを200℃，Bを0℃に保ったまま，コックCを開いたとき，B内のアルゴンの物質量に対するA内のアルゴンの物質量の比はいくらになるか。分数で答えよ。

5　気体の体膨張率

理想気体の1molについて成立する状態方程式 $pV = RT$ について，次の問いに答えよ。

(1) 物質量 n〔mol〕の気体については，この式はどのような形になるか。
(2) m〔g〕の気体については，この式はどのような形になるか。ただし，気体のモル質量を M〔g/mol〕とする。
(3) 1molの気体は0℃，1気圧（1.013×10^5 Pa）で，22.4Lである。これを用いて，気体定数 R の値を求めよ。単位はSI（国際単位系）を用いること。

(4) 固体，液体の体積Vは，温度によって変わり，ふつう1気圧のもとで，
$$V = V_0(1 + \beta t)$$
という式で表される。ただし，V_0は0℃のときの体積，tは摂氏で示した温度の数値，βは体膨張率で，せまい温度範囲ではほぼ一定である。$pV = RT$を上と同じ形に変形して，気体の体膨張率βを求め，簡単な分数で表せ。

6 気体の分子数

温度15℃，圧力0.99気圧の気体は，1 cm³中に何個の分子を含むか。ただし，0℃，1気圧の気体の体積$V_0 = 22.4$L，アボガドロ定数$N_A = 6.0 \times 10^{23}$/molとする。

7 分子の速さ

標準状態（0℃，1気圧）で1 molのネオンガスがある。このネオンガスの分子の平均の速さ（速さの2乗平均平方根）を求めよ。ただし，ネオン1 molは20 gであり，1気圧 $= 1.0 \times 10^5$ Paとする。また，ネオンは単原子分子理想気体とみなせるものとする。

8 温度と分子の速さ

273 K，1気圧において，酸素分子（O_2，モル質量32 g/mol）の2乗平均速度$\sqrt{\overline{v^2}}$が461 m/sであった。

(1) 同じ条件のもとで，一酸化炭素（CO，モル質量28 g/mol）の2乗平均速度はいくらか。

(2) 546 K，1気圧における一酸化炭素の2乗平均速度はいくらか。

9 分子運動と気体の圧力

次の文を読み，空欄にあてはまる数式または数値を書け。

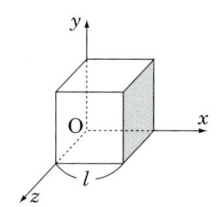

1辺lの立方体の箱の中に質量mの分子N個が入っていて，これらの分子はそれぞれかってな方向にとびまわっている。1個の分子の速さをvとし，x軸，y軸，z軸方向の速度成分を，それぞれv_x, v_y, v_zとすれば，
$$v^2 = \boxed{①}$$
ここで，x軸方向の運動だけを考える。分子と壁との衝突は，完全弾性衝突であるから，1個の分子の1回の衝突による運動量の変化は$\boxed{②}$である。1個の分子が1つの壁に1秒間に衝突する回数は$\boxed{③}$であるから，1秒間にN個の分子が壁から受ける力積は$\boxed{④}$である。したがって，壁が受ける圧力pは，
$$p = \boxed{⑤}$$
となる。
箱の中の分子の数は非常に多いので，分子全体のv, v_x, v_y, v_zの2乗の平均を，それぞれ$\overline{v^2}$, $\overline{v_x^2}$, $\overline{v_y^2}$, $\overline{v_z^2}$とすれば，
$$\overline{v_x^2} = \overline{v_y^2} = \overline{v_z^2} = \boxed{⑥}\,\overline{v^2}$$
が成り立つ。ここで⑤のpの式のv_x^2のかわりに$\overline{v_x^2}$を用いることにし，さらに，気体の体積Vは，
$$V = \boxed{⑦}$$
であるから，これらの関係を用いて，pをV, m, N, $\overline{v^2}$で表すと，
$$p = \boxed{⑧}$$
となり，
$$pV = \boxed{⑨}$$
が得られる。

2章 気体の変化とエネルギー

1 内部エネルギーと仕事

1 内部エネルギー U

気体の分子は熱運動をしているので，分子1つ1つは運動エネルギーをもっている。また，分子どうしには分子間力という力がはたらいているので，位置エネルギーももっている。これらの総和を**内部エネルギー**という。

理想気体では，分子間の位置エネルギーは無視し，**分子の運動エネルギーの総和を内部エネルギーとしてよい**。

ここで，単原子分子1個の平均運動エネルギーは，

$$\frac{1}{2}m\overline{v^2} = \frac{3}{2}kT$$

である（→p.56）。n〔mol〕の気体の分子の数は nN_A であるから，内部エネルギー U は次の式で与えられる。

$$U = nN_A \cdot \frac{3}{2}kT = nN_A \cdot \frac{3}{2} \cdot \frac{R}{N_A}T = \frac{3}{2}nRT$$

> **ポイント** n〔mol〕の単原子分子理想気体の内部エネルギー U
> $$U = \frac{3}{2}nRT$$

★1. ボルツマン定数 k は分子1個あたりの気体定数であり，アボガドロ定数 N_A を使って表すと，$k = \dfrac{R}{N_A}$ であった。

★2. 内部エネルギー U は，絶対温度 T だけで決まることに注意。2原子分子，3原子分子の内部エネルギーは，分子の回転のエネルギーなどが加わるため，この式と同じにはならない。2原子分子理想気体の内部エネルギーは，
$$U = \frac{5}{2}nRT$$
である。

★3. Δ（デルタ）は変化量であることを示す記号。この場合は位置 x の変化であることを意味する。

2 気体のされた仕事 W

シリンダーの中に閉じこめられた気体に熱を加えると，分子の運動エネルギーが増加するので，ピストンを動かす。加えた力の大きさ F と移動距離 Δx の積が仕事（$W' = F\Delta x$）だから，**気体が外部に対して仕事 W' をした**ことになる。

左の図1のように，シリンダー内の気体が一定の圧力 p を保ったまま膨張したとき（定圧変化→p.63）の，**気体のした仕事 W'** を求めてみよう。圧力 $p = \dfrac{F}{S}$ だから，気体がピストンに加えた力 F は $F = pS$ なので，移動距離を Δx とすると，次のようになる。

$$W' = F\Delta x = pS\Delta x = p\Delta V$$

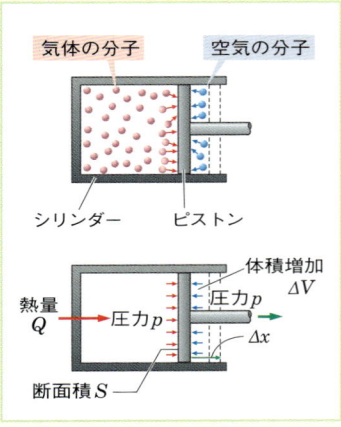

図1. 気体のする仕事

★4. $S\Delta x = \Delta V$ に注意すること。

■ 気体がされた仕事Wと，気体がした仕事W'の関係は，
$$W = -W'$$
である。気体が圧縮された場合は$W>0$，膨張した場合は$W<0$である。

> **ポイント** 気体がされた仕事　$W = -p\Delta V$
> 　　　　　圧縮では$W>0$，膨張では$W<0$

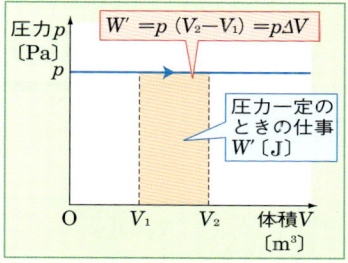

図2．圧力一定のときの気体のする仕事

③ 熱力学の第1法則

■ 気体に外部から熱量Qを与えると，その分だけ内部エネルギーUは増加する。また，気体が外部から仕事Wをされると，その分だけ内部エネルギーUは増加する。これを**熱力学の第1法則**という。

> **ポイント** 熱力学の第1法則　$\Delta U = Q + W$
> 　　内部エネルギーの増加ΔU〔J〕
> 　　気体がもらった熱量Q〔J〕
> 　　気体がされた仕事W〔J〕

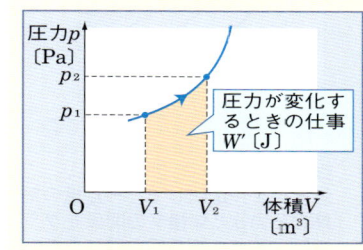

図3．圧力が変化するときの気体のする仕事

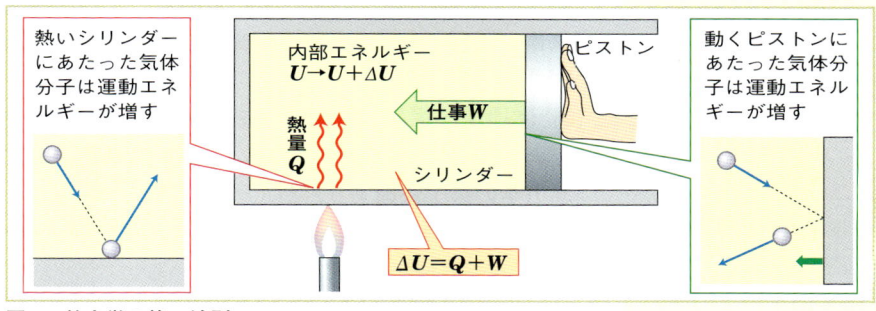

■ Qは気体がもらった熱量なので，**吸熱の場合は，$Q>0$，放熱の場合は，$Q<0$**である。

■ 熱力学の第1法則は，**エネルギーが保存される**ことを表している。

図4．熱力学の第1法則

問 1． なめらかに動くピストンのついたシリンダーの中に，気体が入っている。この気体に4.0×10^2Jの熱量を加えたところ，圧力が一定のまま体積が1.5×10^{-3}m³膨張した。これについて，次の各問いに答えよ。ただし，外気圧を1.0×10^5Paとする。
(1) 気体がされた仕事は何Jになるか。
(2) 内部エネルギーの増加は何Jになるか。

解き方 問1．
(1) された仕事Wは，
$W = -p\Delta V$
$= -1.0\times10^5\times1.5\times10^{-3}$
$= -1.5\times10^2$J
(2) $\Delta U = Q + W$
$= 400 - 150 = 250$J
答 (1) -150J　(2) 250J

2章　気体の変化とエネルギー

2 気体の状態変化

1 気体の状態を表すグラフ

■ 気体の圧力・体積・温度の関係は，状態方程式で示される。一定量の気体については，圧力・体積・温度のうち，どれか2つが決まれば，残りの1つは決まってしまう。

■ 図1は，一定量の気体の温度をある値に決めて，そのときの圧力pと体積Vの関係を表したグラフで，**p-Vグラフ**とよばれる。温度を一定にすると，状態方程式は，$pV = $ 一定となる（→p.52）ので，グラフは双曲線になる。

■ 気体の温度は，気体に熱を出入りさせても変化するが，気体が仕事をしたりされたりしても変化する。この関係は熱力学の第1法則によって示される。気体の状態変化には，以下で説明する4つのパターンがある。

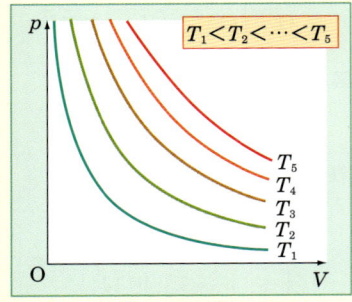

図1. 気体のp-Vグラフ
温度Tを一定にして，一定量の気体の圧力pと体積Vの関係をグラフにすると，直角双曲線になる。

$T_1 < T_2 < \cdots < T_5$

2 定積変化

■ 気体の状態を表す3つの量（圧力p，体積V，温度T）のうち，体積を一定に保って圧力と温度を変化させることを**定積変化**という。

■ たとえば，ピストンを固定しておいて熱を加えると，気体の温度が上昇する。これをp-Vグラフにかくと，左の図2のようになる。

■ 体積が一定なので，気体は外部から仕事をされない。したがって，$W = 0$である。与えた熱量をQとすると，熱力学の第1法則より，$\Delta U = Q$である。気体に与えた熱量は，気体の内部エネルギーの増加（運動エネルギーの増加）にすべて使われることを示している。

体積が一定であるから，気体は仕事をしない

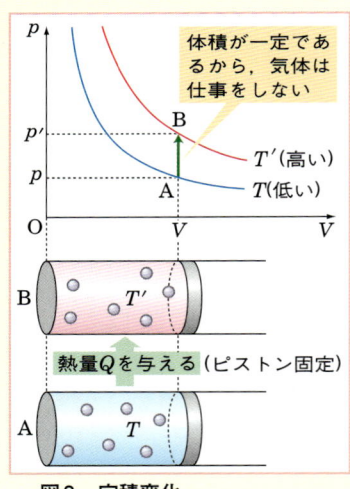

図2. 定積変化

熱量Qを与える（ピストン固定）

ポイント

定積変化
体積が変化しないので，気体がした仕事は0。

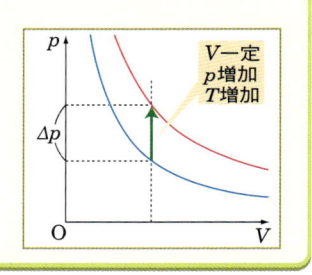

V一定
p増加
T増加

問 1. 1 molの理想気体に熱を与えて，状態A（$T = 300\text{K}$）から状態B（$T' = 400\text{K}$）に定積変化をさせた。気体の内部エネルギーの増加ΔU，与えた熱量Qはそれぞれ何Jになるか。気体定数$R = 8.31\text{J}/(\text{mol}\cdot\text{K})$とする。

③ 定圧変化

■ **圧力を一定に保って，体積と温度を変化させる**ことを**定圧変化**という。

■ ピストンを自由に動けるようにすると，中の気体の圧力は外の圧力pとつねに同じになる。この気体に熱量Qを与えると気体は膨張する。p-Vグラフは右の図3のようになる。

■ 気体は膨張するので，外部に仕事W'をする。

$$W' = p\Delta V$$

だから，気体がされた仕事Wは，

$$W = -p\Delta V$$

である。

■ 熱力学の第1法則の式を立ててみると，

$$\Delta U = Q - p\Delta V$$

となる。**与えた熱量Qのうちの一部はピストンを押す仕事$W' = p\Delta V$に使われてしまう**ため，内部エネルギーの増加ΔUは，定積変化に比べて少なくなる。つまり，気体の温度上昇は定積変化の場合よりも小さい。

ポイント　定圧変化
赤色部分の面積が気体がした仕事W'を示す。

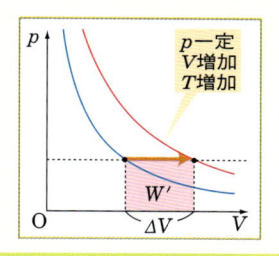

p一定
V増加
T増加

問 2. 1 molの理想気体に熱を与えて，$1.0 \times 10^5 \text{Pa}$の圧力のもとで状態A（$T = 300\text{K}$）から状態B（$T' = 400\text{K}$）に定圧変化をさせた。このときの体積増加は，$\Delta V = 8.0 \times 10^{-3} \text{m}^3$であった。気体定数$R = 8.31\text{J}/(\text{mol}\cdot\text{K})$とする。

(1) 気体のした仕事は何Jか。
(2) 内部エネルギーの増加は何Jか。
(3) 与えた熱量は何Jか。

解き方　問1.

$U = \dfrac{3}{2}nRT$なので，

$U = \dfrac{3}{2}R \cdot 300$

$U' = \dfrac{3}{2}R \cdot 400$

$\Delta U = U' - U$

$= \dfrac{3}{2} \times 8.31 \times (400 - 300)$

$\fallingdotseq 1250 \text{J}$

$Q = \Delta U$だから，

$Q \fallingdotseq 1250 \text{J}$

答 $1.25 \times 10^3 \text{J}$

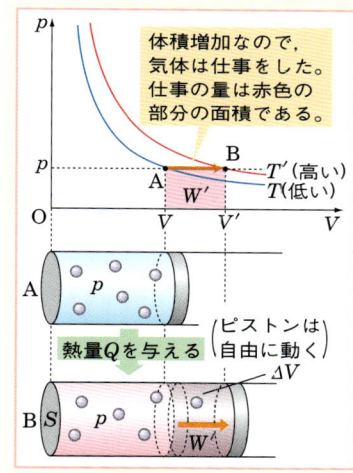

図3．定圧変化

解き方　問2.

(1) $W' = p\Delta V$
$= (1.0 \times 10^5)$
$\quad \times (8.0 \times 10^{-3})$
$= 800 \text{J}$

(2) 内部エネルギーは温度だけで決まるので，問1と同じやり方で，
$\Delta U \fallingdotseq 1250 \text{J}$

(3) $W = -W' = -800 \text{J}$に注意して，$\Delta U = Q + W$に代入すると，
$1250 = Q - 800$より，
$Q = 2050 \text{J}$

答 (1) **800 J**
(2) **1250 J**
(3) **2050 J**

2章　気体の変化とエネルギー

4 等温変化

■ 温度を一定に保って，圧力と体積を変化させることを**等温変化**という。

■ 熱をよく伝えるシリンダーの中に気体を入れ，ピストンでゆっくり膨張させていくと，気体は外部から熱を吸収しながら温度を一定に保って変化する。

■ 等温変化だからボイルの法則が成り立つので，p-Vグラフは，図4のように等温曲線（双曲線）にそって変化することになる。

■ 内部エネルギーの増加 ΔU は温度だけで決まり，温度は変化しないので，

$$\Delta U = 0$$

である。

■ 膨張しているので，気体がされた仕事 W は，$W < 0$ である。熱力学の第1法則 $\Delta U = Q + W$ より，$0 = Q + W$ となるので，

$$Q = -W > 0$$

となる。つまり，**気体は外部から熱量 Q をもらいながら，もらったエネルギーぶんだけ外部に仕事をしている**。

■ 等温で圧縮するときには，$\Delta U = 0$ で $W > 0$ であるから，

$$Q = -W < 0$$

である。気体は圧縮されたぶんだけエネルギーをもらうが，もらったぶんのエネルギーを外部に放出している。

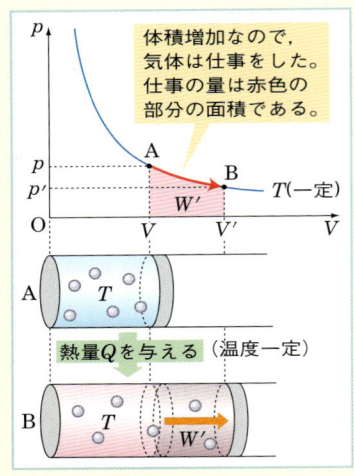

図4．等温変化

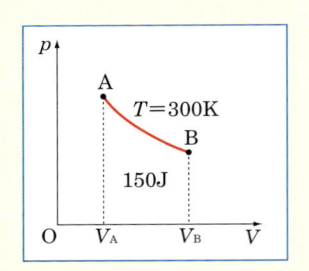

体積増加なので，気体は仕事をした。仕事の量は赤色の部分の面積である。

熱量Qを与える（温度一定）

> **ポイント 等温変化**
> 赤色部分の面積が気体がした仕事 W' を表す。
> T一定 V増加 p減少

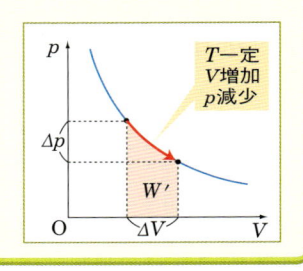

問 3. 左上図のグラフのように，1 mol の理想気体に熱を与えて，300Kの温度を保って状態Aから状態Bに変化させた。このとき，気体のした仕事は150Jであった。
(1) 気体の内部エネルギーの増加は何Jか。
(2) 気体に与えられた熱量は何Jか。

解き方 問 3.
(1) 温度が変化していないので，内部エネルギーは増加しない。
$\Delta U = 0$
(2) $\Delta U = Q + W$ に代入する。
$W = -W' = -150$ J
に注意して，
$0 = Q - 150$
より，
$Q = 150$ J

答 (1) **0 J**
(2) **150 J**

5 断熱変化

■ 外部との熱のやりとりがないようにして($Q = 0$)，圧力，体積，温度を変えることを**断熱変化**という。熱力学の第1法則の式を立てると，次のようになる。

$$\Delta U = W$$

■ 気体を断熱膨張させる場合には，気体がされる仕事Wは負なので，ΔUも負となり，温度が下降する。p-Vグラフでは下のポイント中の図のようになり，温度がT_1であった状態Aの気体が断熱膨張すると，温度がT_2 ($T_1 > T_2$)の状態Bに変化していることがわかる。**断熱変化の曲線は，等温変化の曲線より変化が急激である。**

■ 強い太陽の光が地面にあたると温度が上昇し，地面に接していた湿った空気も温度が上昇して膨張する。膨張すると密度が低くなるため，この空気の塊は浮力で上昇し，上空の気圧の低いところでじょじょに断熱膨張する。このため温度が急激に下がり，水蒸気が水滴となり雲ができる。これが夏にみられる積乱雲の発生メカニズムである。

■ スプレー缶を使っていると缶が冷たくなるのは，中の気体が断熱膨張するためである。

> **ポイント 断熱変化**
> 赤色部分の面積が気体がした仕事W'を示す。

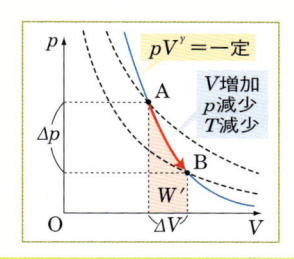

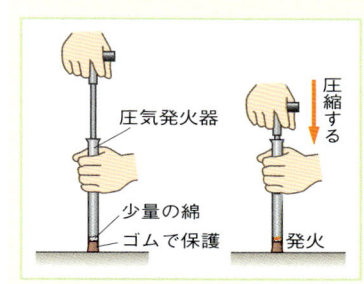

図5．圧気発火器
圧気発火器は，断熱圧縮を用いて気体の温度を急激に上昇させて，綿を発火させるものである。

❶1． 断熱変化では，気体の圧力pと体積Vの間に，

$$pV^\gamma = 一定$$

という関係が成り立つ。γを**比熱比**といい，定圧モル比熱C_pを定積モル比熱C_Vで割った値である（モル比熱については**p.66**参照）。よって，単原子分子理想気体では$\gamma = \dfrac{5}{3}$，2原子分子理想気体では$\gamma = \dfrac{7}{5}$である。この法則を**ポアソンの法則**という。

問 4. ピストンのついた容器に一定量の気体を入れ，この気体を次のように変化させる。
(1) 圧力を一定に保って収縮させる。
(2) 熱を加えたり放出させたりしないで圧縮する。
この(1)，(2)の場合に，次の(a)〜(d)の量は，それぞれ〔　〕内のどの変化をするか。最も適当なものを選べ。
(a) 気体が外部から吸収する熱量は，〔正　0　負〕
(b) 気体が外にする仕事は，〔正　0　負〕
(c) 気体の内部エネルギーは，〔増加　一定　減少〕
(d) 気体の温度は，〔上昇　一定　下降〕

解き方 問4.
(1) 温度を下げる必要があるので，気体の内部エネルギーが減少する。また，気体が収縮するので，気体は外から正の仕事をされ，温度を下げるためにはそれ以上の熱を奪う必要がある。
(2) 断熱変化なので，熱の移動はない。また，気体が収縮するので，気体は外から正の仕事をされる。よって内部エネルギーが増加し，温度が上がる。

答

	(a)	(b)	(c)	(d)
(1)	負	負	減少	下降
(2)	0	負	増加	上昇

3 気体の比熱

❶ 1. 固体や液体では，1gの物質の温度を1K上昇させるのに必要な熱量を比熱とよび，比熱の単位は**ジュール毎グラム毎ケルビン〔J/(g・K)〕**である。等温変化では，温度が上昇しないので比熱を考えることはできない。また，断熱変化では，熱のやりとりがないので比熱を考えることはできない。

❷ 2. T〔K〕の気体の内部エネルギーUは，
$$U = \frac{3}{2}RT$$
$T + \Delta T$〔K〕の気体の内部エネルギーU'は，
$$U' = \frac{3}{2}R(T + \Delta T)$$
よって，
$$\Delta U = U' - U = \frac{3}{2}R\Delta T$$

❸ 3. 1 molの気体の状態方程式
$pV = RT$より，
$$p\Delta V = R\Delta T$$

❹ 4. 単原子分子以外の理想気体でも，1 molの気体で熱力学の第1法則を考えると，
$$Q = \Delta U - W = C_V\Delta T + p\Delta V$$
$$= C_V\Delta T + R\Delta T$$
よって，
$$C_p = \frac{Q}{\Delta T} = C_V + R$$
となる。2原子分子理想気体では，
$$C_V = \frac{5}{2}R$$
なので，
$$C_p = \frac{7}{2}R$$

	He	Ne	Ar
C_V	12.47	12.43	12.47
C_p	20.80	20.76	20.80

表1．単原子分子気体のモル比熱実測値〔J/mol・K〕
気体の種類によらず，理論値とよく一致している。

1 モル比熱

■ 1 molの気体の温度を1K上昇させるのに必要な熱量を**モル比熱**とよび，単位は**ジュール毎モル毎ケルビン〔J/(mol・K)〕**である。

■ 気体の温度を1K上昇させるとき，定積変化と定圧変化では与える熱量Qが異なるため，比熱の値も異なる。❶

2 定積モル比熱

■ 気体の体積を一定に保った条件で，1 molの気体の温度を1K上昇させるのに必要な熱量を**定積モル比熱**といい，C_V〔J/(mol・K)〕で表す。

■ 1 molの単原子分子理想気体を定積変化させて，温度をΔT〔K〕上げた場合，内部エネルギーの増加ΔUは，
$$\Delta U = \frac{3}{2}R\Delta T \quad ❷$$

■ 定積変化では，与えられた熱量Qがすべて内部エネルギーの増加ΔUになるので，
$$C_V = \frac{Q}{\Delta T} = \frac{\Delta U}{\Delta T} = \frac{3}{2}R = 12.5\,\text{J/(mol・K)}$$

3 定圧モル比熱

■ 気体の圧力を一定に保った条件で，1 molの気体の温度を1K上昇させるのに必要な熱量を**定圧モル比熱**といい，C_p〔J/(mol・K)〕で表す。

■ 1 molの単原子分子理想気体を定圧で温度をΔT上昇させた。与えた熱量をQとすると，熱力学の第1法則より，
$$Q = \Delta U - W = \frac{3}{2}R\Delta T + p\Delta V = \frac{3}{2}R\Delta T + R\Delta T \quad ❸$$

■ よって，$C_p = \dfrac{Q}{\Delta T} = \dfrac{3}{2}R + R = \dfrac{5}{2}R = 20.8\,\text{J/(mol・K)}$ ❹

> **ポイント**
> 定積モル比熱 $C_V = \dfrac{3}{2}R = 12.5\,\text{J/(mol・K)}$
> 定圧モル比熱 $C_p = \dfrac{5}{2}R = 20.8\,\text{J/(mol・K)}$

4 気体がサイクルを行うと…

■ 気体が熱を吸収したり放出したりしながら，外部に対して仕事をしたり，外部から仕事をされたりして，もとの状態に戻る過程を**サイクル**という。

■ 1 mol の気体を，ピストンのついた容器に入れて，図1のa→b→c→d→aの向きに，圧力と体積を変化させるサイクルを行ったとする。この変化のうち，b→cとd→aは定積変化であるから，気体は外部に対して仕事をしない。a→bは定圧変化で体積が増加するから，気体は外部に対して仕事をする。その仕事の大きさは，

$$W_1 = p_1(V_2 - V_1)$$

c→dは定圧変化であるが，体積が減少するので，気体は外部から仕事をされる。その仕事の大きさは，

$$W_2 = p_2(V_2 - V_1)$$

■ したがって，1サイクルの間に外部に対してする仕事は，

$$W = W_1 - W_2 = (p_1 - p_2)(V_2 - V_1)$$

これは，図1の長方形abcdの面積に等しい。すなわち，**気体がサイクルを行うとき，そのp-Vグラフで囲まれた図形の面積は，気体が1サイクルの間に外部に対してする仕事の大きさを表す。**

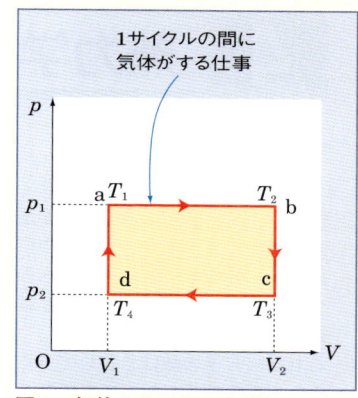

■ 図1のa，b，c，dの各状態における気体の温度をそれぞれT_1，T_2，T_3，T_4とし，この気体の定積モル比熱，定圧モル比熱をそれぞれC_V，C_pとすれば，各過程で気体が外部から吸収する熱量は，次のように表される。

a→b間：$C_p(T_2 - T_1)$　　b→c間：$C_V(T_3 - T_2)$
c→d間：$C_p(T_4 - T_3)$　　d→a間：$C_V(T_1 - T_4)$

■ したがって，1サイクルの間に気体が外部から吸収した熱量Qは，上の4つを足し合わせたもので，

$$Q = (C_p - C_V)(T_2 - T_1 + T_4 - T_3)$$

a，b，c，dの各状態における状態方程式より，

$$p_1V_1 = RT_1 \quad p_1V_2 = RT_2$$
$$p_2V_2 = RT_3 \quad p_2V_1 = RT_4$$

また，$C_p - C_V = R$だから，これらを上式に代入すると，

$$Q = (p_1 - p_2)(V_2 - V_1) = W$$

となり，**気体が1サイクルの間に外部から吸収した熱量が，外部に対してした仕事に変わったことがわかる。**

図1．気体のサイクルのグラフ
気体の圧力と体積が状態aから出発して，a→b→c→dと変化し，再びaの状態に戻るサイクルでは，図形abcdの面積が，1サイクルの間に気体が外部に対してする仕事を表す。

🟎 5. 図1のa，b，c，dの各点を通る等温変化のグラフをかくと，下図のようになるので，
　$T_1 < T_2$　　$T_2 > T_3$
　$T_3 > T_4$　　$T_4 < T_1$
であることがわかる。
したがって，
a→b間は吸熱，b→c間は放熱，
c→d間は放熱，d→a間は吸熱
になっていることがわかる。

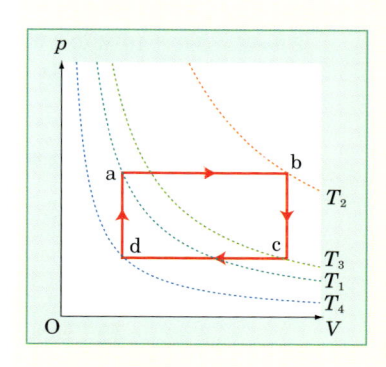

2章　気体の変化とエネルギー

4 熱力学の第2法則

1 可逆変化と不可逆変化

■ 自然現象のなかには，振り子の運動（→p.38）や斜方投射（→p.11）のように，ビデオカメラで撮影した映像を逆再生しても，自然に見えるような変化がある。このような変化を**可逆変化**という。

■ これに対して，滝の水が流れ落ちる運動や物質の拡散のように，逆向きの変化は不自然で，ひとりでには起こりえない変化がある。このような変化を**不可逆変化**という。

> 1. 部屋の中で1滴の香水を落とすと，すぐに蒸発して部屋中に広がる。しかし，広がった香水の分子がまた1点に集まることは絶対にないと言ってよい。
> これは，分子の数はきわめて多く，それぞれの分子がかってな運動をしているので，1点に集まる確率は0と考えてよいからである。

2 熱力学の第2法則

■ 仕事がすべて熱エネルギー（内部エネルギー）に変わる現象は，ひとりでに元の状態にもどることはないので，**不可逆変化**である。これを**熱力学の第2法則**という。

> **ポイント 熱力学の第2法則**
> ① 熱は，自然には高温の物体から低温の物体に移動する。
> ② 外から受けとった熱すべてを仕事に変えることはできない。

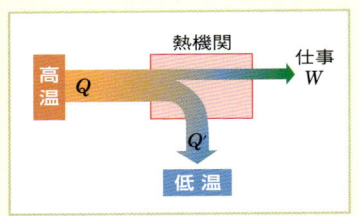

図1．熱機関のはたらき

■ 上の①，②のうち，片方が成立すればもう片方も証明できるので，どちらを熱力学の第2法則といってもよい。

3 どれだけの熱が仕事になるか

■ 物体のもつ内部エネルギーの一部を仕事，すなわち力学的エネルギーに変える装置を**熱機関**という（図1）。

■ 熱力学の第2法則より，熱機関に供給された熱量Qと熱機関が行った仕事Wが等しくなることはなく，**必ず一部の熱量Q'が低温の物体に捨てられる**。このとき，QとWの比を**熱効率**といい，次の式で求められる。

> 2. エネルギーを失うことなく，永久に仕事をしつづける機関を**第1種永久機関**という。熱力学の第1法則（→p.61）に反するので，このような機関はつくれない。
> 燃料から出た熱を全部仕事に変える機関を**第2種永久機関**という。熱力学の第2法則に反するので，このような機関もつくれない。

> **ポイント 熱効率** $e = \dfrac{W}{Q} \times 100 = \dfrac{Q-Q'}{Q} \times 100 \,[\%]$

問 1. 毎秒4.0×10^4Jの熱を受けとり，8.0kWの仕事率で仕事をしているエンジンの熱効率は何%か。

[解き方] 問1.
$8.0\text{kW} = 8.0 \times 10^3\text{W}$の仕事率で1sに行われる仕事$W$は，
$W = 8.0 \times 10^3 \times 1$
$= 8.0 \times 10^3 \text{J}$
よってこのエンジンの熱効率$e\,[\%]$は，
$e = \dfrac{W}{Q} \times 100$
$= \dfrac{8.0 \times 10^3}{4.0 \times 10^4} \times 100$
$= 20\%$
答 20%

定期テスト予想問題　解答 → p.239~241

1 気体の内部エネルギー

次の文中の空欄にあてはまる式を入れよ。

単原子分子からなる1 molの理想気体が，絶対温度Tで圧力p，体積Vの状態にあるとして，この気体がもっているエネルギーをミクロの立場で考えてみる。

分子1個の質量をm，アボガドロ定数をN_A，分子の速度の2乗平均を$\overline{v^2}$とすれば，この気体がもっているすべてのエネルギーUは，

$$U = \boxed{(\text{ア})} \quad \cdots\cdots① $$

となる。

一方，気体分子の1個あたりの平均の運動エネルギーをεとすると，気体分子運動論より，圧力pと体積Vの間には，次のような関係が成り立つ。

$$pV = \frac{2}{3}N\varepsilon \quad \cdots\cdots② $$

これをボイル・シャルルの法則と比較すると，εは1つの変数$\boxed{(\text{イ})}$のみの関数となることがわかる。

したがって，①式を気体定数Rを使って表すと，

$$U = \boxed{(\text{ウ})} \quad \cdots\cdots③ $$

となる。

2 仕事と内部エネルギー

温度が27℃で2.0 Lの単原子分子理想気体がある。圧力を1.0×10^5 Pa（1気圧）に保ちながら加熱したところ，気体は膨張して温度が177℃になった。このことについて，次の問いに答えよ。ただし，気体定数Rを8.3 J/(mol・K)とする。
(1) この気体は何molか。
(2) 気体が外部にした仕事はいくらか。
(3) 気体の内部エネルギーの増加はいくらか。
(4) 気体に与えた熱量はいくらか。

3 分子のエネルギー

理想気体1分子あたりの運動エネルギーを，$\frac{3}{2}kT$，1 molの分子数をNとして，次の各問いに答えよ。
(1) 理想気体を，温度一定で体積2倍に膨張させるとき，1分子あたりの運動エネルギーは何倍になるか。
(2) 理想気体を，圧力一定で体積2倍に膨張させるとき，1分子あたりの運動エネルギーは何倍になるか。
(3) 理想気体を，熱の出入りなしに体積を2倍に膨張させるとき，1分子あたりの運動エネルギーは何倍になるか。ただし，このとき圧力は0.3倍になるものとする。

4 気体のモル比熱

圧力p_0，体積V_0の1 molの理想気体が，水平方向になめらかに動くピストンのついた円筒形の容器の中に入れてある。この気体を，次の2つの方法で加熱し，圧力をp，体積をVまで増加させる。

A. 体積V_0を変えないで，圧力がpになるまで加熱し，次に圧力pを変えないで，体積がVになるまで加熱する。

B. 圧力p_0を変えないで，体積がVになるまで加熱し，次に体積Vを変えないで，圧力がpになるまで加熱する。

気体の定圧モル比熱，定積モル比熱を，それぞれC_p，C_Vとして，次の問いに答えよ。
(1) 過程AおよびBにおける気体のもつエネルギー（気体の内部エネルギー）の増加U_A，U_Bを求めよ。
(2) この2つの過程から，C_pとC_Vの間には，

$$C_p - C_V = R$$

が成り立つことを示せ。ここで，Rは気体定数を表す。

5 断熱膨張

円筒形の容器に27℃，1気圧の空気をピストンで封入する。ピストンを引いて，空気の体積を急に3倍にした。このとき，圧力[気圧]，温度[℃]はどれだけになるか。ただし，空気の比熱比を1.4とし，2原子分子理想気体とみなせるものとする。また，必要なら，$\log_{10} 3 = 0.48$，$\log_{10} 2.14 = 0.33$を用いて求めること。

6 気体の状態変化

一定量の理想気体を，状態A（圧力p，体積V，温度300 K）から出発し，体積を一定に保って，状態B（圧力$2p$）まで変化させる。
次に，圧力を一定に保って，状態C（体積$1.5V$）まで変化させる。
さらに，温度を一定に保って，状態D（圧力p）まで変化させる。
このとき，状態Aから状態Bまで変化する間に気体に与えられた熱量は189 Jであった。

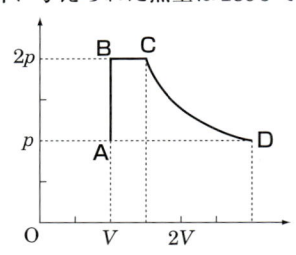

これについて，次の問いに答えよ。ただし，気体定数は8.31 J/(mol·K)，この気体の定積モル比熱C_Vの値は12.6 J/(mol·K)とする。

(1) 状態B，Cの温度と，状態Dの体積をそれぞれ求めよ。
(2) この気体の物質量はいくらか。
(3) 状態BからCまでの間に，気体が外部にした仕事，外部から気体へ与えられた熱量をそれぞれ求めよ。

7 気体の圧縮とエネルギー

モル質量20 g/molの単原子分子理想気体1 gを圧縮して，体積をもとの半分にしたとき，温度は27℃から123℃まで上昇した。
これについて，次の問いに答えよ。ただし，ボルツマン定数$k = 1.4 \times 10^{-23}$ J/K，アボガドロ定数$N_A = 6.0 \times 10^{23}$とする。

(1) このとき，気体の内部エネルギーは何J増加したか。
(2) また，この圧縮が断熱的になされたものとすれば，気体は外部に対して何Jの仕事をしたことになるか。

8 熱効率

傾きの角5°の坂道を，全質量4トンのバスが時速18 kmの一定の速さでのぼっている。このとき，エンジンは毎秒10 gのガソリンを消費しているものとすると，エンジンの熱効率は何%か。ただし，$\sin 5° = 0.10$，$\cos 5° = 1.0$とし，ガソリンの発熱量を，4.0×10^4 J/g，車輪と坂道との間の摩擦係数を0.50，重力加速度を10 m/s²として計算せよ。

ホッとタイム

だれでも作れる熱機関

> 熱を仕事に変える装置を熱機関といいます。まわり灯籠（どうろう）は，ろうそくによる上昇気流で羽根ぐるまを回しているので，これも熱機関の一種といえます。もっと勢いよく回転する熱機関を作ってみましょう。

　熱エネルギーを力学的な仕事に変える装置を**熱機関**という。蒸気機関，ガソリンエンジン，ディーゼルエンジンなどは熱機関である。これらを自作するのは困難であるが，熱エネルギーを力学的な仕事に変える簡単な装置を考えてみよう。

作り方

1. 次のものを用意する。
   飲み口がねじになっているアルミ缶（かん），ネオジム磁石，釘（くぎ），千枚通し，スタンド，ガスバーナー
2. 千枚通しを，アルミ缶の底から5cmぐらいの側面に突きさす。 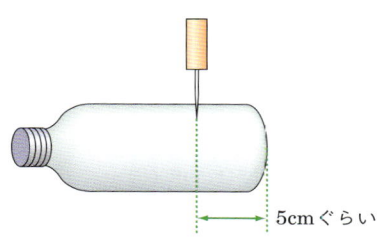
3. 千枚通しをアルミ缶にさしたまま，右図のように90°近く回転させる。こうすることで，穴の向きが横向きになり，回転させるはたらきがうまれる。
4. 同様にして4か所に穴を開ける。
5. アルミ缶のふたに，内側から釘をさして，釘の先をネオジム磁石でくっつけてつるす。磁石の力が強いので，アルミ缶は落ちない。

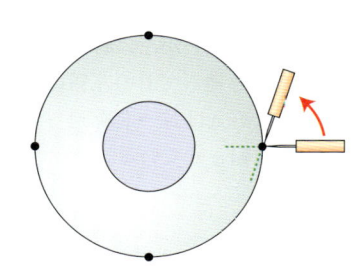

〔上から見た図〕
5cmぐらい

ネオジム磁石
釘

動かし方

■ 右図のように，アルミ缶の中に水を5mm程度入れてバーナーで加熱する。

■ 水蒸気が4か所の穴から，下図のように勢いよく噴射し，反作用でアルミ缶が回転する。

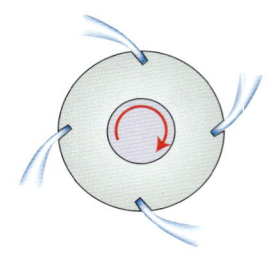

■ 磁石と釘の先は点接触のため，摩擦力が通常よりも小さくなり，回転しやすくなっている。

発展——蒸気機関の構造

■ **蒸気機関**は，ボイラーで石炭を燃焼させて高圧の水蒸気をつくり，この水蒸気でピストンを動かして運動エネルギーを得ている。ピストンに仕事をした水蒸気は大気中に排気されている。

■ 下の図は典型的な蒸気機関の構造図である。Sから導かれた高圧の水蒸気は，V→N→Cと流れこみ，ピストンPを左に動かす。Pの左側にあった水蒸気はM→Eを通って排気される（下図左）。

■ ピストンPが左に動くのと連動して図のオレンジ色で塗った部分が右に動き，今度は高圧水蒸気はMを通ってPの左側に流れこみ，ピストンPを右に動かす（下図右）。このときPの右側にあった水蒸気はN→Eを通って排気される。これのくり返しで連続的にピストンを左右に動かし，Wを回転させている。

〔ピストンが右にあるとき〕　　〔ピストンが左にあるとき〕

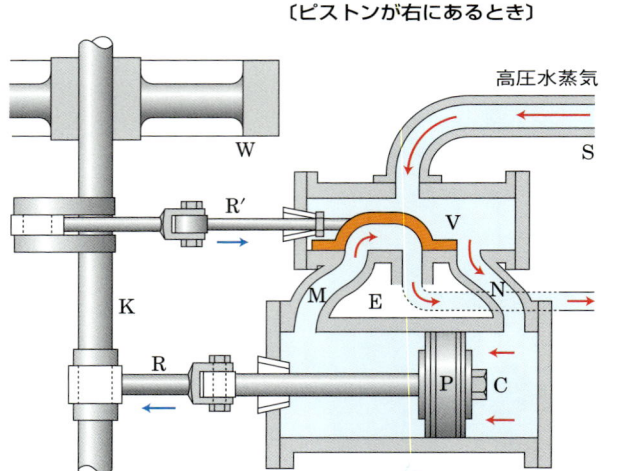

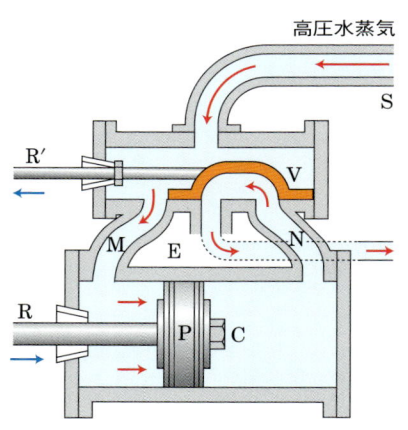

3編 波

1章 波の性質

1 波の干渉

1 水面波の干渉

■ 水面の1か所を振動させると、その場所が波源となって円形の波が広がっていく。水面上のどの場所にも振動が伝わってくるので、浮かんでいる木の葉は必ず振動する。

■ 次に、水面上の2か所S_1, S_2を、同じ振動数、同じ振幅で振動させる。

■ ある場所で、一方の波源S_1から伝わってきた波が山、他方の波源S_2から伝わってきた波が谷であったとすると、波の重ね合わせの原理から、2つの波はちょうど**打ち消しあい(弱めあい)**、この場所の水面は振動しない。その後、この場所に波源S_1からの波が谷であったときは、波源S_2からの波は山なので、やはり水面は振動しない。 ✱1

■ また、ある場所で、一方の波源S_1から伝わってきた波が山、他方の波源S_2から伝わってきた波が山であったとすると、2つの波は**強めあい**、水面は大きく振動する。その後、この場所に波源S_1から伝わってきた波が谷であったときは、波源S_2から伝わってくる波も谷であるから、やはり水面は大きく振動する。 ✱2

■ このように、2つ以上の波が重なりあい、波が強めあったり弱めあったりする現象を**波の干渉**という。

2 波の干渉の条件

■ 同じ時刻にともに山どうしまたは谷どうしとなる波を発生する2つの波源を、**同位相**の波源という。これに対して、一方が山であるときに、他方が谷になっているような2つの波源を、**逆位相**の波源という(→p.78)。

■ 同位相の波を出す2つの波源S_1, S_2から、波長λ, 振幅Aの波が出ているとする。S_1, S_2からの距離がそれぞれr_1, r_2である点Pで2つの波が重なるときの媒質の変位を考える(図1)。

✱1. このような点を**節**という。節では常に2つの波が打ち消しあって、合成波の変位が常に0で、媒質は常に振動しない。

✱2. このような点を**腹**という。腹は、もっとも大きく振動する点であるが、合成波の変位が0になる瞬間もあることに注意する。

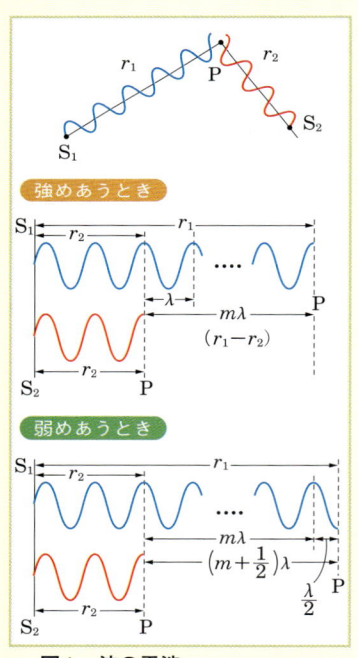

図1. 波の干渉
2つの波源S_1, S_2から出た波が点Pで重なるとき、強めあうか弱めあうかは、S_1PとS_2Pの距離の差$|r_1 - r_2|$が波長の何倍になるかによって決まる。

🟢 $r_1 > r_2$ とすると,S_2 からの波の山が点 P に達したとき,S_1P 上で S_1 から r_2 だけ離れた点の変位が山になる。

🟢 したがって,S_1P 上の残りの部分の距離 $(r_1 - r_2)$ が波長の整数倍であれば,S_1 からの波の点 P での変位も山になっているから,2 つの波は P 点で強めあい,点 P の変位は $2A$ になる。

🟢 もし,$(r_1 - r_2)$ が,$\left(\lambda\text{の整数倍} + \dfrac{1}{2}\lambda\right)$ であれば,S_1 からの波の点 P での変位は谷になるから,2 つの波は点 P で弱めあい,点 P での変位は 0 となる。

🟢 一方,S_1,S_2 が逆位相のときは,$(r_1 - r_2)$ が波長の整数倍のとき弱めあい,$(r_1 - r_2)$ が $\left(\lambda\text{の整数倍} + \dfrac{1}{2}\lambda\right)$ のとき強めあう。

🟢 $r_2 > r_1$ の場合でも同様に考えられるので,絶対値記号をつかって次のようにまとめられる。

> 同位相のときと逆位相のときでは,波が強めあう条件の式と弱めあう条件の式がちょうど逆になるから,強めあう条件の式だけ覚えておけばいいわね。

ポイント

2 つの波源が同位相の振動をするとき
$\begin{cases} \text{強めあう} \quad |r_1 - r_2| = m\lambda & \cdots\cdots\cdots ① \\ \text{弱めあう} \quad |r_1 - r_2| = \left(m + \dfrac{1}{2}\right)\lambda & \cdots\cdots ② \end{cases}$

2 つの波源が逆位相の振動をするとき
$\begin{cases} \text{強めあう} \quad |r_1 - r_2| = \left(m + \dfrac{1}{2}\right)\lambda & \cdots\cdots ③ \\ \text{弱めあう} \quad |r_1 - r_2| = m\lambda & \cdots\cdots\cdots ④ \end{cases}$

ただし,$m = 0, 1, 2, \cdots\cdots$

🟢 図 2 は,2 つの波源 S_1,S_2 から出た同位相の円形波の干渉を示している。

🟢 図 2(b) で,点 S_1,S_2 を中心とする青い実線の同心円は波の山を,青い点線の同心円は波の谷を示している。実線と点線の交点は,山と谷が重なる点であるから変位 0,つまり振動しない点である。このような点を結ぶと,図の赤い点線で示したような曲線になる。これを**節線**という。❂3

🟢 また,青い実線どうしの交点では山と山が重なるから,強めあって合成波は高い山になり,青い点線どうしの交点では谷と谷が重なって強めあい,合成波は深い谷になる。これらの点を結ぶと,図の赤い実線で示したような曲線(または直線)になる。❂3

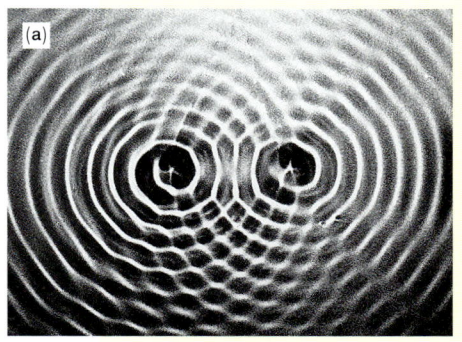

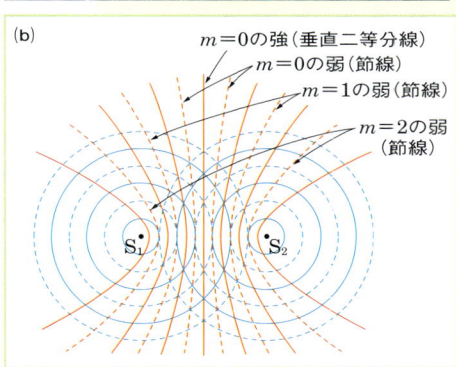

図 2. 2 つの波源から出た同位相の円形波の干渉

❂3. 波がちょうど強めあったり弱めあったりする点は,2 つの波源 S_1,S_2 からの距離の差が一定となる点上にあるので,S_1,S_2 を焦点とする双曲線上や,線分 S_1S_2 の垂直二等分線上にある。

1 章 波の性質

■ 前ページの①式で $m = 0$ となる点は，$r_1 = r_2$ だから，線分 S_1S_2 の垂直二等分線上にある。②式で $m = 0$ となる点は，垂直二等分線の両どなりの節線上にある。

■ m を，$m = 1, 2, \cdots\cdots$，と大きくしていくにつれて，垂直二等分線から離れた節線上に移動する。

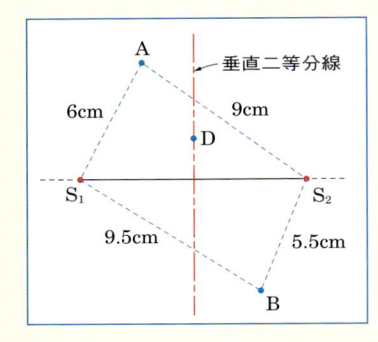

例題 左の図のように，振幅 1 cm，波長 2 cm の波を同位相で出す 2 つの波源 S_1，S_2 が，10 cm 離れて置かれている。

(1) S_1 から 6 cm，S_2 から 9 cm の距離にある点 A での合成波の振幅はいくらか。

(2) S_1 から 9.5 cm，S_2 から 5.5 cm の距離にある点 B での合成波の振幅はいくらか。

(3) 線分 S_1S_2 の垂直二等分線上にある点 D での合成波の振幅はいくらか。

(4) S_1 と S_2 の間にできる節線の数はいくつか。

解説 (1) 波源からの波が同位相なので，S_1A と S_2A の距離の差が波長の整数倍になっていれば強めあい，（波長の整数倍＋半波長）になっていれば弱めあう。

$$|S_1A - S_2A| = |6 - 9| = 3 \text{ cm}$$
$$= 2 \text{ cm（1 波長）} + 1 \text{ cm（半波長）}$$

となるので，これは，後者の場合であり，波は弱めあって，合成波の振幅は 0 となる。　**答　0**

(2) (1)と同じように考えればよい。

$$|S_1B - S_2B| = |9.5 - 5.5| = 4 \text{ cm}$$

となるので，これは波長の整数倍であるから，波は強めあって，合成波の振幅は，$1 + 1 = $ **2 cm** ……… **答**

(3) S_1D と S_2D の距離の差は 0 で，これは波長の整数倍であるから，波は強めあう。　**答　2 cm**

(4) 前ページの式②に，$\lambda = 2$ cm を代入すると，

$$|r_1 - r_2| = \left(m + \frac{1}{2}\right) \cdot 2 = 2m + 1$$

線分 S_1S_2 上の点で考えればよいから，$r_1 + r_2 = 10$ …①
垂直二等分線の右側の点だけを考えると，$r_1 > r_2$ としてよいから，$r_1 - r_2 = 2m + 1$ ……………②
また，$5 < r_1 \leq 10$ ………………③
①〜③より，$m = 0, 1, 2, 3, 4$ で，垂直二等分線の右側に 5 本の節線ができる。同様に左側にも 5 本の節線ができ，合わせて 10 本できる。　**答　10本**

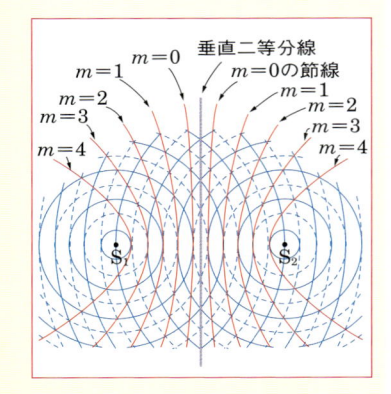

同位相の波源から出る波は，経路差が波長の整数倍のときに強めあいます。

2 正弦波を表す式

1 単振動の式

■ 単振動は，等速円運動をする物体Pを考えたとき，この点を投影してできた影Qの運動であった（→p.36）。この章では，影Qがy軸上を運動している場合を考える。

■ 図1の点1から回転をはじめた物体Pの角速度をω〔rad/s〕，回転の周期をT〔s〕とすると，影Qの座標は，回転角θ〔rad〕$= \omega t$に注意して，次式で表せる。

$$y = A \sin \omega t = A \sin \frac{2\pi}{T} t \qquad \cdots\cdots\text{①}$$

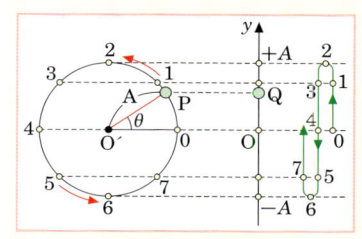

図1．等速円運動と単振動

2 正弦波を表す式

■ 長いばねの左端を，図1のQのように単振動させると，ばねには図2のように**正弦曲線（サインカーブ）**の波ができる。これを**正弦波**という。

■ ウェーブマシンの端の棒を1回振動させると，図3(a)のような波形ができる。**波の進行方向を正**として，振幅をA〔m〕，波長λ〔m〕としたとき，この波形は，次式で表される。

$$y = -A \sin \frac{2\pi}{\lambda} x \qquad \cdots\cdots\text{②}$$

■ さて，図3(a)から時間t〔s〕が経過したあとに，図3(b)のような波形になったとしよう。波の伝わる速さをvとすると，図3(b)のとき，xの位置にある棒26の変位y_{26}は，図3(a)のときに$x-vt$の位置にある棒19の変位y_{19}と同じである。

■ 変位y_{26}を計算するには，②式でxを$x-vt$に置きかえればよいので，$vT=\lambda$を用いて変形すると，

$$y = -A \sin 2\pi \left(\frac{x - vt}{\lambda} \right)$$

$$= A \sin 2\pi \left(\frac{t}{T} - \frac{x}{\lambda} \right) \qquad \cdots\cdots\text{③}$$

となる。これが正弦波の一般式である。

ポイント

正弦波の式 $y = A \sin 2\pi \left(\dfrac{t}{T} - \dfrac{x}{\lambda} \right)$

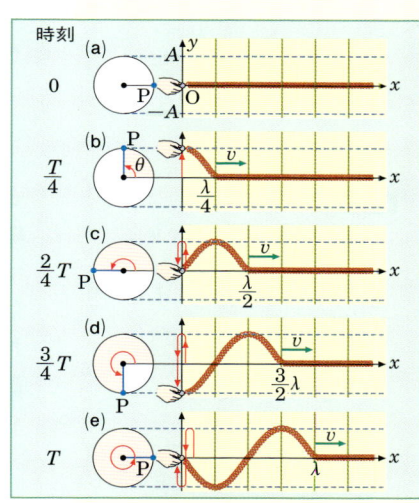

図2．原点の単振動と正弦波

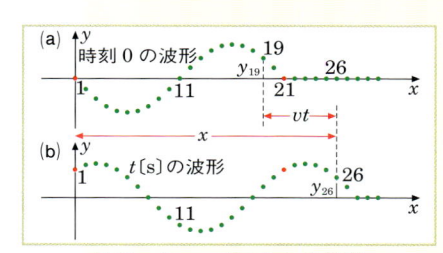

図3．ウェーブマシンの波形
左端の棒1を振動させたときの波形。

✿1．波の進む向きとx軸の正の向きが逆になっているときは，xを$-x$と置きかえればよいので，

$$y = A \sin 2\pi \left(\frac{t}{T} + \frac{x}{\lambda} \right)$$

1章 波の性質 77

3 正弦波の位相

■ 前ページの③式で
$$\phi = 2\pi\left(\frac{t}{T} - \frac{x}{\lambda}\right) \quad\cdots\cdots\cdots ④$$
とおくと，正弦波の式は
$$y = A\sin\phi$$
と書ける。このϕ〔rad〕を，**位相**という。位相は角度と同様に**無次元の量（単位のとりかたによらない量）**である。[2]

■ $\frac{t}{T}$は周期Tに対する時刻tの割合を示していて，$\frac{x}{\lambda}$は波長λに対する位置xの割合を表している。ここで，④式のtを$t + T$と置きかえると，このときの位相ϕ'は，
$$\phi' = 2\pi\left(\frac{t+T}{T} - \frac{x}{\lambda}\right) = 2\pi\left(\frac{t}{T} + 1 - \frac{x}{\lambda}\right)$$
$$= \phi + 2\pi$$
となる。④式のxを$x - \lambda$と置きかえても同じである。

■ $\sin\phi$と$\sin(\phi + 2\pi)$は同じ値なので，位相が2π変化するごとに変位yの値が同じ値となる。よって，**時間的には1周期Tごとに，空間的には1波長λごとに媒質の振動が同じになる**ことを示している。

問 1. 一直線上の正弦波において，ある位置xと，波長λだけずれた位置$x + \lambda$とが，同じ変位になることを示せ。

4 位相差

■ 位相のずれを**位相差**という。たとえば周期がTのとき，時刻$t = 0$と$t = \frac{T}{4}$の位相差は$\frac{\pi}{2}$radといえる。

■ 時刻$t = 0$と$t = T$の位相差は2πradであり，媒質の振動がちょうど同じになる。この関係が**同位相**である。また，$t = 0$と$t = \frac{1}{2}T$の位相差はπradであり，媒質の振動がちょうど正負逆になる。この関係が**逆位相**である。[3]

■ ③式に$x = 0$を代入すると，①式が得られる。これはウェーブマシンの棒1（$x = 0$）の変位が，時間とともにどのように変化するのかを示している。

■ このとき棒2，棒3，…の変位は，棒1より少しずれたグラフになる。このずれは，棒1からの距離x〔m〕を用いて$2\pi\frac{x}{\lambda}$と表せる。この値が棒1に対する位相差である。[4]

---

2. 長さの単位や時刻の単位がそれぞれそろっていれば，どの単位で計算しても位相の値は変わらない。

解き方 問1.
位置xにおける位相ϕが
$$\phi = 2\pi\left(\frac{t}{T} - \frac{x}{\lambda}\right)$$
のとき，$x + \lambda$における位相ϕ'は，
$$\phi' = 2\pi\left(\frac{t}{T} - \frac{x+\lambda}{\lambda}\right)$$
$$= \phi - 2\pi$$
となる。
$\sin\phi = \sin\phi'$なので，xでの変位と$x + \lambda$での変位は等しい。

3. 位相差が4π，6π，8π，…のときにも振動が同じになるので，同位相である。
また，位相差が3π，5π，7π，…のときにも振動がちょうど正負逆になるので，逆位相である。

4. 同様に，③式に$t = 0$を代入すれば②式が得られる。これは，時刻0の瞬間の波形を表している。時刻t〔s〕の波の，時刻0での波に対する位相差は，$-2\pi\frac{t}{T}$となる。

3 ホイヘンスの原理と回折・反射

1 波の波面

■ 水面に小石を投げこむと，波の山の部分を連ねた線や，谷の部分を連ねた線が円形となって，その半径を増加させながら広がっていくのが見える。このように同位相の点を連ねてできた線または面を，**波面**という。**波面は波の進行方向に対して垂直**である。

■ 長い棒を水面に浮かべて，棒を上下に振動させると，直線状の波面ができる。このような形の波面の波を**平面波**という。一方，水面の1か所に棒の先だけをつけて振動させると，円形状の波面が広がっていく。このような波を**球面波**という。平面波，球面波とも，波面と波の進行方向は常に垂直になっている（図1）。

✿1. 波の進行方向を示す直線，または曲線のことを**射線**ということもある。

✿2. 水面波のような平面上の波ではとくに，平面波を**直線波**，球面波を**円形波**とよぶこともある。

2 ホイヘンスの原理

■ オランダの物理学者ホイヘンス（1629〜1695）は，**波面上のあらゆる点からは，それぞれ半球状の球面波（素元波）が発生していて，それらの素元波の重ね合わせが次の時刻での波面をつくる**と考えれば，波の進み方がうまく説明できるとした。これを**ホイヘンスの原理**という。

■ ある媒質中において，ある時刻での波面と波の伝わる速さ v がわかれば，Δt〔s〕後の波面がわかる。これは波面上の無数の各点からは，半径 $v\cdot\Delta t$ の素元波が出ていて，それらの素元波が共通に接している面（包絡面）が，Δt〔s〕後の波面となる（図1）。

3 波の回折

■ 沖合から進んできた波は，防波堤と防波堤の間のすき間を通りぬけて，裏側に回りこむように伝わっていく。これを波の**回折**という。すき間の幅がせまいほど，回折の効果が大きい（次ページ図2(a)，図3）。障害物に波が衝突したときにも回折が起きて，障害物の裏側に波が回りこんでいく（図2(b)）。**障害物の大きさが波長と同じ程度か，波長よりも小さいほど，回折現象の影響が大きくなる。**

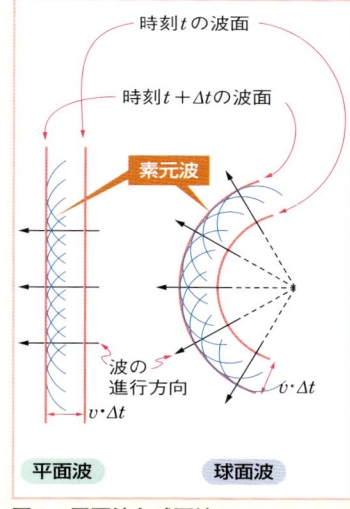

図1．平面波と球面波
波の進み方は，ホイヘンスの原理によって説明できる。

1章 波の性質

図2. 波の回折
波は障害物に当たっても、その裏側まで回りこむ性質がある。

図3. スリットによる回折
すき間の幅が波長よりせまいと、回折の程度が著しい。

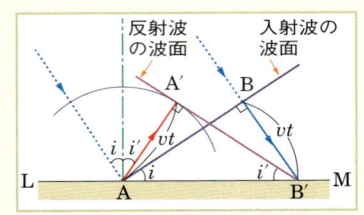

図4. 反射の法則の説明
BがB′まで進む間に、Aから出た素元波はvtだけ進む。

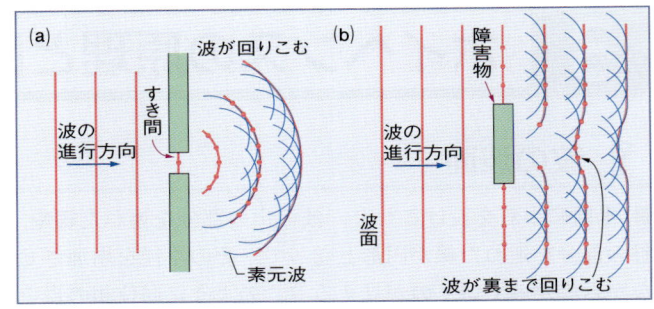

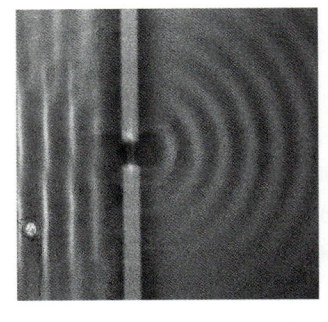

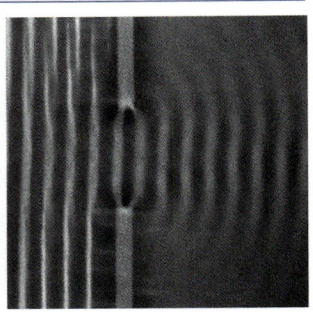

4 波の反射

■ 波が反射するとき、反射面に立てた垂線（**法線**という）と入射波の進行方向がなす角度を**入射角**といい、法線と反射波の進行方向がなす角度を、**反射角**という。このとき、**入射角と反射角は等しい**。これを**反射の法則**という。

> **ポイント**
> **反射の法則**
> 　　　入射角 ＝ 反射角

■ 波が反射しても、**速さ、波長、振動数は変化しない**。

■ 反射の法則が成り立つことは、ホイヘンスの原理によって説明できる。図4のように、入射波が速さv〔m/s〕で反射面LMに入射する場合を考える。

■ 波面AB上の点Aが反射面LMに達してから、点Bが点B′に達するまでの時間をt〔s〕とすると、t〔s〕後の反射波の波面は、点B′を通り、しかも点Aで反射された波の波面に接するから、点Aを中心とする半径vt〔m〕の素元波（円形波）の波面に点B′から接線を引くと、これが反射波の波面となる（B′A′）。

■ さらに、直線AA′を引くと、AからA′に向かう方向が反射波の進行方向になる。△A′AB′ ≡ △BB′Aより、$i = i'$が導かれ、反射の法則が成り立つことがわかる。

4 波の屈折

1 水面波の屈折

■ 図1は，左上から右下へ進んできた水面波が，その進む方向を変えたものである。図の上半分の水槽は深く，下半分は浅くなっている。水面波は水深が深いところでは速く，浅いところでは遅い。このように，<u>波はその伝わる速さが異なっている媒質の境界面で，進む向きが変化する。</u>このような現象を**屈折**という。

■ 図2のように，媒質Ⅰから媒質Ⅱに波が入射するとき，波の一部は反射の法則に従って反射し，残りは媒質Ⅱの中を進んでいく。このとき，<u>屈折波の進行方向と境界面の法線とのなす角(r)を，**屈折角**という。</u>

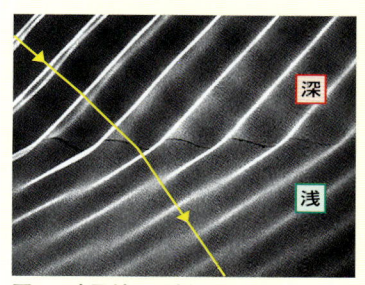

図1．水面波の屈折

2 屈折の法則

■ 図2のように，波が媒質Ⅰから媒質Ⅱに入射する場合，入射角iを変えると，屈折角rも変わるが，<u>$\sin i$と$\sin r$の比は一定</u>になっている。この比を媒質Ⅰに対する媒質Ⅱの**屈折率**といい，n_{12}で表す。

> **ポイント**
> 媒質Ⅰでの入射角がi，媒質Ⅱでの屈折角がrのときの屈折率n_{12}は，
> $$n_{12} = \frac{\sin i}{\sin r}$$

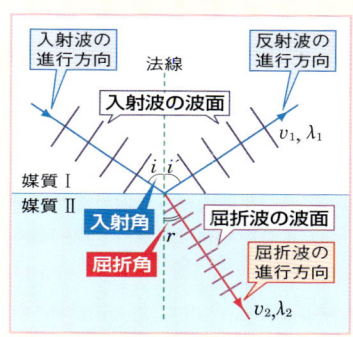

図2．屈折の法則
$\sin i$と$\sin r$の比は一定になる。

1. 媒質Ⅰを基準にしているので，**相対屈折率**ともいう。

■ 媒質Ⅱから媒質Ⅰに波が入射する場合には，波は上の場合と同じ道筋を逆に進む。このとき入射角がr，屈折角がiとなるので，媒質Ⅱに対する媒質Ⅰの屈折率n_{21}は，

$$n_{21} = \frac{\sin r}{\sin i} = \frac{1}{n_{12}}$$

となり，n_{12}の逆数になる。

3 ホイヘンスの原理による説明

■ 屈折の法則が成り立つことは，ホイヘンスの原理によって説明できる。図3のように，媒質Ⅰおよび媒質Ⅱでの波の伝わる速さを，それぞれ$v_1 \text{［m/s］}$，$v_2 \text{［m/s］}$とする。

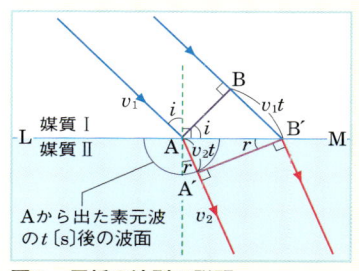

図3．屈折の法則の説明

> ホイヘンスの原理は、p.79 で確認しよう。

■ 波面 AB 上の点 A が境界面 LM に達してから、点 B が点 B′ に達するまでの時間を t〔s〕とすると、点 A が境界面に達してから t〔s〕後の屈折波の波面は、点 B′ を通り、しかも点 A から出た素元波の t〔s〕後の波面に接する。

■ したがって、A 点を中心とする半径 $v_2 t$〔m〕の素元波（円形波）の波面に点 B′ から接線 B′A′ を引くと、これが屈折波の波面となる。また、直線 AA′ を引くと、A から A′ に向かう向きが屈折波の進行する向きになる。

■ 前ページの図 3 に示したように、

入射角 $i = \angle BAB'$

屈折角 $r = \angle AB'A'$

であるから、

$$\sin i = \frac{BB'}{AB'} = \frac{v_1 t}{AB'}, \quad \sin r = \frac{AA'}{AB'} = \frac{v_2 t}{AB'}$$

となる。したがって、屈折率 n_{12} は、

$$n_{12} = \frac{\sin i}{\sin r} = \frac{v_1 t}{AB'} \cdot \frac{AB'}{v_2 t} = \frac{v_1 t}{v_2 t} = \boldsymbol{\frac{v_1}{v_2}}$$

となる。☆2

> ☆2. この式から、屈折率が、それぞれの媒質中を伝わる波の速さの比で表されることがわかる。また、屈折は波の伝わる速さの違いで起こることもわかる。

■ 境界面では、**波の振動数は変化しないが、伝わる速さは変化する**ので、それぞれの媒質中での波長も変化する。振動数を f、波長を λ_1、λ_2 とすると、次の関係が成り立つ。

$$n_{12} = \frac{v_1}{v_2} = \frac{f\lambda_1}{f\lambda_2} = \boldsymbol{\frac{\lambda_1}{\lambda_2}}$$

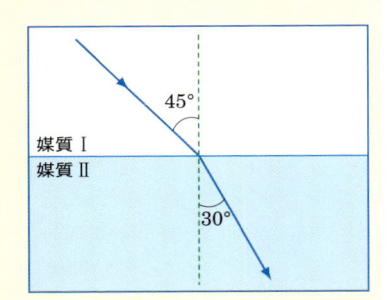

> **例題** 左の図のように、媒質Ⅰから媒質Ⅱへ波が入射角 45° で入射したとき、屈折角が 30° であった。媒質Ⅰでの波の伝わる速さを 5.6 cm/s、波長を 0.70 cm として答えよ。
> (1) 媒質Ⅰに対する媒質Ⅱの屈折率はいくらか。
> (2) 媒質Ⅱでの波の伝わる速さはいくらか。
> (3) 媒質Ⅱでの波長はいくらか。
> (4) 媒質Ⅱでの振動数はいくらか。
>
> **解説** (1) $n_{12} = \dfrac{\sin 45°}{\sin 30°} = \dfrac{\sqrt{2}}{2} \cdot \dfrac{2}{1} = \boldsymbol{\sqrt{2}}$ ……**答**
>
> (2) $v_2 = \dfrac{v_1}{n_{12}} \fallingdotseq \dfrac{5.6}{1.4} = \boldsymbol{4.0 \, \text{m/s}}$ ……**答**
>
> (3) $\lambda_2 = \dfrac{\lambda_1}{n_{12}} \fallingdotseq \dfrac{0.70}{1.4} = \boldsymbol{0.50 \, \text{cm}}$ ……**答**
>
> (4) $f = \dfrac{v_2}{\lambda_2} = \dfrac{n_{12}}{n_{12}} \cdot \dfrac{v_1}{\lambda_1} = \dfrac{5.6}{0.70} = \boldsymbol{8.0 \, \text{Hz}}$ ……**答**

定期テスト予想問題　解答→p.242

1 水波の干渉

図は水面の2か所S_1, S_2を同位相で振動させたときのある瞬間の山の位置（実線）と谷の位置（破線）を表したものである。波の伝わる速さ$v = 1.0$ cm/s，波長$\lambda = 2.0$ cm，振幅$A = 0.50$ cmとして，次の問いに答えよ。

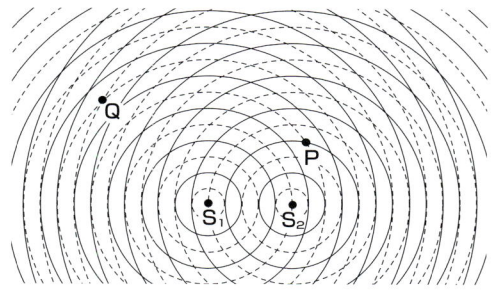

(1) 図中に節線を記入せよ。
(2) 点Pの位置では，$|S_1P - S_2P|$は波長λの何倍か。
(3) 点Pで波は強めあっているか，弱めあっているか。
(4) 1.0 s経過したときの，点Qでの変位は何cmか。
(5) 点R（$S_1R = 12$ cm，$S_2R = 15$ cm）では，波は強めあっているか，弱めあっているか。

2 正弦波

x軸上を進み，時刻t，位置xにおける媒質の変位y〔m〕が

$$y = 2 \sin 2\pi \left(\frac{t}{2.0 \text{ s}} - \frac{x}{8.0 \text{ m}} \right)$$

で表せる正弦波がある。この波について，次の各問いに答えよ。

(1) この波の振幅，周期，波長を求めよ。
(2) この波の振動数を求めよ。
(3) この波の伝わる速さを求めよ。
(4) ある時刻で，$x = 0$の媒質と，$x = 1$ mの媒質との位相差を求めよ。

3 波の反射と屈折

下記の文は，ホイヘンスの原理を使って，反射波，屈折波の進行方向を作図によって求める方法について述べたものである。文中の空欄にあてはまる語句，記号または数値を記入せよ。ただし，下の図は媒質Ⅰの中を進んできた平面波の波面ABが，媒質Ⅱとの境界面XYに入射した状態を示している。

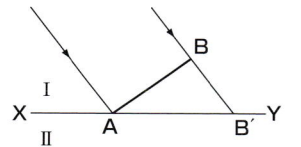

(1) **反射波の作図** 反射をしても，波の ① は変化しないから，Bの波面がB′に達する間に，Aから出た素元波は，点 ② を中心とする，半径 ③ の円形波となる。したがって，点 ④ から円形波の媒質 ⑤ 側の部分に接線を引いて，その接点をA′とすると，直線A′B′が反射波の ⑥ となる。また，直線 ⑦ の方向が反射波の進行方向となる。

(2) **屈折波の作図** 媒質Ⅰ，Ⅱでの波の速さを，それぞれ6.0 m/s，4.5 m/sとする。点Bの波面が点B′に達するまでの時間がt〔s〕のとき，BB′ = ① ×tである。この間にAから出た素元波は，点 ② を中心とする，半径 ③ の円形波となる。したがって，点 ④ からこの円形波の媒質 ⑤ 側の部分に接線を引き，その接点をA′とすると，直線 ⑥ が屈折波の波面となる。また，直線AA′の方向が屈折波の進行方向となる。媒質Ⅰに対する媒質Ⅱの屈折率をnとすると，$n = \dfrac{⑦}{AA'}$となり，nの値は約 ⑧ である。

2章 音波

1 音の屈折・回折・干渉

1 音の反射

図1のような簡単な実験から，音波も反射の法則に従っていて，（入射角）＝（反射角）となっている（→p.80）ことを確かめることができる。また，屋外では聞きとりにくい音でも，せまい室内では音源からの直接音と壁からの反射音がほとんど同時に耳に届くことから，はっきりと聞こえる。

トンネルやふろ場で音を出すと音が長く響く。これを**残響**といい，壁の表面で音が何回も反射し，耳に何回も同じ音が入ってくるからである。コウモリは超音波を出して，その反射音を利用して物体を感知している。魚群探知機も音の反射を利用している（図2）。

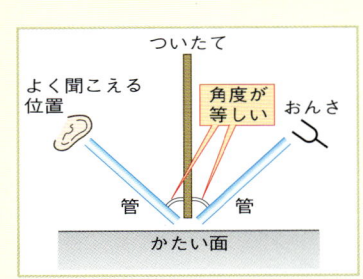

図1．音の反射を調べる実験

✿1. コンサートホールを設計するときには，壁や天井からの反射音による音響効果を生かすように工夫している。

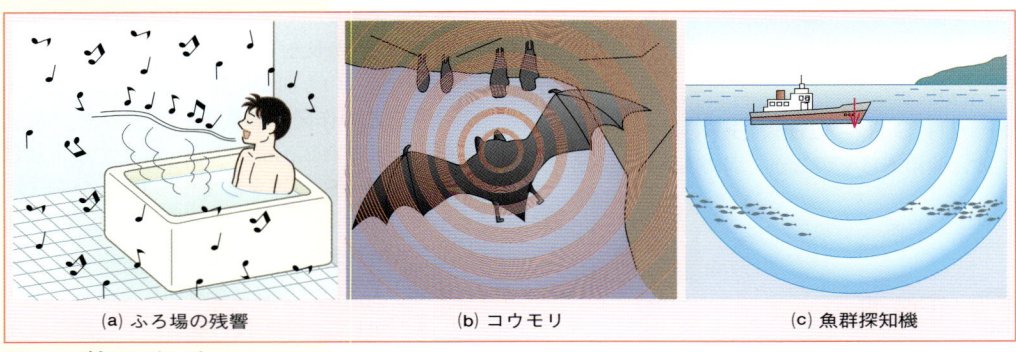

(a) ふろ場の残響　　(b) コウモリ　　(c) 魚群探知機

図2．反射のいろいろ

2 音の屈折

音波は波の一種であるから，屈折の現象も起こる。屈折は，波の伝わる速さの違いによって起こる現象であるが，空気中を伝わる音の速さは，気温が高いほど大きくなるので，気温が場所によって異なると，音波は屈折する。

よく晴れた冬の夜などに，昼間は聞こえないような遠くの音がはっきりと聞こえることがある。これは音波の屈折を示す現象として説明することができる。

✿2. 空気の温度が $t\,°\text{C}$ のとき，空気中の音速 $V\,[\text{m/s}]$ は，
$$V = 331.5 + 0.60t$$
と表せる。

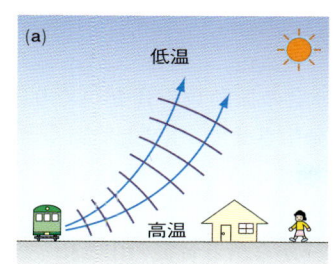

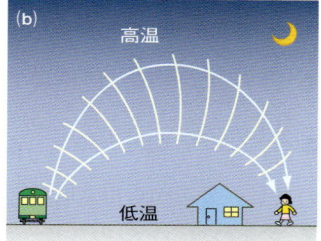

図3．音の屈折

　昼間は太陽が地表面をあたためるため，地表近くの気温のほうが上空の気温より高くなる。そのため，音が，地表に近いほど速く進むために，音波はしだいに上方に曲がり，遠くの地表には届かない（図3(a)）。

　一方，夜間は地表面が冷えて，地表近くの気温が下がり，上空の気温より低くなることがある。地表近くから出た音の波面は，地表から遠いほど速く進むので，音波はしだいに下方に曲がり，遠方まで届く（図3(b)）。

3 音の回折

　日常生活で，音源が障害物のかげにかくれていても音源からの音が聞こえるのは，音波が**回折**するからである。回折の起こりやすさは，**波長と障害物の大きさで決まる**。

　人間が聞くことのできる音の振動数は 20～20000 Hz であり，日常で耳にする音の周波数は 70～7000 Hz 程度である。音速を 340 m/s として，日常的に聞こえる音の波長を計算すると，およそ 5 cm～5 m ぐらいになる。

　この波長と同程度の障害物や，この波長よりも小さい障害物では，回折現象が起こりやすいが，この波長よりも大きな建物の裏側では，回折が起こりにくく，音はあまり聞こえてこない（図4）。

　窓の外が騒がしいとき，窓を閉め切ると外の音は小さくなるが，少しでも窓を開けるとうるさくなるのも，回折によって外の騒音が部屋全体に広がるからである（図5）。

　渓流沿いのホテルなどで，窓を閉めると静寂が感じられる部屋でも，窓を少し開けるだけで水の流れる音がたえず聞こえるようになるのも，同様の現象である。

　高速道路の防音壁（図6）では，外部にもれる音を小さくすることはできるが，音波が回折するため，音を完全にカットすることはできない。

✿3．上方に曲がっていくのは，上方にいくほど音速が小さくなるので，屈折角が入射角より小さくなるからである。下の図のように，空気の層を音速の違う層に分けて考えるとよい。
$v_1 > v_2 > v_3$ のとき，$\theta_1 > \theta_2 > \theta_3$ であることが，屈折の法則より導かれる。下方に曲がっていく理由も同様にして説明できる。

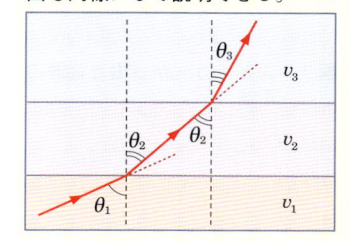

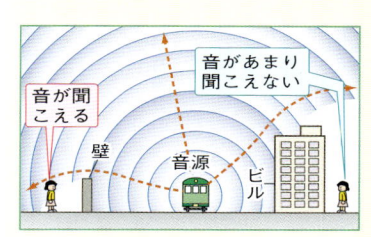

図4．障害物が音の波長に比べて大きいと回折しにくい

図5．窓のすき間で回折する音

図6．高速道路の防音壁

2章　音波

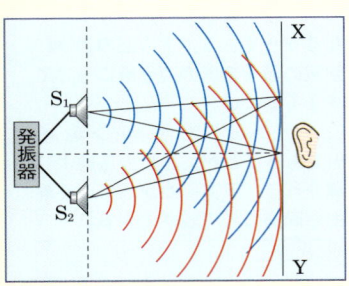

図7. スピーカーから出た音波の干渉

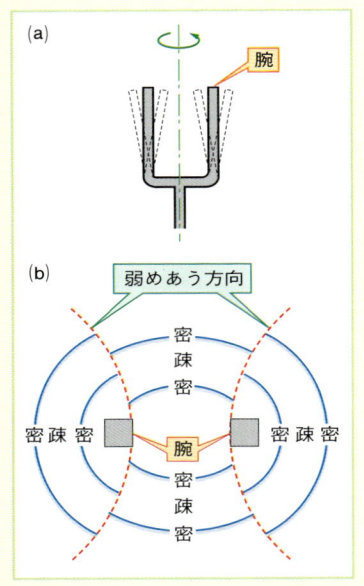

図8. おんさから出た音波の干渉

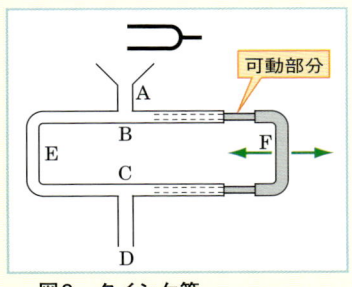

図9. クインケ管

4 音波の干渉

■ 図7のように，発振器で一定の振動数の音をつくり，これを2つのスピーカーから発生させて，XY上で聞くと，場所によって聞こえる音の大きさが変わる。これは2つのスピーカーから出る音波の**干渉**により起こる。

■ すなわち，2つのスピーカーから出る音波の山と山（または谷と谷）が同時に届く場所では，音波は強めあって大きな音に聞こえ，山と谷が同時に届く場所では，音波は弱めあって聞こえなくなる。また，XY上を一方向に移動しながら聞くと，音が大きく聞こえる場所と小さく聞こえる場所が交互に現れる。

■ **おんさ**を鳴らしながら，耳のそばで1回転させると，4回音が小さくなる（図8(a)）。これは，干渉で音の弱まる方向が，おんさのまわりに4つあるからである。おんさが振動するときは，おんさの両腕が開いたり閉じたりする。両腕が開いたときは，腕の外側の空気は密になり，両腕の間の空気は疎になる。次に両腕が閉じたときは，この逆になる。

■ したがって，両腕の外側から出る音波と両腕の間から出る音波とは，空気の疎密が逆になっている。これらの音波が重なる部分では音波が弱められる。このような点を連ねると，図8(b)の赤い点線のようになる。

5 クインケ管

■ 図9は**クインケ管**という装置で，可動部分の管を出し入れすることで，図の経路ABECDと経路ABFCDの長さの差を変えられるようにしてある。Aで波長λのおんさを鳴らし，Dで音を聞きながら可動部分の管を出し入れすると，音が大きく聞こえたり，ほとんど聞こえなくなったりする。これも音波の干渉によって起こる現象である。

■ 図9の状態で，もっとも大きな音がでているとする。可動部分を引き出していくと，左右の経路からの音が打ち消しあって，**ほとんど聞こえなくなる**。このとき，BFCの経路が**はじめより$\frac{\lambda}{2}$長くなっている**。さらに引き出すと再び強めあって**大きな音が観測されるようになる**。このとき，BFCの経路が**はじめよりλだけ長くなっている**。

2 ドップラー効果

1 ドップラー効果とは

■ 救急車や消防車のサイレンは，近づいてくる場合には実際の音よりも高く聞こえ，遠ざかる場合には低く聞こえる。電車に乗っていると，カーンカーンと鳴っている踏切の警報器に近づくときは高い音，遠ざかるときには低い音が聞こえる。これらの現象を**ドップラー効果**[1]という。

■ ドップラー効果は，波であれば必ず生じる現象である。**動きながら波を出すような波源があれば**，波源が出している振動数とは違った振動数が観測される。波源が止まっていても**観測する人が近づいたり遠ざかったりすれば**，同じように振動数が変化して観測される。

■ 高い音，低い音の違いは振動数の大小であった。振動数と波長は反比例するので，波長が短いと高い音になる。図1は，波源が静止している場合の水面波のようすである。この場合には，波の波長（山から山までの距離）はどの方向でも同じである。したがって，静止した音源の場合であれば，どの方向から聞いても同じ高さの音が観測される。

■ 右下方向に波源が移動している場合（図2）には，移動方向の前方では波長は短くなっている。したがって，音の場合であれば，この場所で聞くと，高い音が聞こえることになる。また，その逆の場所では波長が長くなっており，低い音を聞くことになる。この波長の違いが音の高低をつくり，ドップラー効果の原因となっている。

2 音源が近づく場合

■ 次ページの図3は，音源が一定の速さで$S_3 \to S_2 \to S_1 \to S_0$と動いていったときの波面である。音源は現在$S_0$の位置にあるとする。$S_0$で出している波はまだ広がっていないが，1秒前の$S_1$で出した波は，$S_1$を中心とする$1 \times V$の半径の球面波として広がっている。ただし，$V$は空気中を伝わる音の速さとする。2秒前の$S_2$で出した波は$S_2$を中心とする$2 \times V$の半径の波として広がっている。3秒前，4秒前，……も同様である。したがって，波面は図のようになる。これを立体的に見たものが図2である。

1. オーストリアの物理学者ドップラー（1803〜1853）によって発見されたのでこう呼ばれている。

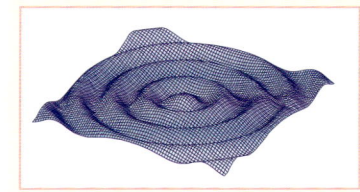

図1．波源が静止している場合

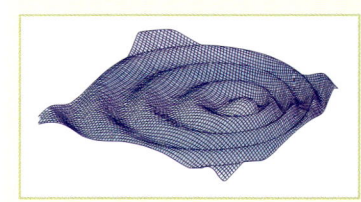

図2．波源が右下に移動している場合

音源の移動方向の前方では，波がつまって，波長が短くなるんだね。

2章 音波

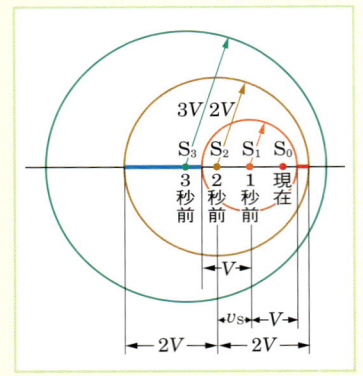

図3. 音源が近づく場合の波面のようす

■ 音源の振動数をf，移動する速さをv_S（$V > v_S$）とする。図3の赤い太線の部分は，2秒前に出した波面と1秒前に出した波面との間の距離である。この距離は，

$$2V - V - v_S = V - v_S$$

となる。この中に2秒前から1秒前の1秒間に出したf個の波が入っているので，その波長λ'は，

$$\lambda' = \frac{V - v_S}{f}$$

である。

■ 音源の移動方向の前方にいる観測者にはこの波長の波がVの速さで伝わってくることから，観測される振動数f'は，$V = f'\lambda'$より，

$$f' = \frac{V}{\lambda'} = \frac{V}{\frac{V - v_S}{f}} = \frac{V}{V - v_S}f \quad ○2$$

となる。

○2. $f' - f = \frac{V}{V - v_S}f - f$
$= \left(\frac{V}{V - v_S} - 1\right)f$
$= \left(\frac{V - V + v_S}{V - v_S}\right)f$
$= \frac{v_S}{V - v_S}f$

$v_S > 0$，$V - v_S > 0$，$f > 0$ だから，
$\quad f' - f > 0$
$\quad \therefore \ f' > f$

したがって，音源が観測者に近づくときは，音源が静止しているときより振動数が大きくなるから，音が高く聞こえる。

3 音源が遠ざかるとき

■ 音源の進んでいる後方では，波長は長くなっている。図3において，後方での2秒前と1秒前の波面の間隔（青い太線の部分）は，

$$2V + v_S - V = V + v_S$$

で，この間にf個の波が入っている。

■ したがって波長λ'は，

$$\lambda' = \frac{V + v_S}{f}$$

である。観測される振動数f'は，

$$f' = \frac{V}{\lambda'} = \frac{V}{\frac{V + v_S}{f}} = \frac{V}{V + v_S}f \quad ○3$$

で表される。

○3. $f' - f = \frac{V}{V + v_S}f - f$
$= \left(\frac{V}{V + v_S} - 1\right)f$
$= \left(\frac{V - V - v_S}{V + v_S}\right)f$
$= -\frac{v_S}{V + v_S}f$

$v_S > 0$，$V + v_S > 0$，$f > 0$ だから，
$\quad f' - f < 0$
$\quad \therefore \ f' < f$

したがって，音源が観測者から遠ざかるときは，音源が静止しているときより振動数が小さくなるから，音が低く聞こえる。

例題 静止している人のそばを，時速45 kmで，400 Hzの警笛を鳴らしながら，電車が通過した。音速を340 m/sとして，電車が近づくときと遠ざかるときの，それぞれの場合に，人が聞く警笛の振動数はいくらか。

解説 音源の速さの単位を〔m/s〕になおすと，

$$v_S = \frac{45 \times 1000 \text{ m}}{60 \times 60 \text{ s}} = 12.5 \text{ m/s}$$

電車が近づくとき：$f' = \dfrac{340}{340-12.5} \times 400 \fallingdotseq$ **415 Hz** … 答

電車が遠ざかるとき：$f' = \dfrac{340}{340+12.5} \times 400 \fallingdotseq$ **386 Hz** … 答

4 $v_S > V$ の場合

音源が移動する速さv_Sが，音波の伝わる速さVより小さい場合には，図3のような波面となるが，$v_S > V$の場合には，図4のような波面となる。このような波を**衝撃波**という。

一般に，波源の速さが波の伝わる速さより大きければ，衝撃波ができる。モーターボートが水面につくる波もこれと同様で，ボートの速さが水波の速さよりも大きい場合に，この形の波ができる。音速をこえるジェット機も衝撃波をつくる。

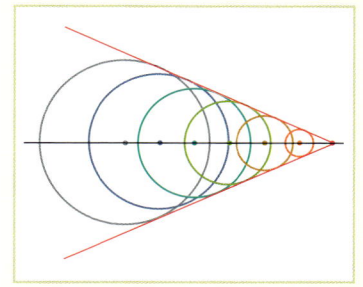

図4．衝撃波

5 観測者が移動する場合

図5のように，観測者Oが速さv_Oで，静止している音源Sに近づく場合を考えてみよう。観測者が静止していれば，単位時間に観測者が受ける波の数は，距離Vの中に含まれる波の数（f個）に等しい。観測者が速さv_Oで音源に近づくときは，距離v_Oの中に含まれる波の数だけよけいに受けることになるので，その数は，

$$f' = \dfrac{V+v_O}{V}f$$

である。これが観測者の聞く音の振動数でもある。

観測者Oが音源から遠ざかる場合は，観測者が受ける波の数が，距離v_Oの中に含まれる波の数だけ，静止している場合より少なくなり，観測者の聞く音の振動数f'は，

$$f' = \dfrac{V-v_O}{V}f \quad ❋4$$

となる。

一般に，音源がv_S，観測者がv_Oでともに動いている場合には，ドップラー効果が起こり，観測者の聞く振動数f'は，

$$f' = \dfrac{V-v_O}{V-v_S}f$$

で求められる。ただし，v_O，v_Sの向きは**ともに音源から観測者に向かう向きを正，逆向きを負とする。**

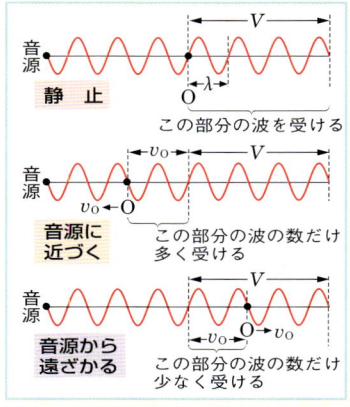

図5．観測者が移動するときに受ける波の数
音源に近づくときは，単位時間に受ける波の数が多くなり，遠ざかるときは少なくなる。

❋4．これは，観測者が音源に近づく場合の式のv_Oを$-v_O$に置きかえたものと同じである。

定期テスト予想問題 解答 → p.242~244

1 音の波長・周波数

空気中の音速を340 m/sであるとして，以下の各問いに答えよ。

(1) 一般的なピアノの出す音は，27.5～4186 Hzである。この音の空気中での波長を求めよ。

(2) コウモリは，およそ0.4 cm～0.7 cmの超音波のパルス波を出しながら飛び，その反射音で障害物や獲物の距離を検知している。波長が0.510 cmの超音波の周波数は何kHzか。

2 音の性質(1)

音の性質について述べた次の文章について，それぞれの空欄にあてはまる語句または数式，数値を書きいれよ。

音波の速さは媒質によって変化し，空気中を伝わる音の速さv〔m/s〕は，摂氏温度の値tによって決まり，$v =$ ① で表される。この式より，20℃の空気中の音速は ② m/sである。音は波の一種なので，一般的な波と同じ性質をもっている。障害物にぶつかるとはね返ることを ③ ，波の ④ が異なる物質中に入ったときにはね返らず波の進行方向が変化することを屈折，障害物の後ろ側に波が回りこむことを ⑤ ，同じ周波数の音どうしが，同じ ⑥ になる場所で強めあうことを干渉という。

3 音の性質(2)

次の現象は，音波のどのような性質と最も関係が深いか，それぞれについて現象名を答えよ。

(1) 晴れた日の夜は，遠方の踏切の警報音がよく聞こえる。

(2) 教室の中では話し声がよく聞こえるが，グラウンドでは聞こえにくい。

(3) 教室の窓を少し開けるだけで，外の騒音が教室中にひろがる。

4 音の屈折

空気中の音速を340 m/s，水中の音速を1500 m/sとする。音波を空気中から水中に入射するとき，次の各問いに答えよ。

(1) 音波が空気中から水中に伝わる場合の屈折率を求めよ。

(2) 空気中から水中に入射する音波の入射角が10°であるとき，水中での屈折角はいくらになるか。三角関数表を用い，最も近い角度をア～シから選べ。

	θ	$\sin\theta$	$\cos\theta$	$\tan\theta$
ア	5°	0.09	1.00	0.09
イ	10°	0.17	0.98	0.18
ウ	15°	0.26	0.97	0.27
エ	20°	0.34	0.94	0.36
オ	25°	0.42	0.91	0.47
カ	30°	0.50	0.87	0.58
キ	35°	0.57	0.82	0.70
ク	40°	0.64	0.77	0.84
ケ	45°	0.71	0.71	1.00
コ	50°	0.77	0.64	1.19
サ	55°	0.82	0.57	1.43
シ	60°	0.87	0.50	1.73

5 音の干渉

グラウンドに2個のスピーカーAとBを設置し，同じ強さ，同じ高さ，同じ位相の音を発生させた。観測者がCD上を歩いていくと，ABの垂直2等分線上である点Pで音が強く聞こえた。さらに歩いて行くと，音は一度弱くなり，点Qで再び強くなった。CD上では，2つのスピーカーの音が同じ向きとみなせるものとし，空気中の音速を350 m/sとして，あとの各問いに答えよ。

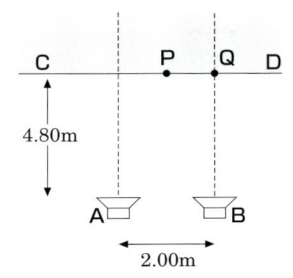

(1) スピーカーから発生している音の波長を求めよ。
(2) この音の振動数を求めよ。

6 クインケ管

下図のようなクインケ管の一端Aにある高さの音を入射して，可動部Fをゆっくり動かしたところ，5.0cm引き出すごとに反対側の端Dで観測される音が大きくなった。入射した音の波長と振動数を求めよ。ただし，空気中の音速を340m/sとする。

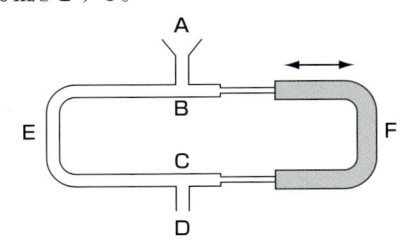

7 移動する音源

パトカーSが振動数640Hzのサイレンを鳴らしながら20m/sの速さで運動している。音速を340m/sとして，次の問いに答えよ。ただし，観測者Aは静止しているものとする。
(1) パトカーSが20m/sで観測者Aに近づいているとき，次の値はそれぞれいくらか。
　① 観測者Aが聞く音の振動数
　② 観測者Aが聞く音の波長
(2) パトカーSが20m/sで観測者Aから遠ざかっているとき，次の値はそれぞれいくらか。
　① 観測者Aが聞く音の振動数
　② 観測者Aが聞く音の波長

8 移動する観測者

510Hzの音を発している音源Sが静止している。この音を移動する観測者Aが聞く。このとき，空気中の音速を340m/sとして，以下の各問いに答えよ。
(1) 観測者Aが20m/sで音源Sに近づいているとき，次の値はそれぞれいくらか。
　① 観測者Aが聞く音の振動数
　② 観測者Aが聞く音の波長
(2) 観測者Aが20m/sで音源Sから遠ざかっているとき，次の値はそれぞれいくらか。
　① 観測者Aが聞く音の振動数
　② 観測者Aが聞く音の波長

9 反射音のドップラー効果

音速$V = 340$m/sのときに，$f_0 = 201$Hzの警笛を鳴らしながら船が岸壁に$v_0 = 5.0$m/sの速さで近づいている。この船の甲板にいる観測者は，直接音と岸壁からの反射音を同時に聞くことになる。風がないものとして，あとの各問いに答えよ。

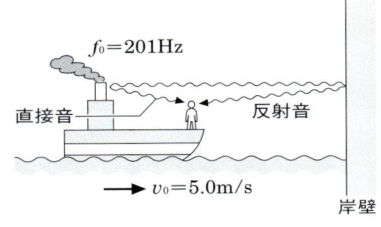

(1) 観測者の聞く直接音の振動数を求めよ。
(2) 観測者の聞く反射音の振動数を求めよ。
(3) この観測者は，どのような音を聞くことになるか。

波を立体視しよう！

> 私たちは，両目から入ってくる映像の微妙な違いから，立体感や奥行きを感じています。これを立体視といいます。これを利用して，両目に入ってくる映像を違ったものにすれば，立体的な映像として感じることができます。

波を立体視してみよう
　まずは下の図を見ていただきたい。乱雑な模様をながめていると，立体的に見えてくる。この図は，水面にできた円形の波（右図）を真上から見たものとなっている。立体的に見えただろうか。この立体視の方法を**平行法**という。

見えない人のために
　目から紙面までの距離の2倍の位置に立体像があることを前提につくってあるので，紙面までの距離の2倍のあたりを凝視したままこの図を見る。ぼんやりと紙面を見ることになるので，図の下にある黒丸は4つに見える。黒丸が3つに見えるところをさがしてしばらくこの状態で見続けると，立体像が見えてくる。個人差があるが，ここはがまんして黒丸が3つに見える状態を続けてほしい。

究極の方法
　下の2つの黒丸をくりぬいてしまう。左目をつぶり，右目で右の穴からどこか1点Aを見る。次に右目をつぶり，左目で左の穴から同じ点Aを見る。この2つの条件を満たすのは，点Aと目との距離の半分の位置に紙面を置いたときである。この状態で両目で見続けると，立体視が可能になる。

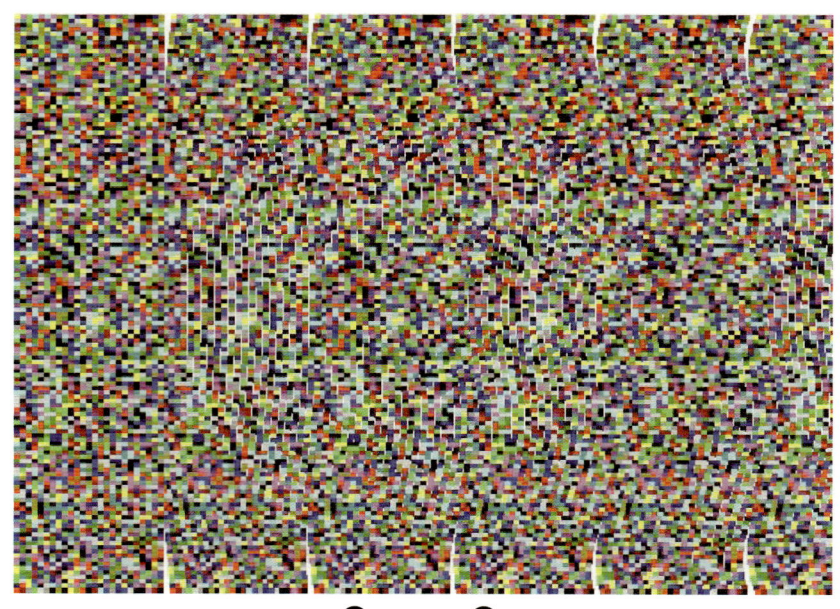

立体視の原理

右図のように，目から紙面までの距離の2倍の位置に立体像が何かあるとする（ここでは波）。この波の点Pを紙面で「見る」には，P_1とP_2の位置に点を描けばよいことになる。もちろん左目でP_1，右目でP_2を見れば，LP，RPの角度から脳は点Pの起伏の画像を頭の中につくり，「見える」ことになる。

ところが左目はP_2も見てしまうため（右目ではP_1），このP_2はP′の波の起伏を見るように紙面には新たにP_3の点を描く。こうするとLP_2とRP_3でP′の起伏を脳の中に画像としてつくることになる。以下，この作業を細かく行っていけば，目から紙面までの距離の2倍の位置に仮想的に置かれた立体像（波）を「見る」ことができる。

この方法でつくられたものが前ページの下の図と，このページ下の図である。これらの図は点が乱雑に描かれているように見えるので**ランダム・ドットによる立体視**といわれているが，実はあるパターンがくり返されている。

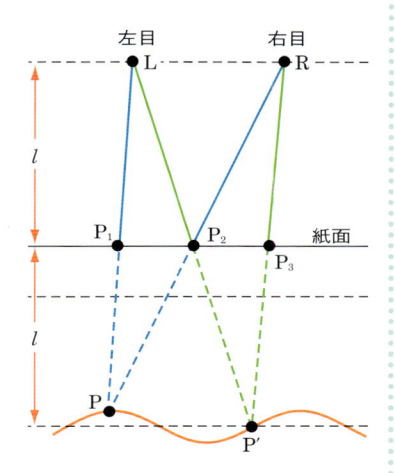

ドップラー効果を立体視する

下の図は，音源が右に動いている場合のドップラー効果の波面である。波源の前方では波長が短くなっていることがわかる。もちろん後方では長くなっている。

寄り目にしてみると…

寄り目で見ても立体的に見えるが，凹凸が逆になる。この方法を**交差法**という。

3章 光波

1 光とその速さ

1 光とは何か

いろいろな研究によって，光は波の性質をもっていることが知られている。宇宙にある星を見ることができるのは，光が媒質のない真空中でも伝わるからであり，水面波や音波とはまったく違う。光は電磁波といって，電場や磁場の強さの振動が伝わる波なのである（→p.182）。

2 光は縦波か横波か

光は縦波，横波のどちらだろうか。図1のように，2枚の偏光板を通して光源を見るようにし，偏光板の一方を固定してもう一方を回転させながら，明るさを調べる。

すると，偏光板を90°回転させるごとに，明るくなったり暗くなったりする。最も明るくなるのは，2枚の偏光板の結晶軸が平行になったときであり，最も暗くなるのは，これらが垂直になったときである。

光は横波であって，自然光はその伝わる方向に垂直なすべての面内で同等に振動している。そして，偏光板はそのうち1方向の振動成分をもつ光だけを通す。このように，振動方向が1つの方向にそろった光を偏光という。

図1のように，自然光を偏光板に通すと偏光になる。偏光は，第1の偏光板と結晶軸が平行になるように置かれた偏光板は通りぬけられるが，結晶軸が垂直になるように置かれた第2の偏光板は通りぬけられないのである。偏光という現象は，光が横波であることを示している。

3 光の速さをはかる方法

レーマーの推定 光の速さは決して無限に大きいものではなく，ある有限の大きさであろうということは，ガリレイなども考えていたが，光の速さを初めて求めたのは天文学者レーマー（1644～1710，デンマーク）であった。

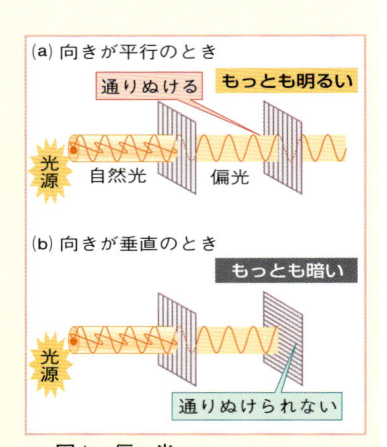

図1．偏光
自然光を偏光板に通すと，偏光になる。偏光は，先に通った偏光板と同じ向きの偏光板は通りぬけられるが，垂直な向きの偏光板を通りぬけることはできない。

1. **ポーラロイド**（有機化合物の結晶を人工的に一方向にそろえて並べたもの）や**電気石**のように，一方向に振動する光のみを通す板を偏光板という。

2. ガリレイ（1564～1642，イタリア）は，遠くの山の上にランプを持った人を立たせ，自分がランプを光らせるのが見えたら，相手もただちにランプを光らせ，その時間から光の速さを計算しようとしたが，こんな方法では，とても光の速さを求めることはできなかった。

■ 彼は，木星の衛星の食のはじまる時刻を調べているうちに，地球が木星に近づくときは，それが少しずつ早くなり，遠ざかるときは遅くなる事実に気がついた。

■ この原因は，木星の衛星と地球との間の距離が変化するためであると考え（図2），この時間の差から，光の速さを227000 km/sと計算した。

■ **フィゾーの実験** 19世紀になって，フィゾー（1819～1896，フランス）は，高速度で回転する歯車を利用して，光が約 8 km 離れた山頂に置かれた鏡の間を往復する時間を求め，光の速さを計算した。

■ 図3は，その測定装置を示す。光源Sから出た光は，半透明鏡M_1で反射したのち，高速で回転する歯車Gの歯の間aを通って，距離Lだけ離れたところにある反射鏡M_2に当たり，反射されてもどってくる。もし，歯車の回転がおそければ，反射してきた光は，同じすき間aを通って目に入ってくる。

■ ところが，歯車の回転を速くしていくと，光が反射してもどってきたとき，aの次の歯bが光の通り道をふさいでしまい，反射光は目に入らなくなる。歯車の回転数をさらに大きくすると，反射光が歯車まで戻ってきたとき，bの次のすき間cを光が通りぬけることができるようになり，ふたたび反射光が目に入る。

■ フィゾーは，歯車の回転数をしだいに大きくしながら，反射光が見えなくなるときの回転数と，反射光が再び見えるようになるときの回転数を測定し，光の速さを求めた。

問 1. 次の文の空欄に適当な式および数値を答えよ。
図3のフィゾーの装置で，歯数nの歯車を毎秒f回転させたとき，反射光が見えなくなった。光速をcとすると，GM_2を往復する時間は ① である。一方，歯車が$\frac{1}{2}$こま（aからbまで）回転する時間は ② であるから，光がGM_2を往復する間に歯車が$\frac{1}{2}$こま回転したとすると，① ＝ ② より c = ③ となる。フィゾーの測定値は，L = 8.63 km，n = 720，f = 12.6 であった。これより，光の速さは ④ m/s となる。

■ 現在では，真空中の光速を，
$$c = 2.99792458 \times 10^8 \text{ m/s} \fallingdotseq 3.00 \times 10^8 \text{ m/s}$$
と定め，長さの基準としている。

◎3. 衛星が母天体にかくされて見えなくなる現象を食という。

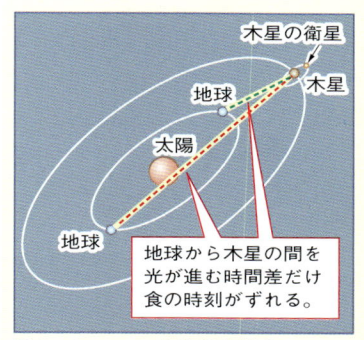

図2．レーマーの光速度推定

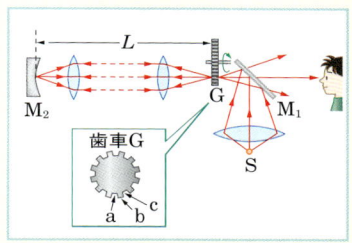

図3．フィゾーの光速度測定
光源Sから出た光は，半透明鏡M_1で反射し，回転する歯車Gの歯の間aを通って，遠くの反射鏡M_2に当たって反射する。M_2からの反射光が歯車Gまでもどったとき，次のすき間cがきていれば，そこを通って目に入る。

解き方 問1.
④ $L = 8.63$ km
$= 8.63 \times 10^3$ m
となることに注意して，
$c = 4Lfn = 4 \times 8.63 \times 10^3 \times 12.6 \times 720$
$= 3.13 \times 10^8$ m/s

答 ① $\dfrac{2L}{c}$ ② $\dfrac{1}{2fn}$
③ $4Lfn$
④ 3.13×10^8

◎4. 真空中の光速は，波長に関係なく一定であるが，一般の物質中では真空のときより遅くなり，波長によっても値が少し異なる。そのため，光の波長によって，屈折率が異なる（→p.108）。

3章 光波

2 光の反射・屈折

1 反射・屈折のしかた

■ 光は波であるから，異なる媒質の境界面では，反射の法則や屈折の法則（→p.80）に従う。

■ 図1のように，光が媒質Ⅰから媒質Ⅱの境界面に入射角iで入射したとき，光の一部が反射角i'で反射し，残りが屈折角rで屈折したとすると，各媒質中の光速v_1，v_2，波長λ_1，λ_2の間に，次の関係が成り立つ。

> **ポイント**
> 反射の法則　$i = i'$
> 屈折の法則　$n_{12} = \dfrac{\sin i}{\sin r} = \dfrac{v_1}{v_2} = \dfrac{\lambda_1}{\lambda_2}$

■ 上の式中のn_{12}は，媒質Ⅰに対する媒質Ⅱの屈折率（相対屈折率）である。[1] 媒質Ⅰが真空の場合の屈折率を特に，媒質Ⅱの**絶対屈折率**という（単に屈折率といえば絶対屈折率をさす場合が多い）。

■ 媒質Ⅰ，Ⅱの絶対屈折率をそれぞれn_1，n_2，各媒質中の光速をv_1，v_2，真空中の光速をcとすると，

$$n_1 = \frac{c}{v_1} \qquad n_2 = \frac{c}{v_2} \quad \text{より，} \qquad \frac{v_1}{v_2} = \frac{n_2}{n_1}$$

$$\therefore \quad n_{12} = \frac{n_2}{n_1}$$

> **ポイント**
> 媒質Ⅰに対する媒質Ⅱの屈折率　$n_{12} = \dfrac{n_2}{n_1}$

2 見かけの水深

■ 水深hのところにある物体Pを点Eから見ると，Pから出た光は点Bから出たように見える。このように，水中にある物体は，実際よりも浅いところにあるように見える。

■ 空気に対する水の屈折率をnとすると，水に対する空気の屈折率は$\dfrac{1}{n}$であるから，

$$\frac{1}{n} = \frac{\sin i}{\sin r} = \frac{AO/AP}{AO/AB} = \frac{AB}{AP} \quad \cdots\cdots\cdots ①$$

となる。目の位置をEからPの真上のE_0に近づけると，

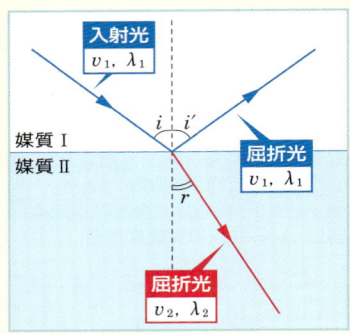

図1．光の反射と屈折
光が異なる媒質の境界面に達すると，一部は反射し，残りは屈折する。反射光は反射の法則に従い，屈折光は屈折の法則に従う。

1. 光が媒質Ⅱから媒質Ⅰに進むときも，光の道筋は同じである。このときの屈折率n_{21}は，
$$n_{21} = \frac{\sin r}{\sin i} = \frac{1}{n_{12}}$$
となる。

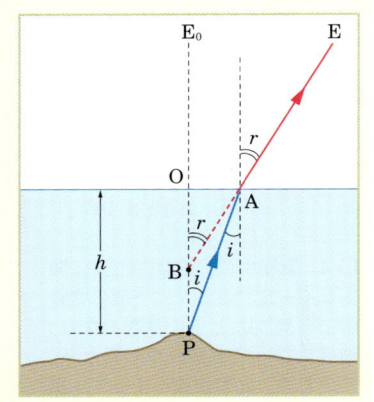

図2．見かけの水深

$$AP \fallingdotseq OP = h \qquad AB \fallingdotseq OB$$

となるので，①式は，

$$\frac{1}{n} \fallingdotseq \frac{OB}{h} \qquad \therefore \quad OB \fallingdotseq \frac{h}{n}$$

となり，実際の深さの $\frac{1}{n}$ の深さに見えることになる。

3 光の全反射

■ 2つの媒質の絶対屈折率を比較したとき，絶対屈折率の大きいほうを**光学的に密**であるといい，小さいほうを**光学的に疎**であるという。

■ 光が光学的に密な媒質から疎な媒質へ進むときは，入射角より屈折角のほうが大きいから，入射角を小さい角度からしだいに大きくしていくと，ある大きさのところで，屈折角が90°になる。このときの入射角を**臨界角**という。

■ **入射角が臨界角より大きくなると，屈折する光はなくなり，全部の光が境界面で反射するようになる**。これが**全反射**である。

例題 右図のように，空気に対する屈折率が $n\ (n>1)$ の液体の液面から深さ h の点Aに光源を置いた。できるだけ小さな板を水面に浮かべて，光源から出た光が空気中へ出ないようにするには，どうすればよいか。

解説 光源から出た光のうち，液面で屈折して空気中に出てくる光をすべて，板がさえぎるようにすればよい。光源の真上の液面上の点からある程度離れた点に入射する光は，全反射をして，空気中に出ることはない。よって，入射角が臨界角となる光よりも光源の真上の点に近いところに入射してくる光をさえぎればよい。液面上で，光源の真上の点から距離 r だけ離れた点に入射する光の入射角が臨界角 θ_0 に等しいとき，

$$\sin\theta_0 = \frac{1}{n}$$

r, h, θ_0 の関係は， $\sin\theta_0 = \dfrac{r}{\sqrt{r^2+h^2}}$ であるから，

$$\frac{1}{n} = \frac{r}{\sqrt{r^2+h^2}} \qquad \therefore \quad r = \frac{h}{\sqrt{n^2-1}}$$

したがって，**半径 $\dfrac{h}{\sqrt{n^2-1}}$ の円板を点Aの真上の液面上に置けばよい。** **答**

2. 空気の屈折率は約1，水の屈折率は約 $\frac{4}{3}$ なので，水中から空気中へ進むときの臨界角 θ_0 は，

$$\sin\theta_0 = \frac{3}{4} \qquad \therefore \quad \theta_0 \fallingdotseq 49°$$

また，ガラスの屈折率は約 $\frac{3}{2}$ であるから，光がガラス中から空気中へ進むときの臨界角 θ_0 は，

$$\sin\theta_0 = \frac{2}{3} \qquad \therefore \quad \theta_0 \fallingdotseq 42°$$

となり，入射角が45°ならば全反射するので，光の進路を変えるのに下の図のような直角プリズムを用いることが多い。

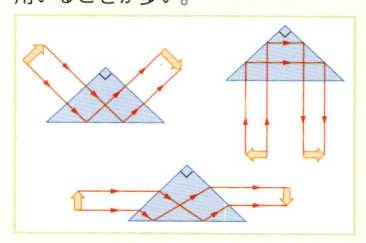

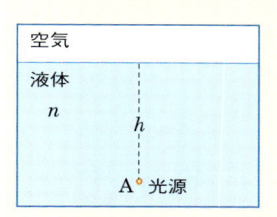

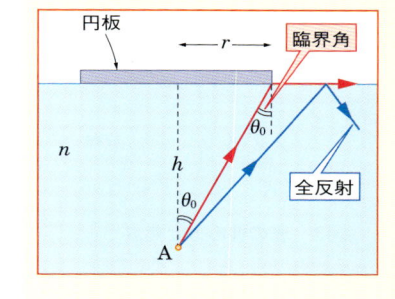

3. 全反射する直前の屈折角は90°だから，臨界角を θ_0，液体の屈折率を n として，屈折の法則の式にあてはめると，

$$n = \frac{\sin 90°}{\sin\theta_0} = \frac{1}{\sin\theta_0}$$

$$\therefore \quad \sin\theta_0 = \frac{1}{n}$$

3 レンズのはたらき

1 レンズのはたらき

■ 図1のような三角プリズムに入射した単色光は，屈折して図のように曲がる。この場合，2か所で屈折しているが，それぞれの場所で屈折の法則が成り立っている。そして，この光の進む道筋の特徴は**プリズムの厚いほうに曲げられる**ということである。

■ **凸レンズ**や**凹レンズ**は，図2のように，たくさんの小さなプリズムの集合体であると考えることができる。レンズの中心では光は曲げられずにまっすぐ進むが，光軸に平行な光はすべてレンズの厚いほうへ曲げられるので，結局，図3のように進むことになる。

■ **凸レンズの光軸に平行な光**は，凸レンズを通ったあと1点に集まる。この点を凸レンズの**焦点**という。

■ **凹レンズの光軸に平行な光**は，凹レンズを通ったあと広がる。このとき，あたかも光が1点から出たように見える。この点を凹レンズの**焦点**という。

■ レンズの中心から焦点までの距離 f を**焦点距離**という。

■ **凸レンズに入射する光線の作図原則**
1. 光軸に平行な光線は，レンズを通過後，焦点を通る。
2. 焦点を通ってレンズに入った光は，通過後，光軸に平行に進む。
3. レンズの中心に入った光は，屈折しないで直進する。
4. 物体のある1点から出てレンズに入った光は，どの道筋を通っても像の1点に集まる（図4のB→B′の進み方がその例）。

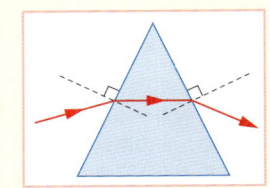

図1．プリズムでの光の進み方

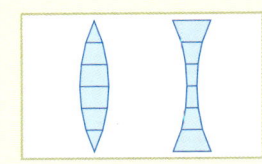

図2．レンズの分割

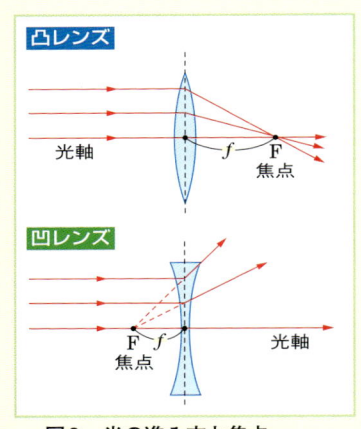

図3．光の進み方と焦点

2 凸レンズによる実像

■ 凸レンズの焦点よりもレンズから遠い位置に物体があると，物体の1点から出た光は，レンズを通過すると1点に集まる。そして，この位置にスクリーンを置くと物体の像ができるが，この像を**実像**という。

■ 一方，凸レンズの焦点よりもレンズに近い位置に物体があると，物体の1点から出た光は図5のように広がる。

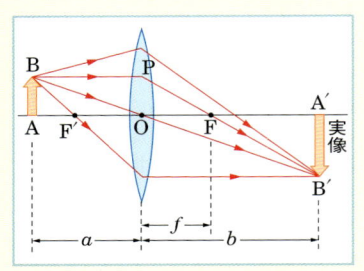

図4．凸レンズによる実像

この広がった光を逆にたどっていくと1点に集まるが、ここにスクリーンを置いても像はできない。しかし、レンズの反対側からのぞくと、拡大された像が見える。これを**虚像**（きょぞう）という。虫めがね（凸レンズ）で小さい物体を拡大して見ているのは、この虚像を見ているのである。

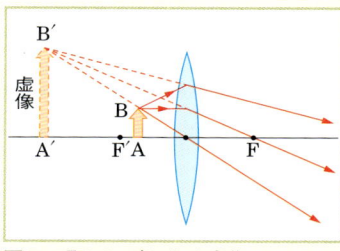

図5．凸レンズによる虚像

3 レンズの式

図4で、
$$\triangle ABO \backsim \triangle A'B'O \qquad \triangle FOP \backsim \triangle FA'B'$$
である。そして、OP = AB であるから、
$$\frac{OA'}{OA} = \frac{FA'}{OF}$$
である。この式に OF = f（焦点距離）、OA = a、OA' = b、FA' = $b - f$ をそれぞれ代入して整理すると、

$$\frac{1}{a} + \frac{1}{b} = \frac{1}{f} \quad \cdots\cdots\cdots ①$$

となる。

①式で、a は常に正、b はレンズの後方に像ができれば正、前方にできれば負、さらに**焦点距離 f は凸レンズのときは正、凹レンズのときは負**と決めれば、どんな場合でも成り立つ。これを**レンズの式**または**写像公式**（しゃぞう）という。

4 レンズの倍率

物体の大きさに対する実像の大きさの**倍率**を m とすると、

$$m = \left|\frac{b}{a}\right| \quad \cdots\cdots\cdots ②$$

で表される。②式と、上にあげたレンズの式（①式）から b を消去すると、

$$m = \left|\frac{f}{a-f}\right| \quad \cdots\cdots\cdots ③$$

となる。そして、③式から、レンズと物体間の距離 a を焦点距離 f に近づけると（$a > f$）、倍率 m はいくらでも大きくなることがわかる。

ポイント		
レンズの式	$\dfrac{1}{a} + \dfrac{1}{b} = \dfrac{1}{f}$	（凸レンズ：$f > 0$ 凹レンズ：$f < 0$）
倍率の式	$m = \left\|\dfrac{b}{a}\right\|$	

✱1. $\dfrac{b}{a} = \dfrac{b-f}{f}$
この式を変形すると、
$\dfrac{b}{a} = \dfrac{b}{f} - \dfrac{f}{f}$
$\dfrac{b}{a} = \dfrac{b}{f} - 1$
両辺を b で割ると、
$\dfrac{1}{a} = \dfrac{1}{f} - \dfrac{1}{b}$
∴ $\dfrac{1}{a} + \dfrac{1}{b} = \dfrac{1}{f}$

✱2. レンズから見て、光源（または物体）のある側を**レンズの前方**、その反対側を**レンズの後方**という。

✱3. レンズの式より、
$\dfrac{1}{b} = \dfrac{1}{f} - \dfrac{1}{a}$
$= \dfrac{a-f}{af}$
∴ $b = \dfrac{af}{a-f}$
これを $m = \dfrac{b}{a}$ に代入すると、
$m = \left|\dfrac{1}{a} \times \dfrac{af}{a-f}\right|$
$= \left|\dfrac{f}{a-f}\right|$

✱4. プロジェクターなどは、この原理を用いて、スクリーン上に像を拡大している。

3章 光波

4 ヤングの干渉実験

1 光の干渉を示す実験

光が波であれば，水面波と同様に**干渉**の現象が起こるはずである。しかし，実験で示すことは容易ではなかった。その理由は，第1に光の波長が非常に短いために，精密な装置が必要であったこと，第2に，位相のそろった2つの光源をつくることが困難であったことである。

1801年にヤング（イギリス）は，図1のような装置を用いて，光の干渉を実験で示した。まず光源から出た光を凸レンズで集めて，スリット（細長いすき間）Sに通す。スリットSを通った光は回折して広がり，2つの近接したスリットS_1，S_2を通る。スリットS_1，S_2を通った光は再び回折して広がり，スクリーンに達する。SからS_1，S_2までの距離を等しくしておくと，S_1，S_2を出る光の位相が等しくなるから，**S_1，S_2は位相の等しい光を出す2つの光源と同じになる**。スクリーン上ではS_1からの光とS_2からの光が重なり，干渉して，明暗のしま（**干渉じま**）ができる。

2 明線，暗線のできる条件

図1のように，線分S_1S_2の垂直二等分線とスクリーンとの交点をOとし，スリットS_1，S_2から出て，スクリーン上の点Oから距離x_mだけS_1側にある点Pに達する2つの光の干渉を考えてみよう。S_1とS_2からは同位相の光が出されるから，2つの光の経路の長さの差（これを**経路差**という）$S_2P - S_1P$が，**光の波長の整数倍であれば，2つの光は点Pで位相が同じになって強めあう。**

そこで，まず経路差$S_2P - S_1P$を求める。スリットS_1とS_2の間隔をd，S_1S_2とスクリーンとの距離をlとすると，

$$(S_1P)^2 = l^2 + \left(x_m - \frac{d}{2}\right)^2, \quad (S_2P)^2 = l^2 + \left(x_m + \frac{d}{2}\right)^2$$

ここで，x_mとdがlに比べて無視できるほど小さいとすると，

$$S_1P = \sqrt{l^2\left\{1 + \left(\frac{x_m - d/2}{l}\right)^2\right\}}$$

$$\fallingdotseq l\left\{1 + \frac{1}{2}\left(\frac{x_m - d/2}{l}\right)^2\right\}$$

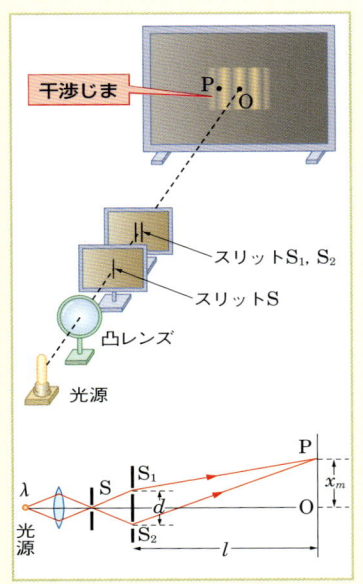

図1．ヤングの干渉実験装置
ヤングは，2つの音源から出る音が干渉してうなりを生じることにヒントを得て，2つの光源から出る光を干渉させる装置を考えた。2つの光源の位相をそろえるために，第1スリットSと第2スリットS_1，S_2の2段構えのスリットを用いたことが成功の要因である。

●1. xが1に比べて無視できるほど小さい（$|x| \ll 1$）とき，
$$(1+x)^n \fallingdotseq 1 + nx,$$
という近似式が成り立つ。
$x_m \ll l$，$d \ll l$ならば，
$$\frac{x_m - d/2}{l} \ll 1$$
であるから，
$$S_1P = \sqrt{l^2\left\{1 + \left(\frac{x_m - d/2}{l}\right)^2\right\}}$$
$$= l\left\{1 + \left(\frac{x_m - d/2}{l}\right)^2\right\}^{\frac{1}{2}}$$
$$\fallingdotseq l\left\{1 + \frac{1}{2}\left(\frac{x_m - d/2}{l}\right)^2\right\}$$

$$S_2P = \sqrt{l^2\left\{1 + \left(\frac{x_m + d/2}{l}\right)^2\right\}}$$
$$\fallingdotseq l\left\{1 + \frac{1}{2}\left(\frac{x_m + d/2}{l}\right)^2\right\}$$

となるから，経路差は次のようになる。

$$S_2P - S_1P = \frac{d}{l}x_m \quad ❂2$$

図2．ヤングの干渉実験による明暗のしま模様

■ これが波長λの整数倍に等しければ，2つの光は強めあって明るい線(**明線**)となり，これが$\left(\lambda\text{の整数倍} + \frac{1}{2}\lambda\right)$に等しければ，2つの光は弱めあって暗い線(**暗線**)になる。したがって，点Pに明線あるいは暗線ができる条件は，次のようになる。

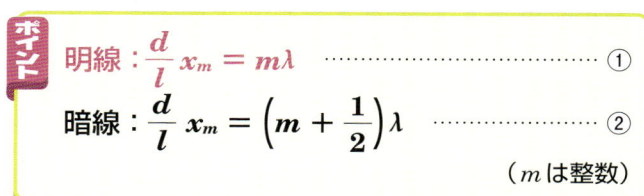

❂2．他の方法でも経路差を計算できる。

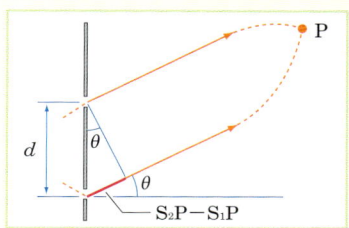

$$S_2P - S_1P = d\sin\theta$$
$$\fallingdotseq d\tan\theta$$
$$= d\cdot\frac{x_m}{l}$$

ここで，$\theta \ll 1$のときに成り立つ式
$\quad \sin\theta = \tan\theta$
を使った。

> **ポイント**
> 明線：$\dfrac{d}{l}x_m = m\lambda$ ……………①
> 暗線：$\dfrac{d}{l}x_m = \left(m + \dfrac{1}{2}\right)\lambda$ ……②
> （mは整数）

■ 点Oは，$S_1O - S_2O = 0$となる点であるから，①式で$m = 0$としたときの明線である。スクリーン上には，点Oの明線を中心にして対称な位置に明暗のしま模様ができる(図2)。

❸ しまの間隔と波長の関係

■ スクリーン上で，m番目の明線の位置x_mと，そのとなりの$(m + 1)$番目の明線の位置x_{m+1}は①式より，

$$x_m = \frac{l}{d}m\lambda \qquad x_{m+1} = \frac{l}{d}(m+1)\lambda$$

であるから，となりあう明線の間隔Δxは，

$$\Delta x = x_{m+1} - x_m = \frac{l}{d}\lambda \quad \cdots\cdots\cdots ③$$

となる。

■ ③式から，明線の間隔はl，d，λによって決まり，x_mに無関係に**等間隔に並ぶ**❂3ことがわかる。また，波長の短い光から波長の長い光に変えると，明線の間隔が広くなることもわかる。

❂3．③式がx_mに無関係なのは，あくまで$x_m \ll l$が成り立つ範囲であるから，x_mが大きくなると，等間隔とはいえなくなる。

問 1. ヤングの干渉実験で，スリットの間隔が0.20 mm，スリットとスクリーンの距離が100 cmのとき，中心から最初の明線までの距離が2.85 mmであった。このときの光の波長はいくらか。

解き方 問1.
中心にもっとも近い明線は，①式の$m = 1$のときなので，
$$\lambda = \frac{d}{l}x_1$$
$$= \frac{0.2 \times 10^{-3}}{1.00} \times 2.85 \times 10^{-3}$$
$$= 5.7 \times 10^{-7} \text{ m}$$

答 5.7×10^{-7} m

3章 光波

5 回折格子

1 1つのスリットによる干渉じま

■ ヤングの実験では，2つのスリットから出た光が干渉して，明暗のしま模様ができたが，スリット1つでも干渉じまができる。図1のように，幅dのスリットに単色光を垂直に当て，dに比べて十分に大きい距離にスクリーンを置くと，ぼやけた明暗のしま模様（**干渉じま**）が見られる。

■ 図2(a)のように，光がスリットで回折して，入射方向と角θをなす方向に進む場合について考えると，スリットの両端AとBを通る光の間の経路差は$d\sin\theta$であり，これが光の波長λの何倍になるかによって，AB間の光が強めあったり，弱めあったりするので，干渉じまができる。

■ 経路差と明暗の関係は，次のようになる。

① $\theta = 0$の場合は，すべての光の経路差が0であるから，光は強めあって，**明るい線になる**。

② $d\sin\theta = \dfrac{\lambda}{2}$ となる場合（図2の(b)）は，Aを通る光とBを通る光とは打ち消しあうが，その他の光は打ち消されないので，**ある程度の明るさが残る**。

③ $d\sin\theta = \lambda$ となる場合（図2の(c)）は，ABの中点をCとすると，AとCを通る光の経路差が$\dfrac{\lambda}{2}$となるので打ち消しあう。AC間とCB間の対応する点を通る光は，すべて経路差が$\dfrac{\lambda}{2}$となるので，打ち消しあって**暗くなる**。

よって，$\theta = 0$以外の干渉の条件は次のようになる（図3）。

$$\left.\begin{array}{l}\text{明線：}d\sin\theta = \left(m - \dfrac{1}{2}\right)\lambda \\ \text{暗線：}d\sin\theta = m\lambda\end{array}\right\} (m = 1, 2, 3, \cdots\cdots)$$

■ スリットからスクリーンまでの距離をlとすると，θが十分小さいときは，スクリーン上でm番目の明線の位置x_mは$x_m \fallingdotseq l\sin\theta_m$と近似できるから，ヤングの干渉実験（→p.100）と同様にして，隣りあう明線の間隔を求めると$\dfrac{l}{d}\lambda$が得られる。したがって，dが小さいほど明線の間隔が広くなる。

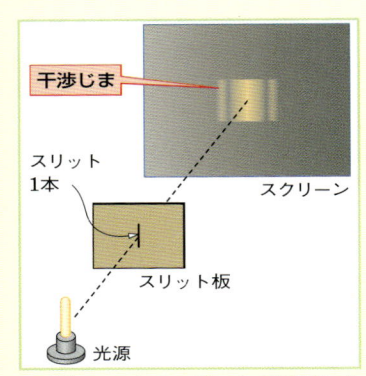

図1．1本のスリットで回折した光も干渉じまをつくる。

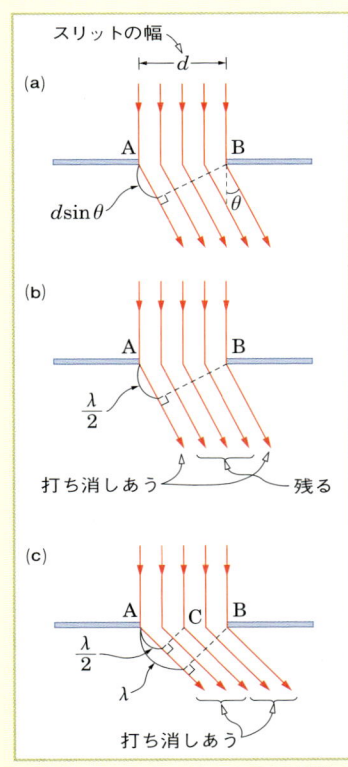

図2．1つのスリットの回折光の干渉条件

2 ガラスに刻んだみぞの役割

■ ガラス板に，1 cmあたり数百本から数千本の割合で，等間隔に平行なみぞを刻み，これに光を当てると，光はみぞとみぞの間の平らな部分を通りぬけるときに回折するので(図4)，干渉する。たくさんのスリットが並んでいるのと同じことになるのである。これを**透過型**の**回折格子**といい，隣りあったみぞの間隔を**格子定数**という。

■ よくみがいた金属板の表面に，細いみぞを刻み，これに光を当てると，みぞの部分では乱反射するが，みぞとみぞの間のせまい部分で規則正しい反射をするので(図5)，ここでの回折光が干渉して，干渉じまができる。これは**反射型の回折格子**である。

3 回折格子の干渉条件

■ 図6のように，波長λの単色光を格子定数dの回折格子に垂直に当て，dに比べて十分に大きい距離にあるスクリーン上の干渉じまを観測する。

■ となりあう2つのスリットを通り，入射方向と角θをなす方向に進む2本の回折光について考えると，これらの経路差は$d\sin\theta$であり，これが波長の整数倍になっていれば，強めあって明るくなる。スリットを2つずつ組にして考えると，全部のスリットについて同様のことが成り立つから，明線，暗線のできる条件は次のようになる。

> **ポイント**
> 回折格子の干渉条件
> 明線：$d\sin\theta = m\lambda$
> 暗線：$d\sin\theta = \left(m + \dfrac{1}{2}\right)\lambda$
> $(m = 0, 1, 2, \cdots\cdots)$

■ 回折格子を用いると，たくさんのスリットからの回折光を集めることになるので，1つや2つのスリットを用いる場合より鮮明な明線ができ，明線の位置や間隔が精密に測定できる。**明線の間隔は，格子定数dが小さいほど大きくなる**ので，dが小さいほど，回折格子の精度がよい。

■ 白色光を回折格子に当てると，波長λが大きいほど明線ができる角θが大きくなるので，スクリーンの中央から外側へ向かって**紫→赤の順に並んだスペクトルが見られる**。

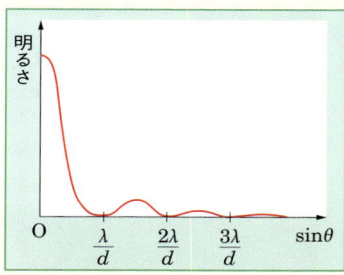

図3．1つのスリットで回折した光の明るさ
中心から離れるにつれて，明るさは極度に減少する。

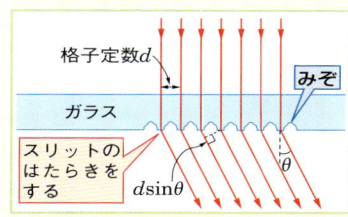

図4．透過型の回折格子

⛭1. 音楽用のCDの表面がさまざまに色づいて見えるのも，CDの表面に刻まれたみぞが反射型回折格子としてはたらくからである。

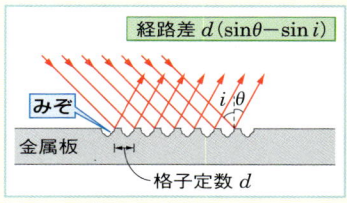

図5．反射型の回折格子

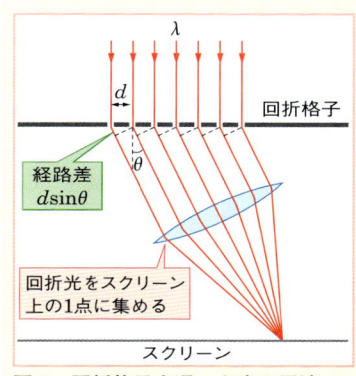

図6．回折格子を通った光の干渉

3章 光波

6 薄膜による光の干渉

1 シャボン玉が色づくわけ

■ シャボン玉は赤や青に色づいて見える。また，水面にサラダ油などを1滴たらすと油の薄い膜が広がり，これも赤や青に色づいて見える。これらの原因は，薄膜の表面での反射光と，裏面での反射光が干渉したためである。

■ 図1のように石けん液でシャボン玉と円形の膜をつくると，重力によって下のほうの膜が厚くなる。薄膜の表面と裏面でそれぞれ反射される光の経路差は，場所によって異なるため，場所によって干渉されて強めあう光の波長が異なり，いろいろな色の光が見えることになる。これがシャボン玉が色づく原因である。

■ 図2のように，光が薄膜に垂直に入射する場合を考えよう。膜の表面Cで反射する光と，膜の下の面Dで反射する光では，その経路差は$2d$である。ただしdは膜の厚さとする。この経路差$2d$が波長の整数倍のときに光が強めあうと考えがちであるが，まだ考慮しなければならないことがある。

図1．薄膜のつくる干渉じま
上：シャボン玉，下：円形の針金にできた膜

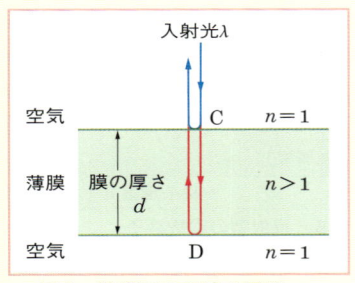

図2．薄膜での干渉の原理

2 反射による位相の変化

■ 波が境界面で反射するとき，自由端であればその位相は変化せず，固定端であれば位相はπ（半波長）ずれることを，物理基礎で学習した。光の場合も同様なことが生じる。

■ 光が屈折率の大きい（光学的に密な）媒質から，屈折率の小さい（光学的に疎な）媒質へ入射し，その境界面で反射される場合には，その位相は変化しない。これは自由端反射に相当する（図3(a)）。

■ 反対に，光が屈折率の小さい媒質から屈折率の大きい媒質に入射し，その境界面で反射される場合は，反射波の位相がπ（半波長）だけ変化する。これは固定端反射に相当する（図3(b)）。

■ これらのことから，図2で，Cで反射される光は位相がπずれるが，Dで反射される光は位相がずれないことになる。

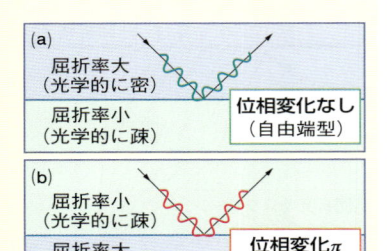

図3．光の反射と位相の変化

3編 波

3 媒質中での波長

■ さらに，**点Cを透過した光の波長は空気中の波長と異なる**ので，それも考慮しなければならない。

■ 真空中での波長がλの光が，屈折率nの媒質に入ると，その波長λ'は，屈折の法則により，$\lambda' = \dfrac{\lambda}{n}$ に縮まる。したがって，媒質中の長さlの部分に含まれている波の数は，

$$\dfrac{l}{\lambda'} = \dfrac{l}{\lambda/n} = \dfrac{nl}{\lambda}$$

である。この式は，真空中での波長がλの波が，長さnlの部分にいくつ含まれているのかを示している。この長さnlを**光学的距離**または**光路長**という（図4）。

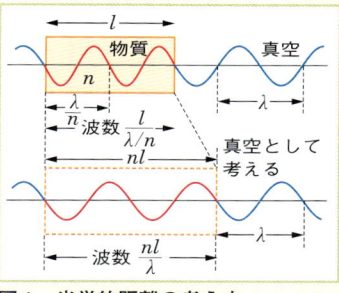

図4．光学的距離の考え方
真空中でも物質中でも，同数の波が含まれる距離は等しいと考える。屈折率nの媒質中では，波長が真空中の$\dfrac{1}{n}$になるから，**媒質中の距離lは真空中の距離nlにあたる**。

4 薄膜の干渉条件

■ 以上のことをすべて考慮して干渉の条件式をつくってみよう。**点Cでの反射で位相がπ（半波長）ずれる**ので，逆位相の場合の条件式となる。すなわち，光が強めあうのは経路差が$\left(\lambda\text{の整数倍} + \dfrac{\lambda}{2}\right)$のときである。

■ さらに経路差を光学的距離で表すと$n \times 2d$となるから，干渉の条件は，次のようになる。

> **ポイント**
> **薄膜の干渉条件（垂直入射）**
> 強めあう条件（明）：$2nd = \left(m + \dfrac{1}{2}\right)\lambda$
> 弱めあう条件（暗）：$2nd = m\lambda$
> $(m = 0, 1, 2, \cdots\cdots)$

■ 上では，光が薄膜に垂直に入射する場合について，干渉条件を求めたが，図5のように，光が斜めに入射する場合も，薄膜の表面と裏面でそれぞれ反射し，これらの光が干渉する。

■ 図5で，光線Ⅰは膜の表面Aにおいて屈折角rで屈折したのち，膜の裏面Bで反射し，さらに膜の表面Cで屈折して，空気中に出る。光線Ⅱは膜の表面で反射する。光線ⅠとⅡの干渉の条件は次の式であたえられる。

強めあう条件（明）：$2nd\cos r = \left(m + \dfrac{1}{2}\right)\lambda$

弱めあう条件（暗）：$2nd\cos r = m\lambda$　$(m = 0, 1, 2, \cdots\cdots)$

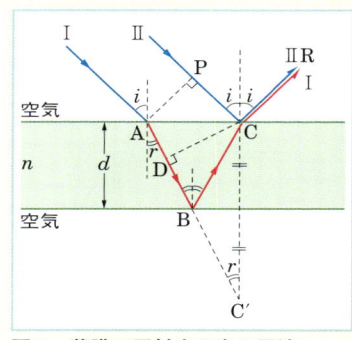

図5．薄膜で反射する光の干渉
表面と裏面が平行になっている薄い透明な膜（屈折率n，厚さd）が空気中にある。APを波面とする単色平行光線Ⅰ，Ⅱ（波長λ）が入射角iで入射する場合を考える。

✿1．光が異なる媒質の境界面で屈折する場合，位相は変化しない。

✿2．線分CDは屈折波の波面なので，光線Ⅰは光線Ⅱより経路DBCだけ長い距離を進む。膜の裏面について点Cと対称な点をC'とすると，BC = BC'であるから，

$$\begin{aligned}\text{DB} + \text{BC} &= \text{DB} + \text{BC}' \\ &= \text{DC}' = \text{CC}'\cos r \\ &= 2d\cos r\end{aligned}$$

となる。これを光学的距離になおすと，$2nd\cos r$となる。

7 ニュートンリング

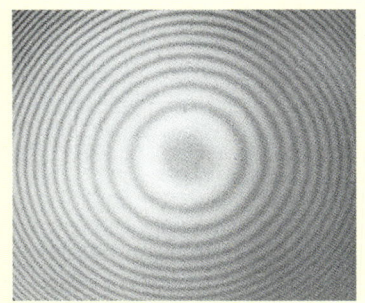

図1. ニュートンリング

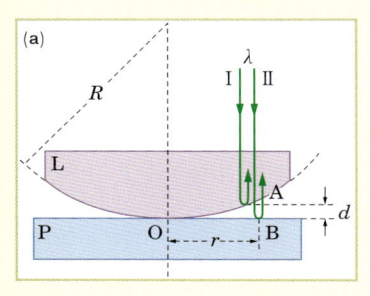

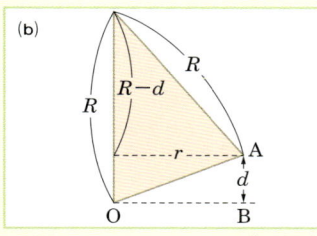

図2. ニュートンリングの経路差
平面ガラスの上に平凸レンズを，凸面を下にして重ね，上から平行光線を当てると，同心円状の干渉じま（ニュートンリング）が見られる。図では，説明のために d を大きくかいてあるが，実際は R が大きく，L の曲面は下の平面と見た目には平行に見えてしまうほどに d の値は小さい。

✿1. ニュートンリングの半径 r は m の平方根に比例することになるので，図1のように，外側ほどせまくなる。

1 空気の薄層がつくる干渉じま

■ 図1のように，平らなガラス板Pの上に，上面が平らになっている凸レンズ（平凸レンズ）Lを置き，上から単色平行光線を当てると，ガラス板と平凸レンズの接触点Oを中心として同心円状の明暗の干渉じまが観測される。これを**ニュートンリング**という。

■ 平凸レンズの上から光を当てると，レンズの下面の点Aで反射する光線Ⅰと，レンズを通りぬけて，ガラス板の上面の点Bで反射する光線Ⅱとができる。この2つの光線の経路差によって干渉する。

2 明環，暗環のできる条件

■ リングの中心Oから距離 r の位置での空気層の厚さを d，レンズの曲率半径を R とすると，
$$R^2 = r^2 + (R-d)^2$$
よって，
$$2Rd\left(1 - \frac{d}{2R}\right) = r^2$$
光線ⅠとⅡの経路差はABの往復分だから $2d$ である。
$R \gg d$，$1 - \dfrac{d}{2R} \fallingdotseq 1$ とすると，上式より，
$$2Rd \fallingdotseq r^2 \quad \text{よって，} \quad 2d \fallingdotseq \frac{r^2}{R}$$

■ 光線Ⅰの点Aでの反射は自由端反射であるから，位相は変化しないが，光線Ⅱの点Bでの反射は固定端反射であるから，位相は π だけ変化する。したがって，**経路差が波長の整数倍であれば，光線Ⅰ，Ⅱの反射光は干渉して弱めあうことになる**。よって，入射光の波長を λ とすると，明環，暗環の条件は，次のように表される。

> **ポイント　ニュートンリングの干渉条件**
> 明環：$\dfrac{r^2}{R} = \left(m + \dfrac{1}{2}\right)\lambda$
> 暗環：$\dfrac{r^2}{R} = m\lambda$　　　　　　　($m = 0, 1, 2, \cdots\cdots$)

③ 透過光の場合は……

■ 図1の装置をガラス板Pの下から見ると，**透過光**によるニュートンリングが見られる。この場合は，図3のように，1度も反射せずに透過する光線Ⅰと，BとAで2度反射する光線Ⅱとが干渉する。

■ 経路差はABの往復分の$2d$であるが，BとAの反射で，**位相がπずつ2回変化する**ので，位相の変化がなかったときと同じになる。したがって，経路差が波長の整数倍のときに強めあう。

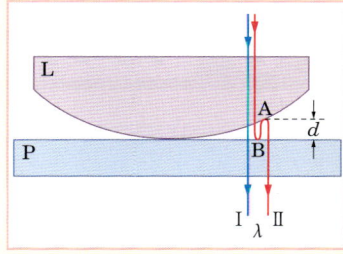

図3. 透過光によるニュートンリング
経路差は反射光の場合と同じだが，位相の関係が変わるので，明暗が反対になる。

④ くさび形の薄い空気層

■ 2枚のガラスを重ね合わせたとき，美しい模様が見えることがある。これもニュートンリングと同じように，ガラスの間の薄い**くさび形空気層**による干渉じまである。

■ 図4のように，2枚の平面ガラスが微小角θをなすように開いて，ガラスの間に薄いくさび形の空気層をつくる。これに上方から波長λの単色光を当てると，空気層の上面の点Aで反射する光線Ⅰと，空気層の下面の点Bで反射する光線Ⅱとができて，これらが重なり合うと，干渉して明暗の干渉じまができる。

■ 2枚のガラスの接点Oから距離xの点での空気層の厚さをdとすると，光線Ⅰ，Ⅱの経路差は$2d$で，
$$2d = 2x\tan\theta ≒ 2x\theta \quad ❷$$

■ 点Aの反射は自由端反射で，点Bの反射は固定端反射で位相がπだけ変化するから，この場合は，**経路差が波長の整数倍に等しければ，ⅠとⅡは弱めあう**。

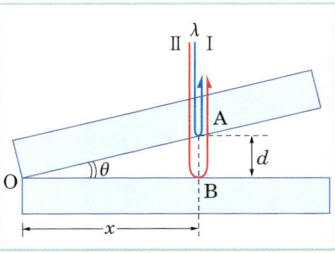

図4. くさび形の空気層による干渉
空気層の厚さdは，ガラスの接点Oからの距離xに比例する。経路差は$2d$である。

> **ポイント**
> **くさび形薄層の干渉条件**
> 明線：$2x\theta = \left(m + \dfrac{1}{2}\right)\lambda$
> 暗線：$2x\theta = m\lambda$
> $(m = 0, 1, 2, \cdots\cdots)$

■ 干渉じまの間隔を求めてみよう。m番目，$(m+1)$番目の暗線の位置を，それぞれx_m，x_{m+1}とすると，
$$x_m = \frac{m\lambda}{2\theta} \qquad x_{m+1} = \frac{(m+1)\lambda}{2\theta}$$
であるから，暗線の間隔Δxは，
$$\Delta x = x_{m+1} - x_m = \frac{\lambda}{2\theta} \quad ❸$$

❷ 角θが小さいとき，
$\tan\theta ≒ \theta$
の近似式が成り立つ。

❸ しまの間隔Δxは波長λとガラス板の角θによって決まり，xに無関係なので，等間隔になる。もし，ガラス板の間に屈折率nの液体を入れると，液体中の光の波長は$\dfrac{\lambda}{n}$になるので，しまの間隔$\Delta x'$は，
$$\Delta x' = \frac{\lambda/n}{2\theta} = \frac{1}{n} \cdot \frac{\lambda}{2\theta} = \frac{\Delta x}{n}$$
となって，もとの$\dfrac{1}{n}$になる。

3章 光波

8 光の分散

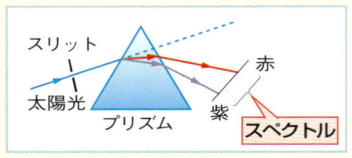

図1. 光の分散

◆1.「分散」と似ている物理用語に**散乱**という用語があるが，これは光が小さい粒子にぶつかって，多方向へ散らばり，広がっていく現象のことである。

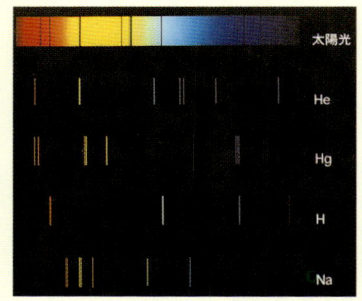

図2. いろいろな光のスペクトル

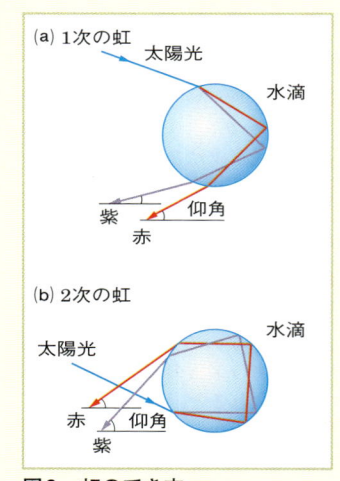

図3. 虹のでき方
光が水滴の中で1回反射したものを**1次の虹**，2回反射したものを**2次の虹**という。

1 光の分散

■ 太陽の光や電灯の光をスリットを通し，プリズムに入射させると，光はプリズムの2つの面で屈折して出てくる。この光をスクリーンに映すと，スクリーン上に，赤，だいだい，黄，緑，青，あい，紫の順に色が連続的に変化する光の帯が見られる。これをスペクトルという（図1）。

■ これは光の波長（または振動数）によって屈折率が少しずつ異なるために起こる現象で，これを光の分散という。

■ スペクトルの中の1つの光をとり出してプリズムに入射させても，もう分散は起こらない。このような光を単色光といい，1つの振動数からなる光である。これに対し，太陽光のようにいろいろな振動数の光が混ざっている光を白色光という。光の干渉実験などには，単色光が用いられることが多い。

2 スペクトル

■ **連続スペクトル** 太陽光のように，いろいろな色が連続して現れるスペクトルを**連続スペクトル**という。高温の物体が出す（放射する）光のスペクトルも連続スペクトルである（図2）。

■ **線スペクトル** ヘリウム，水銀，水素，ナトリウムなどから出る光は，細い線の集まりになっている。これは原子が出す光のスペクトルの特徴である（図2）。

■ **分子スペクトル** 分子が出す光は，原子が出す光よりも幅の広い線の集まりになる。

3 虹

■ 夕立のあとなどに太陽が顔を出すと，太陽を背にして前方に虹が見えることがある。これは，空気中の水滴による光の分散が原因である。

■ 図3の(a)のように，水滴の中で光が1回反射したものが，**1次の虹**である。赤い光は屈折角が小さく，紫の光は屈折角が大きいため，仰角の違いができ，1次の虹では，仰角の大きい赤が上，仰角の小さい紫が下となる。

重要実験 レンズの焦点距離

方法

1. 長さ120 cmの光学台の上に，左から順に，電球，十字スリット，凸レンズ，ついたてをのせる。
2. 十字スリットを10 cmの位置x_0に置き，ついたてを120 cmの位置x_2に置く。
3. 電球のスイッチを入れ，凸レンズをついたての近くから十字スリットに近づけていくと，ついたての上にはっきりした像ができるときが2回ある。そのときの凸レンズの位置x_1を記録しておく。
4. ついたてを110 cm，100 cm，……と10 cmずつ十字スリットに近づけていき，3と同じ実験をくり返す。

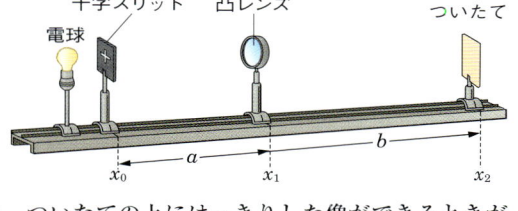

結果

1. x_0，x_1，x_2の測定値から，十字スリットとレンズの間の距離aと像とレンズの間の距離bを求める。

ついたての位置x_2〔cm〕	十字スリットの位置x_0〔cm〕	レンズの位置x_1〔cm〕	$a = x_1 - x_0$〔cm〕	$b = x_2 - x_1$〔cm〕
120	10	93.7	83.7	26.3
110	10	82.4	72.4	27.6
100	10	70.0	60.0	30.0

2. $\dfrac{1}{a}$と$\dfrac{1}{b}$の値を求め，横軸に$\dfrac{1}{a}$，縦軸に$\dfrac{1}{b}$をとってグラフをかく。

a	83.7	72.4	60.0
$\dfrac{1}{a}$	0.0119	0.0138	0.0167
b	26.3	27.6	30.0
$\dfrac{1}{b}$	0.0380	0.0362	0.0333

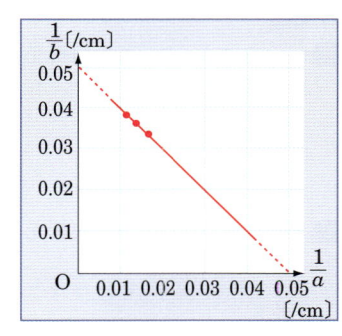

考察

1. レンズの式は成り立っているか。 → 上のグラフが傾き-1の直線であるから，$\dfrac{1}{a} + \dfrac{1}{b} = k$（$k$は定数）という関係があることがわかる。$a \to \infty$のとき$b \to f$であるから，$k = \dfrac{1}{f}$となり，$\dfrac{1}{a} + \dfrac{1}{b} = \dfrac{1}{f}$という**レンズの式**が成り立っているといえる。

2. このレンズの焦点距離はいくらか。 → 上のグラフから，$\dfrac{1}{a} = 0$のとき，$\dfrac{1}{b} = 0.05$であるから，$\dfrac{1}{f} = 0.05$より，$f = 20.0$ cmとなる。

重要実験 格子定数の測定

方法

1. 図のように，ナトリウムランプのすぐ上にものさしを固定し，ナトリウムランプから約1m離れたところに回折格子を固定する。回折格子とナトリウムランプとの間の距離を正確にはかる。
2. ナトリウムランプを点灯し，回折格子を通して見ると，明るい点がいくつか見える。回折格子とナトリウムランプを結ぶ線上に見えるのは $m=0$ の回折光であり，その隣は $m=1$，さらにその隣は $m=2$ の回折光である。
3. 1人がこの点をものさしと重ねるように見て指示をし，もう1人がその点の位置を正確にさすようにして，その位置をものさしの目盛りで読み，記録する。

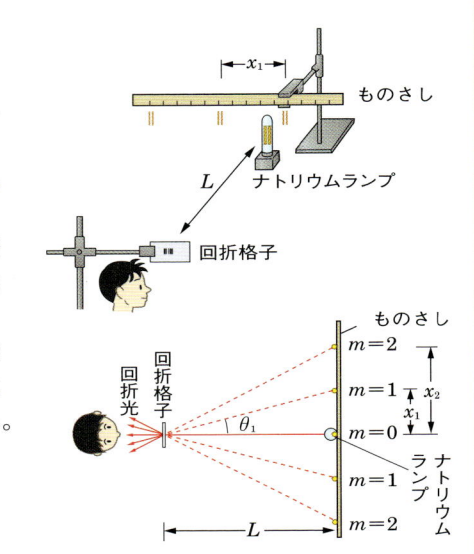

結果

■ $m=0$ と $m=1$ の回折光による明るい点の間の距離 x_1 と L から格子定数 d を求める。

ナトリウムランプ～回折格子間の距離	$L = 1.0$ m
$m=0 \sim m=1$ の明るい点の間の距離	$x_1 = 0.31$ m
$m=0 \sim m=2$ の明るい点の間の距離	$x_2 = 0.73$ m
ナトリウムランプの光の波長	$\lambda = 589$ nm

■ $m=0$ と $m=1$ の回折光のなす角を θ_1 とすると，

$$\sin\theta_1 = \frac{x_1}{\sqrt{L^2 + x_1^2}} = \frac{0.31}{\sqrt{1.0^2 + 0.31^2}} \fallingdotseq 0.295$$

となる。
$m=1$ の回折光には，$d\sin\theta_1 = 1 \times \lambda$ の関係があるから，格子定数は，

$$d = \frac{\lambda}{\sin\theta_1} = \frac{589 \times 10^{-9}}{0.295} \fallingdotseq 2.0 \times 10^{-6} \text{m}$$

考察

1. この回折格子は 1 cm あたり何本のみぞが引かれたものか。 → $\frac{1}{d} = \frac{1}{2.0 \times 10^{-6}} = 5 \times 10^5$ 本/m $= 5 \times 10^3$ 本/cm

   であるから，1 cm あたり 5000 本のみぞが引かれている。

2. 格子定数はナトリウムランプの光の波長の何倍か。 → $\frac{d}{\lambda} = \frac{2.0 \times 10^{-6}}{589 \times 10^{-9}} \fallingdotseq 3.4$ 倍

定期テスト予想問題 解答 → p.244~247

1 光の速さ

光は1sの間に地球を7.5周回るくらいの速さで直線距離を進む。次の各問いに答えよ。

(1) 地球の円周を40000kmとして，光の速さを求めよ。
(2) 地球から太陽までの距離は1.5×10^{11}mである。光の速さを(1)の値とすると，太陽から地球まで光が進むのにかかる時間は何sか。

2 屈折と全反射

屈折率が$\sqrt{3}$のガラスのプリズムに，図のように点Aから光が入射した。空気の屈折率を1として，あとの問いに答えよ。

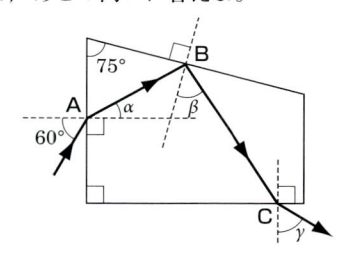

(1) 点Aでの屈折角αはいくらか。
(2) 点Bでの臨界角をθ_0としたとき，$\sin\theta_0$はいくらか。
(3) 点Bでの反射角βはいくらか。
(4) 点Bでは全反射する。その理由を述べよ。
(5) 点Cでの屈折角γはいくらか。

3 凸レンズによる像

図のように，焦点距離が60cmの凸レンズがある。このレンズの前方（左）20cmの位置に物体を置いた。あとの問いに答えよ。

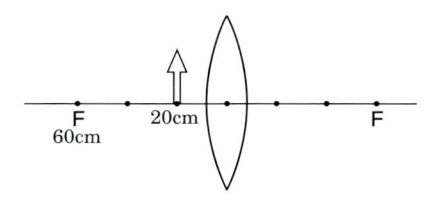

(1) 図中に作図して，像を記入せよ。
(2) 像のできる位置はどこか。
(3) 像は，実像か虚像か。
(4) 像の倍率はいくらか。
(5) 焦点距離が60cmの凹レンズだとしたら，レンズ前方（左）20cmの位置の物体の像の位置はどこか。図中に作図して，計算によって位置を求めよ。

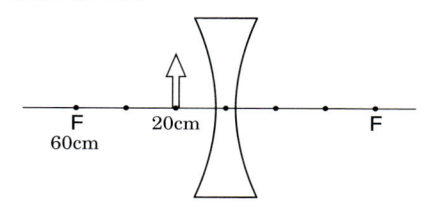

4 ヤングの実験

図のように光源Q，スリットS_0，S_1，S_2およびスクリーンCを置く。S_0はS_1，S_2の間の中心を通る直線QO上にあり，点Pは，スクリーンCにできた明線の位置である。このとき$l \gg d$，$l \gg x$として，あとの問いに答えよ。

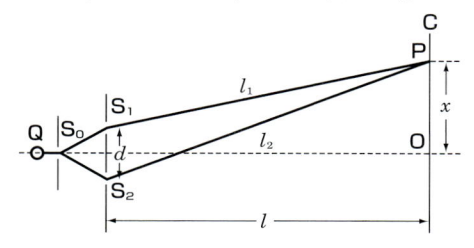

(1) $|l_1 - l_2|$がどのような条件のとき，点Pに明線ができるか。ただし，光の波長をλとし，0以上の整数mを用いて表せ。
(2) $l = 57$cm，$d = 0.25$mmのとき，明線どうしの間隔Δxは1.6mmであった。波長λは何mか。
(3) スリットS_1，S_2とスクリーンCの間を屈折率1.3の物質で満たした。スリットからスクリーンまでの距離lと屈折率nを用いて，光学的距離（光路長）Lを表せ。
(4) (3)のとき，明線の間隔$\Delta x'$はΔxの何倍か。

3章 光波 111

5 ロイド鏡（光の干渉）

下の図は，ロイド鏡と呼ばれる装置で，Sはスリット，MM′は平面鏡となっている。Sからの直接光とMM′による反射光の干渉によってスクリーン上に明暗の干渉じまができる。点Pが暗線になるときのxを，0以上の整数をmとして，m, d, λで表せ。また，隣りあう暗線の間隔を求めよ。ただし，この平面鏡による反射によって，光の位相は反転する。

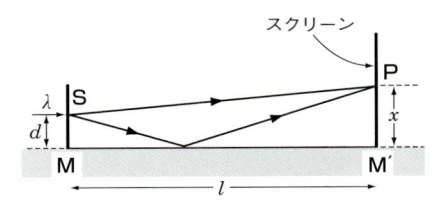

(1) 油膜の最小の厚さは何mか。
(2) 油膜の中での光の波長は何mか。
(3) 油膜の下の水のかわりに，屈折率$n' = 1.6$の液体を入れたとき，干渉しあった光は明るく見えるか，暗く見えるか。理由も述べよ。
(4) 図のように，屈折角45°で(1)の油膜に入った別の単色光が干渉して明るく見えた。油膜の厚さを最小とすると，このときの光の波長は何mか。

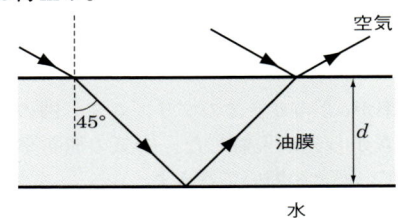

6 回折格子

1.0cmあたり5000本のみぞを刻んだ回折格子に単色光を垂直に当てたところ，入射角と30°をなす方向に2次$(m = 2)$の明線がスクリーン上に現れた。この光の波長は何mか。

7 薄膜の干渉

図のように，水面に屈折率1.5の油膜が広がっている。ここに垂直に，波長6.0×10^{-7}mの光が入射したところ，反射光が干渉して明るく見えた。次の問いに答えよ。

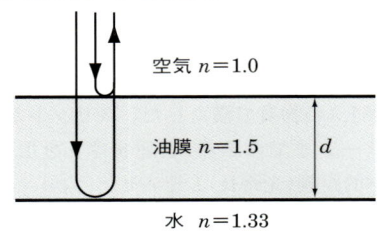

8 くさび形の空気層の干渉

図のように，2枚の平面ガラス板の間に薄い紙を，ガラス板の端Aから30cmのところBに入れた。上方から波長が650nmの単色光を当てたところ，となりあう暗線間の間隔は1.40mmであった。これについて，次の問いに答えよ。1nm = 10^{-9}mである。

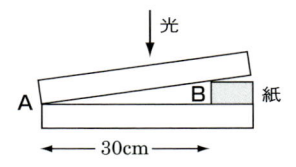

(1) この紙の厚さはいくらか。m単位で示せ。
(2) 波長のわからない光を上方から同じように当てたところ，隣りあう暗線の間隔は1.30mmとなった。この光の波長を求め，m単位で示せ。

4編 電気と磁気

1章 電場と電位

1 静電気力

◎1. 電気量のことを電荷ということもある。

◎2. 電子は原子核のまわりを回っているので，原子を離れることは比較的容易である。

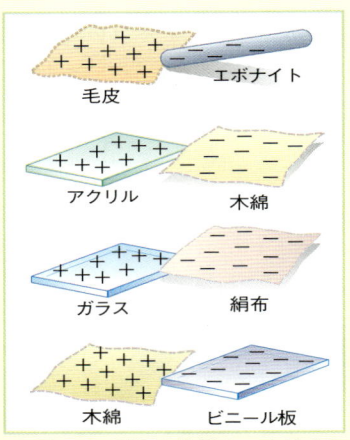

図1．2種類の物質をこすり合わせたときの帯電のしかた

1 電気には2種類ある

■ 電気（電荷ともいう）には，まったく正反対の作用をする正電気（正電荷）と負電気（負電荷）の2種類がある。電気量はクーロン〔C〕という単位を用いて表し，正電気，負電気は正負の符号をつけて区別する。

■ 物質を構成する原子は，原子核と電子からなり，原子核の中にある粒子（陽子）が正電気を，原子核のまわりを回る電子が負電気をもっている。物体には，ふつう正電気と負電気が同量ずつ含まれているので，たがいにその作用を打ち消しあっている。この状態のとき，物体は電気的に中性であるという。

2 物質をこすると電気が現れる

■ 2種類の物質をこすり合わせると，一方の物質から他方の物質に電子が移る。電子を得た物質は，そのぶんだけ負電気が正電気より多くなるので，負電気の作用を表すようになる。逆に，電子を失った物質は正電気の作用を表す。このような状態になったとき，物体は負（あるいは正）に帯電したといい，その物体を帯電体という（図1）。

■ 2種類の物質をこすり合わせたとき，どちらが正に帯電し，どちらが負に帯電するかは，物質の組み合わせによって決まる。また，同じ物質でも，こすり合わせる相手の物質によって，帯電する電気の種類が異なる。

問 1. 帯電していないガラス棒を帯電していない絹布でこすると，ガラス棒は $+4.8 \times 10^{-9}$ C の電荷を帯びた。
(1) 絹布の電荷はいくらになったか。
(2) 電子はどちらからどちらに移動したか。
(3) このとき何個の電子が移動したか。ただし，電子1個の電気量を -1.6×10^{-19} C とする。

解き方 問1.
(1) ガラス棒の電荷が0から $+4.8 \times 10^{-9}$ C 増えたので，絹布の電荷は 4.8×10^{-9} C 減った。
(2) 電子は負電気をもっているので，ガラス棒から絹布に移動した。
(3) 移動した電荷は -4.8×10^{-9} C なので，移動した電子の数は，
$$\frac{-4.8 \times 10^{-9}}{-1.6 \times 10^{-19}} = 3.0 \times 10^{10}$$
答 (1) -4.8×10^{-9} C
(2) ガラス棒から絹布
(3) 3.0×10^{10} 個

3 電荷どうしは力をおよぼす

■ 電荷どうしは，離れていても，たがいに力をおよぼす。静止している電荷の間にはたらく力を**静電気力**という。
■ **同種（正と正，負と負）の電荷**の間にはたがいにしりぞけ合う向きの力（**反発力，斥力**），**異種（正と負）の電荷**の間にはたがいに引き合う力（**引力**）がはたらく。

> **ポイント**
> **同じ種類**の電荷の間：**反発力**
> **異なる種類**の電荷の間：**引力**

＋と＋，－と－は反発力，＋と－は引力になることを覚えておこう。

4 静電気力の大きさ

■ クーロンの実験によると，電気力の大きさ F〔N〕は，2つの電荷の大きさを q_1〔C〕, q_2〔C〕, 2つの電荷間の距離を r〔m〕とし，比例定数を k とすると，次の式で表される。

> **ポイント**
> $$F = k\frac{q_1 q_2}{r^2} \quad 静電気力 = 定数 \times \frac{電荷 \times 電荷}{(距離)^2}$$

■ この関係を**クーロンの法則**という（図2）。
■ 比例定数 k の値は，電荷のまわりがどんな物質で満たされているかによって異なった値になる。電荷のまわりが真空のときの値 k_0 は，

$$k_0 = 9.0 \times 10^9 \, \text{N} \cdot \text{m}^2/\text{C}^2$$

である。k の値は空気中でも，ほぼこの k_0 の値になる。

※3. クーロン（1736～1806，フランス）は，ねじれはかりを用いて，静電気力の大きさをはかった。

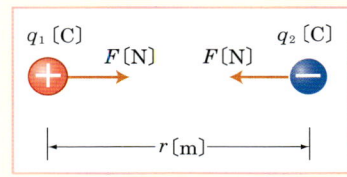

図2. クーロンの法則

5 電気量のはかり方

■ クーロンの法則を利用すれば，2つの電荷の間にはたらく力の大きさと電荷間の距離を測定することによって，電気量を求めることができる。
■ 真空中で，等しい電気量をもつ2つの電荷を1m離して置いたとき，その間にはたらく静電気力の大きさが 9.0×10^9 N であれば，それぞれの電気量は1Cである。

問 2. $+6.0 \times 10^{-6}$ C に帯電した金属の小さい球と，-2.0×10^{-6} C に帯電した同じ金属球がある。クーロンの法則の比例定数を 9.0×10^9 N・m²/C² とする。
(1) 2球が0.2m離れていると，どんな力がはたらくか。
(2) この2つの球を接触させ，しばらくしてから0.2m離すと，どんな力がはたらくか。

解き方 問2.
異符号では引力，同符号では反発力がはたらく。
(1) クーロンの法則より，
$F = k\dfrac{q_1 q_2}{r^2}$
$= 9.0 \times 10^9$
$\quad \times \dfrac{6.0 \times 10^{-6} \times 2.0 \times 10^{-6}}{0.2^2}$
$= 2.7$ N
(2) 正と負の電気を接触させると，正と負の等量ずつが打ち消しあい，残った電気を2球が等分する。
したがって，2球の電荷はそれぞれ $+2.0 \times 10^{-6}$ C になる。よって，
$F = 9.0 \times 10^9$
$\quad \times \dfrac{(2.0 \times 10^{-6})^2}{0.2^2}$
$= 0.90$ N

答 (1) **2.7Nの引力**
(2) **0.90Nの反発力**

1章 電場と電位

2 電場

1 電荷のまわりは特別な空間

■ 1つの電荷Aの近くに別の電荷Bをもってくると，BはAから力を受けるが，これは，見方を変えると，**電荷Aのまわりの空間が，特別な性質をもつようになって，そこに置かれた電荷Bに力をおよぼした**のだと考えることもできる。

■ 電荷のまわりにできるこのような空間を**電場**（**電界**）といい，記号 E で表す。電源に導線をつなぐと導線内に電場が生じ，電場から受けた静電気力によって電子が移動する。

■ 静電気力の大きさは，電荷の位置によって変わるから，電場内に置かれた電荷が電場から受ける力の大きさは，電場内に置かれた位置によって決まる。

■ 電場内のある点に置かれた**1Cの正電荷が受ける力の大きさ**を，その点の**電場の強さ**といい，その力の向きを**電場の向き**と決める。このように，電場は大きさ（強さ）と向きをもった量（**ベクトル**）である。電場の大きさの単位は**ニュートン毎クーロン**〔N/C〕である。

問 1. -3.0 C の電荷が，ある点で左向きに 9.0 N の力を受けた。この点の電場の強さと向きを求めよ。

2 電荷が電場から受ける力

■ 電場の強さが E〔N/C〕の点に 1 クーロンの正電荷を置くと，この電荷は E〔N〕の力を受ける。したがって，この点に q〔C〕の電荷を置くと，qE〔N〕の大きさの力を受ける。

> **ポイント**
> E〔N/C〕の電場に置かれた q〔C〕の電荷が，電場から受ける力 F〔N〕は，
> $$F = qE$$
> 力 ＝ 電荷 × 電場の強さ

■ 力の向きは，**電荷 q が正のときは電場と同じ向き，q が負のときは電場と反対の向き**である。

問 2. 500 N/C の電場に -1.6×10^{-3} C の電荷を置いたとき，この電荷はどのような力を受けるか。

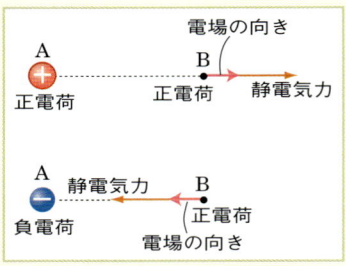

図1．電荷のまわりの電場

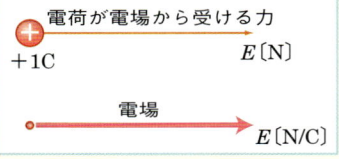

図2．電場の強さと向き

解き方 問 1.
3.0 C で 9.0 N の力を受けるので，1 C では 3.0 N の力になる。ゆえに，電場 $E = 3.0$ N/C
また，-3.0 C の電荷が受ける力が左向きだから，E は右向きである。

答 電場の強さ：**3.0 N/C**
　　 向き：**右向き**

◎1. 電場1ニュートン毎クーロンというのは，1クーロンあたり1ニュートンの力を受けるという意味であるから，E〔N/C〕は，1クーロンあたり E〔N〕の力を受けることになり，電荷を q クーロンにすると，E〔N〕の q 倍の力を受けることになる。

解き方 問 2.
$F = qE = 1.6 \times 10^{-3} \times 500$
$\qquad = 8.0 \times 10^{-1} = 0.80$ N
負電荷なので，電場と逆向きの力がはたらく。

答 電場と逆向きで **0.80 N の力**

③ 点電荷のまわりの電場

■ 点とみなすことができるような小さな電荷(**点電荷**)のまわりの電場について考えよう。電場の強さは，1Cの正電荷が電場から受ける力の大きさで表されるから，点電荷のまわりに1Cの正電荷を置いた場合を考えればよい。

■ q〔C〕の点電荷から距離r〔m〕離れた点に1クーロンの正電荷を置くと，この正電荷が受ける力は，クーロンの法則により，

$$F = k \times \frac{q \times 1}{r^2} = k\frac{q}{r^2}$$

となるから，q〔C〕の点電荷からr〔m〕離れた点の電場の強さE〔N/C〕は，次の式で表される。

$$E = k\frac{q}{r^2}$$

ポイント

q〔C〕の点電荷からr〔m〕離れた点の電場の強さE〔N/C〕は，

$$E = k\frac{q}{r^2} \quad 電場の強さ = 定数 \times \frac{電荷}{(距離)^2}$$

■ 電場の向きは，**qが正ならば点電荷から遠ざかる向き，qが負ならば点電荷に近づく向き**である。

問 3. 空気中で，2.0×10^{-10} Cの点電荷Aから0.50 m離れた点Pにおける電場の強さと向きを求めよ。

④ 電場のようすを図に表す

■ 自由に動くことのできる正電荷を電場におくと，正電荷は電場から力を受けて移動する。この**正電荷をゆっくり動かしたときの道すじを電気力線**という。そして，**正電荷が動いた向きを電気力線の向き**とする。

■ 電気力線上の点で，その線に引いた接線の方向は正電荷が受けた力の方向を示すから，この**接線の方向が電場の方向**である。したがって，電気力線は電場のようすを示しているといえる。

■ 電気力線は，次のような性質をもっている(図3)。

① 電気力線の密なところほど，電場が強い。☆2
② 電気力線は正電荷から出て，負電荷に入る。
③ 電気力線は途中で折れ曲がったり交わったりしない。☆3

解き方 問3.

$E = k\frac{q}{r^2}$
$= 9.0 \times 10^9 \times \frac{2.0 \times 10^{-10}}{0.50^2}$
$= 7.2$ N/C

正電荷だから，Eの向きは放射状で電荷から出てくる向き。よって，A→Pの向き。

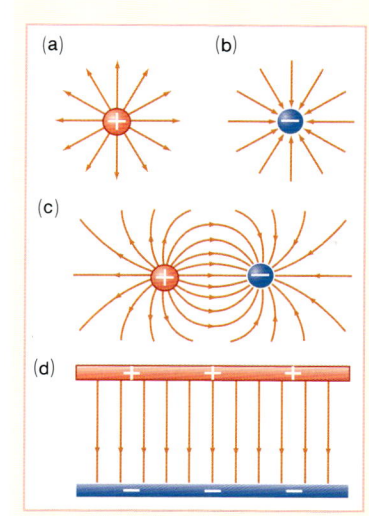

答 強さ：**7.2 N/C**
　　 向き：**A→Pの向き**

図3．電気力線の例
(a), (b) 点電荷のまわり
(c) 正と負の点電荷のまわり
(d) 帯電した平行板の間

☆2. 電場の強さがE N/Cの点には，電場の方向に1 m^{2}あたりE本の電気力線を引く。

☆3. 電気力線は，自由に動くことができる電荷が移動していく道すじを示すものであるから，もし電気力線が交わるとすると，その交点に達した電荷は，同時に2つの方向に移動することになってしまう。こういうことはありえないので，電気力線が交わることはないことがわかる。

1章　電場と電位

3 電位と電位差

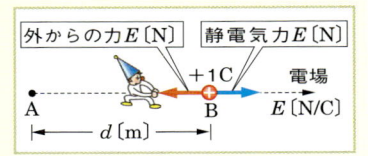

図1. 電場にさからって正電荷を動かすには，仕事が必要

○1. エネルギーの大きさが位置で決まるとき，そのエネルギーを**位置エネルギー**といった。

○2. 電位の基準点はどこにとってもよいが，理論上は無限遠の点，実際上は地球の表面にとり，これを電位0の点とすることが多い。電気器具で**アース**というのは，地面につなぐことで，アースされた点の電位は0になる。

○3. ここで電圧の意味がはっきりするだろう。電圧は電位の差で，それは，静電気力による位置エネルギーを重力による位置エネルギーにたとえたとき，基準面からの高さの差に相当する。

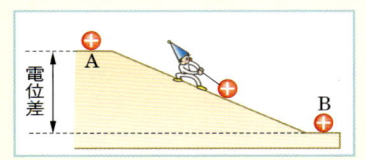

図2. 電位差（電圧）のモデル
電位の低い点Bから電位の高い点Aに正電荷を移動させるのは，坂道で荷物を運び上げる仕事に似ている。

○4. この式を変形すると，
$E = \dfrac{V}{d}$
したがって，電場Eの単位として〔V/m〕も使えて，値は同じになる。
1 N/C = 1 V/m

1 電場中で電荷を動かす

■ 電場の中では正電荷は電場の向きに静電気力を受けるから，**正電荷を電場と反対向きに移動させるためには，静電気力にさからって仕事をする必要がある**。物体は仕事をされるとエネルギーが増加する。電荷の場合も同様である。

■ 正電荷を静電気力にさからって，点Bから点Aまで移動させる仕事V_Aは，**移動の道すじには無関係で，BとAの位置によってのみ決まる**。したがって，このとき正電荷がたくわえるエネルギーは**静電気力による位置エネルギー**といえる。

2 電位とは何か

■ 上の例で，点Aは点Bより，静電気力による位置エネルギーが高い点である。これを，AはBより**電位が高い**という。**電位の大きさは，基準点から点Aまで+1Cの電荷を動かすのに必要な仕事**で表され，これがV_A〔J〕のとき，点Aの電位はV_A〔V〕であるという。

■ 点Aの電位がV_A，点Bの電位がV_Bで，$V_A > V_B$であれば，点Aの電位は点Bの電位より高いといい，$V_A - V_B$を，2点AB間の**電位差**または**電圧**という。

3 一様な電場の中では

■ 電場の強さと向きがどこも同じであるとき，**一様な電場**といい，電気力線が平行で等間隔に並ぶ。今，強さがE〔N/C〕の一様な電場中で，+1Cの正電荷を，電場とは反対向きに，静電気力にさからってd〔m〕動かす。

■ この電荷にはたらく静電気力はE〔N〕であるから，このときに要する仕事はEd〔J〕である。したがって，**強さE〔N/C〕の一様な電場中で，電場の方向にd〔m〕離れた2点間の電位差（電圧）V〔V〕は，$V = Ed$であたえられる**。

> **ポイント**
> E〔N/C〕の一様な電場で，電気力線に沿ってd〔m〕離れた2点間の電位差V〔V〕は，
> $V = Ed$　　電位差 = 電場の強さ × 距離

問 1. 電場中の点Aから点Bまで3.0Cの電荷をゆっくり移動させるのに、45Jの仕事が必要であった。
(1) 電位が高いのは、A、Bのどちらか。
(2) 2点間の電位差はいくらか。
(3) 点Bを基準点にとると、点Aの電位はいくらか。

4 電場中に電荷を置く

■ E〔N/C〕の一様な電場中に+q〔C〕の電荷を置くと、この電荷は電場からqE〔N〕の静電気力を受けて、電気力線の向きに移動する。

■ 電荷が点Aから点Bまでd〔m〕だけ移動したとすると、この間に電場が電荷にした仕事は、$W = qE \times d$である。一方、AB間の電位差をV〔V〕とすると、$V = Ed$であるから、仕事Wは、次の式で表される。

$$W = qV$$

ポイント
電位差V〔V〕の2点間でq〔C〕の電荷を動かす仕事W〔J〕は、
$$W = qV$$ ○5 　仕事 ＝ 電荷 × 電位差

問 2. 一様な電場の中で、電場の方向に0.20m離れて点A、Bがある。AB間の電位差は20Vである。
(1) この電場の強さはいくらか。
(2) 1.5Cの電荷が、AからBに向かって移動した。電場のした仕事はいくらか。

5 等電位面とは

■ 電場内で電位の等しい点を結ぶと1つの面ができる。この面を**等電位面**という。また、等電位面の断面を**等位線**という。

■ 電気力線と垂直な方向には、静電気力の分力がない○6ので、その方向に正電荷を動かすのに仕事をする必要がない。すなわち、電気力線と垂直な方向の電位は等しい。したがって、等電位面と電気力線は垂直になっている。

解き方 問1.
(1) 正電荷を点Bまで「持ち上げる」のに45Jの仕事が必要だったので、点Bのほうが電位が高いといえる。
(2) +1Cの電荷を動かすのに必要な仕事が電位だから、
$$V = \frac{45}{3.0} = 15\text{V}$$
(3) AB間の電位差が15Vで、点Bが点Aよりも高電位である。よって、点Bを0Vとすれば、点Aは-15Vである。

答 (1) B　(2) 15V　(3) -15V

○5. この式から、電荷を動かす仕事は、電荷と電位差によって決まり、途中の道すじに無関係であることがわかる。また、電場から仕事をされて点Bに移動した正電荷は、この仕事qV〔J〕を運動エネルギーとしてたくわえる。

解き方 問2.
(1) $20 = E \times 0.20$より、$E = 100$V/m
(2) $W = 1.5 \times 20 = 30$J

答 (1) 100V/m　(2) 30J

○6. 電気力線は静電気力の方向を示す曲線であるから、それと垂直な方向の分力は0なのである。

図3. 等電位面の形
(a), (b) 点電荷のまわりには、球形(同心円状)の等電位面ができる。
(c) 等しい大きさの正電荷と負電荷のまわりには、対称的な等電位面ができる。
(d) 帯電した平行平面の場合は、その間に面に平行で等間隔の等電位面ができる。

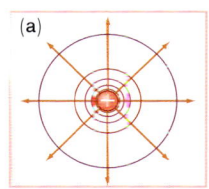

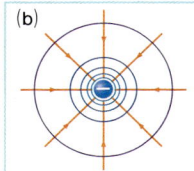

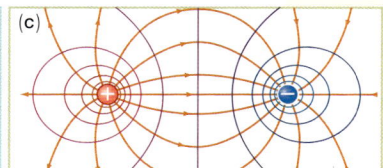

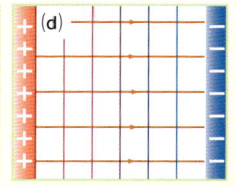

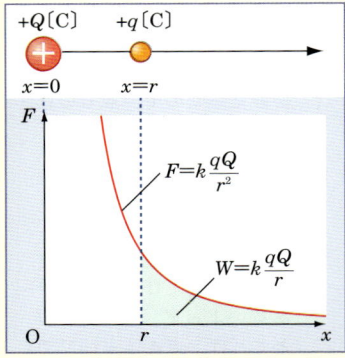

図4．静電気力と位置エネルギー

◎1．この面積は、F を $x=r$ から無限大まで積分することによって得られる。

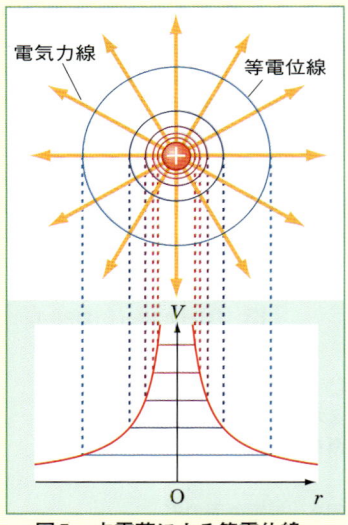

図5．点電荷による等電位線

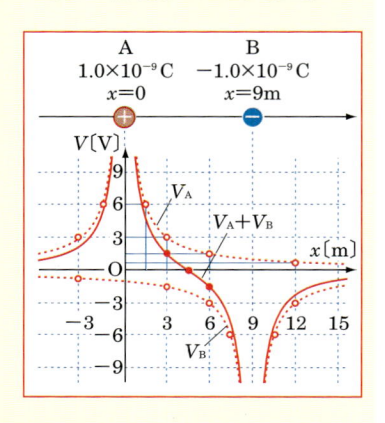

6 点電荷による電位

■ 図4のように，$+Q$〔C〕の点電荷Aから右に距離r〔m〕だけ離れた点Pに$+q$〔C〕の点電荷Bを置くと，qは電場から右向きの静電気力$F = k\dfrac{qQ}{r^2}$〔N〕を受ける。

■ ここで，電荷Bを無限遠点からP($x=r$)まで，静電気力Fにさからってゆっくり移動させるときに必要な仕事は，図5の緑色部分の面積$k\dfrac{qQ}{r}$〔J〕となる。◎1

■ **無限遠点を基準としたとき，静電気力による位置エネルギーU〔J〕は$U = k\dfrac{qQ}{r}$** となる。また，同様に考えて，点電荷Aから左にr離れた点でも同じ値が得られる。

■ **電位V〔V〕は電荷$+1$Cあたりの位置エネルギー**なので，無限遠点を基準として$\boldsymbol{V = k\dfrac{Q}{r}}$という式で表される。このとき，**正電荷がつくる電位**は，どこの場所でも**正電位**，**負電荷がつくる電位**は，どこの場所でも**負電位**となる。

> **ポイント**
> 点電荷Q〔C〕から距離r〔m〕離れた点の電位V〔V〕は，無限遠点を基準として，
> $$V = k\dfrac{Q}{r} \qquad 電位 = 定数 \times \dfrac{電荷}{距離}$$

7 電位の重ね合わせ

■ 2つの電荷A，Bがある場合の電位Vを求めるには，まず電荷Aだけによる電位V_Aと，電荷Bだけによる電位V_Bを求め，それぞれを足し合わせて$\boldsymbol{V = V_A + V_B}$とすればよい。これを**電位の重ね合わせの原理**という。

> **例題** $+1.0\times10^{-9}$Cの電荷Aが$x=0$m，-1.0×10^{-9}Cの電荷Bが$x=9$mの位置に固定されている。無限遠での電位を0，クーロンの法則の比例定数を9.0×10^9N・m^2/C^{2}として，x軸上の電位Vをかけ。

解説 まずそれぞれの電荷による電位をかき（左図赤破線），その和をかきこむ。$x=3$mで$V=+1.5$V，$x=4.5$mで$V=0$V，$x=6$mで$V=-1.5$Vとなることに注意する。

答 左図赤実線

定期テスト予想問題 解答 → p.247~248

1 クーロンの法則

下図のように，q〔C〕の電荷を帯びた質量m〔kg〕の小球を長さl〔m〕の軽い糸でつるす。$-q$〔C〕の電荷をもつ他の小球をこれに水平に近づけたところ，両球が距離r〔m〕離れているとき，糸は鉛直線と角θ〔rad〕だけ傾いて静止した。qをr，m，θおよび重力加速度g〔m/s^2〕，クーロンの法則の比例定数kを用いて表せ。

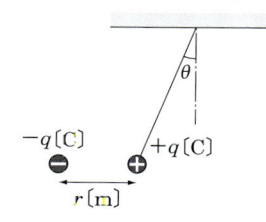

2 電場の強さ

電気量がともに$+5.0 \times 10^{-9}$Cの2つの電荷が，0.60m離れた2点A，Bにある。クーロンの法則の比例定数を9.0×10^9 N・m^2/C^{2}として，ABの垂直2等分線上にあり，ABの中点Mから0.40m離れた点Pでの電場の強さと向きを求めよ。

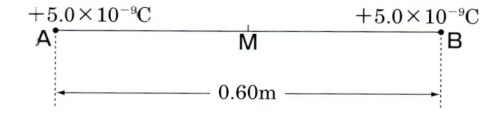

3 電場と電位差

一様な電場の中で，2.5Cの負電荷を，図のように電気力線に沿って点Aから2.0m離れた点Bに移動させるのに50Jの仕事をする必要があった。これについて，あとの問いに答えよ。

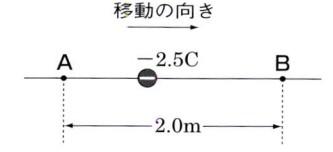

(1) AB間の電位差はいくらか。
(2) A，Bのうち，電位の高いのはどちらか。
(3) この電場の強さと向きを求めよ。
(4) この電場の中で+4.0Cの電荷が受ける力の大きさと向きを求めよ。

4 平行な極板間の電場と電位

図のように，間隔が正確に5cmの広い極板A，Bを平行に置き，電圧20Vの電池を接続した。

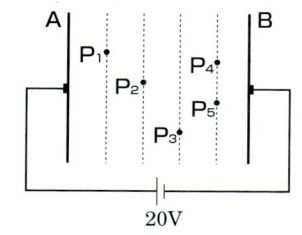

図中のP$_1$，P$_2$，P$_3$，P$_4$，P$_5$は，それぞれ極板Aから正確に1cm，2cm，3cm，4cm，4cmの距離にある。次の各問いに答えよ。

(1) 極板AB間の電場のようすを，電気力線の概形を用いて示せ。
(2) 極板AB間の電場の強さ（縦軸）と極板Aからの距離（横軸）の関係を表すグラフをかけ。
(3) 極板Aを基準にとると，点P$_3$の電位はいくらになるか。
(4) -2.5Cの電荷を，次のように移動させるのに必要な力をそれぞれ求めよ。
   ① P$_1$→P$_3$ ② P$_3$→P$_1$ ③ P$_4$→P$_5$
(5) 電子を点P$_3$で静かに放したとき，極板に達したときの速さはいくらになるか。ただし，電子の電荷は-1.6×10^{-19}C，電子の質量は9.1×10^{-31}kgとする。
(6) 電池を切り離し，極板Aから距離2cm離して，厚さ2cmの金属板を平行に入れた。極板Bを基準とした電位（縦軸）と極板Aからの距離（横軸）との関係を表すグラフをかけ。

1章 電場と電位

2章 静電誘導とコンデンサー

1 静電誘導と誘電分極

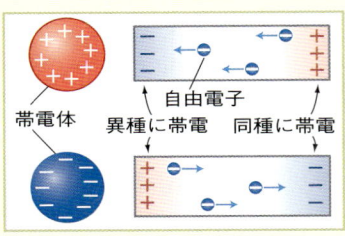

1 導体に帯電体を近づける

■ 金属のように電流を流しやすい物質を**導体**という（→p.148）。金属のような固体の導体には，自由に動ける電子（**自由電子**）がたくさんあり，これが電気を運ぶ。

■ 帯電体に導体を近づけると，導体の中の自由電子は，帯電体のまわりの電場から電場と反対向きの力を受けて，電場の向きと反対の端に集まる。また，原子は移動できないので，他の端には陽イオンが残る。その結果，図1のように，表面に電荷が現れる。この現象を**静電誘導**という。

> **ポイント　静電誘導**
> 導体の帯電体に近い側の表面に帯電体と異種の電荷が，遠い側の表面には同種の電荷が等量ずつ現れる。

■ 帯電していない金属球を糸でつるし，帯電体を近づけると金属球は帯電体に引きよせられる。これは，静電誘導によって金属球に現れた電荷に，帯電体の電場からの力がはたらくからである。

2 導体内の電場は消える

■ 静電誘導によって現れた電荷によって，導体内部に外部の電場と逆向きの電場が新しくできる。導体内部では，この新しくできた電場が外部の電場を打ち消して，電場が0になる（図2）。もし，導体内部に電場が残っているとすると，さらに電子が移動するから，電子が移動しなくなった状態（**静電状態**という）では，導体内部には電場はない。すなわち，**導体全体は等電位**である。

■ 静電状態では，電気力線は導体表面と垂直に交わる。すなわち，**電気力線は正の側の表面から垂直に出て，負の側の表面に垂直に入る**。ただし，導体内部には入らない。また，電荷は導体の表面だけに現れる。

図1．静電誘導
帯電体に近い側の端に，帯電体の電荷と異種の電荷が現れる。これらは互いに引力を及ぼしあう。

(a) 外部電場　自由電子
一様な電場に導体を入れた瞬間，自由電子が移動する。

(b) 誘導電荷　誘導電荷
両端が帯電し，導体内に新しい電場（点線）ができる。

(c) 外部の電場が打ち消され，導体内部に電場がなくなると，自由電子は移動しなくなる。

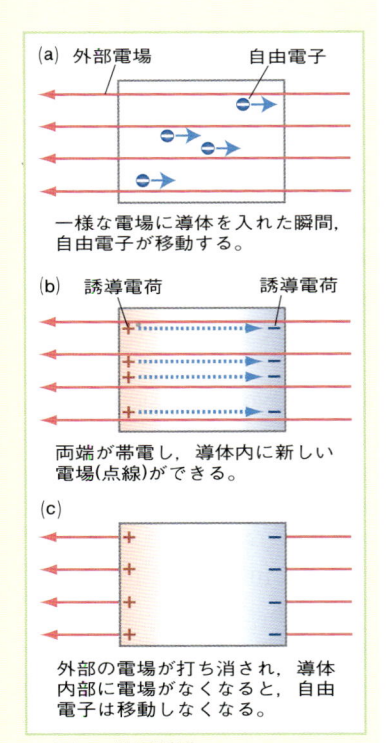

図2．静電誘導

■ よって，**導体で囲まれた空間には外部の電場は入ることができない**。これを利用して，電場の影響を避けるために導体の箱やかごで囲うことを**静電しゃへい**という。

③ 帯電しているかどうかを調べる

■ **はく検電器**は，静電誘導を利用して物体が帯電しているかどうかを調べる装置で，図4のようになっている。
■ **帯電した物体**を，はく検電器の金属板に近づけると，静電誘導によって，金属はくに帯電体と同種の電荷が現れるため，**2枚の金属はくは互いに反発しあって開く**。

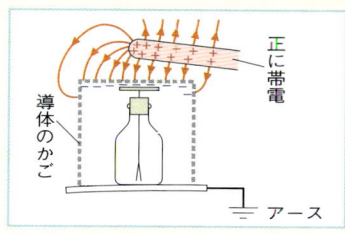

図3．静電しゃへい

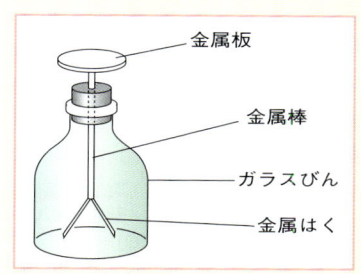

図4．はく検電器

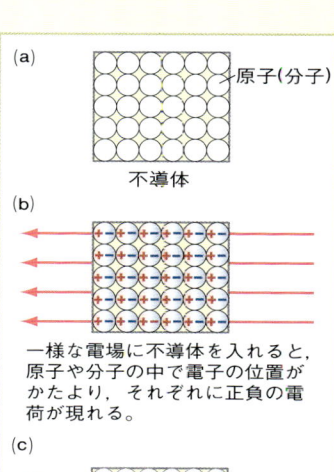

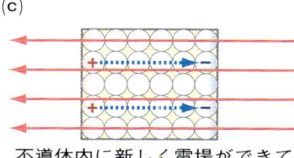

④ 不導体に帯電体を近づける

■ ゴムやプラスチックのような**電気を通さない物質**を**不導体**（**絶縁体**）という。不導体内には自由電子がないので，帯電体を近づけたときのようすは，導体の場合とはちがう。
■ 不導体を帯電体に近づけると，帯電体の電場によって，不導体の原子や分子の中で，電子が平均的な位置からずれるために，それぞれの原子や分子の両端に正負の電荷が現れる。この電荷は，不導体内部では隣どうしで打ち消しあうが，不導体の両端では打ち消す相手がいないので，そのまま残る。この現象を**誘電分極**という（図5）。

> **ポイント　誘電分極**
> 不導体の帯電体に近い側の端は帯電体と異種の電荷を，遠い側の端は同種の電荷を等量ずつ帯びる。

■ 誘電分極によって帯びる電気量は，不導体の種類によって異なるが，静電誘導による電気量より小さい。

⑤ 不導体は電場を弱める

■ 電場中に不導体を置くと，不導体内部には，外部電場のほかに誘電分極によって新しくできた電場が共存する。この新しくできた電場は，外部電場と反対向きであるから，外部電場を打ち消す。そのため，**不導体内部の電場は外部の電場より弱い**。しかし，0になることはない。
■ 不導体が誘電分極を起こす程度は**誘電率**とよばれる数値εで示される。**誘電率の大きい物質ほど誘電分極が大きくなり，外部電場を弱めるはたらきも大きくなる。**

(a) 不導体
(b) 一様な電場に不導体を入れると，原子や分子の中で電子の位置がかたより，それぞれに正負の電荷が現れる。
(c) 不導体内に新しく電場ができて，外の電場を打ち消す。
(d) 不導体の中の電場は，外の電場より弱くなる。

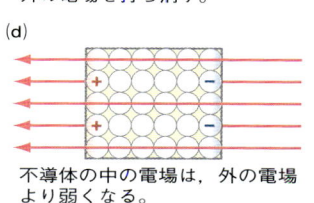

図5．誘電分極

2章　静電誘導とコンデンサー

2 コンデンサー

1 コンデンサーとはどんなものか

■ 2つの導体を組み合わせて電気をためることができるようにしたものを**コンデンサー**という。とくに，2枚の金属板を平行に向かい合わせたものを**平行板コンデンサー**といい，それぞれの金属板を**極板**という。

■ コンデンサーの極板A，Bを，それぞれ電池の正，負の極につなぐと，Aの自由電子はAより電位の高い電池の正極に移動し，電池の負極の自由電子はそれより電位の高いBに移動する。その結果，Aは電子が不足し，Bは電子が過剰になるので，Aは正にBは負に帯電する。

■ 自由電子の移動により，Aの電位が上がり，Bの電位が下がって，Aと電池の正極，Bと電池の負極の電位が等しくなったところで，自由電子の移動は止まる。

■ このときまでに，Aから電池の正極に入った自由電子の数と，電池の負極からBに入った自由電子の数は等しい。したがって，**Aにたくわえられる正電荷とBにたくわえられる負電荷の電気量は等しい**。

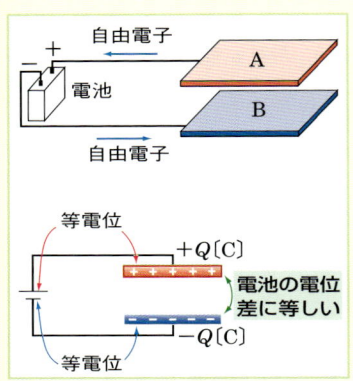

図1. コンデンサーのしくみ
コンデンサーの極板をそれぞれ電池の正負の極につなぐと，自由電子が移動して，極板が正と負に帯電し，極板間の電位差は電池の電位差に等しくなる。

☆1. 正極板に$+Q$〔C〕，負極板に$-Q$〔C〕の電荷がたくわえられている状態を，コンデンサーに$+Q$〔C〕の電荷がたくわえられているという。

2 たくわえられる電気量

■ コンデンサーにたくわえられる電気量と，極板の面積や極板間の間隔および電位差との関係を調べてみよう。極板の面積をS〔m²〕，極板の間隔をd〔m〕とし，極板間が真空になっている平行板コンデンサーの両極板の電位差がV〔V〕のとき，Q〔C〕の電気量がたくわえられたとする。

■ 極板間の電位差Vを2倍，3倍にすると，たくわえられる電気量Qも2倍，3倍になることから，**QとVは比例する**。この比例定数をCで表し，コンデンサーの**電気容量**という。式で表すと，次のようになる。

$$Q = CV$$

☆2. 電気量Qの単位は〔C〕（クーロン），電気容量Cの単位は〔F〕（ファラド）である。一方のCは単位で，他方のCは電気容量を示す記号であることに注意。

ポイント 電気容量C〔F〕のコンデンサーの極板間の電位差がV〔V〕のときにたくわえられる電気量Q〔C〕は，

$$Q = CV \quad 電気量 = 電気容量 \times 電位差$$

■ 電気容量の単位は，〔C/V〕で，これを〔F〕と書いて，**ファラド**と読む。1Fは実用上大きすぎるので，次に示す**マイクロファラド**〔μF〕，**ピコファラド**〔pF〕がよく用いられる。

$$1\,\mu F = 10^{-6}\,F, \quad 1\,pF = 10^{-12}\,F$$

■ 電気容量Cは，極板の面積，極板間の距離などで決まり，平行平板コンデンサーでは次のようになる。

> **ポイント**
> 平行平板コンデンサーの電気容量Cは，極板の面積をS，極板間の距離をdとすると，
> $$C = \varepsilon \frac{S}{d} \quad \cdots\cdots\cdots ①$$

■ この比例定数εは極板間の物質の**誘電率**（→p.123）である。真空での値をとくに**真空の誘電率**といい，ε_0で表す。

問 1. 5.0μFのコンデンサーに12Vの電池をつないだ。何Cの電荷がたくわえられるか。

③ 極板間に誘電体をつめる

■ 極板間が真空のコンデンサーを電池につないだまま，極板間に**誘電体**をつめると，誘電分極が起こって，極板間の電位差が小さくなる。しかし，極板は電池につながれているので，再び電子の移動が起こり，極板間の電位差が電池の電位差と等しくなるまで，極板の電荷が増加する。

■ このように，**極板間に誘電体をつめると，同じ電位差でより多くの電気がたまるようになる**。すなわち，電気容量が大きくなる。

■ 誘電体を極板間に入れたとき，電気容量が，真空のときの何倍になるかを表す数を**比誘電率**といい，ε_rで表す。

> **ポイント**
> 電気容量C_0〔F〕のコンデンサーの極板間に比誘電率ε_rの誘電体を入れたときの電気容量C〔F〕は，
> $$C = \varepsilon_r C_0 \quad 容量(誘) = 比誘電率 \times 容量(真空)$$

問 2. 5.0μFの空気コンデンサーを20Vの電池で充電（電気をためること）したあと，電池を切り離し，比誘電率2.0の誘電体を極板にすき間なく入れた。
(1) 電荷は何Cか。
(2) 電気容量は何μFになるか。
(3) 誘電体を入れたあとの極板間の電位差は何Vか。

3. $\varepsilon_0 = 8.85 \times 10^{-12}\,F/m$
極板間が空気の場合は，真空の場合とほぼ同じである。

解き方 問1.
$Q = CV$より，
$Q = 6.0 \times 10^{-5}\,C$
答 $6.0 \times 10^{-5}\,C$

4. 誘電分極を起こす物質を**誘電体**という。

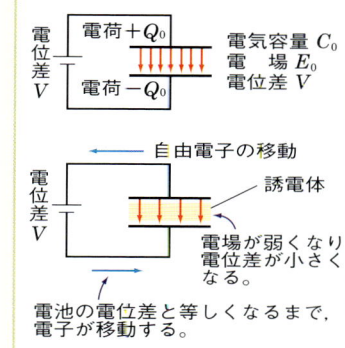

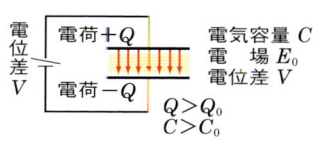

図2．極板間に誘電体を入れる
極板間に誘電体を入れると，極板間の電場が弱くなるので，電気容量が大きくなり，同じ電位差でより多くの電気をたくわえられる。

5. ①式と比較すると，
$$\varepsilon_r = \frac{C}{C_0} = \frac{\varepsilon\dfrac{S}{d}}{\varepsilon_0\dfrac{S}{d}} = \frac{\varepsilon}{\varepsilon_0}$$
という関係が成り立つ。

解き方 問2.
(1) $Q = C_0 V = 1.0 \times 10^{-4}\,C$
(2) $C = \varepsilon_r C_0 = 10\,\mu F$
(3) 誘電体を入れても極板の電荷は変化しないから，$Q = CV'$より，
$1.0 \times 10^{-4} = 10 \times 10^{-6} \times V'$
よって，$V' = 10\,V$
答 (1) $1.0 \times 10^{-4}\,C$
(2) $10\,\mu F$ (3) $10\,V$

3 コンデンサーの接続

1 コンデンサーを直列につなぐ

● コンデンサーをじゅずつなぎに1列につなぐ接続方式を**直列接続**という。

● 電気容量が C_1〔F〕,C_2〔F〕のコンデンサーA,Bを,図1のように直列接続にして電池につなぐと,電池の正極につながれた極板 A_1 には正電荷が,電池の負極につながれた極板 B_2 には負電荷がたまる。このとき,**A_1 から電池に入った自由電子の数と電池から B_2 に入った自由電子の数が等しい**から,A_1 と B_2 の正負の電気量は等しい。

● A_1 と B_2 の間に電場ができるために,極板 A_2,B_1 およびこれらをつないでいる導線に静電誘導が起こり,A_2 は負に,B_1 は正に帯電する。このとき,A_1 と A_2 および B_1 と B_2 の電気量が等しくなるまで電荷が誘導されるので,**直列接続ではすべての極板の電気量は等しい**。

● コンデンサーにたくわえられた電気量を Q〔C〕,A_1A_2 間の電位差を V_1〔V〕,B_1B_2 間の電位差を V_2〔V〕とすると,それぞれのコンデンサーについて,$Q = C_1V_1 = C_2V_2$ より,

$$V_1 = \frac{Q}{C_1} \qquad V_2 = \frac{Q}{C_2}$$

いっぽう,電位差の関係から,$V = V_1 + V_2$ であるから,

$$V = V_1 + V_2 = \frac{Q}{C_1} + \frac{Q}{C_2} = \left(\frac{1}{C_1} + \frac{1}{C_2}\right)Q$$

● 直列接続したコンデンサー全体の電気容量(**合成容量**という)を C〔F〕とすると,$Q = CV$ より,$V = \frac{1}{C}Q$ であるから,これと上の式を比較すると,次の関係が成り立つ。

$$\frac{1}{C} = \frac{1}{C_1} + \frac{1}{C_2}$$

ポイント 電気容量 C_1〔F〕,C_2〔V〕のコンデンサー①,②を**直列接続**したものの合成容量を C〔F〕とすると,

$$\frac{1}{C} = \frac{1}{C_1} + \frac{1}{C_2} \qquad \frac{1}{合成容量} = \frac{1}{容量①} + \frac{1}{容量②}$$

問 1. コンデンサー C_1(2.0 μF),C_2(3.0 μF)と 5.0 V の電池を直列につないだ。

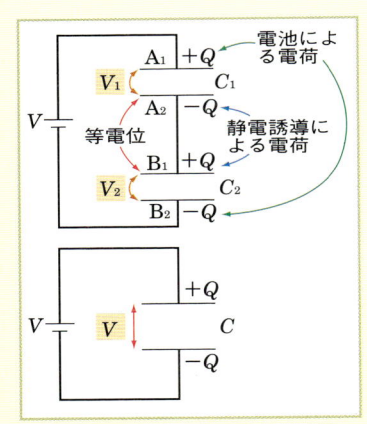

図1.コンデンサーの直列接続
直列接続では,各コンデンサーにたくわえられる電気量が等しい。

✿ 1. 直列接続の場合,各コンデンサーに Q〔C〕の電荷がたくわえられている。この状態を Q〔C〕の電荷がたくわえられているという。

【解き方】 問1.
(1) $\frac{1}{C} = \frac{1}{2.0} + \frac{1}{3.0} = \frac{5}{6}$
ゆえに,
$C = \frac{6}{5} = 1.2\,μF$

(2) $Q = CV$
$= 1.2 \times 10^{-6} \times 5.0$
$= 6.0 \times 10^{-6}\,C$

(3) $6.0 \times 10^{-6} = 2.0 \times 10^{-6}V$
より,
$V = 3.0\,V$

答 (1) **1.2 μF**
(2) **6.0 × 10⁻⁶ C**
(3) **3.0 V**

(1) 合成容量はいくらか。
(2) たくわえている全電気量はいくらか。
(3) コンデンサーC_1の極板間の電位差はいくらか。

問 2. 耐電圧が1200Vで，電気容量が4.0μF，6.0μFの2つのコンデンサーを直列に接続するとき，全体に何Vまで電圧をかけることができるか。

2 コンデンサーを並列につなぐ

■ コンデンサーの極板の片方ずつをひとまとめにして，それぞれを電池の正極と負極につなぐ接続方式を**並列接続**という。

■ 電気容量がC_1〔F〕，C_2〔F〕の2つのコンデンサーを，電圧V〔V〕の電池に並列接続した場合を考えよう。電池からの電子の移動が止まったとき，2つのコンデンサーの正極の電位は電池の正極の電位に，負極の電位は電池の負極の電位に等しくなっているので，**2つのコンデンサーの極板間の電位差は，どちらも電池の電位差V〔V〕に等しい。**

■ ここで，C_1〔F〕，C_2〔F〕のコンデンサーがたくわえている電気量をQ_1〔C〕，Q_2〔C〕とすると，次の式が成り立つ。
$$Q_1 = C_1V \qquad Q_2 = C_2V$$
また，たくわえられた全電気量をQ〔C〕とすると，
$$Q = Q_1 + Q_2 = C_1V + C_2V = (C_1 + C_2)V$$
となる。

■ 2つのコンデンサーを並列接続したものの合成容量をC〔F〕とすると，
$$Q = CV$$
の関係があるから，次の式が成り立つ。
$$C = C_1 + C_2$$

> **ポイント**
> 電気容量C_1〔F〕，C_2〔F〕のコンデンサー①，②を**並列接続**したものの合成容量C〔F〕は，
> $$C = C_1 + C_2 \qquad 合成容量 = 容量① + 容量②$$

問 3. 3.0μF，7.0μFのコンデンサーC_1，C_2と4.0Vの電池を，左上図のようにつないだ。
(1) 合成容量はいくらか。
(2) たくわえている全電気量はいくらか。
(3) コンデンサーC_1がたくわえている電気量はいくらか。

✿ **2.** 極板間が放電しない電圧の最大値は各コンデンサーによって異なり，これをコンデンサーの**耐電圧**という。

解き方 問2.
直列接続だから$C_1 = 4.0$μF，$C_2 = 6.0$μFにたくわえられる電気量Qは同じ。
$Q = C_1V_1 = C_2V_2$で，$C_1 < C_2$だから$V_1 > V_2$である。
$V_1 = 1200$Vとすると，
$\quad 4.0 \times 1200 = 6.0 \times V_2$
より，
$\quad V_2 = 800$V
ゆえに，$V = V_1 + V_2$
$\qquad = 1200 + 800$
$\qquad = 2000$V
答 2000V

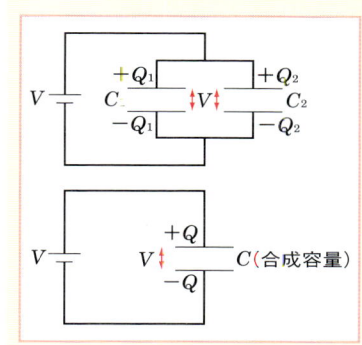

図2．コンデンサーの並列接続
並列接続では，各コンデンサーの極板間の電位差が等しい。

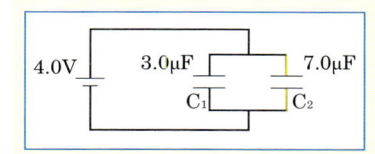

解き方 問3.
(1) $C = C_1 + C_2 = 10.0$μF
(2) $Q = Q_1 + Q_2$
$\quad = C_1V + C_2V$
$\quad = (3 \times 4 + 7 \times 4)$
$\quad \quad \times 10^{-6}$
$\quad = 4.0 \times 10^{-5}$C
(3) $Q_1 = C_1V = 1.2 \times 10^{-5}$C
答 (1) 10.0μF
(2) 4.0×10^{-5}C
(3) 1.2×10^{-5}C

4 静電エネルギー

1 コンデンサーのエネルギー

充電されたコンデンサーに抵抗や発光ダイオードを接続すると，コンデンサーにたまった電荷が流れ出し（これを放電という），抵抗が発熱したり発光ダイオードが光ったりする。このことは，充電されたコンデンサーにはエネルギーがたくわえられていることを示している。

2 コンデンサーを充電する仕事

コンデンサーに電気をたくわえるには，電池のはたらきで，電子を正極板から負極板に移動させるのであるが，話を簡単にするために，図1のように，負極板から正極板に正電荷を移動させることを考える。この移動は，静電気力にさからって行われるので，外から仕事をしなければできない。この仕事はエネルギーとしてコンデンサーにたくわえられる。このエネルギーを静電エネルギーという。

3 静電エネルギーの大きさ

コンデンサーが Q [C]の電気をたくわえ，電位差が V [V]になっているときの静電エネルギーを求めてみよう。

コンデンサーに電気がたまっていないときは，極板Bから極板Aに電荷を移動させる仕事は0である。しかし，極板に電荷がたまると，極板間に電場ができるので，電荷を移動させるのに仕事をしなければならなくなる。

いま，極板の電荷が q [C]になったときの極板間の電位差が v [V]であったとする。ここで微小な電荷 Δq [C]をBからAに移動させる仕事を考える。移動の前後で，電位差は変わらないとすれば，その仕事は Δqv [J]である。この仕事は，図2の赤く塗った長方形の面積になる。

Δq を十分小さくとれば，この和は△ODEの面積に等しくなる。したがって，外力のする仕事は，$W = \dfrac{1}{2}QV$ となるので，コンデンサーがたくわえる静電エネルギーは $\dfrac{1}{2}QV$ とわかる。

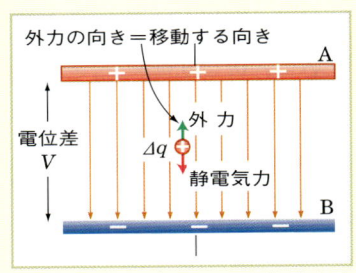

図1. コンデンサーに電気をたくわえる仕事
負極板から正極板へ，静電気力にさからって正電荷を移動させるには，外から仕事をしなければならない。

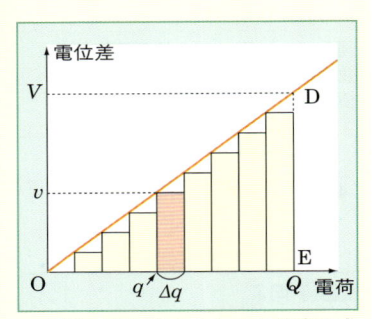

図2. 電気をたくわえる仕事の求め方
赤く塗った長方形の面積は，$\Delta q \times v$ で，これは電気量 Δq を電位差 v の極板間で移動させるのに必要な仕事を表す。
最初から Δq [C]ずつ移動させるとすれば，Q [C]の電荷をたくわえるのに必要な仕事は，直線のグラフの下側の幅 Δq の長方形の面積の和になる。

> **ポイント** 電気容量C〔F〕のコンデンサーが電位差V〔V〕でQ〔C〕の電気量をたくわえているとき，静電エネルギーU〔J〕は，$$U = \frac{1}{2}CV^2 = \frac{1}{2}QV = \frac{Q^2}{2C}$$ ✿1

例題 2.0μFのコンデンサーを5.0×10^2Vに充電したとき，たくわえられる静電エネルギーはいくらか。

解説 2.0μF = 2.0×10^{-6}Fに注意して，
$$U = \frac{1}{2}CV^2 = \frac{1}{2} \times 2.0 \times 10^{-6} \times (5.0 \times 10^2)^2 = 0.25\text{J}$$

答 0.25J

4 電池のする仕事

■ コンデンサーを充電するとき，電池の中ではQ〔C〕の電荷を，一定の電位差V〔V〕の間を移動させるので，**電池のする仕事W'は，$W' = QV$〔J〕である。**

■ コンデンサーでは，**電荷がたまっていくと電位差がじょじょに増加していくので**，図2の△ODEの面積で表されるエネルギー$U = \frac{1}{2}QV$がたくわえられる。

■ UとW'の関係は$W' = 2U$となる。電池は$2U$のエネルギーを供給しているのに，コンデンサーにはUのエネルギーしかたまらない。残りのUは，**充電する際に導線の発熱などのエネルギーとして失われてしまう。**

> **ポイント** 電池のした仕事W'〔J〕とコンデンサーにたくわえられたエネルギーU〔J〕との関係は，
> $$W' = 2U\ (= QV)$$

問 1. 下図の回路で，電気容量C_AのコンデンサーAを充電したあと，スイッチを右に倒して電気容量C_BのコンデンサーBに接続した。
(1) C_Bのコンデンサーの電位差は何Vになるか。
(2) スイッチを切りかえたあとの各コンデンサーにたくわえられている静電エネルギーの和を求めよ。

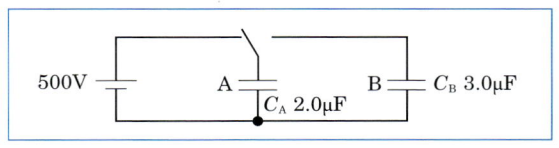

500V ── A ── B ── C_B 3.0μF
     C_A 2.0μF

✿1. この右端と左端の2つの式は，
$Q = CV$
を使って，
$U = \frac{1}{2}QV$
からQまたはVを消去すれば得られる。

解き方 問1.
(1) はじめAにたくわえられている電荷は，
$Q = C_A V = 1.0 \times 10^{-3}$C
である。
スイッチを右側に倒すと，A，Bの極板間の電位差が等しくなるまで，電荷が移動する。電荷は保存されるので，
1.0×10^{-3}
$= (2.0 + 3.0) \times 10^{-6} V$
より，$V = 200$V
(2) $U_A + U_B$
$= \frac{1}{2}C_A V^2 + \frac{1}{2}C_B V^2$
$= 0.10$J
はじめAには，0.25Jのエネルギーがたくわえられていたが，電荷の移動中にジュール熱として失われて，0.10Jになった。

答 (1) 2.0×10^2V
(2) **0.10J**

定期テスト予想問題　解答 → p.248~250

1 はく検電器

下図ははく検電器であり，金属板Aとはくが金属棒でつながれている。最初A，Bは帯電しておらず，はくBは閉じている。

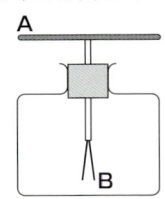

次の(1)~(3)の操作を行ったときの，はくBの開閉の状態，およびこのときのA，Bの電荷の状態を電荷の量的関係も含めて符号で下図に示せ。

(1) 負の電荷を帯びた帯電体をAに近づけたとき。
(2) 負の帯電体を近づけたまま，アースした金属板Cを帯電体とAの間に差しこんだとき。
(3) 負の帯電体をAに近づけたままCを除き，一度Aに指を触れ，離してから，帯電体を遠ざけたとき。

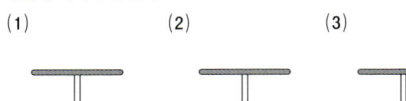

2 電気容量(1)

空気中で，1辺が0.10 mの2枚の正方形をした金属板を，間隔を1.0×10^{-2} mに保って平行に向かい合わせにしたコンデンサーがある。このコンデンサーについて，次の問いに答えよ。ただし，空気の誘電率を8.9×10^{-12} F/mとする。

(1) このコンデンサーの電気容量はいくらか。
(2) このコンデンサーに500 Vの電圧をかけたときの極板上の電気量はいくらか。
(3) 極板間に比誘電率3000の誘電体をすき間なくつめたときの電気容量はいくらか。

3 電気容量(2)

極板の面積，間隔を自由に変えることができるコンデンサーがある。極板の間が空気で満たされているとき，電気容量が5.00 μFとなるように極板の面積，間隔を調節した。これを200 Vの電池で充電したのち，電池を切り離した。これについて次の問いに答えよ。

(1) たくわえられた電気量はいくらか。

次に，極板の間隔を4倍にした。
(2) 電気容量はいくらになるか。
(3) たくわえている電気量はいくらになるか。
(4) 極板間の電位差はいくらになるか。
(5) 極板間の電場の強さは何倍になるか。

さらに，極板の面積を2倍にした。
(6) 電気容量はいくらになるか。
(7) 極板間の電位差はいくらになるか。
(8) 極板間の電場の強さは何倍になるか。

4 コンデンサーの原理

文中の空欄に適当な語句または式を入れよ。

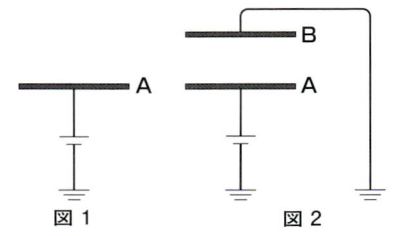

図1のように，金属板Aと，負極をアースしたV [V]の電池の正極をつなぐと，金属板Aから電池の正極に ① が移動して，Aは ② に帯電し，電位は ③ となる。

次に，図2のように，アースされた金属板BをAに近づけると， ④ によってBの下面には ⑤ が現れる。Bを近づけていくと，コンデンサーの静電容量Cが増えるため，Aの電荷は ⑥ する。

5 電気容量と誘電体

$3.0\,\mu\text{F}$のコンデンサーに，$75\,\text{V}$の電池を接続したあと，電池を切り離した。このコンデンサーの極板間にすき間なく誘電体を入れたところ，極板間の電位差が$25\,\text{V}$になった。
(1) このときの電気容量はいくらか。
(2) このときの誘電体の比誘電率はいくらか。

6 コンデンサーの接続(1)

$100\,\text{V}$に充電された$1.0\,\mu\text{F}$のコンデンサーC_1と$50\,\text{V}$に充電された$4.0\,\mu\text{F}$のコンデンサーC_2の正極どうし，負極どうしを接続したときの両極間の電圧，およびC_1，C_2の電荷を求めよ。

7 コンデンサーの接続(2)

図のようなコンデンサーと$6.0\,\text{V}$の電池でできている回路がある。$C_1 = 3.0\,\mu\text{F}$，$C_2 = 2.0\,\mu\text{F}$，$C_3 = 4.0\,\mu\text{F}$のとき，あとの問いに答えよ。

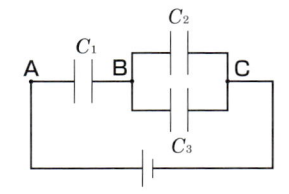

(1) 図のBC間の合成容量を求めよ。
(2) 図のAC間の合成容量を求めよ。
(3) AB間，およびBC間の電圧を求めよ。
(4) 電荷を最も多くたくわえているコンデンサーはどれか。
(5) (4)のコンデンサーにたくわえられている電荷を求めよ。

8 静電エネルギー

電気容量が$5.0\,\mu\text{F}$のコンデンサーを$600\,\text{V}$の電池で充電した。これについて，次の各問いに答えよ。
(1) コンデンサーにたくわえられている静電エネルギーはいくらか。
(2) このとき電池がした仕事はいくらか。
(3) (1)の答えと(2)の答えの間には差があるかないか。理由とともに記せ。
(4) このコンデンサーの正極板と負極板を，途中に豆電球をつないだ導線で連結したら，豆電球が$2.0 \times 10^{-4}\,\text{s}$だけ光った。平均何Aの電流が流れたことになるか。

9 金属板の挿入

面積$S\,[\text{m}^2]$，極板の間隔$d\,[\text{m}]$の平行板コンデンサーを充電して，$Q\,[\text{C}]$の電荷をたくわえた。このコンデンサーの極板間に，極板と同じ面積で電荷をもたない厚さ$t\,[\text{m}]$の金属板を挿入する。

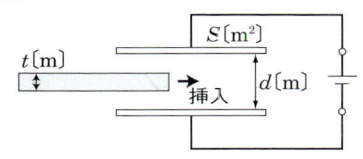

これについて，次の問いに答えよ。ただし，真空の誘電率をε_0とし，電池の電位差Vを含まない式で答えよ。
(1) 電池をはずして挿入する場合の，極板に現れる電荷と，金属板挿入によるエネルギーの変化量とをそれぞれ求めよ。
(2) 電池を接続して，電位差$V\,[\text{V}]$を保ちながら挿入する場合の，極板に現れる電荷と金属板挿入によるエネルギーの変化量とをそれぞれ求めよ。

静電気をためて感電させちゃおう

> 異なる絶縁体どうしをこすり合わせると，電荷が移動して片方がプラスに，片方がマイナスに帯電します。この電気を集めると，ビリッと感じるぐらいの電流になります。コンデンサーを手作りして，友だちを感電させてみましょう。

コンデンサーの作成

1. 次のものを用意する。
   クリアーファイル，アルミはく（アルミホイル），セロハンテープ，カッターナイフ，ティッシュペーパー，電気掃除機のホース（まっすぐな部分）
2. クリアーファイルは2枚のプラスチックが重なっているが，カッターナイフで1枚を切り取る。
3. 切り取ったプラスチックよりも上下左右に2cmくらい小さめにアルミはくを切り取り，図のようにセロハンテープで四隅をとめる。
4. プラスチックの裏側にも，同じようにアルミはくをセロハンテープでとめる。このように2枚の金属板を向かい合わせれば，コンデンサーとなって電荷をためることができる。
5. アルミはくを3cm×10cmくらいの長方形に切り出し，長い辺の真ん中を折って，1.5cm×10cmの細長い長方形にし，図のようにプラスチックの上のアルミはくの真ん中にセロハンテープでとめて立てる。これは電荷を集めるためのものである。

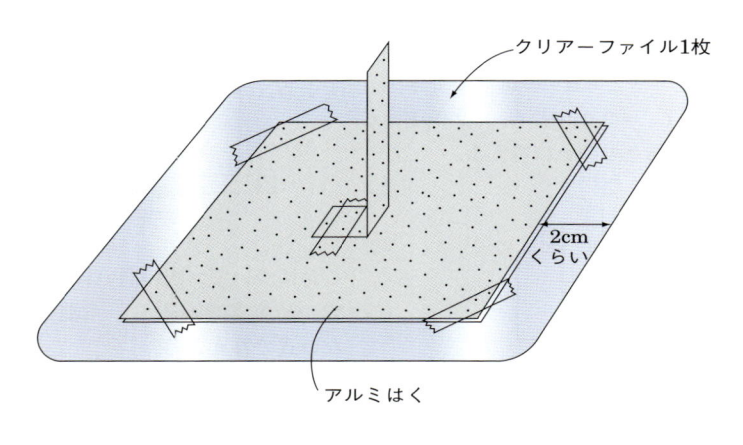

日常生活の中でも静電気が発生することがよくあるよ。

実験方法

1. 次の図のように，3，4枚重ねたティッシュペーパーで電気掃除機のホースをこすり，電荷を発生させてコンデンサーにためる。
2. こすっていくと，上のアルミはくには負の電荷が，下のアルミはくには正の電荷がたまり，引き合ってアルミはくがプラスチックに吸いついていくのがわかる。
3. 左手の上にコンデンサーを乗せ，右手で上の極板をさわると，ビリッと感電する。友だちを感電させちゃおう。このショックが快感に感じる人もいる。
4. 空気が乾燥している季節が，電荷がたまりやすく実験に適している。

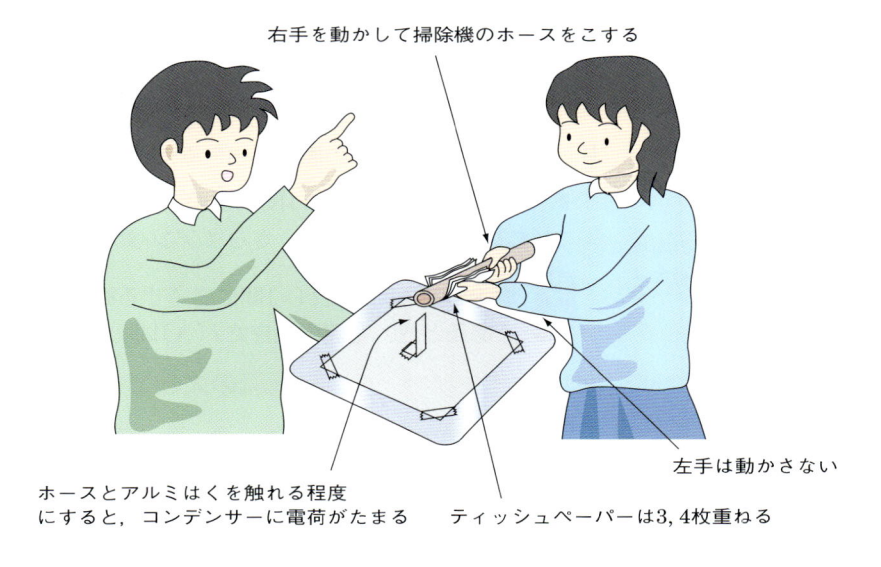

右手を動かして掃除機のホースをこする

ホースとアルミはくを触れる程度にすると，コンデンサーに電荷がたまる

ティッシュペーパーは3，4枚重ねる

左手は動かさない

発展──バンデグラフで帯電してみよう

■ 左の写真は，**バンデグラフ**という高電圧発生装置を使って体全体をプラスに帯電させたようすである。

■ バンデグラフは，内部でゴム製のベルトを高速回転させ，その摩擦で静電気をつくる装置である。

■ 写真の人物は発泡ポリスチレンの台の上に乗っていて，たまった電荷が逃げないようにくふうされている。体全体が帯電すると，誘電分極によって髪の毛どうし反発して逆立つ。

2章 静電誘導とコンデンサー

3章 直流回路

1 電流と仕事

1 電流とは

■ 荷電粒子(電子やイオン)の流れを電流ということは物理基礎で学んだ。導線の中では，**自由電子**が動くことによって電流をつくっているが，電子はマイナスの電気をもっているので，**電子の動く向きと電流の向きは逆**になる。

■ 導線の断面を1秒〔s〕間に通過する電気量が1クーロン〔C〕のときの電流の大きさを**1アンペア〔A〕**という。

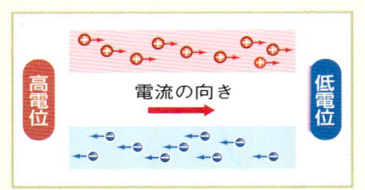

ポイント
導線のある断面をt〔s〕間に通過する電気量がq〔C〕であるとき，電流の大きさI〔A〕は，

$$I = \frac{q}{t} \qquad 電流の大きさ = \frac{電気量}{時間}$$

図1. 電流の向き
正電荷の流れる向きを電流の向きと決める。負電荷が流れる場合は，その反対の向きが電流の向きである。

問1. 導線の断面を，2.0sに10Cの電気量が通過した。
(1) このとき，流れた電流は何Aか。
(2) この断面を通過した電子は，1sあたり何個になるか。電子1個の電気量を，$-e = -1.6 \times 10^{-19}$Cとする。

解き方 問1.
(1) $I = \frac{q}{t}$ より，
$I = \frac{10}{2.0} = 5.0$A

(2) 電子が1sにn個通過して-5.0Cの電気量を運んだので，
$-5.0 = n \times (-1.6 \times 10^{-19})$
より，
$n ≒ 3.1 \times 10^{19}$個
ものすごい数の電子が1sの間に動いていることがわかる。

答 (1) **5.0A**
(2) **3.1×10^{19}個**

2 導線中の電子の速さ

■ 導線をI〔A〕の電流が流れているとき，自由電子がv〔m/s〕の速さで移動しているとする。この導線内に図2のようにv〔m〕だけ離れた2つの断面X，Yを考えると，1sにXとYの間にある自由電子がすべてYを通過する。

■ 導線の断面積をS〔m^2〕，導線の1m^{3}あたりに含まれる自由電子の数をn〔個/m^3〕とすると，XとYの間にある自由電子の総数はnSvであるから，電子1個の電荷の大きさをe〔C〕とすると，1sの間に面Yを通過する電気量は，$enSv$〔C〕となる。したがって，次の式が得られる。

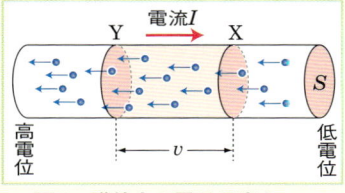

図2. 導線中の電子の速さ
電子がv〔m/s〕の速さで移動しているときは，導線の長さv〔m〕の中に含まれているすべての自由電子が，1sの間に断面Yを通過する。

ポイント
断面積S〔m^2〕の導線を流れる電流I〔A〕は，
$$I = enSv$$

問 2. 断面積が $3.0 \times 10^{-2}\,\mathrm{cm}^2$ の銅線に 10 A の電流が流れている。

(1) 1つの断面を通過する電気量は毎秒いくらか。

(2) 1つの断面を通過する電子の数は毎秒何個か。ただし，電子1個の電気量を $1.6 \times 10^{-19}\,\mathrm{C}$ とする。

(3) すべての電子が同じ速さで移動しているとすると，その速さはいくらか。ただし，銅 $1\,\mathrm{m}^3$ の中に含まれている自由電子の数は 8.5×10^{28} 個である。

(4) この銅線の断面積が途中から $1.5 \times 10^{-2}\,\mathrm{cm}^2$ に変わっているとすると，そこでの自由電子の速さはいくらか。

③ ジュール熱

■ 導体に電流が流れると，熱が発生する。この熱を**ジュール熱**という。この熱が発生する性質を利用したものに，電気ストーブ，こたつ，アイロンなどがある。また，白熱電球ではフィラメントに電流を流して高温にし，放射される光を利用している。

■ 導体の両端に電位差を与えると，導体の中の自由電子はその電場から力を受けて加速される。この電子は，導体中の陽イオンと衝突して減速し，陽イオンは振動を起こす。しかし，電子はまた電場で加速され，陽イオンとの衝突をくり返す。このため**陽イオンは激しく振動し熱が発生する**。

■ 流れる電流を I〔A〕とすると，t〔s〕間に It〔C〕の電気量が断面を通過する。導線の両端の電位差を V〔V〕とすると，電場は，$W = It$〔C〕$\times V$〔V〕$= IVt$〔J〕の仕事をする。これが熱エネルギーに変換され，ジュール熱となる。

> **ポイント**
> ジュール熱 Q〔J〕は，
> $$Q = IVt = I^2 Rt = \frac{V^2}{R} t \quad ✿2$$
> 電流 I〔A〕，電位差 V〔V〕，抵抗 R〔Ω〕

■ **1秒間に消費されるエネルギーを電力**という。電力 P〔W〕（ワット）は，ジュール熱として消費されたエネルギー Q〔J〕を，かかった時間 t〔s〕で割ればよいから，

> **ポイント**
> 電力 P〔J〕は，
> $$P = IV = I^2 R = \frac{V^2}{R}$$

解き方　問2.

(1) $q = It = 10 \times 1 = 10\,\mathrm{C}$

(2) $q = Ne$ だから，
$10 = N \times 1.6 \times 10^{-19}$
ゆえに，$N ≒ 6.3 \times 10^{19}$ 個

(3) $I = enSv$ より，
$3.0 \times 10^{-2}\,\mathrm{cm}^2$
$= 3.0 \times 10^{-6}\,\mathrm{m}^2$
であることを用いて，
$10 = (1.6 \times 10^{-19}) \times$
$\quad (8.5 \times 10^{28}) \times$
$\quad 3.0 \times 10^{-6} \times v$
これより，
$v ≒ 2.5 \times 10^{-4}\,\mathrm{m/s}$
$= 2.5 \times 10^{-2}\,\mathrm{cm/s}$
$= 0.25\,\mathrm{mm/s}$
6.3×10^{19} 個というとてつもない数の電子が，0.25 mm/s というゆっくりした速度でゾロゾロと動いていることになる。

(4) $I = enSv$ で I は一定だから，v と S は反比例する。面積が半分なので，速度は2倍となる。
よって，$v' = 0.50\,\mathrm{mm/s}$

答 (1) **10 C**
(2) **6.3×10^{19} 個**
(3) **0.25 mm/s**
(4) **0.50 mm/s**

■オームの法則
物理基礎で学習したように，ある大きさ R〔Ω〕の抵抗に流れる電流の大きさ I〔A〕は，その抵抗に加わる電圧の大きさ V〔V〕によって決まり，
$$I = \frac{V}{R}$$
の関係が成り立つ。この関係を**オームの法則**という。

✿2. $Q = IVt$ だけを覚えればよい。オームの法則 $V = RI$ を用いて変形すれば，他の式を導くことができる。

2 キルヒホッフの法則

1 複雑な回路の解き方

■ 抵抗線や電池をたくさん接続した回路については，オームの法則だけでは解きにくい。このようなときには**キルヒホッフの法則**を用いるとよい。

■ 向きと大きさが変化しない電流を**定常電流**という。キルヒホッフの法則は，回路を流れる電流が定常電流であるときに成り立つ。キルヒホッフの法則は，電流についての第1法則と，回路の電圧についての第2法則からなる。

✡1. 電流が変化している場合でも，ある瞬間においては，キルヒホッフの法則が成り立っている。

2 電流についての法則

■ 回路の交点では，そこに流れこむ電流の和と，その点から流れ出る電流の和は等しい。これを**キルヒホッフの第1法則**という。

> **ポイント**
> **キルヒホッフの第1法則**
> 回路に定常電流が流れているとき，回路の交点で，
> **流れこむ電流の和 = 流れ出る電流の和**

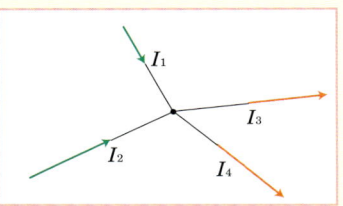

図1．キルヒホッフの第1法則
回路の交点に流れこむ電流の和と，その交点から流れ出る電流の和は等しい。上図では，
$I_1 + I_2 = I_3 + I_4$

3 電圧についての法則

■ 複雑な回路の中には，**いくつかの閉じた回路**を見つけることができる。その1つに目をつけて，この回路を**ひとまわりする向きを決める**。これを正の向きとして，決めた向きに流れる電流やその向きに電流を流そうとする起電力を正とし，決めた向きと反対の向きに流れる電流や起電力を負とする。また，正の電流による電圧降下は正，負の電流による電圧降下は負で表す。

■ 起電力と電圧降下の正負をこのように決めると，**1つの閉じた回路について，ある場所から1周してもとに戻ったとき，その電位差の和は0になる**。これを**キルヒホッフの第2法則**という。

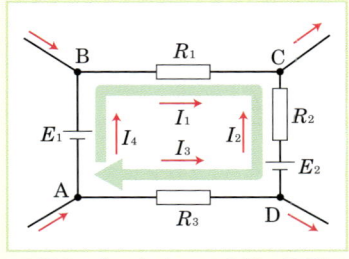

図2．キルヒホッフの第2法則
上図の閉回路で，時計まわりを正の向きとすると，電流 I_1, I_4 は正，I_2, I_3 は負，起電力 E_1 は正，E_2 は負となる。

> **ポイント**
> **キルヒホッフの第2法則**
> 閉じた回路を1周すると，**電位差の和 = 0**

4編　電気と磁気

● 前ページの図2において，A→B→C→D→Aと1周しよう。A→Bで，電位が$+E_1$上昇し，B→Cでは，電位がR_1I_1下降する（$-R_1I_1$）。さらに，C→Dで，電位が$R_2I_2-E_2$上昇し，D→Aで電位がR_3I_3上昇する。こうすると，第2法則は，

$$+E_1 - R_1I_1 + R_2I_2 - E_2 + R_3I_3 = 0$$

と表される。電流は電位が高いほうから低いほうに流れることに注意する。

例題 起電力$E_1 = 10\text{V}$，$E_2 = 15\text{V}$，$E_3 = 12\text{V}$で，内部抵抗の無視できる3個の電池に，$R_1 = 2.0\,\Omega$，$R_2 = 1.0\,\Omega$，$R_3 = 1.5\,\Omega$の抵抗を右下図のようにつないだ。各抵抗を流れる電流の大きさを求めよ

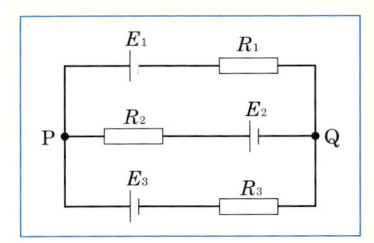

解説 このように，あちこちに電池がつながれている場合は，キルヒホッフの法則を用いて次の順序で解く。

1 回路の各部分を流れる電流の大きさと向きを決める。各抵抗を流れる電流の大きさをi_1，i_2，i_3とし，その向きを図のように決める。

2 回路内の各交点について，第1法則の式をつくる。点Pには，電流i_1，i_3が流入し，i_2が流出するから，

$$i_1 + i_3 = i_2 \quad \cdots\cdots ①$$

3 回路内に任意の閉回路を選び，右まわり（時計まわり）か左まわり（反時計まわり）のどちらかを正に決める。この回路には閉回路が3つあるが，図のAとBの閉回路をとり，どちらも反時計まわりを正とする。

4 その閉回路について，第2法則の式をつくる。
回路Aについて，×から1周すると，

$$+E_1 - R_2i_2 - E_2 - R_1i_1 = 0$$

すなわち，$10 - i_2 - 15 - 2i_1 = 0 \quad \cdots\cdots ②$
回路Bについて，△から1周すると，

$$+R_2i_2 - E_3 + R_3i_3 + E_2 = 0$$

すなわち，$i_2 - 12 + 1.5i_3 + 15 = 0 \quad \cdots\cdots ③$

5 第1法則と第2法則の式を連立方程式として解くと，

$$i_1 \fallingdotseq -1.5\text{A}, \quad i_2 \fallingdotseq -2.1\text{A}, \quad i_3 = -0.62\text{A}$$

6 計算の結果，電流の値が負になったら，その電流は最初に決めた向きと逆向きである。ここではi_1，i_2，i_3とも最初の向きと逆向きである。

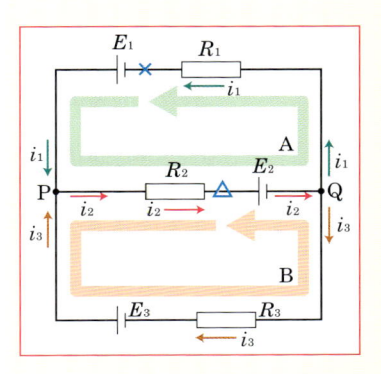

答 $R_1 \cdots$ **1.5A**，$R_2 \cdots$ **2.1A**，$R_3 \cdots$ **0.62A**

■ **抵抗の接続**

2つの抵抗R_1，R_2と電源Vを接続するときに流れる電流I，合成抵抗Rを考える。

① 直列接続

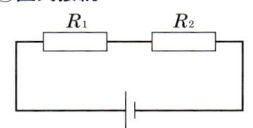

このとき，キルヒホッフの第2法則より，

$$R_1I + R_2I - V = 0$$
$$I = \frac{V}{R_1 + R_2}$$

なので，$R = R_1 + R_2$となる。

② 並列接続

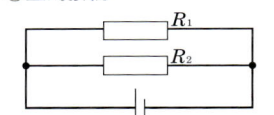

このとき，キルヒホッフの第1法則より，$I_1 + I_2 = I$
第2法則より，

$$R_1I_1 - V = 0,$$
$$R_2I_2 - V = 0$$

よって，$I = V\left(\dfrac{1}{R_1} + \dfrac{1}{R_2}\right)$

なので，$\dfrac{1}{R} = \dfrac{1}{R_1} + \dfrac{1}{R_2}$となる。

3章 直流回路

3 ホイートストンブリッジ

1 抵抗を精密に測定する方法

■ 導線の抵抗をはかる方法として、導線を電源につなぎ、そのとき流れる電流と両端の電圧とを、電流計と電圧計で測定し、オームの法則から求める方法がある。

■ しかし、回路に電流計や電圧計をつなぐと、p.142, 143で説明するような測定誤差が出るので、精密な値を求めることはできない。

■ そこで、抵抗の値を精密に求めたいときは、図1のような回路を用いる。R_1, R_3は抵抗値のわかっている抵抗、R_2は抵抗値を知ることのできる可変抵抗器で、R_4は抵抗値を測定したい抵抗である。また、Gは検流計である。この回路をホイートストンブリッジという。

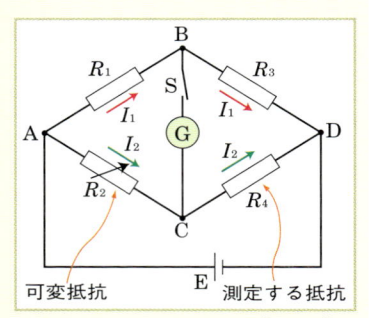

図1. ホイートストンブリッジ

◎1. 抵抗の大きさを連続的に変えることのできる抵抗器を可変抵抗器という。

◎2. 特に微弱な電流をはかることができるようにつくられた電流計を検流計という。電流が流れた向きもわかるようになっている。

解き方 問1.
(1) スイッチが開いているので、R_1とR_3に流れる電流、R_2とR_4に流れる電流は等しい。よって、キルヒホッフの第2法則より、
$R_1 I_1 + R_3 I_1 - E = 0$
$I_1 = \dfrac{E}{R_1 + R_3}$ ……… 答
同様に、$I_2 = \dfrac{E}{R_2 + R_4}$ … 答

(2) 点Dを基準にとると、点Bの電位V_Bは$R_3 I_1$, 点Cの電位V_Cは$R_4 I_2$である。よって、求める電位差は、
$\Delta V = |V_B - V_C|$
$= E \dfrac{|R_2 R_3 - R_1 R_4|}{(R_1 + R_3)(R_2 + R_4)}$
……… 答

(3) BからCに向かう電流が流れているので、点Bの電位のほうが点Cの電位より高い。よって$V_B > V_C$なので、$R_2 R_3 > R_1 R_4$ ……… 答

2 抵抗の求め方

■ まず、可変抵抗器R_2の大きさを調節して、**スイッチSを閉じてもBC間に電流が流れないようにする。**

■ BC間に電流が流れていないから、R_3を流れる電流はR_1を流れる電流I_1に等しく、R_4を流れる電流はR_2を流れる電流I_2に等しい。また、点Bと点Cの電位が等しい。したがって、AB間とAC間の電圧は等しいから、

$$R_1 I_1 = R_2 I_2 \quad \cdots\cdots ①$$

同様に、BD間とCD間の電圧も等しいから、

$$R_3 I_1 = R_4 I_2 \quad \cdots\cdots ②$$

$\dfrac{①}{②}$を計算して整理すると、$\dfrac{R_1}{R_2} = \dfrac{R_3}{R_4}$ …………③

■ R_1, R_2, R_3の値を③式に代入すれば、R_4の値が求められる。③式は図1の回路図と同じ形になっている。

> **ポイント** ホイートストンブリッジで、検流計に電流が流れていないとき、$\dfrac{R_1}{R_2} = \dfrac{R_3}{R_4}$

問 1. 図1の回路で、Eは内部抵抗のない起電力Eの電池とし、はじめスイッチSは開いているとする。

(1) ABD間，ACD間に流れる電流I_1，I_2の大きさを求めよ。
(2) BC間の電位差ΔVを求めよ。
(3) スイッチSを閉じたとき，BからCに電流が流れた。R_1，R_2，R_3，R_4の間にどんな関係があるか。

3 もう1つの方法

■ 抵抗値を測定するための回路には，図2のようなものもある。ABは長さL〔m〕，抵抗R〔Ω〕の一様な抵抗線，R_1は抵抗値のわかっている抵抗，R_2は抵抗値を測定したい抵抗である。Gは検流計で，接点PはAB上を動く。このような回路を**メートルブリッジ**という。

■ 図2の回路は図3のようにかき直すことができるので，**メートルブリッジの原理はホイートストンブリッジの原理と同じ**である。接点PをCに置いたとき，検流計Gに電流が流れなかったとすると，ホイートストンブリッジの場合と同様に，次の関係が成り立つ。

$$\frac{R_1}{（\text{AC間の抵抗}）} = \frac{R_2}{（\text{BC間の抵抗}）}$$

■ AC，BCの抵抗は長さに比例するから，AC = l_1〔m〕，BC = l_2〔m〕とすると，

$$\text{ACの抵抗} = \frac{l_1}{L}R \qquad \text{BCの抵抗} = \frac{l_2}{L}R$$

よって，

$$R_2 = \frac{l_2}{l_1}R_1$$

これより，l_1，l_2，R_1の値からR_2の値が求められる。

例題 右図の回路において，ABは長さ0.60mの一様な抵抗線，R_1は100Ωの抵抗，Rは可変抵抗である。スイッチSを閉じて接点Pを移動させ，検流計Gの針がふれなくなったとき，AP = 0.40mであった。
(1) このときの可変抵抗Rの大きさを求めよ。
(2) 次に，回路はそのままで抵抗Rだけ大きくすると，検流計にはC→P，P→Cのどちらの向きに電流が流れるか。

解説 (1) $\dfrac{100}{0.40} = \dfrac{R}{0.20}$ より，$R = \mathbf{50Ω}$ ……**答**

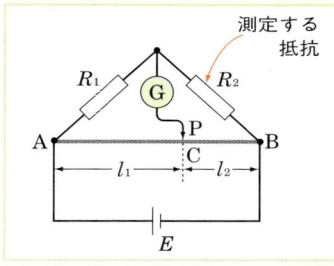

(2) Rの抵抗値が大きくなるので，電流が減る。そのぶんがGに流れるので，**C→P** ……**答**

図2．メートルブリッジ
抵抗ABはものさしの上に固定してあり，l_1，l_2の長さが読みとりやすくなっているので，メートルブリッジとよばれている。

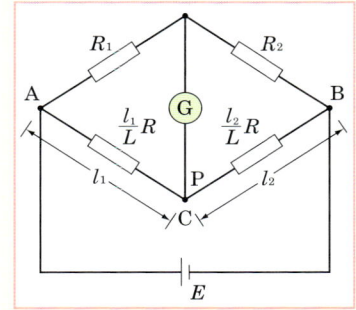

図3．メートルブリッジの原理
図2の回路をかき直すとこのようになり，メートルブリッジはホイートストンブリッジと同じだとわかる。

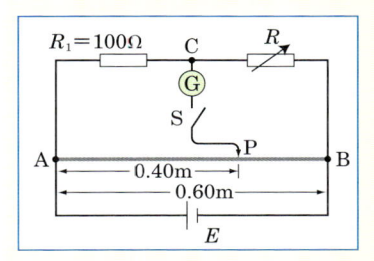

4 電池の起電力と内部抵抗

1 電池のはたらき

■ 正に帯電した物体A（高電位）と負に帯電した物体B（低電位）とを導線でつなぐと，AからBに正電荷が移動する（BからAに自由電子が移動する）。その結果，Aの電位は下がりBの電位は上がって，**AとBの電位が等しくなり電荷の移動は止まる**。すなわち，電流が流れなくなる。

■ ところが，Aを電池の正極，Bを電池の負極につなぐと，**電池は，AからBに流れこんだ正電荷を再び電位の高いAに引き上げる**はたらきをして，AB間の電位差を0にしないようにするので，電流が流れつづける。

■ 導線を通って負極に流れてきた正電荷を再び正極に引き上げて，正極と負極の間に電位差をつくり出す電池のはたらきを**起電力**という（図1）。起電力の大きさは，正電荷を引き上げる2点間の電位差で表す。したがって，単位は**ボルト〔V〕**である。

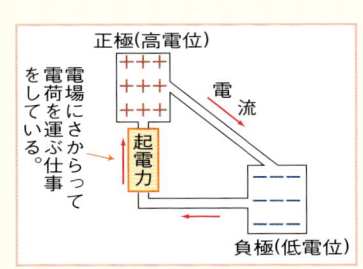

図1．電池のはたらき
電池は，正電荷を電位の低い点から高い点へ，電場にさからって運ぶ仕事をする。

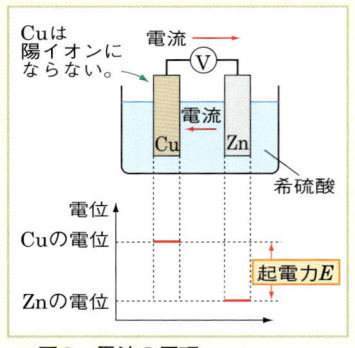

2 起電力は化学変化によって発生

■ 酸・塩基・塩などの電解質溶液の中に金属板をつけると，金属原子が陽イオンになって溶液に溶け，金属板に電子が残る。その結果，溶液は正に，金属は負に帯電して，溶液と金属の間には電位差ができる。

■ 金属の原子が陽イオンになる程度は，金属の種類によって異なる。電解質溶液の中に2種類の金属を入れると，陽イオンになる程度が高い金属ほど溶液との間の電位差が大きいので，2枚の金属の間にも電位差ができる。すなわち，**陽イオンになりやすい金属のほうが低電位になる**。

■ 2種類の金属の電位差がある一定の大きさになると，溶液と金属との化学変化が止まる。このときの**2種類の金属間の電位差が電池の起電力**である。

図2．電池の原理
電解質溶液に2種類の金属板をつけると，それぞれの金属の陽イオンになる程度がちがうために，金属板の間に電位差ができる。これが起電力である。

3 電池の中にも電流は流れる

■ 電池の両極間をつなぐと，電池の外では正極から正電荷が流れ出て負極に向かうが，電池の中でも負極から正極に向かって，電解質溶液中を正電荷が流れて回路となる。

4 電池にも抵抗がある

■ 電池の両極を導線でつないだ回路に電流が流れると，電池内の電解質溶液の中でも，負極から正極に向かって電流が流れる。この電解質溶液や極板には抵抗がある。この抵抗を**電池の内部抵抗**という。

5 電池の電圧は変化する

■ 電池に可変抵抗器をつないで図3(a)のような回路をつくり，抵抗の大きさを変えて，いろいろな強さの電流を流したとき，電池の正極と負極の間の電圧がどうなるかを測定してみる。図3(b)はこのときの結果を示すグラフである。このグラフから，**回路を流れる電流が大きいほど，電池の両極間の電圧が小さくなる**ことがわかる。

■ この理由は，電池内に電流が流れるため，電池の内部抵抗によって，電池の中で電圧降下が起こるためである。電圧降下は，電流が大きいほど大きいので，電流が大きいほど電池の両極間の電圧は小さくなる。

6 電池の電圧と電流との関係

■ 電池の両極間の電位差を**端子電圧**という。

■ 内部抵抗 r〔Ω〕，起電力 E〔V〕の電池に I〔A〕の電流が流れているとすると，内部抵抗による電圧降下は rI〔V〕であるから，端子電圧 V〔V〕は，起電力 E〔V〕より rI〔V〕だけ小さくなる。

> **ポイント**
> 内部抵抗 r〔Ω〕，起電力 E〔V〕の電池に，電流 I〔A〕が流れているとき，端子電圧 V〔V〕は，
> $$V = E - rI$$
> 端子電圧 ＝ 起電力 －（内部抵抗 × 電流）

■ 電池に電流が流れていないときは，内部抵抗による電圧降下は0であるから，端子電圧 V は起電力 E に等しい。

問 1. 内部抵抗 $1.5\,Ω$，起電力 $12\,V$ の電池の両極に，$4.5\,Ω$ の導線をつないだ。
(1) このとき，何Aの電流が流れるか。
(2) このときの端子電圧はいくらか。

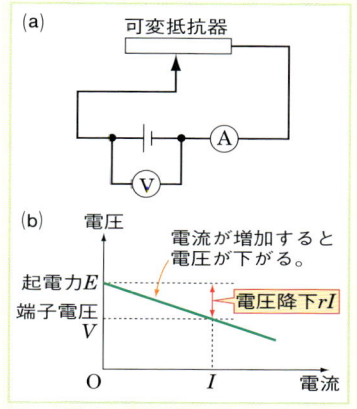

図3．電池の両極間の電圧と電流の関係
(a)の回路で可変抵抗器の抵抗値を変え，電池の電圧と電流の関係を調べると，(b)のようになる。

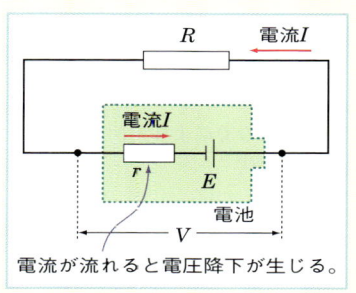

図4．電池の考え方
電池は，起電力 E と内部抵抗 r からなると考えてよい。電流 I が流れると，電圧降下 rI を生じて，端子電圧が $V = E - rI$ となる。

解き方 問1.

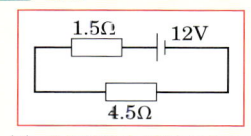

(1) 回路の全抵抗は $6.0\,Ω$ なので，流れる電流 I は，
$12 = 6.0 \times I$ より，$I = 2.0\,A$
(2) 端子電圧 V は，
$V = E - rI$
$= 12 - 1.5 \times 2.0$
$= 9\,V$

答 (1) **2.0 A** (2) **9 V**

5 電流計と電圧計

1 電流計のしくみ

■ **電流計**は，回路を流れる電流の大きさをはかる計器である。回路中の抵抗 R を流れている電流を測定するときは，その電流がすべて電流計に流れこむように，電流計を抵抗 R に<u>直列に接続する</u>。

■ 電流計の主要な部分はコイルと磁石であり，電流計自身も抵抗をもっている。この抵抗を<u>電流計の内部抵抗</u>という。

2 電流計の測定誤差

■ 図1のように，抵抗 R 〔Ω〕に電圧 V 〔V〕を加えたとき，流れる電流は，$I = \dfrac{V}{R}$（理論値）である。

■ この回路を流れる電流を測定するために，内部抵抗が r 〔Ω〕の電流計を直列につなぐ。すると，R と r の合成抵抗が $R + r$ 〔Ω〕になるので，流れる電流は，

$$I' = \dfrac{V}{R + r} = \dfrac{R}{R + r} I \quad \text{（測定値）}$$

となり，I' が I より小さくなるので，誤差が生じる。

■ そこで，**電流計は，誤差をできるだけ小さくするため，内部抵抗 r が十分に小さくなるようにつくる**。内部抵抗の小さい電流計ほど，理論値に近い測定値が得られる。

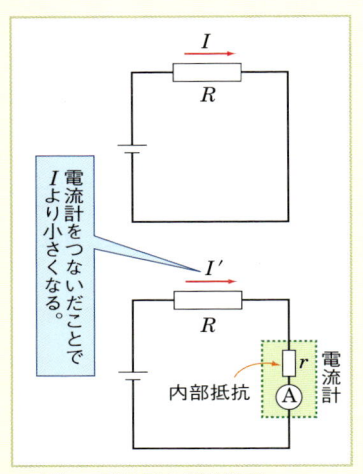

図1. 電流計の測定誤差
電流計をつなぐと，回路の全抵抗が，つなぐ前より大きくなるので，電流が小さくなってしまう。

3 電流計の測定範囲を広げる

■ 内部抵抗が r 〔Ω〕で最大 I 〔A〕まではかれる電流計があるとする。この電流計を，最大値の n 倍の nI 〔A〕まではかれる電流計にすることを考える。電流計には I 〔A〕までしか流すことができないから，残りの $nI - I = (n - 1)I$ 〔A〕を，図2のようにわき道に流してやればよい。このとき並列につないだ抵抗の大きさを r' 〔Ω〕とすれば，r と r' にかかる電圧は等しい。したがって，$rI = r'(n - 1)I$ ゆえに，$r' = \dfrac{r}{n - 1}$

この場合，電流計の指針は I 〔A〕の目盛りを示しているから，すべての目盛りを n 倍して読みとる。

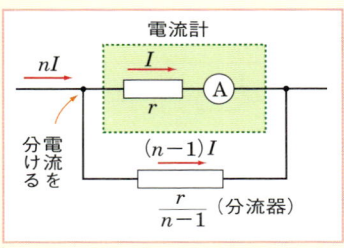

図2. 電流計の測定範囲を広げる方法
内部抵抗 r 〔Ω〕の電流計に $\dfrac{r}{n - 1}$ 〔Ω〕の分流器を並列につなぐと，測定できる電流の範囲は n 倍に広がる。

4編 電気と磁気

このように電流計と並列につなぐ抵抗を**分流器**という。

問 1. 内部抵抗が $1.8\,\Omega$ で，最大目盛り $100\,\mathrm{mA}$ の電流計がある。この電流計を $1\,\mathrm{A}$ まではかれるようにするには，どうすればよいか。

解き方 問1.

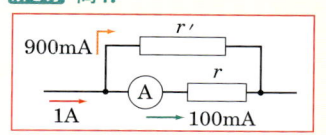

$r' \times 0.900 = 1.8 \times 0.100$ より，
$r' = 0.2\,\Omega$

答 $0.2\,\Omega$ の抵抗を，電流計と並列につなぐ。

4 電圧計のしくみ

電圧計は，電圧をはかる計器で，電圧をはかろうとする2点の間に並列につないで用いる。

電圧計は，電流計(内部抵抗 $r\,[\Omega]$)に大きな抵抗 $r'\,[\Omega]$ を直列に接続したもので，内部抵抗は $r + r'\,[\Omega]$ である。これに電流 i が流れると，電流計の両端の電圧は $(r + r')i$ $[\mathrm{V}]$ となり，この値が目盛りから読みとれる。

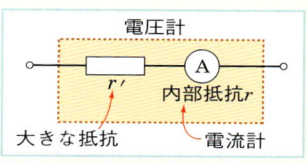

図3．電圧計のしくみ

5 電圧計の測定誤差

図4のように，抵抗 $R_1\,[\Omega]$，$R_2\,[\Omega]$ が直列につながれ，その両端に電圧 $V\,[\mathrm{V}]$ が加えられているとき，R_2 の両端の電圧 $V_2\,[\mathrm{V}]$ は，

$$V_2 = \frac{R_2}{R_1 + R_2} V \quad (\text{理論値})$$

である。いま，R_2 の電圧を測定するために，内部抵抗 r_0 ($= r + r'$) $[\Omega]$ の電圧計を R_2 と並列に接続すると，R_2 と r_0 の合成抵抗が R_2 より小さくなるため，回路の電流が大きくなり，R_1 の電圧が大きくなる。そのため，R_2 の電圧は理論値より小さくなり，誤差が生じる。

そこで，電圧計は，誤差を小さくするために，内部抵抗ができるだけ大きくなるようにつくる。内部抵抗の大きな電圧計ほど理論値に近い測定値が得られる。

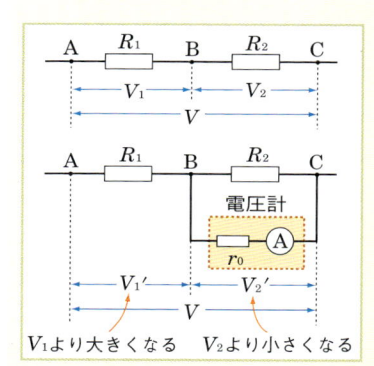

図4．電圧計の測定誤差
R_2 の電圧をはかるため電圧計をつなぐと，回路の電流が大きくなるので，R_1 の電圧が大きくなり，R_2 の電圧は小さくなってしまう。

6 電圧計の測定範囲を広げる

内部抵抗が $r_0\,[\Omega]$ で，最大 $V\,[\mathrm{V}]$ まではかれる電圧計を，最大値の n 倍の $nV\,[\mathrm{V}]$ まではかれるようにすることを考える。図5のように，電圧計と直列に抵抗 $r_0'\,[\Omega]$ をつなぎ，**電圧計に電流 $i\,[\mathrm{A}]$ が流れて $V\,[\mathrm{V}]$ を示しているとき，全体の電圧が $nV\,[\mathrm{V}]$ になっていればよい。**

したがって，$r_0 i = V$，$(r_0 + r_0')i = nV$

ゆえに，$r_0' = (n - 1)r_0$

このように電圧計と直列につなぐ抵抗を**倍率器**という。

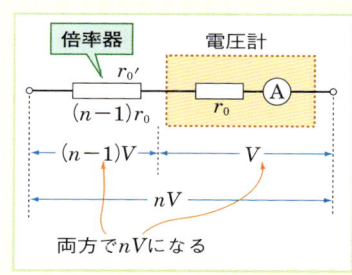

図5．電圧計の測定範囲を広げる方法
内部抵抗 $r_0\,[\Omega]$ の電圧計と直列に $(n - 1)r_0\,[\Omega]$ の倍率器をつなぐと，測定範囲は n 倍になる。

3章 直流回路 143

6 コンデンサーを含む直流回路

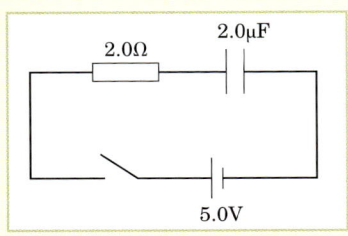

図1. コンデンサーを含む回路

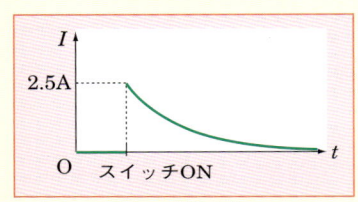

図2. 電流の時間変化

1 コンデンサーを含む回路

■ 図1のような回路で，スイッチを閉じると電池によって電荷が移動しコンデンサーが充電されていく。コンデンサーの極板間は絶縁されているが，**コンデンサーが充電されることで電池から電流が流れる**ことになる。この電流は時間とともに変化する。

■ スイッチを閉じた瞬間は，コンデンサーの極板間の電位差は0であるから，**コンデンサーは抵抗0の導線と同じ**と考えてよい。この場合，電池からは$I = \dfrac{E}{R} = 2.5$Aの電流が流れる。

■ コンデンサーに電荷がたまってくると，極板間には電位差V〔V〕が生じるため，抵抗の電位差は$E - V$〔V〕となる。電流は$I = \dfrac{E - V}{R}$〔A〕となって，2.5Aより小さい。

■ さらに充電が進み，コンデンサーの**極板間の電位差V〔V〕が電池の電位差E〔V〕と同じになったとき**に充電が終了し，**電流が流れなくなる**（図2）。

> **ポイント**
> スイッチを閉じた瞬間は，
> **コンデンサーは導線**と見なしてよい。
> 十分に時間が経ったあとは，
> **コンデンサーには電流が流れない**。

問 1. 下の図のような回路について答えよ。
(1) スイッチを閉じた瞬間に電池から流れる電流は何Aか。
(2) 十分に時間が経ったあと，各コンデンサーにたくわえられた電荷は何Cになるか。

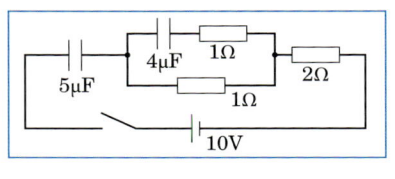

問 2. 次ページの図のような回路について答えよ。
(1) スイッチを閉じた瞬間に電池から流れる電流は何Aか。
(2) 十分に時間が経ったあと，コンデンサーにたくわえられた電荷は何Cか。

解き方 問1.
スイッチを閉じた瞬間は，コンデンサーは導線と見なしてよい。下図(a)と同じ回路になり，電流は4Aとなる。

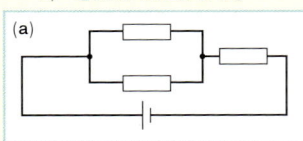

十分に時間が経つと，電流が流れないので各抵抗の電位差はなくなる。下図(b)のように同じ電位を色分けすると，5μFのコンデンサーの電位差は10Vとなり，電荷は50μC $= 50 \times 10^{-6}$Cたまる。4μFのコンデンサーの電位差が0となり，電荷も0である。

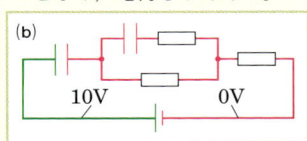

答 (1) **4 A**
(2) 5μF：**50×10^{-6}C**
4μF：**0**

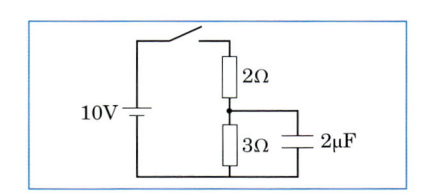

2 コンデンサーでもキルヒホッフを

■ コンデンサーを含んだ回路でも，キルヒホッフの法則（→p.136）をもとに考える。この場合でも，**アースしてある点が，電位0の点**である。アースしてある点がないときは，任意の点（たとえば，電池の負極）を電位0の点にとればよい。

■ **回路中の電位を求めるには，電位0の点から回路をたどり，電位の上下を考える**。そのとき，次の点に注意する。

① 電流の流れていない抵抗や，抵抗の無視できる導線の両端は同電位である。（電位差は0）

② 抵抗 R〔Ω〕に電流 I〔A〕が流れているときは，**電流の向きに電位が RI〔V〕だけ下がる**。（電圧降下が起こる）

③ 電池の負極から正極に向かって端子電圧だけ電位が上がる。

④ コンデンサーが電気をたくわえている場合は，**負極から正極に向かって極板間の電位差だけ電位が上がる**。

例題 右図の回路において，スイッチSを閉じて十分に時間が経ったあとについて，次の問いに答えよ。
(1) 点Aを流れる電流を求めよ。
(2) 点Dの電位を求めよ。
(3) コンデンサーにたくわえられた電気量を求めよ。

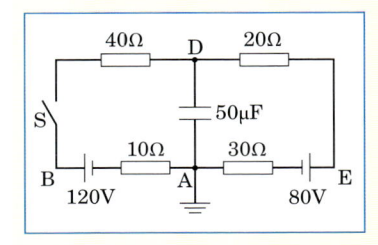

解説 (1) AD間には電流が流れないが，それ以外は同じ電流 I が時計まわりに流れる。キルヒホッフの第2法則より，
$-10I + 120 - 40I - 20I - 80 - 30I = 0$
ゆえに，$I = $ **0.40 A** ……**答**

(2) 点Dの電位を V とおいて，ABDAの回路でキルヒホッフの第2法則より，$-10I + 120 - 40I - V = 0$
$I = 0.40$ を代入して，$V = $ **100 V** ……**答**

(3) コンデンサーには100 Vの電位差がかかるので，たくわえられる電気量 Q は，
$Q = CV = 50 \times 10^{-6} \times 100 = $ **5.0×10^{-3} C** ……**答**

解き方 問2.
スイッチを閉じた瞬間の回路をかき直すと次の図と同じ回路になり，3 Ωの抵抗には電流が流れない。

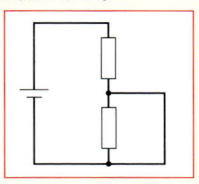

したがって，電流は5 Aである。十分に時間が経ったとき，同じ電位を色で区別すると下図のようになる。

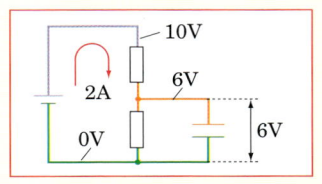

このため，コンデンサーは3 Ωの抵抗の電位差6 Vで充電される。ゆえに，
$Q = CV = 12 \mu C$
答 (1) **5 A**
　　 (2) **12 μC**

✽1. スイッチSを閉じると，電流はB→D→E→A→Bと流れると予想される。この電流を I として，キルヒホッフの第2法則を用いる。

3章　直流回路　**145**

7 非直線抵抗

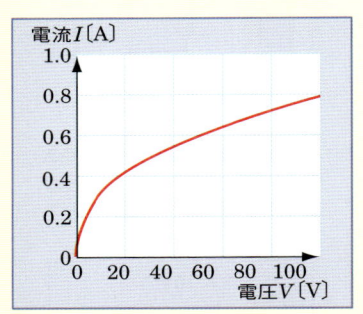

図1. 電球に加えた電圧と電流の関係

電圧を大きくするのにつれて、抵抗が大きくなるので、電流の増加する割合が小さくなっている。

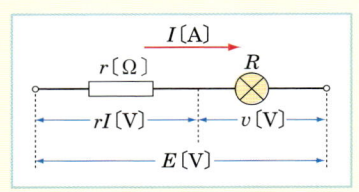

図2. 非線形抵抗を含む回路

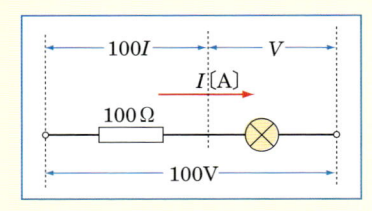

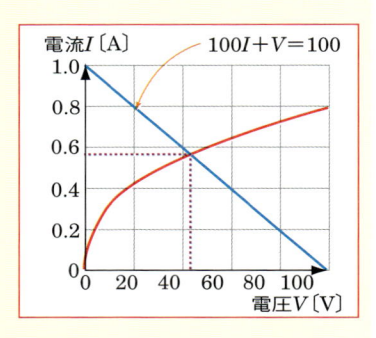

1 オームの法則が成り立たない抵抗

■ 図1は、白熱電球にいろいろな大きさの電圧を加えたときの電流をはかって、グラフに表したものである。

■ 白熱電球のかわりに抵抗器を用いるとグラフは直線になるが、図1では曲線になっている。これは、**電球に電流が流れると熱が発生してタングステンフィラメントの温度が高くなり、抵抗値が大きくなるためである。**

■ 電球のように、流れる電流の大きさによって抵抗値が変わり、オームの法則が成り立たないように見える抵抗を**非直線抵抗**（または**非線形抵抗**）という。

2 非直線抵抗はグラフで解く

■ 図2のように、電球（非直線抵抗）Rとふつうの抵抗（直線抵抗）r〔Ω〕を直列につないで、両端にE〔V〕の電圧を加えたとき、流れる電流を求めよう。

■ 電球に加わる電圧をv〔V〕、流れる電流をI〔A〕とすると、vとIの関係は図1のようなグラフで示される。このとき、抵抗rにも電流Iが流れているから、電圧の関係より、

$$rI + v = E \quad \cdots\cdots ①$$

■ この①式と図1のグラフを表す式を連立して解けば、vとIが求められる。しかし、図1のグラフは簡単な式では表せないことが多い。そこで、**図1に①式のグラフをかいて、交点の座標を読みとる。**

> **例題** 電圧と電流の関係が図1のグラフで示される電球と100Ωの抵抗を右図のように直列に接続して、両端に100Vの電圧を加えた。
> (1) 電球に加わる電圧Vと電球を流れる電流Iとの関係式を求めよ。
> (2) このときのVとIはいくらか。

解説 (1) 100Ωの抵抗の両端の電位差は$100I$だから、
$$100I + V = 100 \quad \cdots\cdots \text{答}$$
(2) この式のグラフを図1にかきこむと、左図のようになる。交点の座標より、$V ≒ 42\text{V}, I ≒ 0.56\text{A}$ … 答

❸ 抵抗は温度によって変わる

■ 物理基礎で学習したように，金属内の原子はすべて電子を放出して陽イオンになっている。**放出された電子が自由電子となって金属内を動き回る**ので，電流が流れやすい。

■ 導線に電圧が加えられると，自由電子は電場から力を受けて，いっせいに動きはじめ，速さを増していくが，やがて**陽イオンに衝突してはね返される**。そして再び前と同じ向きに電場から力を受け，加速する。

■ すべての自由電子がこれと同じ運動をくり返すので，自由電子の平均の速さは一定に保たれ，電流の強さが一定になる。このように，**自由電子が陽イオンと衝突することが電気抵抗の原因となる**（図3）。

■ 金属の温度が上がると，金属中の陽イオンや自由電子の熱運動が激しくなり，衝突回数が増える。そのため，**温度が上がると金属の抵抗は大きくなる**。

■ 導線の抵抗 R〔Ω〕は，導線の長さ l〔m〕に比例し，断面積 S〔m^2〕に反比例する。このときの比例定数を ρ とすると，

$$R = \rho \frac{l}{S} \quad \cdots\cdots\cdots ①$$

という関係がある。この比例定数 ρ〔Ω・m〕を**抵抗率**という。

■ 実験によると，0℃における金属の抵抗率を ρ_0〔Ω・m〕とし，摂氏温度 t〔℃〕における抵抗率を ρ〔Ω・m〕とすると，温度変化が小さい範囲では次の関係が成り立つ。

> **ポイント**
> 0℃のときの抵抗率を ρ_0〔Ω〕とすると，同じ導線の t〔℃〕のときの抵抗率 ρ〔Ω〕は，
> $$\rho = \rho_0(1 + \alpha t) \quad \cdots\cdots\cdots ②$$

■ α は温度が 1℃ 変化したときの抵抗率の変化の割合を示す量で，**抵抗率の温度係数**という。抵抗率の温度係数の単位は**毎ケルビン**〔/K〕で，金属では正の値をとる。

■ ①式より，金属導線の電気抵抗は，長さや断面積が変わらないかぎり，抵抗率に比例する。よって，電気抵抗と温度の間にも，②式とよく似た，次の関係が成り立つ。

> **ポイント**
> 0℃のときの抵抗を R_0〔Ω〕とすると，同じ導線の t〔℃〕のときの抵抗 R〔Ω〕は，
> $$R = R_0(1 + \alpha t)$$

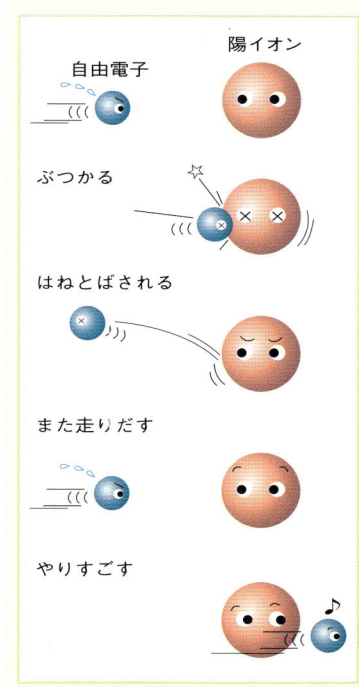

図3．電気抵抗のしくみ

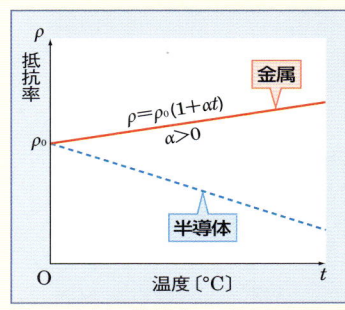

❶ 1. 金属では温度が高くなると抵抗が大きくなるのに対し，半導体ではふつう温度が高くなるほど抵抗が小さくなる（→p.148）。

図4．金属・半導体の抵抗率の温度変化

3章 直流回路

8 半導体

	銅	1.6×10^{-8}
導体	アルミニウム	2.8×10^{-8}
	鉄	9.8×10^{-8}
半導体	ケイ素	2.3×10^{3}
	ゲルマニウム	0.47
不導体	ガラス	$10^{9} \sim 10^{12}$
	ナイロン	$10^{8} \sim 10^{13}$

表1. 物質の抵抗率 $\rho \, [\Omega \cdot m]$ (20℃)

1 固体の電気的性質

■ 抵抗率が小さい物質を**導体**という。導体中には原子核を離れて移動できる**自由電子**があり，電気の運び手(**キャリア**)となるので，電流が流れやすい。

■ 抵抗率が大きい物質を**不導体**または**絶縁体**という。不導体中には自由電子がないので，電流が流れにくい。

■ **ケイ素(Si)** や **ゲルマニウム(Ge)** のように，抵抗率が導体と不導体の中間にあたる物質を**半導体**という(表1)。

2 半導体の性質

■ 純粋なケイ素やゲルマニウム中には，**低温では自由電子がほとんどないので，電流がほぼ流れない**。しかし，電子と原子核の結びつきがあまり強くないため，温度が高くなると，いくらかの電子が原子核から離れて自由電子となり，電流が流れるようになる。

■ そのため，半導体には，金属と反対に**温度が高くなると抵抗が小さくなり，電流が流れやすくなる**特徴がある。

○1. 原子の最も外側にあり，結合に関係する電子を**価電子**という。

3 n型半導体

■ ケイ素は4個の**価電子**をもち，まわりの原子と1つずつ出しあって共有結合する。これに**5個の価電子をもつリン(P)** などを微量に加えると，リンの価電子のうち1個が余る。

■ この**余った電子が自由電子としてふるまう**ため，純粋なケイ素よりも電流が流れやすくなる(図1)。このように，余った電子がキャリアとなって電流が流れやすくなった半導体を，**n型半導体**という。

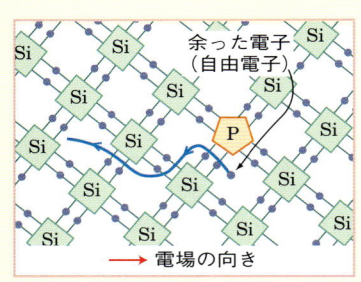

図1. n型半導体

4 p型半導体

■ ケイ素に**3個の価電子しかもたないアルミニウム(Al)** などを微量に加えると，共有結合をつくったときに電子のたりない部分ができる(図2)。これを**ホール(正孔)** という。

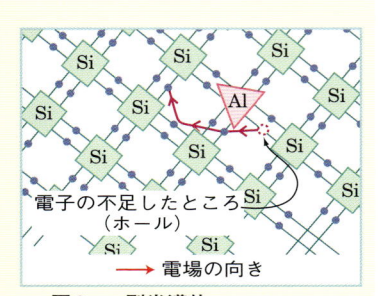

図2. p型半導体

■ ホールに隣の原子から電子が移ると，結合をつくっていた電子が抜けたあとがホールになる。このような半導体に電圧をかけると，電子が電場と逆向きに移動するので，ちょうどホールが電場の向きに移動するのと同じになる。

■ つまり，**ホールが正電荷のようにふるまう**ので，純粋なケイ素よりも電流が流れやすくなる（図2）。このように，不純物を入れたために生じたホールがキャリアとなって電流が流れやすくなった半導体を，**p型半導体**という。

5 ダイオードとは何か

■ n型半導体とp型半導体を図3のように接合したものを**半導体ダイオード**という。これにp型→n型の向きに電流を流すように電圧をかけると，電流が流れる（**順方向**）が，逆向きに電圧をかけても，電流はほとんど流れない（**逆方向**）。これを**整流作用**という。

6 ダイオードによる整流回路

■ 図4は，交流電源（→p.175）にダイオードと抵抗をつないだ回路である。点Eを基準として点Aの電圧の波形を調べると，電源の電圧がわかる。この波形が図5(a)であり，交流電源の電圧は，このグラフのように連続的に上下する。

■ ダイオードは，Aの電位がBの電位より高い場合のみ図の向きに電流Iを流す。逆の場合には電流を流さない。グラフで赤の部分は，Aの電位がBの電位より高い場合，青の部分はその逆の場合である。

■ 点Eを基準とした点Bの電位は，図5(b)のように赤の部分のときには電流を流し，青の部分のときには流さない。

■ これで，途切れ途切れではあるが，図のIの向きにだけ電流を流す回路ができる。Rを電球などに変えると，赤の部分のときだけ光ることになり，電球が点滅する。

■ 図5(a)のように，BC間にコンデンサーを接続すると，赤の部分のときにはコンデンサーが充電され，青の部分のときにはコンデンサーが放電し，電流がIの向きに流れて，図5(b)のようになる。

■ これが，交流を直流に変換する**ACアダプター**の回路である（→p.188）。コンデンサーの容量Cを大きいものに変えると，V_bの電位は変動しなくなり，電池と同じ役割を果たす。

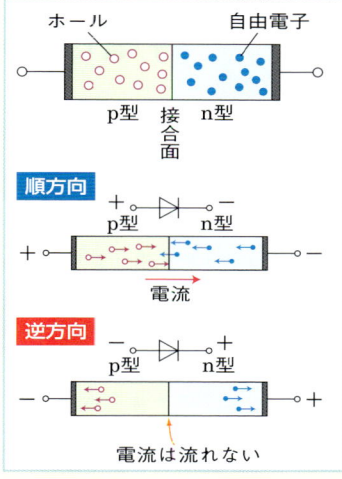

図3．ダイオードのはたらき

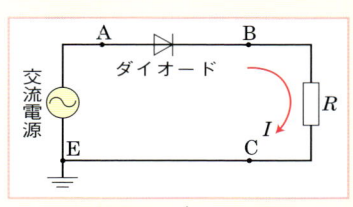

図4．交流電源とダイオード

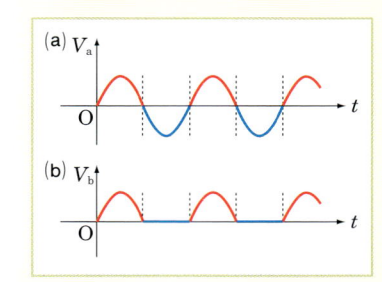

図5．ダイオードの整流作用

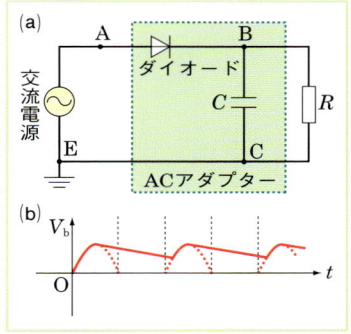

図6．ACアダプター

3章 直流回路　149

重要実験 等電位線を描く

方法

1. 白紙，カーボン紙，導体紙を図のように重ね，導体紙を2つの大型クリップではさむ。大型クリップはそれぞれ電源装置の＋極と－極につなぐ。
2. 定電圧電源の電圧を6.0Vにする。
3. テスタを電圧計にし，－端子を電源装置の－極につなぐ。
4. テスタの＋極を導体紙の上にふれ，テスタの指針が1.0Vを示す点をいくつか探し，その点を＋極の棒の先で強くおして，印をつける。
5. テスターの指針が2.0V，3.0V，4.0V，5.0Vを示す点についても，4と同じ操作を行う。

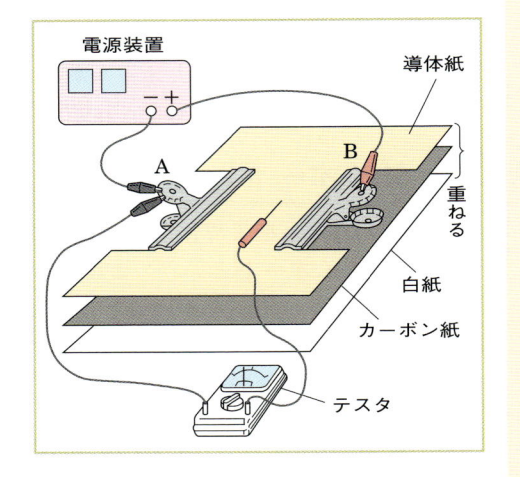

結果

導体紙をはずして，白紙に記録された点を結び，等電位線（→p.119）を描く。

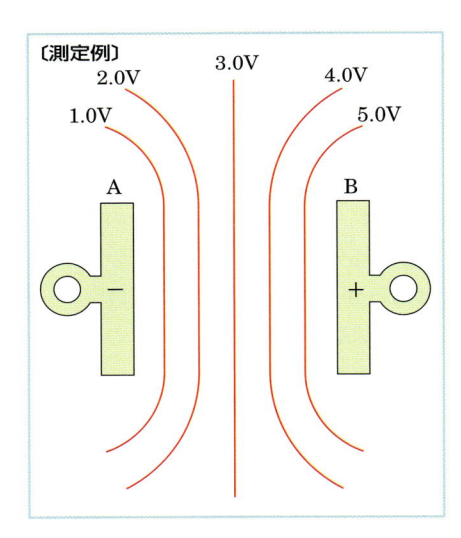

〔測定例〕 1.0V 2.0V 3.0V 4.0V 5.0V

考察

等電位線の間隔はどうなっているか。→ 等電位線は，クリップの間では，クリップに平行で等間隔になるが，クリップの外側ではひろがる。

4編 電気と磁気

重要実験　メートルブリッジによる抵抗値の測定

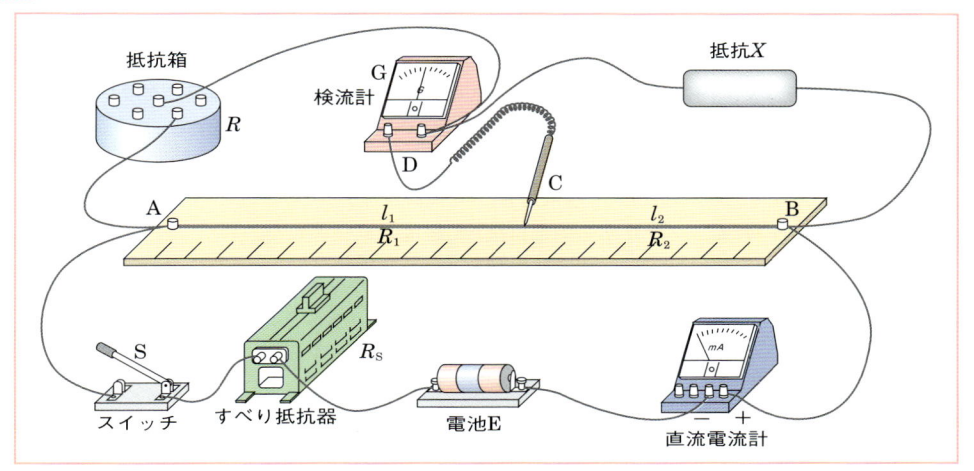

方法

1 抵抗Xの抵抗値を，テスタで測定する。
2 上の図のように配線する。
3 抵抗Xの抵抗値に近い抵抗Rを，抵抗箱から選んでつなぐ。
4 すべり抵抗器R_sを最大にして，スイッチSを閉じ，R_sを調節して数十mA程度の電流を流す。
5 接触棒Cを，抵抗線ABの中央付近を移動させて検流計Gのふれが0になる点を求める。
6 AC = l_1，BC = l_2の長さをmmの桁まで読みとる。

結果

1 回路は右のようになり，ホイートストンブリッジ（→p.138）になっているので，次の式が成り立つ。

$$\frac{R}{R_1} = \frac{X}{R_2}$$

均一な抵抗線では，抵抗値は長さに比例するので，比例定数をkとおくと，$R_1 = kl_1$，$R_2 = kl_2$
この2式を上式に代入して整理すると，$X = \frac{l_2}{l_1}R$

2 測定したl_1，l_2と抵抗箱のRの値を代入すれば，抵抗Xの抵抗値が求められる。この値は，テスタで測定した値より正確である。

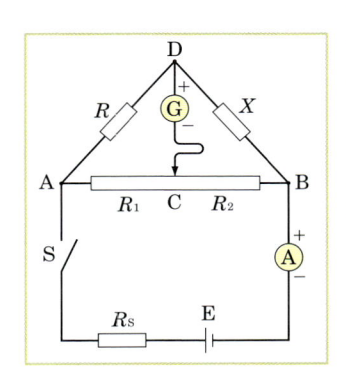

考察

■ ホイートストンブリッジを使った抵抗測定の精度は，テスタでの測定と比べてどうだろうか。

→ ホイートストンブリッジでは，テスタでの測定よりも正確な抵抗の値を得ることができる。

重要実験　電池の内部抵抗と起電力の測定

方法

1. 次のものを用意する。
   乾電池2個（新しいものと古いもの），スイッチ，直流電流計（500 mA），すべり抵抗器（30 Ω），直流電圧計（3 V，内部抵抗の大きなデジタルテスタが望ましい），導線，グラフ用紙
2. 下の図のような回路を組み，電流計と電圧計を用いて V と I の値を測定する。
3. すべり抵抗器で R の値を変化させて多数の V と I のデータを取り，V-I グラフをかく。
4. 電池の端子電圧 V，内部抵抗 r，起電力 E，流れる電流 I との間には，$V = E - rI$ ……①の関係がある（→ p.141）ので，グラフから内部抵抗 r と起電力 E を求める。

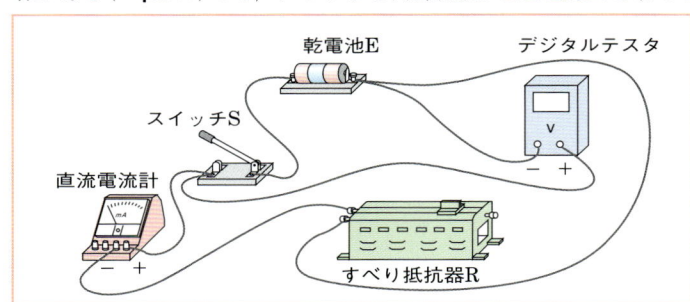

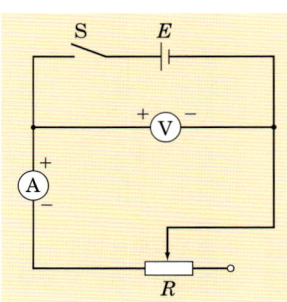

結果

右図のように，それぞれ直線状のグラフになる。

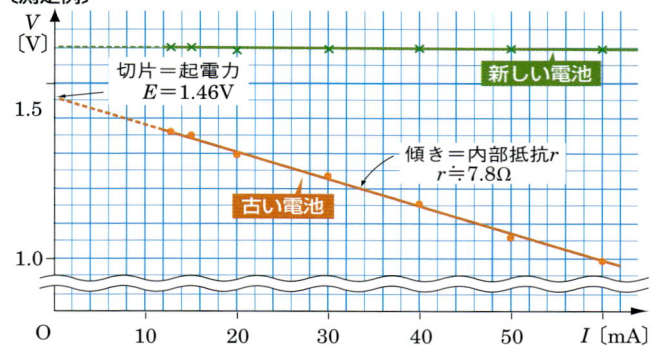

〔測定例〕

切片＝起電力　$E = 1.46$ V
新しい電池
傾き＝内部抵抗 r　$r ≒ 7.8$ Ω
古い電池

考察

1. 古い電池の起電力 E と内部抵抗 r はいくらか。
   → ①式より，グラフの傾きが内部抵抗 r であり，$I = 0$ のとき $E = V$ となるから，グラフの延長線と V 軸との交点が起電力 E である。よって，$E = 1.5$ V，$r = 7.8$ Ω となる。

2. 新しい電池の起電力 E と内部抵抗 r はいくらか。
   → 1 と同様に，$E = 1.6$ V，$r = 0.0$ Ω となる。

定期テスト予想問題　解答 → p.250~254

1　ジュール熱(1)

図のような回路で10分間スイッチを閉じて200mAの電流を流した。電池の電圧は9.0Vであるが，ニクロム線の抵抗は不明である。

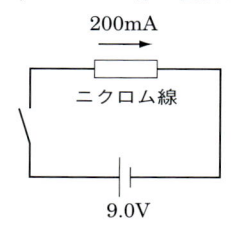

(1)　ニクロム線の抵抗を求めよ。
(2)　このとき発生するジュール熱を求めよ。
(3)　次に，ニクロム線の長さをちょうど半分にして10分間電流を流した。この間，電池の電圧に変化はなかった。発生するジュール熱は(2)で発生したジュール熱の何倍か。

2　ジュール熱(2)

100V用200Wの電熱器Aと100V用500Wの電熱器Bがある。電熱線の抵抗は温度によって変わらないものとして，次の問いに答えよ。

(1)　別べつに100Vの電圧で使うと，それぞれに流れる電流は何Aか。
(2)　AとBの電気抵抗は，それぞれ何Ωか。
(3)　AとBを並列につないで，その両端に，100Vの電圧を加えると，1分間に発生する熱量の和は何Jか。
(4)　AとBを並列につないで，その両端に50Vの電圧を加えると，電力の合計は何Wか。
(5)　AとBを直列につないで，その両端に100Vの電圧を加えると，Bの電力はいくらになるか。

3　電池と抵抗からできた回路

4つの抵抗 $R_1 = 8.0\,\Omega$，$R_2 = 10\,\Omega$，$R_3 = 30\,\Omega$，$R_4 = 20\,\Omega$ と，起電力が48Vで内部抵抗の無視できる電池E，およびスイッチSをつないだ図のような回路がある。この回路は点Bで接地されている。あとの問いに答えよ。

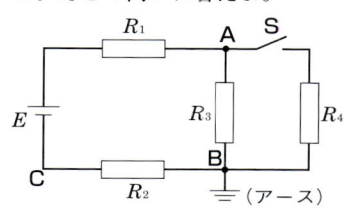

(1)　スイッチSが開いているとき，
　①　抵抗 R_1 を流れる電流はいくらか。
　②　点Aの電位はいくらか。
　③　点Cの電位はいくらか。
(2)　スイッチSが閉じているとき，
　①　抵抗 R_1 を流れる電流はいくらか。
　②　抵抗 R_3 を流れる電流はいくらか。
　③　点Aの電位はいくらか。
　④　点Cの電位はいくらか。

4　キルヒホッフの法則(1)

3つの抵抗 $R_1 = 18\,\Omega$，$R_2 = 8.0\,\Omega$，$R_3 = 39\,\Omega$，起電力40V，内部抵抗 $2.0\,\Omega$ の電池 E_1，起電力30V，内部抵抗 $2.0\,\Omega$ の電池 E_2，起電力10V，内部抵抗 $1.0\,\Omega$ の電池 E_3 を，下図のように接続した。次の問いに答えよ。ただし，点Cは接地してある。

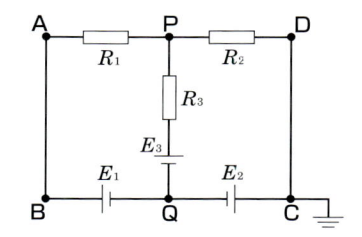

(1)　R_1，R_2，R_3 を流れる電流の大きさと向きをそれぞれ求めよ。
(2)　点Pと点Qの電位をそれぞれ求めよ。

3章　直流回路　153

5 キルヒホッフの法則(2)

下の図のような回路がある。各電池の起電力，および各抵抗の値は図に示したとおりである。

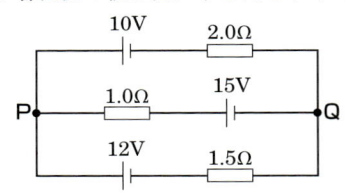

電池の内部抵抗は無視できるものとして，次の問いに答えよ。
(1) 各抵抗を流れる電流の大きさはいくらか。
(2) 点Pと点Qでは，どちらがどれだけ電位が高いか。

6 ホイートストンブリッジ

図の回路において，R_1は30Ω，R_2は10Ωの抵抗，R_3は長さ$l=0.10$m，太さは一様で全抵抗値10Ωの抵抗線で，Sはその上をすべる接点である。また，電池Eは起電力12Vで，内部抵抗は無視できる。

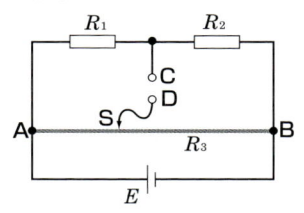

これについて，次の問いに答えよ。
(1) R_1，R_2およびR_3が，AB間でつくる合成抵抗Rを求めよ。
(2) 抵抗線AB（R_3）を流れる電流を求めよ。
(3) Sを抵抗線ABの中点とするとき，点Cと点Dでは，どちらの電位が高いか。
(4) CD間に検流計を置くとき，その針がどちらにも振れないときのSの位置は点Aから何mの場所か。

7 電位差計

下図において，E_0は内部抵抗が無視できる起電力3.0Vの電池，E_1は起電力のわからない電池，R_0は可変抵抗，R_1は10Ωの抵抗，ABは長さ1.0m，抵抗値18Ωの抵抗線，PはAB間を動く接点である。また，Gは検流計で，スイッチSを開き，接点Pをとりはずしたとき，抵抗線ABには正確に0.10Aの電流が流れるようにR_0を調節してある。これについて，次の問いに答えよ。

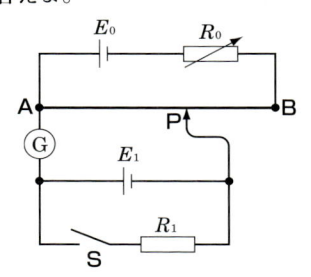

(1) R_0の抵抗値を求めよ。
(2) この測定装置を用いて，最大何Vまでの起電力を測定できるか。
(3) スイッチSを開き，Pを移動させたとき，AP間の長さ$l=25$cmの位置で検流計の針が0を示した。APを流れる電流を求めよ。
(4) 電池E_1の起電力を求めよ。
(5) スイッチSを閉じ，Pを移動させたとき，AP間の長さ$l=20$cmの位置で検流計の針が0を示した。電池E_1の内部抵抗を求めよ。

8 電池の端子電圧と消費電力

図のような回路で，可変抵抗器Rの値をいろいろ変えて，この回路を流れる電流と可変抵抗器Rの両端の電圧を測定した。

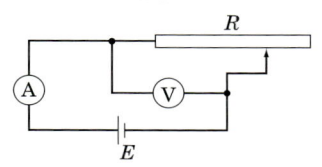

その結果，次図のようなグラフができた。あとの問いに答えよ。ただし，電流計の内部抵抗は無視し，電圧計の内部抵抗は無限大とする。

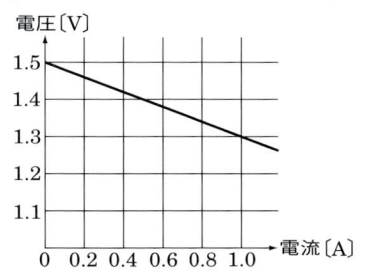

(1) 電池の起電力Eは何Vか。
(2) 電池の内部抵抗rは何Ωか。
(3) 1.8Ωの抵抗で両極をつないだとき，電池の両極の電圧は何Vか。
(4) この電池5個を直列につないで，14Ωの抵抗に電流を流すとき，電池の両極の電圧は何Vか。
(5) この電池4個を並列につないで，1.2Ωの抵抗に電流を流すとき，電池1個に流れる電流は何Aか。

9 電流計と電圧計

一定の大きさの抵抗Rがある。その値を測定するために，内部抵抗の無視できる電池E，電流計Ⓐ，電圧計Ⓥを図1，図2のようにつないだ。

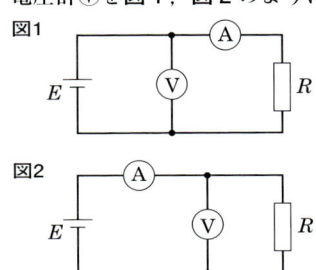

電流計，電圧計は，図1の場合はそれぞれ0.32A，20V，図2の場合は0.66A，18Vを示した。これについて，次の問いに答えよ。

(1) Rの値をこの測定値から求めると，図1と図2の場合で異なる。その理由を答えよ。
(2) Rの正しい値を求めよ。

10 非オーム抵抗のある回路

下図は，抵抗L_1，L_2にそれぞれ0～50Vの電圧V〔V〕をかけたとき，どれだけの電流が流れるかを示したものである。

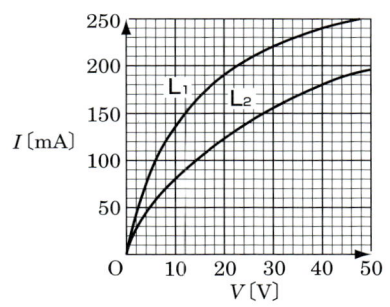

これについて，次の問いに答えよ。
(1) 抵抗L_1，L_2を直列につないだものに，40Vの電池を接続したとき，流れる全電流はいくらか。

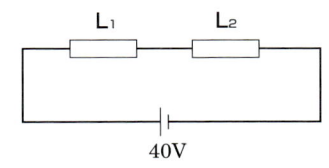

(2) 抵抗L_1，L_2を並列につないだものに，40Vの電池を接続したとき，流れる全電流はいくらか。

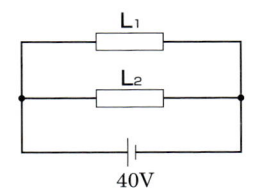

4章 電流と磁場

1 磁石と磁場

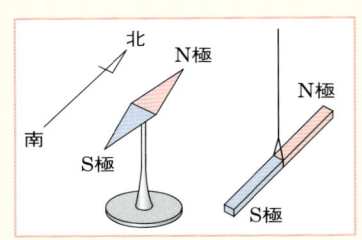

図1. 磁石のN極とS極
磁石を，自由に回転できるようにささえると，必ず南北方向を向いて止まる。

1 磁石にはN極とS極がある

■ 磁石は，鉄やニッケルなどを引きつける性質をもっている。この性質を**磁気**という。磁気は，磁石の両端近くで最も強い。磁気の最も強い点を**磁極**という。

■ 地上で磁石が支点のまわりに自由に回転できるようにすると，磁石は南北の方向を向いて静止する。このとき，北を向くほうの磁極を**N極**，南を向くほうの磁極を**S極**という。

2 N極とS極の間にはたらく力

■ 2つの磁石のN極どうし，あるいはS極どうしを近づけると，磁石どうしが反発するのがわかる。反対に，N極とS極を近づけると，磁石どうしは引き合う。磁極の間にはたらくこのような力を**磁気力**(**磁力**)という(図2)。

■ 磁気力の強さは，2つの磁極の強さの積に比例し，磁極間の距離の2乗に反比例する。

■ 強さ m_1，m_2 の2つの磁極が，真空中で r〔m〕離れているとき，磁極間にはたらく力 F〔N〕は，次式で表せる。

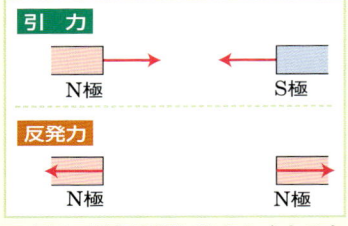

図2. 磁極の間にはたらく力の向き

$$F = k_m \frac{m_1 m_2}{r^2} \quad (k_m は比例定数)$$

■ この式で表される関係は，p.115で述べたクーロンの法則と同じ形をしているので，**磁気に関するクーロンの法則**とよばれる。

3 磁極の強さの単位

■ 真空中で1m離して置いた強さの等しい2つの磁極の間にはたらく力が 6.3×10^4 N であるとき，この磁極の強さを **1ウェーバ**〔**Wb**〕という。これが磁極の強さの単位である。

■ このように決めると，磁気に関するクーロンの法則の比例定数は，$k_m = 6.3 \times 10^4 \mathrm{N \cdot m^2/Wb^2}$ となる。

4 磁気力をおよぼす空間

■ 磁気力のおよぶ空間を**磁場**（**磁界**）という。たとえば，磁石の近くに他の磁石や鉄片を置くと，接触していなくても磁気力がはたらくのは，磁石のまわりに磁場ができているからである。

■ **磁場の中に 1 Wb の N 極を置いたとき，この N 極が受ける力の大きさ**を，その点における**磁場の強さ**といい，その力の向きを**磁場の向き**という（図3）。このように，磁場は大きさと向きをもっているから，**ベクトル**である。

■ 磁場の中に置かれた強さ 1 Wb の磁極の受ける磁気力が 1 N であるとき，この点の磁場の強さを**1 ニュートン毎ウェーバ〔N/Wb〕**という。

5 磁場から受ける磁気力の大きさ

■ 磁場の強さが H 〔N/Wb〕の点に，強さ m 〔Wb〕の磁極を置いたとき，この磁極が受ける磁気力の大きさ F 〔N〕は，次の式で表される。

$$F = mH$$
磁気力 ＝ 磁極の強さ × 磁場の強さ

6 磁場のようすを表す曲線

■ 電気力線（→p.117）と同様に，磁場のようすを**磁力線**という曲線で表すことができる。**磁力線上の各点における接線の方向は，その点における磁場の方向と一致**する。

■ **磁力線は N 極から出て S 極**に入り，途中で枝分かれしたり，交わったりしない（図4）。

■ 磁力線の密なところでは磁場が強く，疎なところでは磁場が弱い。

7 地球は大きな磁石

■ 地球上では，磁針はほぼ南北を向く。これは地球全体が巨大な磁石になっていて，北極の付近が S 極，南極の付近が N 極になっているからである。地球磁石による磁場を**地磁気**という。

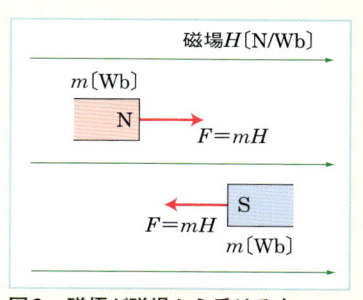

図3．磁極が磁場から受ける力
N 極は磁場と同じ向きに，S 極は磁場と反対向きに，$F = mH$ の大きさの力を受ける。

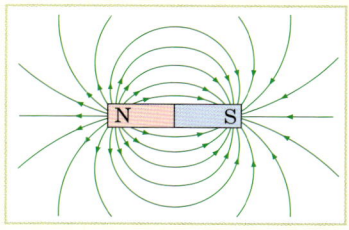

図4．棒磁石のまわりの磁力線

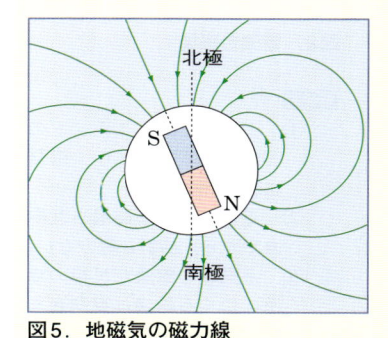

図5．地磁気の磁力線
地球上には，南から北へ向かう磁場がある。地磁気が鉛直下向きになる位置は北極点ではなく，現在は北緯 86°，西経 149° のあたりにある。地磁気が鉛直上向きになる位置は，南緯 64°，東経 137°のあたりにある。

2 直線電流がつくる磁場

1 直線電流は磁場をつくる

■ 導線の近くに方位磁針を置き，導線に電流を流すと，磁針が大きく振れる。このことは**電流がそのまわりに磁場をつくる**ことを示している。

■ これは，1820年にエルステッド（デンマーク）が発見した現象で，磁石がなくても，電流が流れると磁場ができることがわかった。

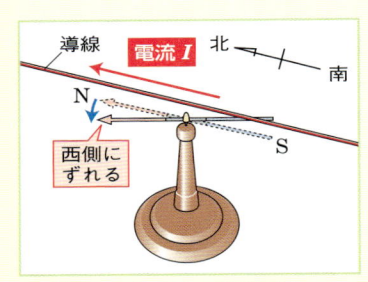

図1．エルステッドの実験
南から北へ電流を流すと，電線の下の方位磁針は西側にずれる。

2 直線電流がつくる磁場の向き

■ まっすぐな長い導線を南北方向に張り，その下に方位磁針を置く。スイッチを入れて北向きに電流を流すと，北を指していた磁針のN極は西のほうにずれる。

■ 南北方向に張った導線の上に方位磁針を置いて同様な実験をすると，今度は東のほうにずれる。

■ これらの実験から，**直線電流がつくる磁場は同心円状になっていて，その磁場の向きは，電流の向きに右ねじが進むときのねじのまわる向き**であることがわかる。

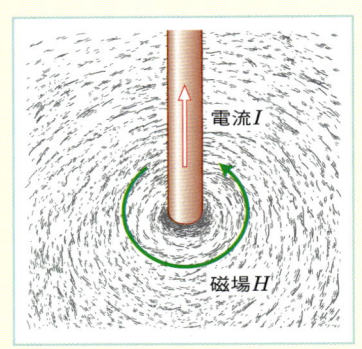

図2．電流と磁場

磁場 $H = \dfrac{I}{2\pi r}$

電流の向きにねじの進む向きをあわせる
↓
磁場の向きはねじのまわる向きになる

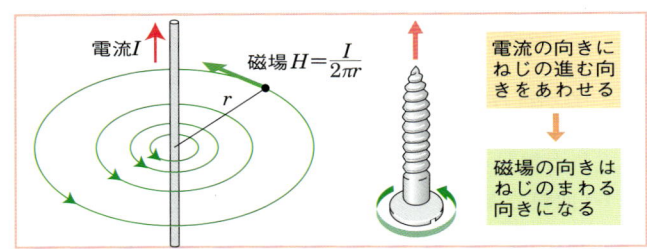

図3．直線電流がつくる磁場

問 1． 下図のように，導線の近くに磁針を置き，導線に矢印または記号で示された向きの強い電流を流す。このときの磁針の動きは，(a)時計まわり，(b)反時計まわり，(c)動かない，のうちのどれか。それぞれ記号で答えよ。

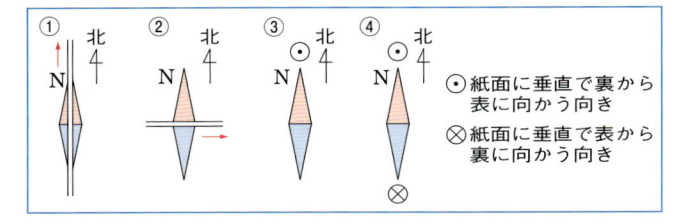

⊙ 紙面に垂直で裏から表に向かう向き
⊗ 紙面に垂直で表から裏に向かう向き

解き方 問1．
① 上の図（エルステッドの実験）と同じだから，磁針は反時計まわり。
② 電流がつくる磁場も北向きだから，磁針は動かない。
③ 上向きの電流がN極の場所につくる磁場は東向きだから，磁針は時計まわりに動く。
④ 2つの電流が，ともに磁針を時計まわりに回転させるように磁場をつくっている。

答 ①(b) ②(c) ③(a) ④(a)

3 直線電流がつくる磁場の大きさ

■ 直線電流によってできる磁場の強さHは，電流の大きさIに比例し，直線電流からの垂直距離rに反比例する。

ポイント
I〔A〕の直線電流が垂直距離r〔m〕の位置につくる磁場の強さH〔A/m〕は，

$$H = \frac{I}{2\pi r}$$

$$磁場の強さ = \frac{電流}{2\pi \times 電流からの垂直距離}$$

分母にπが必要なことに注意しよう。

■ この式から，磁場の強さHの単位として，〔N/Wb〕の他に〔**A/m**〕でもよいことがわかる。

◎1. すなわち，1 N/Wbと1 A/mは等しい。

例題 4.71 Aの直線電流から0.5 m離れた点での磁場の強さはいくらか。

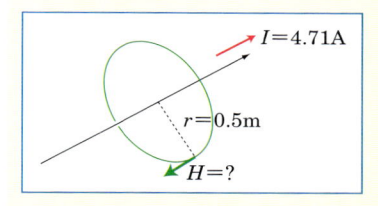

解説 上の式を用いると，
$$H = \frac{I}{2\pi r} = \frac{4.71}{2 \times 3.14 \times 0.5} = \mathbf{1.5 \, A/m} \quad \cdots 答$$

例題 鉛直に長い導線を張り，上向きに20 Aの電流を流した。この導線から真北に10 cm離れた場所に小さな方位磁針を置くと，磁針のN極は真北からθ傾いた。このとき，$\tan\theta$の値を求めよ。ただし，地磁気の水平成分を25.0 A/mとする。

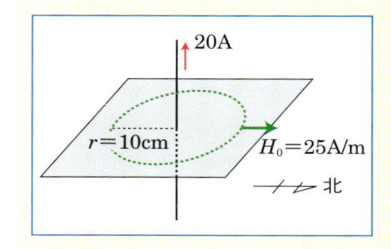

解説 20 Aの電流のつくる磁場の強さH_iは，下図のように西向きで，その大きさは，
$$H_i = \frac{I}{2\pi r} = \frac{20}{2 \times 3.14 \times 0.1} ≒ 31.8 \, A/m$$

地磁気の水平成分H_0は北向きだから，上から見た図は次のようになる。

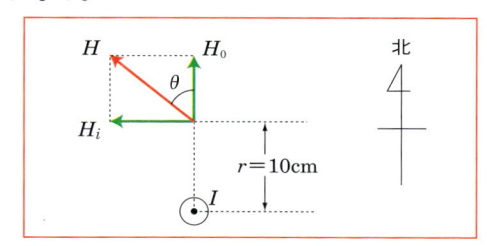

よって，$\tan\theta = \dfrac{H_i}{H_0} = \dfrac{31.8}{25.0} = \mathbf{1.27}$ ………答

4章 電流と磁場

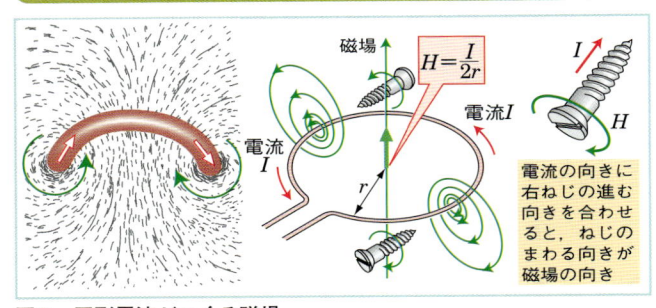

3 円形電流がつくる磁場

1 円形電流がつくる磁場

■ 円形の導線を電流が流れているときにできる磁場の向きは，円形電流を短い区間に区切り，それぞれの区間で直線電流とみなし，それらがつくる磁場を合成したものと同じである。円形電流の中心では，すべての区間のつくる磁場の向きが同じになっている（図1）。

■ **円形電流の中心にできる磁場の向きは，電流を含む平面に垂直で，電流の流れる向きに右ねじをまわしたときのねじの進む向きと同じである**（図2）。

■ 円形電流の中心にできる磁場の強さは，次の式で表すことができる。

> **ポイント**
> 半径 r〔m〕の円形の導線に電流 I〔A〕が流れるとき，円の中心にできる磁場の強さ H〔A/m〕は，
>
> $$H = \frac{I}{2r}$$
>
> 磁場の強さ ＝ $\dfrac{電流}{2 \times 半径}$

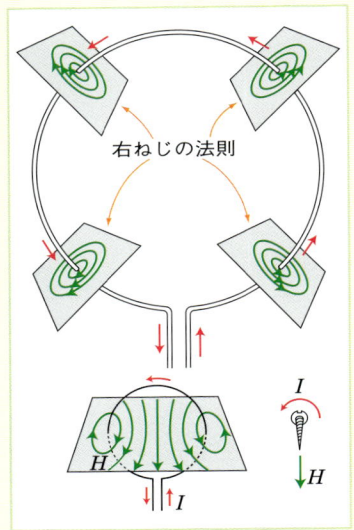

図1．円形電流がつくる磁場
円形電流のつくる磁場の向きは，直線電流のつくる磁場から推定することができる。また，右ねじの法則を使ってもよい。

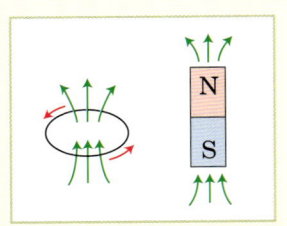

図2．円形電流と棒磁石の磁場
円形電流のつくる磁場と棒磁石のつくる磁場は似ている。

図3．円形電流がつくる磁場

問 1. 半径0.20 mの円形コイルに1.5 Aの電流を下図の矢印の向きに流した。円形コイルの中心にできる磁場の強さは何 A/mになるか。また，磁場の向きも答えよ。

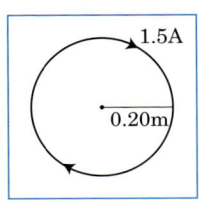

解き方 問1.
$$H = \frac{I}{2r}$$
$$= \frac{1.5}{2 \times 0.20} = 3.75 \text{ A/m}$$

答 強さ：**3.8 A/m**
　　向き：**紙面の表から裏の向き**

2 ソレノイドのつくる磁場

■ 導線をらせん状に何回も巻いたものを**コイル**という。特に，絶縁した導線を密接してきちんと細長く巻いたものを**ソレノイド**（**ソレノイドコイル**）という。

■ ソレノイドに電流を流したときにできる磁場は，同じ向きの円形電流をたくさん並べたとき，それぞれがつくる磁場を合成したものと同じである（図4）。

■ **ソレノイドの内部の磁場は軸に平行になり，外部の磁場は棒磁石のまわりの磁場と同じ形になる。** ソレノイドに電流を流すと，ソレノイドは棒磁石と同じはたらきをする（図5）。

■ ソレノイドの内部にできる磁場の向きは，中心軸の方向に置いた右ねじを電流の向きにまわしたときの，ねじの進む向きと同じである（図6）。

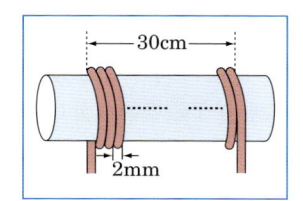

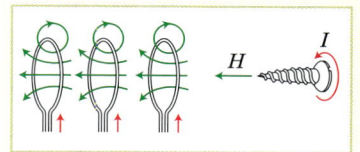

図4．円形電流がつくる磁場の合成

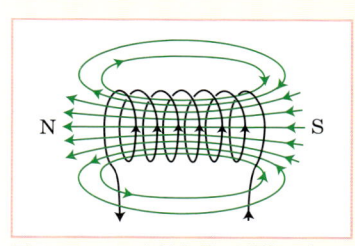

図5．ソレノイド内部の磁場の向き

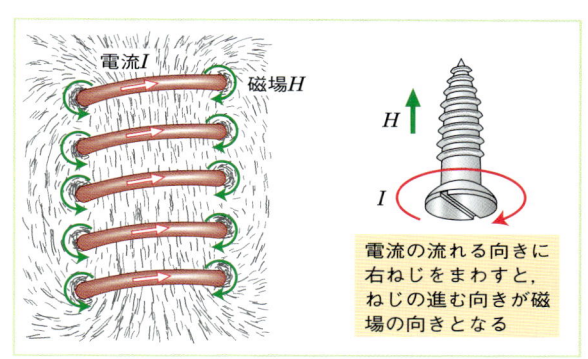

図6．ソレノイドを流れる電流がつくる磁場

電流の流れる向きに右ねじをまわすと，ねじの進む向きが磁場の向きとなる

■ ソレノイド内部の磁場は一様で，その強さは次の式で表される（図7）。

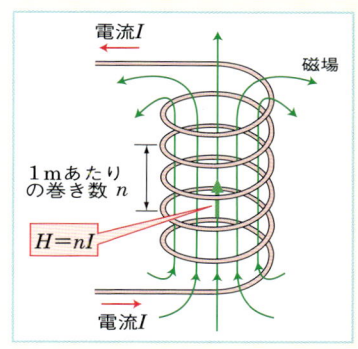

図7．ソレノイド内部の磁場の強さ

> **ポイント**
> 長さ1mあたりの巻き数 n〔/m〕のソレノイドに電流 I〔A〕を流したときの内部の磁場の強さ H〔A/m〕は，
> $$H = nI$$
> 磁場の強さ ＝ 巻き数 × 電流

問 2. 長さ30cmの円筒に，直径2mmの導線をきちんと1層巻いたソレノイドがある。これに4Aの電流を流したとき，内部の磁場はいくらか。

解き方 問2.
直径2mmの導線をすき間なく巻いて30cmのソレノイドをつくったので，巻き数は150回である。よって1mあたりの巻き数 n は，
$$\frac{150}{0.30} = 500 回/m$$
である。ゆえに，
$$H = nI = 500 \times 4$$
$$= 2 \times 10^3 \text{A/m}$$
答 2×10^3 A/m

4章 電流と磁場

4 電流が磁場から受ける力

1 電流は磁場から力を受ける

■ 電流のまわりには磁場ができるから，**電流の流れている導線を磁石の近くに置くと，導線は磁場から力を受ける**。電流が磁場から受ける力を**電磁力**という。

■ 図1は，磁石のN極とS極がつくる磁場の中で，紙面に垂直に裏から表に向かって電流が流れているところを示している。この電流のつくる磁場だけを考えると，この磁場は磁石のN極，S極において図の矢印の向きに力F'をおよぼす。この力の反作用として，電流は磁石のつくる磁場から，図の矢印の向きに力Fを受ける。

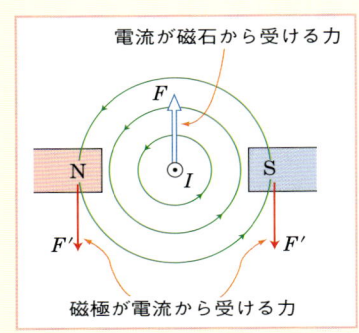

図1．電流と磁石の間にはたらく力
FとF'は，作用・反作用の関係の力である。

2 電磁力の向きの決め方

■ 電磁力の向きを決めるには，**左手の親指，人さし指，中指を互いに垂直になるように開いて，人さし指を磁場の向きに，中指を電流の向きに向けると，親指の向きが電磁力の向き**になる。これを**フレミングの左手の法則**という（図2）。

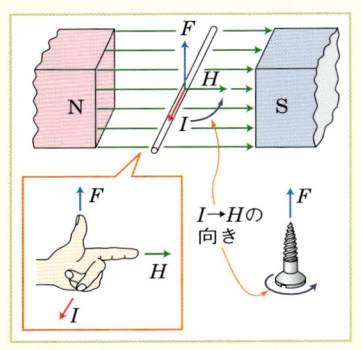

図2．電磁力の向きの決め方
フレミングの左手の法則の覚え方は，中指・人さし指・親指の順に「電・磁・力」と覚える。この順番をまちがえないように，「電・磁・力，親は力」と覚えておくとよい。

3 電磁力の大きさ

■ 電流と磁場が平行になっているときは，電磁力ははたらかない。電流と磁場が垂直になっているとき，電磁力は最大になる。このときの電流の大きさをI〔A〕，磁場の強さをH〔A/m〕，磁場の中に入っている導線の長さをl〔m〕とすると，導線のこの部分が受ける電磁力の大きさF〔N〕は，次のように表される。

$$F = \mu I H l \quad (\mu は比例定数)$$

■ 図3のように，電流と磁場が垂直になっていない場合は，**磁場Hを電流に垂直な成分と平行な成分に分けると，平行な成分は電流に力をおよぼさないから，垂直な成分だけで電磁力を求めればよい**。

■ 電流の向きと磁場の向きのなす角をθとすると，電流に垂直な磁場の成分は$H\sin\theta$であるから，電磁力は，

$$F = \mu I H l \sin\theta$$

となり，その向きは図3で紙面に垂直に上向きである。

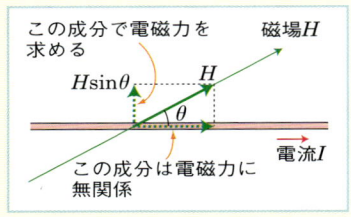

図3．電流と磁場が垂直でない場合の電磁力

■ 前ページの式の比例定数μを**透磁率**という。とくに，真空中での値を**真空の透磁率**といい，μ_0で表す。空気の透磁率は，真空の透磁率μ_0にほぼ等しい。

$$\mu_0 = 4\pi \times 10^{-7} = 1.26 \times 10^{-6} \text{N/A}^2$$

■ 前ページの式に出てきた磁場の強さH〔A/m〕と真空の透磁率μとの積μH〔Wb/m²〕を**磁束密度**といい，Bで表す。

$$B = \mu H$$

■ 磁束密度は，磁場の向きと同じ向きをもつベクトルである。前ページの式を，磁束密度Bを用いて表すと，次のようになる。

ポイント 電磁力の大きさ

$$F = IBl\sin\theta = I\mu Hl\sin\theta \quad (B = \mu H)$$

問 1. 5.0×10^5A/mの磁場の中に，磁場と垂直に長さ20cmの導線が5本束ねて置かれていて，各導線に10Aの電流が流れている。この5本の導線全体が受ける力はいくらか。ただし，透磁率を1.26×10^{-6}N/A²とする。

4 平行な電流の間にはたらく力

■ 図4のように，距離r〔m〕だけ離れて平行に置かれた2本の導線に，電流I_1〔A〕，I_2〔A〕が同じ向きに流れているとする。

■ 電流I_1が電流I_2の位置につくる磁場の大きさH_1〔A/m〕は，$H_1 = \dfrac{I_1}{2\pi r}$であるから，$I_2$が長さ1mあたりに受ける力の大きさ$F_2$〔N/m〕は，次のようになる。

$$F_2 = \mu_0 I_2 H_1 = \mu_0 \dfrac{I_1 I_2}{2\pi r}$$

■ 電流I_1が電流I_2の磁場H_2から受ける力の大きさF_1〔N〕を同様にして求めると，$F_1 = F_2$となる。

■ 力F_1，F_2の向きをフレミングの左手の法則で調べると，互いに引き合う向きになるので，**同じ向きに流れる平行な直線電流の間には引力がはたらくことがわかる。電流の向きが反対ならば，反発力をおよぼしあうことになる。**

問 2. 間隔40cmの平行な導線に10Aの電流が反対向きに流れている。各導線の長さ1mにはたらく力を求め，引力か反発力かとともに答えよ。透磁率を$4\pi \times 10^{-7}$N/A²とする。

✿**1.** 磁束密度の単位は，
$B = \mu_0 〔\text{N/A}^2〕 \times H〔\text{A/m}〕$
$= \mu_0 H〔\text{N/(A·m)}〕$
となる。この単位は，
〔A/m〕＝〔N/Wb〕
を用いて書きかえると，〔Wb/m²〕となる。〔Wb/m²〕を**テスラ〔T〕**という単位を用いて表す。

解き方 問1.
1本の導線に加わる電磁力fは，
$f = IBl\sin 90°$
$= 10 \times (1.26 \times 10^{-6} \times 5.0 \times 10^5) \times 0.20$
$= 1.26$N
5本全部に加わる力Fは，
$F = 5f = 6.3$N
答 6.3N

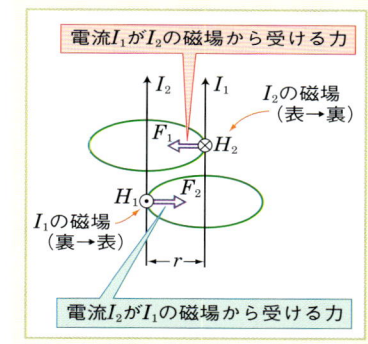

図4．平行な電流の間にはたらく力

I_1とI_2が同じ向きならば引力，反対向きならば反発力をおよぼしあう。F_1とF_2は作用反作用の関係の力である。

解き方 問2.
一方の導線が他方につくる磁束密度Bは，
$B = \mu_0 H = \dfrac{\mu_0}{2\pi r}I$
$= \dfrac{4\pi \times 10^{-7}}{2\pi \times 0.40} \times 10$
$= 5.0 \times 10^{-6}$T
電磁力Fは，
$F = IBl = 10 \times 5.0 \times 10^{-6} \times 1$
$= 5.0 \times 10^{-5}$N
答 5.0×10^{-5}Nの反発力

5 ローレンツ力

1 自由電子にはたらく力

磁場の中を電流が流れると，電磁力を受けることを前節で学習した。導線の中ではたくさんの自由電子が運動しており，この自由電子が受ける力の総和が電磁力である。

図1のように，磁束密度B〔T〕の磁場の中を電流I〔A〕が流れていると，この導線は$F = IBl$の電磁力を受ける。(→p.163)

電子の電荷を$-e$〔C〕とすると，$I = enSv$で表され(→p.134)，これを上式に代入すると，次のようになる。

$$F = enSvBl$$

長さlの中の自由電子の総数Nは，$N = nSl$であるから，1個の自由電子に磁場から加わる力fは，

$$f = \frac{F}{N} = \frac{enSvBl}{nSl} = \boldsymbol{evB}$$

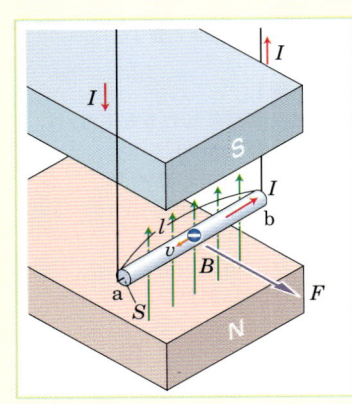

図1．磁場内の導線

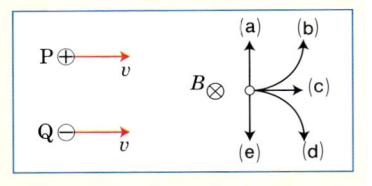

❶1．電子の受けるローレンツ力$F = evB$のeをqにおきかえたものである。

2 運動荷電粒子は磁場から力を受ける

導線の中の自由電子に限らず，**磁場の中で荷電粒子が運動をすると，磁場から力を受ける**。この力を**ローレンツ力**という。

ローレンツ力のはたらく向きは，荷電粒子の流れを電流におきかえてフレミングの左手の法則などを用いると，電磁力と同じようにして求めることができる。

磁場と垂直な向きに運動する荷電粒子が受けるローレンツ力の大きさFは，次の式で表される。

> **ポイント**
> 電荷$\pm q$〔C〕の荷電粒子が速度v〔m/s〕で磁束密度B〔T〕の磁場と垂直に運動するとき，ローレンツ力F〔N〕の大きさは，
> $$F = qvB \quad ❶1$$

問 1． 電荷がそれぞれ$+q$〔C〕，$-q$〔C〕の荷電粒子P，Qが，速度v〔m/s〕で左上図のように，紙面に垂直で表から裏に向かう磁束密度B〔Wb/m²〕の磁場の中に飛びこんだ。
(1) 各粒子が受ける力の大きさを求めよ。
(2) 各粒子の軌道は図の(a)〜(e)のうちのどれか答えよ。

解き方 問1．
(1) 荷電粒子の受ける力は，ローレンツ力だけなので，その大きさFはどちらも，
$$F = qvB$$
(2) どちらも進行方向に垂直な力を受けるので，円を描く。
荷電粒子Pは，右向きの電流なので，フレミングの法則より，上向きの力を受ける。また，荷電粒子Qは，左向きの電流なので，フレミングの左手の法則より，下向きの力を受ける。

答 (1) P…qvB，Q…qvB
(2) P…(b)，Q…(d)

3 一様な磁場の中の荷電粒子の運動

■ 右の図2のように，一様な磁場Bの中に垂直に，速度vで入射した荷電粒子（電荷$q>0$）は，**磁場に垂直な平面上で等速円運動**をする。ローレンツ力Fは，速度vにつねに垂直であるから，vの大きさは変化しない。また，**ローレンツ力が向心力となって円運動**となる。

■ この荷電粒子について運動方程式を立てると，
$$m\frac{v^2}{r} = qvB \quad \cdots\cdots\cdots ①$$

この式より，回転半径rは，$r = \dfrac{mv}{qB}$

■ また①式より，荷電粒子の速度vは，$v = \dfrac{qBr}{m}$

となるから，荷電粒子の回転周期Tは，$2\pi r = vT$より，
$2\pi r = \dfrac{qBr}{m}T$ となるので，

$$\boldsymbol{T = \frac{2\pi m}{qB}} \text{❷}$$

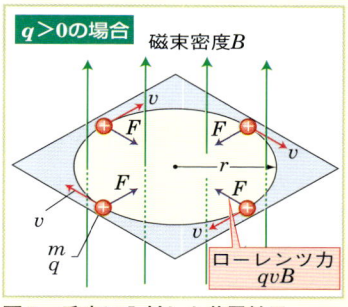

図2．垂直に入射した荷電粒子

❷ この周期は，粒子の速度vに無関係になっている。

4 らせん運動

■ 電荷q（$q>0$）の荷電粒子の速度vが，図3のように磁束密度Bに垂直でない場合は，vをBに垂直な成分$v\sin\theta$と，Bに平行な成分$v\cos\theta$に分けて考える。**ローレンツ力Fは，磁場に垂直な速度成分$v\sin\theta$にはたらく**ので，
$$\boldsymbol{F = qvB\sin\theta}$$
である。この力は荷電粒子を等速円運動させる。

■ 一方，Bに平行な速度成分には力がはたらかないので，$v\cos\theta$の値は変化せずに等速直線運動となる。

■ この2つの運動が重ね合わされて，**荷電粒子はらせん状の軌道を描く**ことになる。

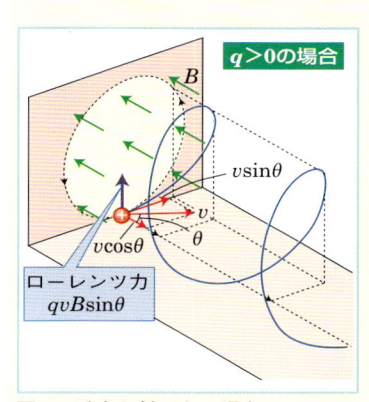

図3．垂直入射でない場合

問 2. 右図の容器Dの中は真空で，磁束密度Bの磁束が図の向きに存在する。イオンXが初速度v_0でPから入射すると，Xは半円を描いてQに達した。Xの質量をm，電荷をqとする。 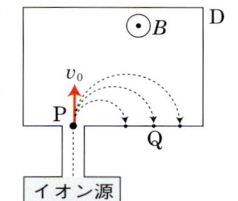
(1) Xの電荷は正か負か。
(2) Xの軌道半径を求めよ。
(3) XがPからQまで進むのにかかる時間を求めよ。

解き方 問2.
(1) 点Pでフレミングの左手の法則を適用して，電荷は正。
(2) Xについての運動方程式
$m\dfrac{v_0^2}{r} = qv_0B$ より，
$r = \dfrac{mv_0}{qB}$
(3) $2\pi r = v_0T$ に(2)で求めたrを代入すると，周期Tは，
$2\pi\dfrac{mv_0}{qB} = v_0T$ より，
$T = \dfrac{2\pi m}{qB}$
半円だから，$\dfrac{T}{2} = \dfrac{\pi m}{qB}$

答 (1)**正** (2)$\dfrac{\boldsymbol{mv_0}}{\boldsymbol{qB}}$ (3)$\dfrac{\boldsymbol{\pi m}}{\boldsymbol{qB}}$

4章 電流と磁場

定期テスト予想問題　解答 → p.254~256

1　電流がつくる磁場

次の空欄にあてはまる数値や記号を答えよ。

(1) 次図で，直線電流 $I = 3.0$ A から $r = 0.50$ m 離れた点での磁場の強さは $H = $ ① A/m で，その向きは図の ② である。

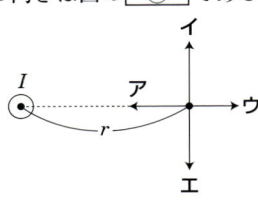

(2) 次図で，半径 $a = 0.20$ m の1巻きのコイルに電流 $I = 10$ A が流れている。コイルの中心における磁場の向きは図の ① で，磁場の強さは $H = $ ② A/m である。

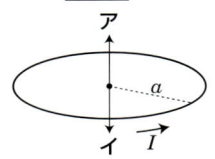

(3) 次図は，長さ $l = 30$ cm，巻き数 $N = 1200$ 回の中空のソレノイドである。$I = 0.50$ A の電流を流すとき，内部の磁場の強さは $H = $ ① A/m になる。これを電磁石とみるとき，N極にあたるのは ② である。

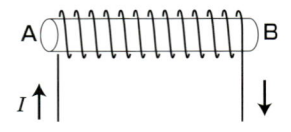

2　ソレノイド電流がつくる磁場

半径 2.0 cm，長さ 0.40 m の中空円筒に，コイルを一様に 2.0×10^4 回巻いたソレノイドがある。このソレノイドに 0.60 A の電流を流した。空気の透磁率を $4\pi \times 10^{-7}$ N/A^2 として，次の問いに答えよ。

(1) ソレノイド内部の磁場の強さはいくらか。
(2) ソレノイド内の磁束密度と，コイルを貫く磁束はいくらか。

3　円形電流の磁場と磁気力

半径が 0.10 m の円筒に銅線を 10 回すき間なく巻き，この円筒の軸を水平にし，かつ東西方向になるように固定して，円筒の中心に磁極の強さが 4.0×10^{-7} Wb の小磁針を置く。この導線に 0.30 A の電流を流したところ，磁針の N 極は北から東へふれて静止した。地磁気の水平分力は 26 A/m として，次の問いに答えよ。

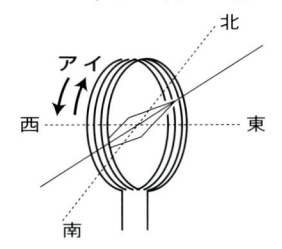

(1) 電流の向きは図の**ア**，**イ**のどちらか。
(2) 導線の円の中心に電流がつくる磁場の強さを求めよ。
(3) 小磁針の磁極が電流から受ける力の大きさを求めよ。
(4) 小磁針がふれる角は，南北方向に対して何度になるか。およその値で答えよ。

4　直線電流にはたらく力

磁束密度 2.8 T の一様な磁場 B の中で，磁場と次の角 θ をなす方向に導線を置き，2.5 A の電流を流す。導線の長さ 0.10 m あたりにはたらく力の大きさはそれぞれいくらか。

(1) $\theta = 0°$
(2) $\theta = 30°$
(3) $\theta = 90°$

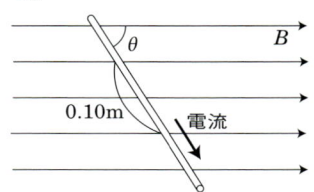

5 電流がおよぼしあう力

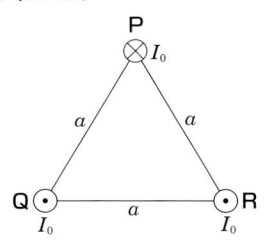

3本の平行な長い直線導線P，Q，Rが，下図のように1辺 $a = 1$ mm の正三角形状に張ってあり，それぞれ $I_0 = 50$ A の電流が流れている。真空の透磁率を $\mu_0 = 4\pi \times 10^{-7}$ N/A^2 とする。導線Qが1mあたりに受ける力の大きさと，その向きを求めよ。

6 回路にはたらく力

図は，x，y，z を軸とする直交座標系である。

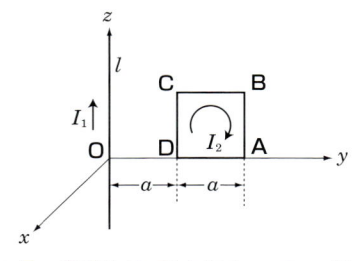

無限に長い導線 l が z 軸上にあって，z 軸の正の向きに電流 I_1〔A〕が流れている。また，yz 面上に辺の長さ a〔m〕の正方形の導線 ABCD があって，A→D→C→B の向きに電流 I_2〔A〕が流れている。透磁率を μ_0〔N/A^2〕として，次の問いに答えよ。

(1) 導線 AB，CD が電流から受ける力は，それぞれどちら向きか。
(2) 導線 BC，DA が電流から受ける力は，それぞれどちら向きか。
(3) 導線 ABCD が電流から受ける力の大きさと向きを求めよ。

7 導線の電子にはたらく電磁力

あとの文中の空欄にあてはまる数式を答えよ。

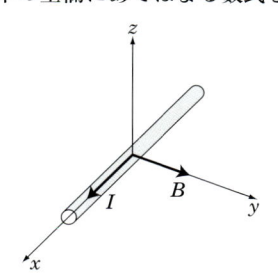

x軸に平行な導線に電流 I が $+x$ 方向に流れている。導線の断面積を S，自由電子の電荷を $-e$，単位体積あたりの数を n，その平均の速さを v とおくと，$I = $ ① である。$+y$ 方向に磁束密度 B の磁場をかける。導線の長さ l あたりにはたらく電磁力の大きさは，$F = $ ② （I，B を用いて表す）$=$ ③ （n，v，B を用いて表す）であり，その向きは ④ 方向である。長さ l の部分にある自由電子の数は $N = $ ⑤ であるから，電子1個あたりにはたらく力の大きさは，$f = $ ⑥ （v，B を用いて表す）となる。

8 磁場の中の荷電粒子の運動

次の文中の空欄に，適当な数式または語句を入れよ。

質量が m〔kg〕で，$+q$〔C〕の電荷を帯びた粒子が速さ v〔m/s〕で真空中の磁束密度 B〔Wb/m^2〕の一様な磁場に垂直に飛びこんだ。このとき，荷電粒子は磁場から大きさ ① の力を受ける。この力は，つねに速度に ② の方向に加わるので，③ のはたらきをして，粒子は等速円運動をする。このことから，粒子は円軌道を描いて運動し，その半径は ④ となる。また，粒子がこの円軌道上を1周する時間は ⑤ で，粒子の ⑥ に無関係である。

4章 電流と磁場

5章 電磁誘導と電磁波

1 電磁誘導

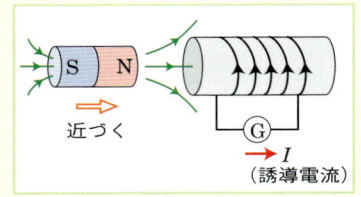

1 コイルに磁石を近づけると…

■ 図1のように，コイルに磁石を近づけると，検流計Gに電流が流れる。また，コイルから磁石を遠ざけると，近づけたときと反対向きの電流が流れる。この現象を**電磁誘導**といい，このとき流れる電流を**誘導電流**という。

■ 図2のように，1巻きのコイルの左側から磁石のN極を近づけると，コイルの中の点Aにある自由電子が磁力線を左向きに横切ることになるので，電子は紙面に垂直に手前向きのローレンツ力を受ける。

■ 他の電子もすべて導線に沿ってP→Qの向きのローレンツ力を受けて移動するので，点Pは正に点Qは負に帯電し，PとQの間に電位差ができる。PQ間を導線Rでつなぐと，この電位差が起電力となって，P→R→Q→Pの向きに電流が流れる。この起電力を**誘導起電力**という。

2 磁力線の増減と誘導電流の向き

■ 磁石のN極をコイルに左側から近づけると，右向きの磁場が強くなるので，コイルを通る右向きの磁力線の数が増加する。このときコイルの右側から見て時計まわりに誘導電流が流れ，これにより左向きの磁力線ができるため，コイルを通る**右向きの磁力線の増加がさまたげられる**。

■ N極をコイルから遠ざけるときは，コイルを通る右向きの磁力線の数が減少するが，このときは誘導電流の向きが反対になるから，誘導電流によってできる磁力線は右向きとなり，**右向きの磁力線の減少がさまたげられる**。

> **ポイント** コイルを貫く磁力線の数が変化すると，誘導起電力が発生する。この起電力による誘導電流は，磁力線の**増減をさまたげる向き**の磁力線をつくる。

■ これを**レンツの法則**という。

図1．電磁誘導
コイルにN極を近づけるときと遠ざけるときとで，誘導電流の向きは反対になる。S極を用いると，N極の場合の反対になる。

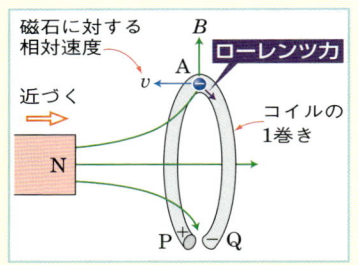

図2．ローレンツ力による電磁誘導の説明

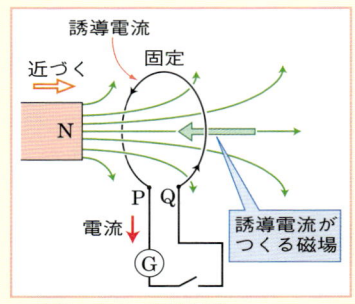

図3．レンツの法則
誘導電流がつくる磁場は，コイルを通る磁力線の増減をさまたげる。

4編 電気と磁気

3 磁力線の数を表す量

コイルを貫く磁力線の数を表すのに**磁束**という量を用いる。**磁束は，磁場に垂直な面の面積と，そこでの磁束密度との積で表される。**

> **ポイント**
> 磁束密度 B〔Wb/m²〕の一様な磁場の中の，磁場と垂直な面積 S〔m²〕の面を貫く磁束 Φ〔Wb〕は，
> $$\Phi = BS \quad 磁束 = 磁束密度 \times 面積$$

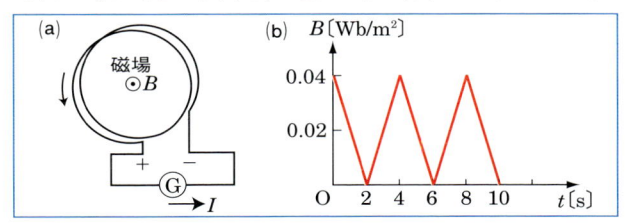

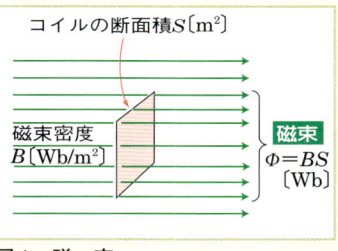

図4．磁　束

4 誘導起電力の大きさ

誘導電流によって発生する誘導起電力の大きさは，磁石を速く動かすほど大きい。ファラデーは，コイルを貫く磁束が変化するとき発生する**誘導起電力の大きさは，磁束の変化する速さに比例する**ことを発見した。

> **ポイント**
> 1巻きのコイルを貫く磁束 Φ〔Wb〕が時間 Δt〔s〕の間に $\Phi + \Delta\Phi$〔Wb〕になったとき，コイルに発生する誘導起電力 V〔V〕は，
> $$V = -\frac{\Delta\Phi}{\Delta t} \quad ☆1$$
> $$誘導起電力 = -\frac{磁束の変化量}{時間}$$

これを**ファラデーの電磁誘導の法則**という。

コイルの巻き数が N であれば，全体の誘導起電力 V'〔V〕は，上の式の N 倍になる。

$$V' = -N\frac{\Delta\Phi}{\Delta t} \quad \cdots\cdots ①$$

問 1. 断面積が 30 cm² で，100回巻きのコイルがある（図(a)）。このコイルの面に垂直で一様な磁場の磁束密度が，図(b)のように変化するとき，コイルに発生する誘導起電力 V の時間変化をグラフで示せ。ただし，磁場は紙面に垂直に裏から表に向かう向き，電流は反時計まわりを正とする。

☆1. 電磁誘導の法則の式に負号をつけるのは，誘導起電力の向きが磁束の変化を打ち消す向きであることを示すためである。実際に問題を解く場合には，起電力の大きさを $\frac{\Delta\Phi}{\Delta t}$ で求め，レンツの法則で向きを求めるほうがよい。

解き方 問1.
$t = 0 \sim 2$ s では紙面表向き（⊙）の B が減少する。誘導電流 I は Φ の減少をさまたげる向きに流れるので，紙面表向きの B' をつくるように I が流れることになる。このため I はコイルを反時計まわりに流れるので，正の向きである。
$t = 0$ のとき，
$\Phi = BS$
$\quad = 0.04 \times 30 \times 10^{-4}$
$\quad = 1.2 \times 10^{-4}$ Wb
$t = 0 \sim 2$ s で V は，
$V = N\frac{\Delta\Phi}{\Delta t}$
$\quad = 100 \times \frac{1.2 \times 10^{-4}}{2}$
$\quad = 6.0 \times 10^{-3}$ V
$t = 2 \sim 4$ s，$4 \sim 6$ s，… でも V の大きさは同じであるが，I の向きが変わる。

答 下図参照

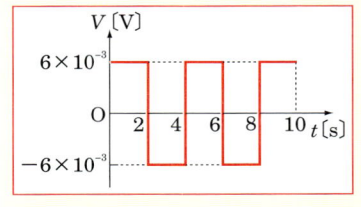

2 磁場の中を運動する導線

1 磁場中で導体を動かすと…

■ 図1のように，コの字形の金属棒c'cdd'に抵抗Rをつけて，鉛直上向きの一様な磁場の中に水平に置き，直線形金属棒abを辺cdと平行に，cc'，dd'にかけてのせる。こうすると長方形abcdは1巻きのコイルと同じになるので，**abを動かして長方形abcdの面積を変化させると，abcdを貫く磁束が変化して電磁誘導が起こり，abcdに誘導電流が流れる。**

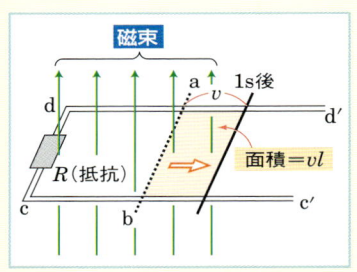

図1．磁場中で導体を動かすと電磁誘導が起こる。
abを右に動かすと，長方形abcdを貫く磁束が増加するので，電磁誘導が起こる。

✿1．ファラデーの電磁誘導の法則による。

■ 辺cdの長さをl〔m〕，abの移動する速さをv〔m/s〕とすると，長方形abcdの面積は1sの間にvl〔m²〕ずつ増加する。磁場の磁束密度をB〔Wb/m²〕とすると，**長方形abcdを貫く磁束は，vBl〔Wb/s〕の割合で増加する**ことになる。これから，誘導起電力の大きさV〔V〕は，

$$V = \frac{\Delta \Phi}{\Delta t} = \frac{vBl}{1} = vBl \overset{✿1}{}$$

■ この現象は，金属棒abが磁力線を横切って動くことで，abに誘導起電力を発生させたと考えてもよい。

> **ポイント**
> 長さl〔m〕の導体が，磁束密度B〔Wb/m²〕の磁場中を，磁場と垂直に速さv〔m/s〕で横切るとき，導体に発生する誘導起電力の大きさV〔V〕は，
>
> $$V = vBl$$
>
> **誘導起電力＝速さ×磁束密度×長さ**

■ abcdを流れる電流の向きは，abcdを貫く上向きの磁力線が増えることから，それと逆向きに磁力線をつくる向きである。したがって，誘導電流は時計まわりのa→b→c→d→aと流れることになる。

■ このとき，導線のab部分に電池を置いたのと同じような起電力を生じている。ab部分を電池に置きかえた回路図をかいてみると，図2のようになる。これより，導線abでは，bのほうがaより電位が高いことがわかる。

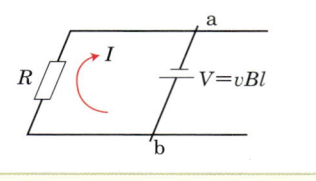

図2．電池に置きかえた回路図

問 1． 磁束密度20 Wb/m²の磁場の向きと垂直に，0.20 mの金属棒を速さ2.5 m/sで動かすとき，この棒の両端間に発生する誘導起電力はいくらか。

解き方 問1．
$V = vBl$
$\quad = 2.5 \times 20 \times 0.20 = 10 V$
答 10V

2 ローレンツ力で考えてみよう

■ 導線が磁場の中を速度 v で等速直線運動をすると，導線の中の自由電子も導線といっしょに運動することになる。

■ 磁場の中を自由電子が動くので，自由電子は図3の向きにローレンツ力を受けて，Pのほうに動き，Pに負，Qに正の電荷がたまる。

■ 自由電子はどんどんPに動くのではなく，電荷がたまることによってQ→Pの電場 E が発生し，**自由電子はこの電場からローレンツ力とは逆向きの静電気力**を受ける。

■ **ローレンツ力＝静電気力**となったところで，自由電子のPへの動きは止まる。このとき，$evB = eE$ で，PQ間の電位差を V，PQの長さを l とすると，$V = El$ だから，上式を用いて変形すると，

$$V = vBl$$

となり，前ページと同じ結果が得られる。

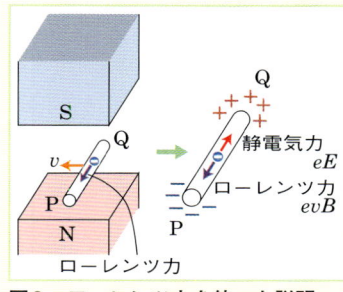

図3．ローレンツ力を使った説明

3 外力のする仕事

■ 図4のように，導線abを一定の速さ v で右に動かすとき，abに加える外力 F を求めてみよう。

■ 導線abには $V = vBl$ の誘導起電力が生じ，これによって回路には，$I = \dfrac{V}{R} = \dfrac{vBl}{R}$ の電流が流れる。この電流は磁場から左向きの電磁力 F' を受け，

$$F' = IBl = \frac{vB^2l^2}{R}$$

である。**$v =$ 一定**なので，F と F' はつり合っている。

よって，$F = F' = \dfrac{vB^2l^2}{R}$

■ この式の両辺に v をかけると，

$$Fv = \frac{v^2B^2l^2}{R} = \frac{V^2}{R}$$

となる。左辺は F の仕事率，右辺は1sあたりに抵抗 R で発生するジュール熱を表しており，**この式はエネルギーが保存されることを示している**。

問 2. 北極上空の地磁気の水平成分が0，鉛直成分が $B = 6.0 \times 10^{-5}$ Tであるとし，ここを両翼40mの飛行機が720km/hで水平に飛んでいるとする。このとき，両翼に発生する誘導起電力の大きさは何Vになるか。

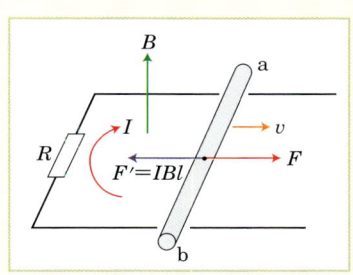

図4．外力のする仕事

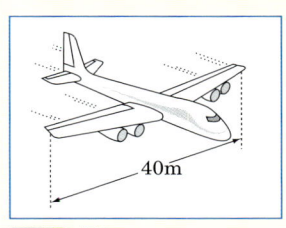

解き方 問 2.
$v = 720$ km/h $= 200$ m/s
である。
両翼間に発生する誘導起電力
V は，
$V = vBl$
$= 200 \times (6.0 \times 10^{-5})$
$\quad \times 40$
$= 0.48$ V

答 0.48 V

3 自己誘導

1 電池でネオンランプを点灯させるには？

■ 70～80 Vをかけないと点灯しないネオンランプを，9 Vの電池で点灯させるにはどうしたらよいのだろうか。

■ 図1のようにコイルLを並列につないだ回路でスイッチをオフにするとき，ネオンランプNが一瞬点灯する。このメカニズムを考えてみよう。

■ この回路で，スイッチをオンにした瞬間と，オンにしたままの状態では，ネオンランプNは点灯しない。しかし，スイッチをオフにすると，コイルLを流れていた電流の急激な減少によって，コイルLを貫く磁束が減少する。

■ 電磁誘導により，コイルは磁束の変化をさまたげる向きに誘導起電力を発生するのであったから，同じ向きに電流を流しつづけようとする。このときに発生する誘導起電力が電池の起電力に比べてずっと大きいため，ネオンランプNが一瞬点灯するのである。

■ スイッチをオンにしたときにも，磁束が変化するのでコイルLには誘導起電力が発生する。この起電力は電池の起電力による電流をさまたげるように生じるので，電池の起電力を越えることはない。したがって，このときはネオンランプNは点灯しないのである（図2）。

■ このように，コイルに流れる電流の変化によって，コイル自身に誘導起電力が生じる現象を，自己誘導という。

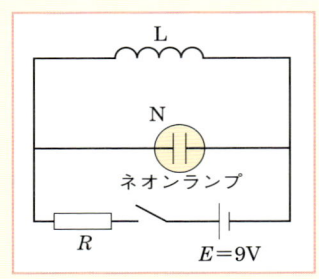

図1．ネオンの点灯回路

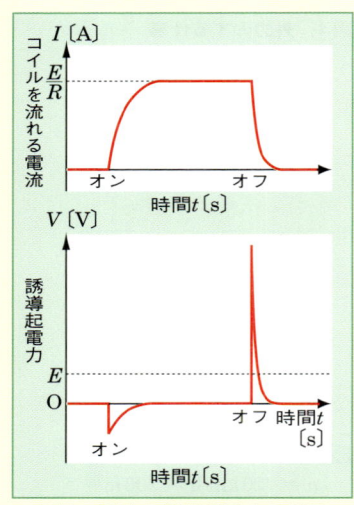

図2．電流と誘導起電力のグラフ

2 自己誘導による起電力

■ 電流 I 〔A〕が流れているソレノイドコイルで，コイルの中にできる磁束密度 B は，$B = \mu_0 n I$ なので，コイルを貫く磁束 Φ は，$\Phi = BS = \mu_0 n I S$ である。この式より，Φ は I に比例する。式で表すと，$\Phi \propto I$

したがって，

$$\frac{\Delta \Phi}{\Delta t} \propto \frac{\Delta I}{\Delta t}$$

となり，コイルに発生する誘導起電力 V は，

$$V = -N \frac{\Delta \Phi}{\Delta t} \text{ より，} V \propto -\frac{\Delta I}{\Delta t}$$

■ この比例定数をLとおくと，

$$V = -L\frac{\Delta I}{\Delta t}$$

■ Lは，自己誘導の大きさを表し，**自己インダクタンス**とよばれている。単位は**ヘンリー**〔H〕である。

■ Lの値は，コイルの巻き数，長さ，芯に入れる材質などで決まる。

> **ポイント**
> コイルに発生する誘導起電力Vは，
> $$V = -L\frac{\Delta I}{\Delta t}\quad (L：自己インダクタンス)$$

問 1. 自己インダクタンスが0.50 Hのコイルに流れる電流を，$\frac{1}{100}$ sの間に一様に5.0 A増加させた。コイルに生じる誘導起電力の大きさを求めよ。

問 2. 断面積S〔m²〕の円筒に，1 mあたりn回導線を巻き，長さl〔m〕のソレノイドをつくった。透磁率をμ_0〔N/A²〕として，このコイルの自己インダクタンスLを求めよ。

③ コイルにたくわえられるエネルギー

■ 前ページの実験で，ネオンランプが点灯したことは**コイルにエネルギーがたくわえられていた**ことを示している。

■ 自己インダクタンスL〔H〕のコイルに電流i〔A〕が流れ，Δt〔s〕間にΔi〔A〕電流が変化したとする。コイルの両端には自己誘導起電力$L\frac{\Delta i}{\Delta t}$〔V〕が発生する。$\Delta t$〔s〕間にコイルに流れる電荷は$i\Delta t$〔C〕であるから，この電荷をコイルを通して運ぶのに必要な仕事ΔW〔J〕は次のようになる。

$$\Delta W = \Delta qV = i\Delta t \times L\frac{\Delta i}{\Delta t} = Li\Delta i$$

■ コイルを流れる電流を0からしだいに増加させていくとき，ΔWは図3の長方形の面積で表される。電流がI〔A〕になるまでの仕事は，長方形の面積をたし合わせたものとなる。したがって，次の式を得る。

> **ポイント**
> コイルにたくわえられるエネルギーUは，
> $$U = \frac{1}{2}LI^2$$

✿ **1.** ファラデーの電磁誘導の式と同じく，負号はVの向きを示す。大きさは$V = L\frac{\Delta I}{\Delta t}$で計算し，向きはレンツの法則（→p.168）で求めるとよい。

✿ **2.** Vの式を$L=$に変形してLの単位を求めると，〔V·s/A〕となり，これを〔H〕としている。
1 V·s/A = 1 H

解き方 問1.
$\Delta t = \frac{1}{100}$ s，$\Delta I = 5.0$ Aより，
$V = L\frac{\Delta I}{\Delta t} = 0.5 \times \frac{5.0}{\frac{1}{100}}$
$= 250$ V

答 250 V

解き方 問2.
コイルにI〔A〕の電流が流れているとすると，コイルの中の磁束密度Bは，$B = \mu_0 nI$なので，コイルを貫く磁束Φは，$\Phi = BS = \mu_0 nIS$である。Iが変化すると，誘導起電力Vが発生し，その大きさは，全体の巻き数が$N = nl$であることに注意して，
$V = -N\frac{\Delta \Phi}{\Delta t}$
$= -nl\frac{\mu_0 n\Delta IS}{\Delta t}$
である。この式と
$V = -L\frac{\Delta I}{\Delta t}$
を比較して，
$L = \mu_0 n^2 lS$

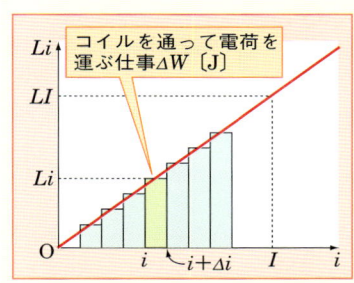

答 $\mu_0 n^2 lS$

図3．コイルを使って電荷を運ぶ仕事

4 相互誘導

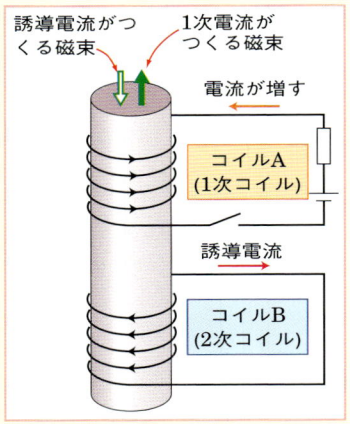

1 2つのコイルを近づけると…

■ 図1のように，コイルAの近くにコイルBを置き，Aに流れる電流を変化させる。**Aの電流が変化すると，その電流がつくる磁場が変化するので，磁束が変化する。**

■ コイルAの磁束$Φ_1$はコイルBの中も通るので，Aの磁束が変化すると，Bの中を通る磁束$Φ_2$も変化する。この**$Φ_2$の変化によって，コイルBに誘導起電力が発生する。**このように，2つのコイルの一方（**1次コイル**）を流れる電流の変化によって，他方のコイル（**2次コイル**）に誘導起電力が発生する現象を**相互誘導**(そうごゆうどう)という。

2 起電力の向き

■ 1次コイルの電流I_1が増加すると，2次コイルの磁束$Φ_2$も増加するから，2次コイルには，**1次コイルの磁束$Φ_1$と逆向きの磁束をつくるような誘導起電力**（I_1と逆向き）が発生する。

■ I_1が減少するときは，$Φ_2$も減少するから，2次コイルには，**1次コイルの磁束$Φ_1$と同じ向きの磁束をつくるような誘導起電力**（I_1と同じ向き）が発生する。

■ I_1が変化しないときは，2次コイルの磁束$Φ_2$も変化しないから，誘導起電力は生じない。

3 起電力の大きさ

■ 相互誘導によって発生する起電力の大きさは，2次コイルを貫く磁束$Φ_2$の変化する速さに比例する。磁束$Φ_2$は1次コイルの磁束$Φ_1$に比例し，$Φ_1$は1次コイルの電流I_1に比例するから，**誘導起電力の大きさは，1次コイルを流れる電流I_1の変化する速さに比例する。**

■ このときの比例定数を，**相互インダクタンス**[*1]という。

> **ポイント**
> $Δt$〔s〕の間に1次コイルの電流が$ΔI_1$〔A〕変化すると，2次コイルに発生する誘導起電力V_2〔V〕は，
> $$V_2 = -M\frac{ΔI_1}{Δt}$$
> （M：相互インダクタンス）

図1．相互誘導
1次コイルの電流が増すときは，2次コイルに1次コイルと反対向きの起電力が発生する。1次コイルの電流が減るときは，1次コイルと同じ向きの起電力が発生する。

[*1] 相互インダクタンスは，2つのコイルの断面積，巻き数，長さ，位置関係およびまわりの透磁率で決まる量である。単位は**ヘンリー〔H〕**を用いる。

5 交流

1 交流とは？

図1(a)のように，家庭用100Vのコンセントにプラグを差し込んで電球を点灯させる場合，Aの電位はつねに0Vで，Bの電位が(b)のように変動する。Bの電位が0Vよりも高いときには，電球を下向きに電流が流れ（図の赤い部分），低いときには上向きに流れる（図の青い部分）。このように，**交互に向きを変える電流**を**交流**（**AC**）[1]という。

2 交流をつくるには

交流は，図2のように磁場の中をコイルabcdを回転させてつくる。図の状態から回転すると，コイルabcdを貫く右向きの磁束が減少するので，右向きの磁束をつくるように誘導電流が発生する。このため，電流はb→a，d→cの向きとなる。

発生する起電力Vを図2に示したように計算すると，次の式を得る。Sはコイルabcdがつくる面の面積である。

ポイント
交流電圧V〔V〕は，
$$V = V_0 \sin \omega t \quad (V_0 = BS\omega で V_0 は最大電圧)$$

ωtを**位相**[2]という。交流の周期Tと，周波数fは，
$$T = \frac{2\pi}{\omega}, \quad f = \frac{1}{T} = \frac{\omega}{2\pi}$$
で表される。

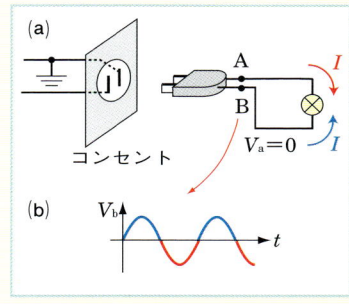

図1．交流の電圧
コンセントの一方はアースされていて，つねに電位は0Vになっている。他方は電位が上がったり下がったりをくり返している。

[1] Alternating Currentの略である。これに対して，向きが一定で変化しない電流を**直流**（DC：Direct Current）という。

[2] 正弦波の位相（→p.78）と同じ形をしている。

$\Phi = BS\cos\omega t$

$V = -\dfrac{\Delta \Phi}{\Delta t} = -\dfrac{d\Phi}{dt}$

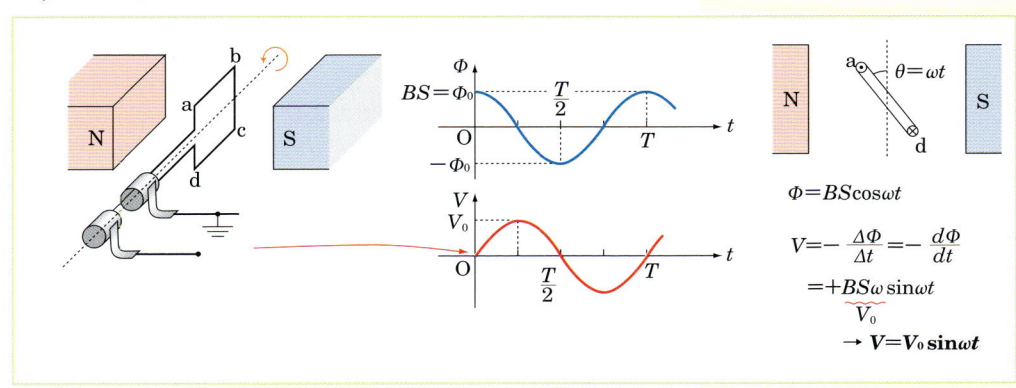

$= +\underbrace{BS\omega}_{V_0}\sin\omega t$

$\to V = V_0 \sin\omega t$

図2．交流の発生

5章　電磁誘導と電磁波

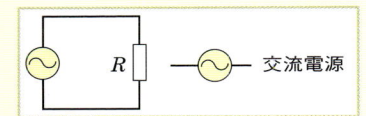

図3．交流回路

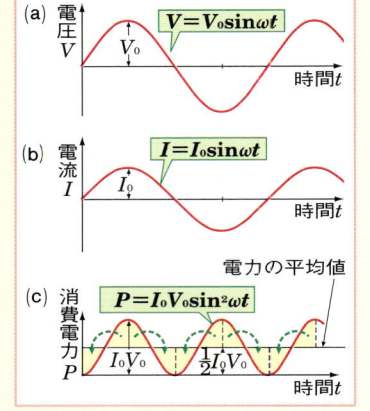

(a) 電圧 V $V=V_0\sin\omega t$ 時間 t
(b) 電流 I $I=I_0\sin\omega t$ 時間 t
(c) 消費電力 P $P=I_0V_0\sin^2\omega t$ 電力の平均値 $\frac{1}{2}I_0V_0$ 時間 t

図4．交流の電力とその平均値

⚛ 3. V_e, I_e はそれぞれの実効値を示す記号である。eは，effective value（実効値）を表している。

⚛ 4. $V_0 = \sqrt{2} \times V_e = \sqrt{2} \times 100 = 141.4\cdots V$
同様に，200Vの交流電源の最大電圧は283Vである。

【解き方】問1．
(1) $V_e = \frac{V_0}{\sqrt{2}} = \frac{141}{\sqrt{2}} = 100\,V$
グラフより，
$T = 0.02\,s$
$f = \frac{1}{T} = 50\,Hz$

(2) $I_0 = \frac{V_0}{R} = \frac{141}{20.0} = 7.05\,A$
$I_e = \frac{I_0}{\sqrt{2}} = \frac{7.05}{\sqrt{2}} = 5.00\,A$
f は不変で，50.0Hz

(3) $P = I_e V_e = 5.00 \times 100 = 500\,W$

【答】
(1) 実効値：**100 V**
　　周波数：**50 Hz**
(2) 最大値：**7.05 A**
　　実効値：**5.00 A**
　　周波数：**50 Hz**
(3) **500 W**

❸ 交流の実効値

■ 図3のような抵抗 R を含む回路で，図4(a)のような交流電圧 V を，$V = V_0 \sin\omega t$ で加えると，流れる電流 I は，

$$I = \frac{V_0}{R}\sin\omega t = I_0 \sin\omega t$$

これをグラフに表すと図4(b)のようになる。電圧の平均は0V，電流の平均も0Aになる。

■ 抵抗 R での消費電力 P を計算すると，

$$P = IV = I_0 V_0 \sin^2\omega t$$

このグラフは図4(c)のようになる。これから，**電力 P の平均は $\frac{I_0 V_0}{2}$** となる。

■ これは，次のように書きかえられる。

$$\frac{I_0 V_0}{2} = \frac{I_0}{\sqrt{2}} \times \frac{V_0}{\sqrt{2}} \quad\cdots\cdots\cdots\text{①}$$

①式は，R の抵抗に電圧 $V = \frac{V_0}{\sqrt{2}}$ の直流電源をつないで，$I = \frac{I_0}{\sqrt{2}}$ の直流電流が流れたときに R で消費される電力と同じ値になる。そこで，**最大値を $\sqrt{2}$ で割った値**を，交流の電圧，電流の平均値とみなし，**実効値**という。

> **ポイント**
>
> **交流の実効値**
>
> 電圧 $V_e = \frac{V_0}{\sqrt{2}}$　　電流 $I_e = \frac{I_0}{\sqrt{2}}$

■ **家庭用電源**の多くは100Vであるが，これは**実効値を表している**。そのため，電圧の最大値は141Vである。

問 1. 下図(a)のように，交流電源 V を20.0Ωの抵抗 R に接続し，点Bをアースすると，点Aの電位が図(b)のように変化した。
(1) この交流電圧の実効値および周波数はいくらか。
(2) このとき，R を流れる電流の最大値，実効値および周波数はいくらか。
(3) R での平均消費電力は何Wか。

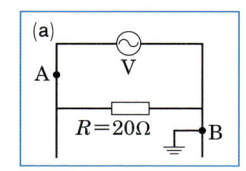

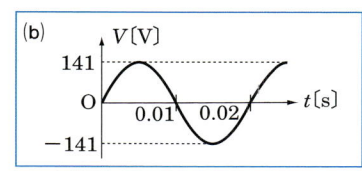

(a) 回路図：A—V—R=20Ω—B（アース）
(b) グラフ：$V[V]$ が141と-141の間で振動，横軸 $t[s]$，0.01, 0.02

4 変圧器は交流電圧を変える装置

相互誘導（→p.174）の現象を利用して交流の電圧を変える装置を**変圧器**という。変圧器は，図5のように1つの鉄心に2つのコイルを巻いたもので，電源に接続しているほうのコイルが**1次コイル**（入力側），負荷に接続されているほうのコイルが**2次コイル**（出力側）である。

5 電圧は巻き数に比例する

1次コイルに交流電流を流すと，1次コイルを貫く磁束が，電流の変化に応じて変化する。この磁束は，鉄心を通って2次コイルを貫くので，磁束の変化によってコイルの1巻きに発生する誘導起電力は，1次コイルでも2次コイルでも同じである。

したがって，**それぞれのコイル全体に発生する起電力は，それぞれの巻き数N_1, N_2に比例する**ことになる。一方，1次コイルの誘導起電力は，1次コイルに加えた電圧（入力電圧）に等しいから，電源の電圧をV_1，2次コイルの電圧（出力電圧）をV_2とすると，次の関係が成り立つ。

ポイント
$$\frac{V_1}{V_2} = \frac{N_1}{N_2} \qquad \frac{1次電圧}{2次電圧} = \frac{コイル1巻き数}{コイル2巻き数}$$

6 電力は変わらない

変圧器の内部でエネルギーの消費がないとすれば，エネルギー保存の法則より，**1次コイルに供給された電力と2次コイルが負荷に供給する電力は等しい**。よって，1次コイル，2次コイルの電流をそれぞれI_1〔A〕，I_2〔A〕とすると，次の関係が成り立つ。

ポイント
$$V_1 I_1 = V_2 I_2 \qquad 1次側の電力 = 2次側の電力$$

問 2. 1次コイルおよび2次コイルの巻き数がそれぞれ200回，400回の変圧器がある。1次コイルに100Vの電圧を加えたとき，出力電圧はいくらか。また，2次コイルに40Ωの抵抗をつなぐと，1次電流および2次電流はいくらか。

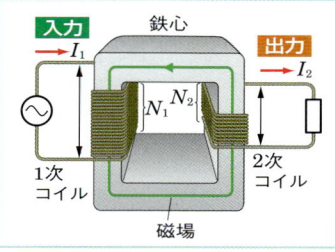

図5．変圧器の原理
1次コイルに交流電流を流すと，その磁束は鉄心を通ってすべて2次コイルを貫くので，2次コイルに誘導起電力が発生する。

5. p.169の①式より，次のようになるからである。
$$V_1 = -N_1 \frac{\Delta \Phi}{\Delta t}, \quad V_2 = -N_2 \frac{\Delta \Phi}{\Delta t}$$

6. 交流は，理想的な変圧器を使えば，電力を消費することなく電圧を上げ下げできる。これは交流の長所の1つである。直流では電圧を上げることはできない。また，抵抗で電圧を下げることはできるが，そのときに電力を消費する。

7. 1次電流と2次電流の比は，
$$\frac{I_1}{I_2} = \frac{V_2}{V_1} = \frac{N_2}{N_1}$$
となり，1次コイルと2次コイルの巻き数の比に反比例する。

解き方 問2.
$\frac{V_1}{V_2} = \frac{N_1}{N_2}$ より，$\frac{100}{V_2} = \frac{200}{400}$
ゆえに，$V_2 = 200$V
2次電流I_2は，
$I_2 = \frac{V_2}{R} = \frac{200}{40} = 5.0$A
$V_1 I_1 = V_2 I_2$ より，
$100 \times I_1 = 200 \times 5$
ゆえに，$I_1 = 10$A

答 電圧：**200V**
　　　1次電流：**10A**
　　　2次電流：**5A**

6 交流回路

1 コイルを流れる交流

■ 図1(a)のように，9Vの直流電源にコイルと電球を接続した回路と，(b)のように実効値9Vの交流電源にコイルと電球を接続した回路で電球の明るさを比較すると，直流電源のほうが明るくなる。

■ コイルには磁場の変化をさまたげるように誘導起電力が生じるので，<u>コイルは交流に対して抵抗の役割を果たすからである</u>。

■ 図1(c)のように，交流電源に自己インダクタンスLのコイルを接続した回路を考える。流れる電流Iを，

$$I = I_0 \sin \omega t \quad \cdots\cdots ①$$

とすると，コイルには$L\dfrac{\Delta I}{\Delta t}$の大きさの起電力が発生する。この大きさは交流電源の電圧Vとつねに等しくなるから，

$$V = L\dfrac{\Delta I}{\Delta t}$$

この式を$\Delta t \to 0$として変形し，整理すると，

$$V = V_0 \sin\left(\omega t + \dfrac{\pi}{2}\right) \quad \cdots\cdots ②$$

■ ①式と②式をグラフに表すと，図2のようになる。これから，<u>電流の位相が電圧より$\dfrac{\pi}{2}$遅れる</u>ことがわかる。

■ ②式を導く過程で$\omega L I_0 = V_0$とおいた。この式とオームの法則$RI=V$を対比してみると，<u>ωLが抵抗に相当する量</u>であることがわかる。

■ 理想的なコイルは直流には抵抗値$R=0$であるが，<u>交流に対してはωLの大きさの抵抗</u>の役割を果たす。これを**コイルのリアクタンス**といい，単位は〔Ω〕である。

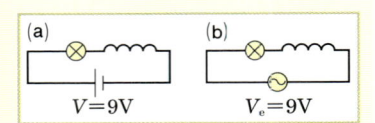

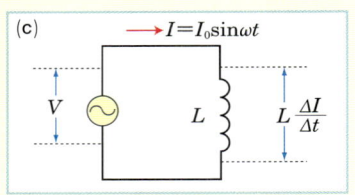

図1．コイルを接続した回路

> **●1.** Δtを限りなく0に近づけると，Iをtで微分することになるので，
> $$V = L\dfrac{dI}{dt} = L\dfrac{d}{dt}(I_0 \sin\omega t)$$
> $$= \omega L I_0 \cos\omega t$$
> $$= \omega L I_0 \sin\left(\omega t + \dfrac{\pi}{2}\right)$$
> $$= V_0 \sin\left(\omega t + \dfrac{\pi}{2}\right)$$
> なお，$\omega L I_0 = V_0$とおいた。

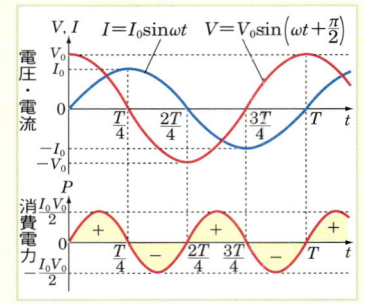

図2．コイルを流れる交流と消費電力

コイルで消費される電力Pは，
$$P = IV$$
$$= I_0 \sin\omega t \times V_0 \sin\left(\omega t + \dfrac{\pi}{2}\right)$$
$$= \dfrac{1}{2}I_0 V_0 \sin 2\omega t$$

となり，このグラフを見ると，コイルはエネルギーを消費しないことがわかる。

> **ポイント**
> **コイルを流れる交流**
> 電流　$I = I_0 \sin\omega t$
> 電圧　$V = V_0 \sin\left(\omega t + \dfrac{\pi}{2}\right)$
> 電圧の位相は電流より$\dfrac{\pi}{2}$進んでいる。
> **コイルのリアクタンス**　$X_L = \omega L = 2\pi f L$

2 コンデンサーを流れる交流

■ 図1(c)のコイルをコンデンサーに変えて図3のようにすると，直流電源の場合はコンデンサーに電荷がたくわえられるまでの短い時間だけ電流が流れて，電球は点灯する。いっぽう交流電源では電球が点灯しつづける。交流では，電流の向きが周期的に変化するので，コンデンサーは充電，放電をくり返すため電流が流れつづけるのである。

■ 図3のように，交流電源に電気容量Cのコンデンサーを接続し，電荷qがたくわえられている場合を考える。電源の電圧Vは，$V = V_0 \sin \omega t$ ……③

で変動しても，コンデンサーの極板間の電位差$\frac{q}{C}$はつねに電源と同じ値になる。式で表すと，

$$V = \frac{q}{C} \text{ より}, \quad V_0 \sin \omega t = \frac{q}{C}$$

■ この式から，$I = I_0 \sin \left(\omega t + \frac{\pi}{2}\right)$ ……④

となり，電流の位相が電圧より$\frac{\pi}{2}$進むことになる。③式と④式をグラフに示すと，図4のようになる。

■ ④式を導く過程で$\omega C V_0 = I_0$とした。この式と$RI = V$を対比してみると，$\frac{1}{\omega C}$が抵抗に相当する量であることがわかる。コンデンサーは直流に対しては抵抗が無限大であり，接続されていないのと同じだが，交流に対しては$\frac{1}{\omega C}$の大きさの抵抗の役割を果たす。これをコンデンサーのリアクタンスという。この単位も〔Ω〕になる。

> **ポイント　コンデンサーを流れる交流**
> 電流　$I = I_0 \sin \left(\omega t + \frac{\pi}{2}\right)$
> 電圧　$V = V_0 \sin \omega t$
> 電流の位相は電圧より$\frac{\pi}{2}$進んでいる。
> コンデンサーのリアクタンス　$X_C = \frac{1}{\omega C} = \frac{1}{2\pi f C}$

問 1. 100μFのコンデンサーに，実効値100V，50Hzの交流を接続すると，電流の実効値は何Aになるか。

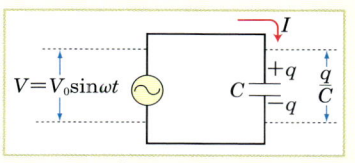

図3．コンデンサーを接続した回路

2. $I = \frac{dq}{dt}$ に注意して，

$$V_0 \sin \omega t = \frac{q}{C}$$

の両辺をtで微分すると，

$$V_0 \omega \cos \omega t = \frac{I}{C}$$

ゆえに，

$$I = \omega C V_0 \cos \omega t = I_0 \sin \left(\omega t + \frac{\pi}{2}\right)$$

なお，$\omega C V_0 = I_0$とおいた。

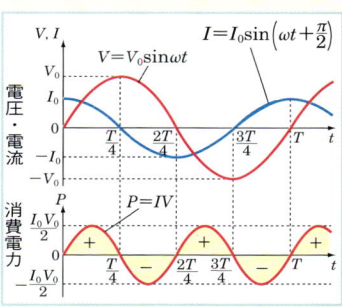

図4．コンデンサーを流れる交流と消費電力

コンデンサーで消費される電力Pは，

$$P = IV = I_0 \sin \left(\omega t + \frac{\pi}{2}\right) \times V_0 \sin \omega t = \frac{1}{2} I_0 V_0 \sin 2\omega t$$

となり，このグラフを見ると，コンデンサーはエネルギーを消費しないことがわかる。

解き方　問1.
リアクタンスX_Cは，
$$\frac{1}{\omega C} = \frac{1}{2\pi f C} = \frac{100}{3.14} \Omega$$
$$I_e = \frac{V_e}{X_C} = \frac{100}{\frac{100}{3.14}} = 3.14 \text{A}$$

答　3.14A

5章　電磁誘導と電磁波

7 電気振動と電磁波

1 振動回路

■ 図1のような回路で，コンデンサーCを充電したあと，スイッチをK_2に接続すると，次のようになる。

[1] K_2に接続するとコンデンサーから電流iが流れ出すが，コイルLの自己誘導のためiは急激には増えない。

[3] iが最大のとき，$V_L = -L\frac{\Delta i}{\Delta t} = 0$，$V_L = V_C$より，Cの極板間の電位差が0となり，Cの電荷も0となる。

[4] Cの電荷が0になっても，コイルの自己誘導のためiは急激に0になれないから，同じ向きに電流が流れ，Cには最初と逆の電荷がたまりはじめる。

[5] $i = 0$になったとき，Cの電荷は最大となる。そこで逆向きの電流iが流れはじめる。

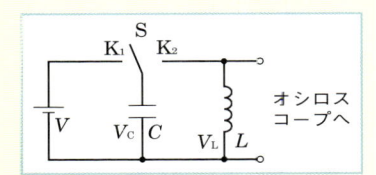

図1. 振動回路
このような振動回路を，**LC振動回路**もしくはたんに**LC回路**ともいう。

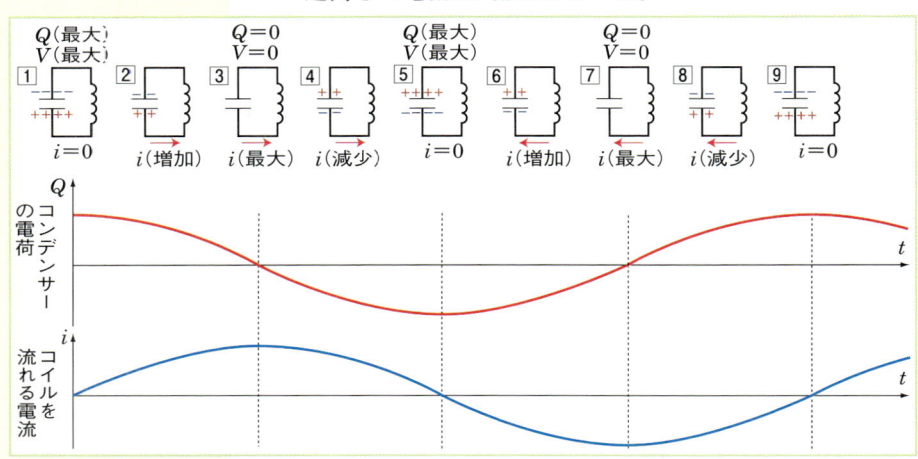

★1. この[1]，[3]，[4]，[5]の番号は，図2の番号と対応している。他も同様である。

図2. 電気振動での電荷と電流

■ [1]，[2]，…がくり返されて，**振動電流が生じる**。この現象を**電気振動**といい，図1の回路を**振動回路**という。

■ 実験をすると，発生するジュール熱や，振動電流により回路から電波としてエネルギーが放射されることなどから，**電流は振動しながら減衰**する。これを**減衰振動**という。

■ iは変化するが，どの瞬間でも，コイルの両端の電位差とコンデンサーの両端の電位差は等しい。リアクタンスに電流をかけると電位差になるので，$\boldsymbol{\omega L i} = \dfrac{1}{\omega C} \cdot \boldsymbol{i}$ ……①

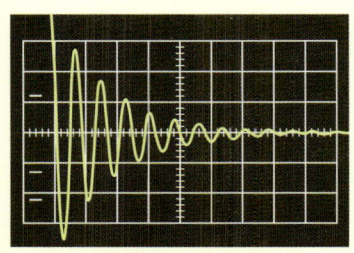

図3. 電気振動を表すグラフ

180　4編　電気と磁気

■ ①式を $\omega = 2\pi f$ を用いて変形すると，次のようになる。

ポイント 振動回路における振動電流の周波数 f [Hz] は，
$$f = \frac{1}{2\pi\sqrt{LC}}$$

問 1. 図1の振動回路で，$V = 100$ V，$C = 2.0 \times 10^{-9}$ F，$L = 0.80$ H のとき，次の各値を求めよ。
(1) スイッチを左に倒したときコンデンサーにたくわえられるエネルギー
(2) スイッチを右に倒したとき発生する振動電流の周波数
(3) (2)の電気振動の周期

問 2. 自己インダクタンスが 0.040 H のコイルとコンデンサーを用いた振動回路で，400 Hz の電気振動を発生させたい。コンデンサーの電気容量をいくらにすればよいか。

2 共振回路

■ 図4(a)は振動回路と同じである。はじめコンデンサーに電荷がたまっていれば，$f = \dfrac{1}{2\pi\sqrt{LC}}$ の周波数で振動電流が流れる。この周波数は回路の L と C で決まるもので，**固有振動数**という。

■ 物体の固有振動数と同じ振動を外部から与えると，物体は振動をはじめて振幅がだんだん大きくなる。これを**共振**という。電気回路も同じで，図4(b)のように回路の固有振動数と同じ周波数の交流を与えると，大きな電流が流れる。このような回路を**共振回路**という。

■ 図4(c)のように，回路に電球を入れて交流電源の周波数を変化させてみると，共振する周波数付近で最も明るく点灯することがわかる。

■ 交流の周波数と流れる電流をグラフに表すと，図5のようになる。共振回路を利用すると，いろいろな周波数の混ざった交流から，L と C で決まる共振周波数の交流だけを，大きな電流として取り出すことができる。

■ 放送局からは，それぞれ特有の周波数の電波が出ている。アンテナで受信する電波は，これらが混ざったものであるが，共振回路を用いることにより，特定の放送局の電波を受信することができる。そのため，この回路がラジオやテレビの受信機に使われている。

解き方 問1.
(1) $U = \dfrac{1}{2}CV^2$
$= \dfrac{1}{2} \times 2.0 \times 10^{-9} \times 100^2$
$= 1.0 \times 10^{-5}$ J

(2) $f = \dfrac{1}{2\pi\sqrt{LC}} \fallingdotseq 4000$ Hz

(3) $T = \dfrac{1}{f} = 2.5 \times 10^{-4}$ s

答 (1) 1.0×10^{-5} J
(2) 4000 Hz
(3) 2.5×10^{-4} s

解き方 問2.
$400 = \dfrac{1}{2\pi\sqrt{0.04 \times C}}$
ゆえに，
$C \fallingdotseq 4.0 \times 10^{-6}$ F $= 4.0$ μF

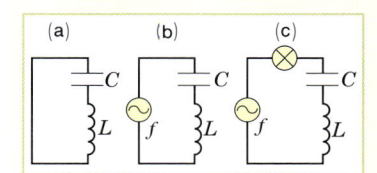

答 4.0 μF

図4．共振回路

2. おんさをたたくと，ある高さの音が発生する。この振動数を固有振動数というが，この振動数の音をスピーカーから発生させると，おんさは振動をはじめる。この現象を**共振**というのであった。

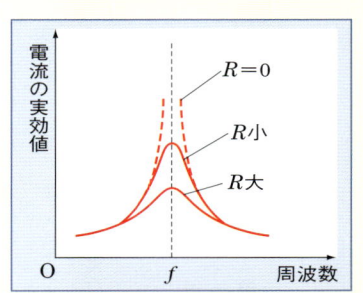

図5．交流の周波数と電流
上の回路図(b)に抵抗 R を直列に入れた回路に，交流電圧を加えると，電流の実効値はこのようになる。

5章 電磁誘導と電磁波

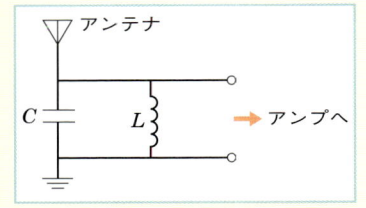

図6．電磁波の受信回路
共振回路を用いて，$f = \dfrac{1}{2\pi\sqrt{LC}}$ で決まる周波数の電波を選択することができる。

◎3．マクスウェル（1831～1879，イギリス）による。

3 電磁波

■ 電磁誘導の法則では，コイルを貫く磁場が変化すると誘導電流が発生するのであった。これはコイルの中に電場が発生したためである。コイルがなくても，磁場が変化するとそのまわりに電場が発生する。さらに，電場が変化すると，そのまわりに磁場が発生する◎3ことがわかっている。

■ この電場と磁場が，進行方向に垂直で同位相で振動しながら伝わる。これを電磁波といい，真空中を伝わる速さは光と同じ約3.0×10^8 m/s（→p.95）である。

■ 図7(a)のLC回路で，振動電流ができるとそのまわりに振動電場が発生する。

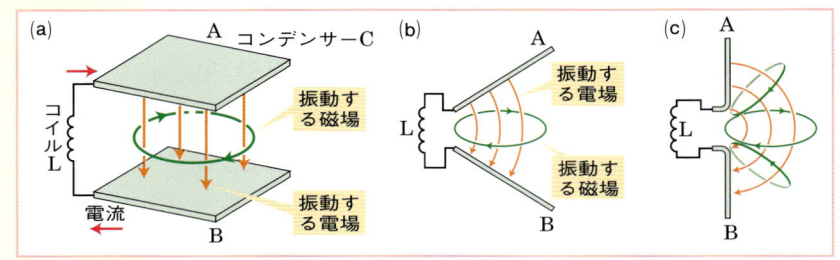

図7．電磁波の発生

■ コンデンサーの極板を図7(b)のように開くと，電場と磁場が空間に放射されやすくなり，図7(c)では最も放射されやすくなっている。こうしてアンテナから電磁波が放射されることになる。電磁波も波であるから，反射，屈折，回折，干渉という波としての性質（→p.74）が見られる。

■ 電磁波は波長などによって表1のように分類される。

表1．いろいろな電磁波

振動数	10^6	10^9	10^{12}	10^{15}	10^{18}	10^{21} 〔Hz〕
	小さい ←					→ 大きい
波長	10^3	1	10^{-3}	10^{-6}	10^{-9}	10^{-12} 〔m〕
	長い ←					→ 短い

分類	電波								赤外線	可視光線	紫外線	X線	γ線
					マイクロ波								
	VLF	LF	MF	HF	VHF	UHF	SHF	EHF					
	超長波	長波	中波	短波	超短波	極超短波	センチ波	ミリ波	サブミリ波				
用途	船舶・飛行機無線		AMラジオ放送	短波ラジオ放送	FMラジオ放送	地上テレビ放送	携帯電話	電子レンジ・携帯電話	レーダー・気象衛星	暖房	赤外線写真	光学機器	殺菌化学作用の利用	X線写真・医療	食品照射	厚さ計・医療
性質	弱い ←				電磁波の直進性・集束性								→ 強い

定期テスト予想問題　解答 → p.257~261

1　電磁誘導

下図のような断面積 $5.0 \times 10^{-4}\,\mathrm{m}^2$ の100回巻きの中空コイルがある。

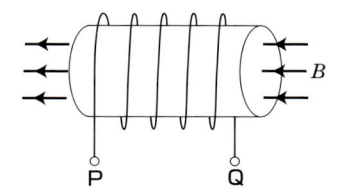

コイルを貫く磁場の磁束密度 B が下図のグラフのように変化した。時刻 $0.01\,\mathrm{s}$、$0.03\,\mathrm{s}$、$0.045\,\mathrm{s}$ において、点Qに対する点Pの電位はそれぞれ ①　V、②　V、③　V である。

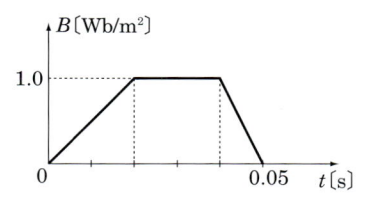

2　平行なレール上の導体

次の文を読み、空欄にあてはまる数式または語句を答えよ。

磁束密度 B の磁場中に回路をつくり、スイッチを開いた状態で長さ l、抵抗 0 の導体棒PQを速さ v で引いた。

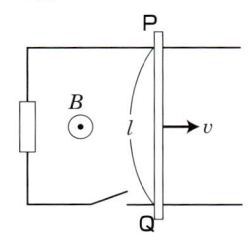

導体内の自由電子（電荷 $-e$）は導体棒とともに運動するので、大きさ ① のローレンツ力がはたらき、その向きは ② であるから、Pは ③ に帯電し、導体内に電場が生じる。この電場からの力とローレンツ力がつり合うようになるまで電子は移動する。このとき電場の大きさは ④ で、PQ間の電圧は ⑤ である。スイッチを閉じると回路に電流が流れるが、定常状態では、PQ間の電圧はスイッチを開いた場合と同じになる。よって、導体棒には起電力 ⑤ が ⑥ の向きに生じたことになる。

3　磁場を横切る金属棒

紙面に垂直上向きで一様な磁場がある。この磁場の中の紙面上に、電気抵抗の無視できる図のような形の導線FCDE（$CD = l\,[\mathrm{m}]$）を置いた。電気抵抗が $R\,[\Omega]$ の金属棒PQ（長さ $l\,[\mathrm{m}]$）の両端をこの上に置き、これに質量 $M\,[\mathrm{kg}]$ のおもりをつるした。金属棒は、辺CF、DEとつねに直角をなしたまま、なめらかに動き始めた。磁束密度を $B\,[\mathrm{Wb/m}^2]$ とする。

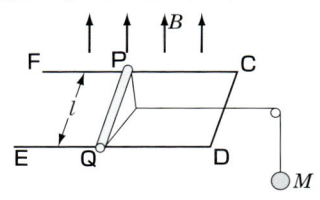

Ⅰ．落下するおもりに引きずられて動き出した金属棒の速さが $v\,[\mathrm{m/s}]$ になったとき、
(1) 回路PQDCを貫く磁束は単位時間あたりいくらずつ増加するか。
(2) 金属棒の電位はどちらが高いか。
(3) 金属棒に流れる電流はいくらか。ただし、P→Qを正とする。
(4) 金属棒が磁場から受ける力はいくらか。ただし、金属棒の動いている向きを正とする。

Ⅱ．金属棒の速さはしだいに増していくが、ある速さ $v_0\,[\mathrm{m/s}]$ になると、それ以後はその速さで等速運動をつづける。
(5) 金属棒が動き始めた時刻を0として、速さと時刻の関係を表すグラフの概形をかけ。ただし、時刻の値は記さなくてよい。
(6) このときの速さ $v_0\,[\mathrm{m/s}]$ はいくらか。

4 磁場内で回転する導体棒

図のように，磁束密度Bの磁場に垂直に，長さlの導体棒OAを置き，Oを中心として一定の角速度ωで回転させる。電子の電荷を$-e$として，次の問いに答えよ。

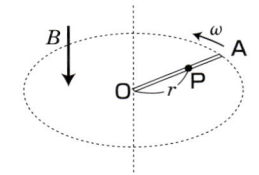

(1) 導体棒の一端Oから距離rの点Pにある1個の電子が受けるローレンツ力の大きさと向きを求めよ。
(2) 点Pの電場の大きさと向きを求めよ。
(3) 1個の電子がこの電場によって受ける力の大きさFと距離rの関係を，rを横軸にとってグラフに表せ。
(4) 電子を導体棒に沿ってOからAまで運ぶときの仕事を，(3)のグラフを利用して求めよ。
(5) 導体棒OAに生じている起電力を求めよ。

5 コイルの自己誘導

起電力$E = 100\,\text{V}$の電池，抵抗値$R = 10\,\Omega$の抵抗，自己インダクタンス$L = 20\,\text{H}$のコイルで，下図のような回路をつくった。
スイッチを閉じると，電流が流れはじめ，電流$I = 6.0\,\text{A}$のとき，電流の変化率は$\dfrac{\Delta I}{\Delta t} =$ ① A/sであった。電流が一定になったとき，$I =$ ② Aであり，コイルのエネルギーは ③ Jになっている。

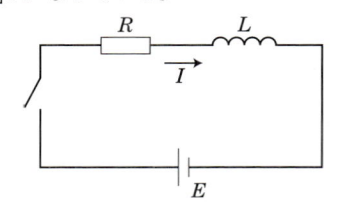

6 相互誘導

図1の回路に矢印の向きに図2のように変化する電流を流したとき，コイル2に生じる誘導起電力V_2と時刻tの関係を表すグラフをかけ。ただし，相互インダクタンスは0.5Hとし，電位はAがBより高いときを正とする。

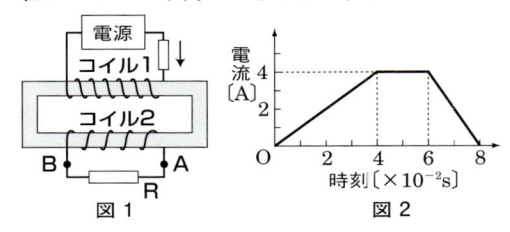

図1

図2

7 コイルと電球の明るさ

右図において，Lは自己インダクタンスが大きく抵抗の小さいコイル，Aは豆電球，Rは抵抗値の小さい抵抗，Eは電池を表している。 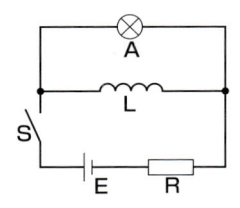
(1) スイッチを閉じたとき，豆電球の明るさはどう変化するか。
(2) スイッチを開いたとき，豆電球の明るさはどう変化するか。

8 リアクタンス

次の文を読み，空欄にあてはまる式または数値を答えよ。
周波数f〔Hz〕の交流電圧を，自己インダクタンスL〔H〕のコイルに加えたときのリアクタンスは ① ，その電圧を電気容量C〔F〕のコンデンサーに加えたときのリアクタンスは ② である。したがって，実効値100V，周波数60Hzの交流電圧を，自己インダクタンス0.20Hのコイルに加えると，電流の実効値は ③ Aで，同じ交流電圧を20μFのコンデンサーに加えると，電流の実効値は ④ Aとなる。

9 交流回路

次図のように，インダクタンス 10 mH のコイル L を 2 個，または電気容量 200 μF のコンデンサー C を 2 個，それぞれ接続した回路がある。これを交流電源に接続した場合について，次の問いにあてはまる回路をそれぞれすべて選べ。

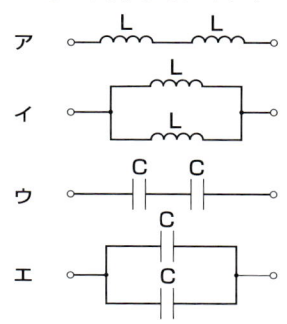

ア　L—L 直列
イ　L—L 並列
ウ　C—C 直列
エ　C—C 並列

(1) ア～エのうち，電源の周波数が 50 Hz の場合に，最も大きな交流電流の流れる回路。
(2) ア～エのうち，電源の周波数が 50 Hz の場合に，最も小さな交流電流の流れる回路。
(3) 電源の周波数を大きくしていくにつれて，流れる交流電流が大きくなっていく回路。
(4) 交流電圧の位相より，回路を流れる交流電流の位相が $\frac{\pi}{2}$ rad 進んでいる回路。
(5) 交流電圧の位相より，回路を流れる交流電流の位相が $\frac{\pi}{2}$ rad 遅れている回路。

10 電気振動

次図において，C は 20 V の電圧で充電された 3.0×10^{-3} F のコンデンサー，L はコイルを表している。スイッチ S を閉じると，C の両端の電圧は 8.1×10^{-3} s 後にはじめて 0 になった。L，C，S と導線の抵抗が無視できるとして，次の問いに答えよ。

(1) この振動回路の周期は何 s か。
(2) L の自己インダクタンスは何 H か。
(3) C にたくわえられているエネルギーと L にたくわえられているエネルギーが，はじめて等しくなるのは，S を閉じてから何 s 後か。

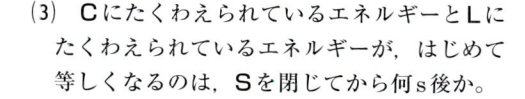

11 振動回路

下図の回路でまずスイッチ S_1 だけを閉じてコンデンサーを十分に充電したあと，スイッチ S_1 を開いてスイッチ S_2 を閉じると，コンデンサーの電荷はコイルを通して放電され，電流が流れる。スイッチ S_2 を閉じた時刻を 0 とするとき，次の問いに答えよ。

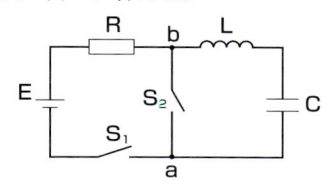

(1) コンデンサーの点 b 側の電荷 Q の時間変化を表すグラフは，下のア～カのどれか。ただし，グラフの縦軸は Q を表すものとする。
(2) コイルに流れる電流 i の時間変化を表すグラフは，下のア～カのどれか。ただし，電流は a から b の向きを正とし，グラフの縦軸は i を表すものとする。
(3) $C = 10 \, \mu\text{F}$，$L = 0.1 \, \text{H}$，$E = 10 \, \text{V}$ とすると，この回路の固有振動数はいくらか。

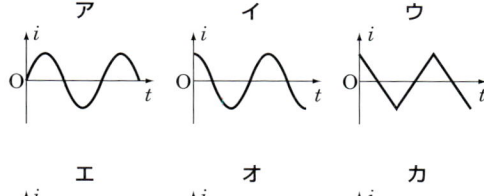

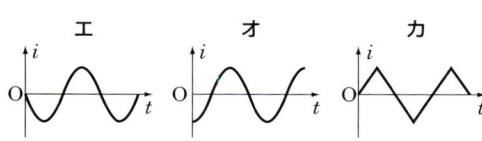

交流の位相を観察しよう

> コンセントから送られてくる電流は，50Hzや60Hzの交流電流です。電流の強さを直接感じることはできませんし，感じられても，1秒間に50回も変化すればわかりません。しかし，ちょっとの工夫で観察できるようになります。

コンデンサーに流れる電流の位相が，電圧の位相よりも $\frac{\pi}{2}$ 進むことを利用して，4つのLED（発光ダイオード）を順番に点灯させてみよう。

図1は4つのLEDとコンデンサーおよび抵抗を用いて試作した装置である。制作費は300円くらいである。

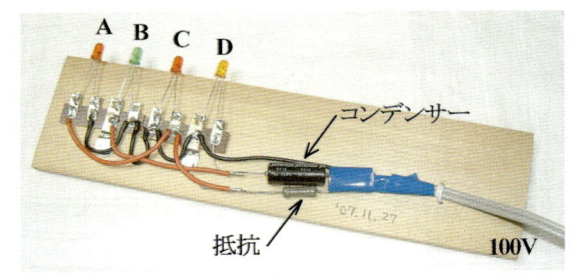

図1．交流を観察する実験装置

順番に点灯させる原理は？

図2がこの装置の回路図で，A，B，C，Dとあるのが4つのLEDである。

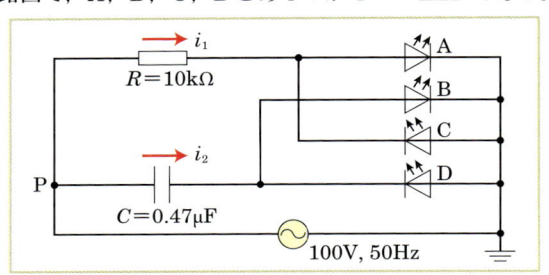

図2．実験装置の回路

交流100Vの電源によって点Pの電位が右の V_P-t グラフのように変動したとしよう（横軸 t は時刻）。抵抗 R を流れる電流 i_1 は電圧 V_P との位相のずれはないので，i_1 の変化は V_P-t と同じタイミングで上下に変動する。

時間軸につけた

$$0, 1, 2, 3, \cdots$$

は便宜上の時刻で，周期を4としている。すなわち，本来は周期を T として，

$$0, \frac{T}{4}, \frac{2T}{4}, \frac{3T}{4}, \cdots$$

である。

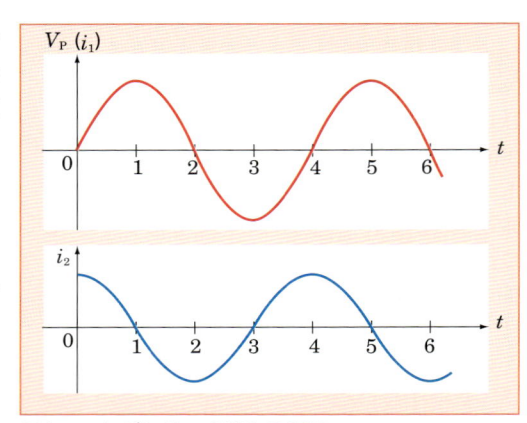

図3．コンデンサーを流れる電流

LEDはダイオードの一種なので，回路記号の三角形の方向にだけ電流を流し，流れたときに発光する性質をもっている。よって，0～2の間では，i_1が図3の矢印の向きに流れるので，AのLEDが点灯する。また，2～4では逆向きの電流なのでCのLEDが点灯する。つまりAとCは交互に点灯することになる。

　さて，コンデンサーに流れる電流i_2は，電圧よりも位相が$\frac{\pi}{2}$進むのであった。このようすをグラフに示したのが前ページのi_2-tグラフである。i_2は，V_Pのグラフとはタイミングが$\frac{\pi}{2}$ずれて上下に変動している。このグラフと回路図を見比べると，1～3の間ではi_2は負なので，図のi_2の矢印とは逆向きの電流が流れるためにDが点灯し，3～5の間ではBが点灯することになる。以上を整理してみると，

　　　0～2　　Aが点灯
　　　1～3　　Dが点灯
　　　2～4　　Cが点灯
　　　3～5　　Bが点灯
　　　4～6　　Aが点灯
　　　…　　　…

　つまり，D，C，B，A，D，C，B，A，…の順番に点灯することになる。

実験結果の写真

　試作したものを見つめていても1秒間に50回も点滅しているため，点滅していることさえわからない。ましてや4つのLEDが順番に点滅していることは，さらにわからない。そこで，部屋を暗くしてこの装置を振ってみると，点滅していること，点滅が順番に起こっていることが観察できる。

　図4の写真は，装置を矢印のように右から左に動かしながら撮影したものである。0の点線のところでAが点灯しはじめ，1の点線でDが点灯しはじめている。以下，2でC，3でB，4でA，…のように点灯している。BとDのLEDは少し暗いが，理論通りにD，C，B，A，…の順番に点灯していることがわかる。やっぱり「物理はウソをつかない」。

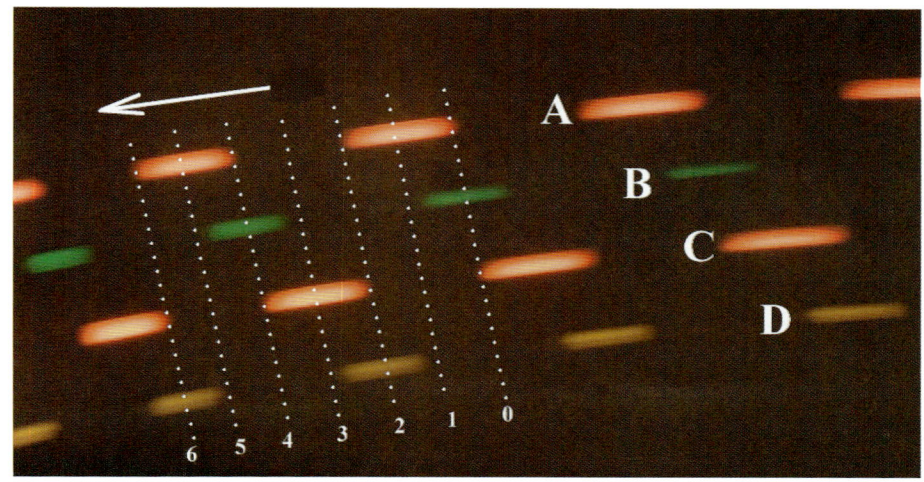

図4．装置を動かしたところ

ホッとタイム

ACアダプターのしくみ

　図1はACアダプターとよばれている装置の単純なもので，どの家庭にも1つくらいは必ずあるであろう。この装置の役割は，変圧したあと，**交流（AC）**を**直流（DC）**に変えることにある。電位差が1秒間に50回も変動する100Vの交流電源から，電池と同じようにつねに一定の電位差を生じさせるにはどうしたらよいのであろうか。

図1．ACアダプター

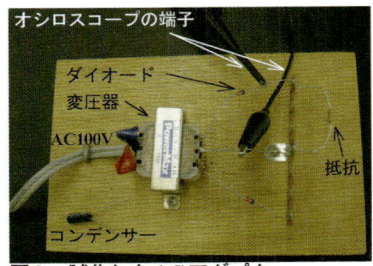

図2．試作したACアダプター

　図2は，変圧器と2つのダイオードと抵抗およびコンデンサーを用いて試作したものであり，制作費は500円以下である。

交流を脈流に変える回路

　図3は，交流を一方向の電流に変える回路の一例である。

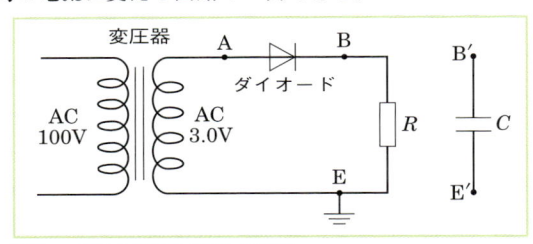

図3．交流を直流に変える回路

　使用した変圧器では電圧が3.0Vに下げられる。変圧された段階ではまだ交流なので，AE間をオシロスコープで観察すると図4のような波形になる。

　縦軸はEを基準にしたときのAの電位で，横軸は時間である。Aの電位がEに比べて高くなったり低くなったりしていることがわかる。また，山から隣の山までの時間は，20ms＝0.02sである。よって，周期は0.02sになる。

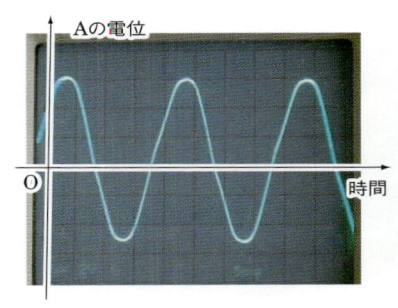

図4．変圧後の電圧

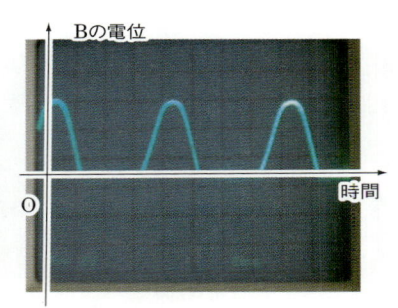

図5．脈流の電圧

携帯電話などを充電するとき，ACアダプターを使います。ACアダプターは，コンセントから送られてくる高圧の交流電流を，低圧の直流電流に変える装置です。どのようなしくみで変えているのか，見てみましょう。

図5はBE間をオシロスコープで観察したものである。ダイオードは，BよりAの電位が高いときだけA→Bの向きに電流を流し，Bの電位が高いときには電流を流さない（整流作用→p.149）。このため，Aの電位がEの電位よりも低くなると，ダイオードはB→Aの電流を流さなくなる。

したがって，抵抗Rには間欠的に写真のような電圧がかかり，間欠的に電流が流れることになる。しかし，まだ一定な電流にはなっていない。このような電流を**脈流**という。

脈流を直流に変える回路

脈流を一定な直流にするには，コンデンサーを使えばよい。BE間に電気容量が0.1μFのコンデンサーB'E'を接続する。すると，Aの電位が正のときにコンデンサーが充電され，負のときにはたまった電荷が抵抗に流れていく。そのためBE間の電位差は図6のように変化する。図5と比較すると，BE間の電位差が0になっていないことがわかる。

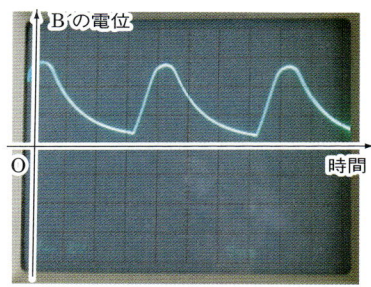

図6．コンデンサーを入れた場合の電圧

コンデンサーにたまった電荷が少ないから図6のような波形になる。図7はコンデンサーの電気容量を大きくして，33μFにした場合の波形である。電圧が変動せずに，一定値を保っていることがわかる。これで電池と同じような直流が得られたことになる。

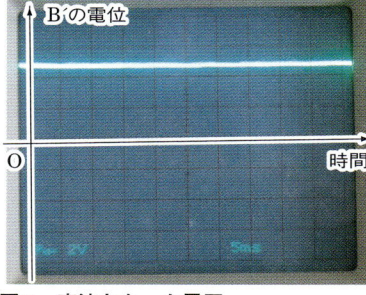

図7．直流となった電圧

効率のよい変換回路

図8のように回路をほんの少し工夫すると，図5を図9のように変更することができる。こうすると効率よく交流を直流に変更できる。

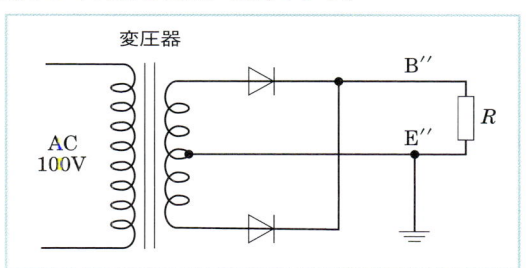

図8．効率のよい変換回路

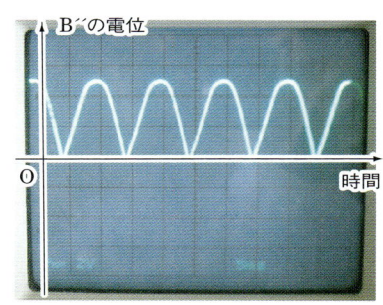

図9．効率のよい回路の脈流

オシロスコープで波形を見よう

> コンデンサーの充電に関する計算問題は、試験でもよく出題されます。ここではオシロスコープを使って、理論値と実際の値が同じか確かめてみましょう。

　図1のような回路で、スイッチを左に倒してコンデンサーA（電気容量C）を3Vに充電する。

　充電後、スイッチを右に倒すとAにたまっていた電荷の一部がコンデンサーB（電気容量$2C$）に分配されて、2つのコンデンサーの電位差が同じV'になるまで移動する。電気量保存の法則の式を書くと、

$$C \cdot 3 = C \cdot V' + 2C \cdot V'$$

となり、$V' = 1$Vを得る。

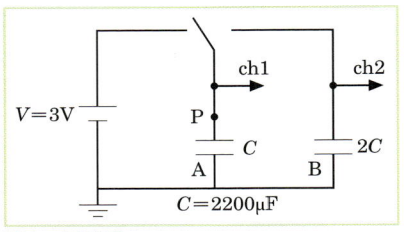

図1. 回路図

　さらにスイッチを左、右、…を繰り返し切り替えるとどうなるだろうか。入試問題で時おり見る題材である。スイッチを切り替えるたびに、電荷保存の法則を用いて式を立てると、Bの極板間電位差は0V、1V、1.7V、…のように上がっていき、3Vに近づいていく。

　この現象をデジタルオシロスコープで確かめてみよう。オシロスコープのチャンネル1（ch 1）とチャンネル2（ch 2）を、上の図1のように接続する。回路図には描かれていないが、オシロスコープのアースは回路のアースと同じ点に接続する。

　スイッチを2～3s間隔で切り替えて、電圧の変化を表示させたときの電圧変化が図2である。Aの電位差を黄色で、Bの電位差を青で表示している。縦軸は電圧で1目盛りが1.0V、横軸は時間で1目盛りが2.5sである。

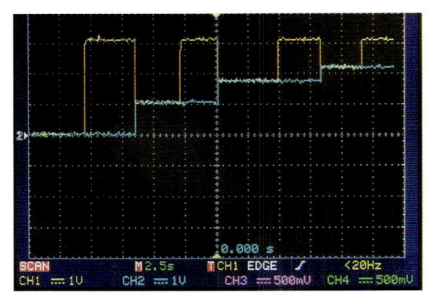

図2. 抵抗を入れていない場合

　スイッチを左に倒すたびにAが3.0Vに充電され、スイッチを右に倒すとAとBの電圧が同じになる。**スイッチを切り替えるたびにBの電位差が上がっていき、上の計算値の通りになることが確認できる。**

　次に、Aに直列な点Pに100Ω程度の抵抗を入れて実験してみよう。すばやくスイッチを切り替えると違いがわかりづらいので、スイッチを1往復だけさせる場合を考える。スイッチを左に倒すと、最初の実験と同様に充電される。ただし、**コンデンサーに加わる電圧が減ったぶん、電池からAに電荷が流れこむのに時間がかかるようになる。**そのため、図3の左半分のような形でゆっくりと3Vになる。

　再度スイッチを右に倒すと、Aにたまっていた電荷の一部がBに流れるが、抵抗を通るので時間がかかり、図3の右半分のような曲線となる。

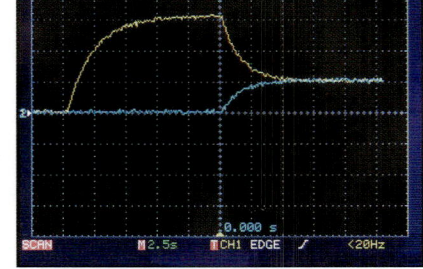

図3. 抵抗を入れた場合

5編
原子と原子核

©ESA/Hubble

1章 電子と光子

1 電子の比電荷

1 陰極線の発見

■ 電子を利用する技術を**エレクトロニクス**という。われわれの現在の生活は，エレクトロニクスなしには考えられないほど，電子と密接にかかわり合っている。

■ 現在のエレクトロニクスでは，おもに，**ダイオード**（→p.149）や**トランジスタ**など，固体中の電子のはたらきが利用されている。

■ しかし**電子がはじめて確認されたのは気体中**であり，かつては**真空管**など気体中の電子がおもに利用されてきた。

■ 図1のように，電極を取りつけたガラス管に1000V以上の高電圧をかけておいて，管の中の空気を真空ポンプで排気する。圧力が10^2〜10^3Pa程度になると放電が起こりはじめて，**管の中が光を発するようになる**。これを**真空放電**という。

■ さらに排気をつづけて圧力が0.1〜10Pa程度になると，放電の光が消え，**陽極側のガラス管が緑色の蛍光を発するようになる**。しかも陽極側のガラスには陽極板の影がくっきりと確認でき，その部分のガラスは緑色の蛍光を発していない。

■ このことから，陰極からは一種の放射線が出ていると考えられて，**陰極線**と名づけられた。

■ いろいろな実験の結果，陰極線には次のような性質があることがわかった。

1. ガラスにあたると蛍光を発する。
2. 物体によってさえぎられ，影ができる。
3. 衝突すると熱が発生することから，**運動エネルギーをもっている**。
4. 図3のように，**電場や磁場によって進路が曲げられ**，その曲がり方から，負の電荷の流れである。
5. 陰極の材質に無関係である。

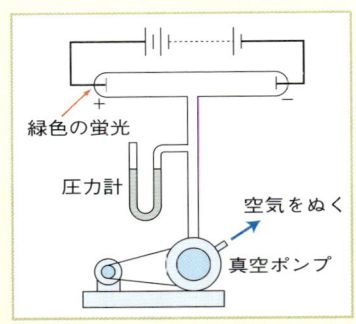

図1. 陰極線の発生装置
ガラス管の中の電極に高い電圧をかけておいて，管内の空気をぬき，圧力を下げると，陰極から陰極線が出て，陽極側のガラスが緑色の蛍光を発する。

図2. 陰極線

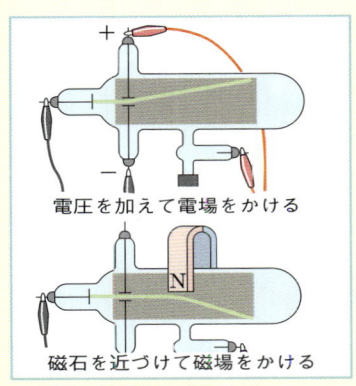

図3. 陰極線の曲がり方

2 トムソンの実験

■ J.J.トムソン(1856〜1940, イギリス)は, 陰極線の粒子の性質を調べる実験を行い, 粒子の電荷を e〔C〕, 質量を m〔kg〕として, その**比電荷** $\dfrac{e}{m}$〔C/kg〕の値を測定した。のちに, この粒子は**電子**とよばれるようになった。

■ 図4は, トムソンが行った実験の構造図である。図の左側から速度 v の電子を入射し, 上下2枚の電極板の間を通す。電極板に電圧をかけて, 極板間に電場 E をつくると, 電子は上向きの力を受けて軌道が上向きになる。

■ 電子が受ける静電気力は, 一定の大きさ eE でつねに極板に垂直であるため, 電子は放物運動をする。極板の長さ l を通過する時間を t とすると, z 方向の速さは変化しないので,

$$l = vt \text{ より, } t = \dfrac{l}{v}$$

である。

■ 一方, 電子は y 方向に加速され, その加速度 a は,

$$ma = eE \text{ より, } a = \dfrac{eE}{m}$$

である。よって, 図の y_1 の距離は, 次のようになる。

$$y_1 = \dfrac{1}{2}at^2 = \dfrac{1}{2}\cdot\dfrac{eE}{m}\left(\dfrac{l}{v}\right)^2$$

■ 極板を通りぬけたときの電子の速度の y 成分 v_y (図4参照)は,

$$v_y = at = \dfrac{eE}{m}\cdot\dfrac{l}{v}$$

■ 電子の速度が電場によって曲げられた角度を θ とすると,

$$\tan\theta = \dfrac{v_y}{v} = \dfrac{e}{m}\cdot\dfrac{El}{v^2} \quad \cdots\cdots ①$$

となり, ①式より電子の速度 v さえわかれば, $\tan\theta$ を L, l, y, y_1 で表しておけば比電荷 $\dfrac{e}{m}$ の値が計算できる。

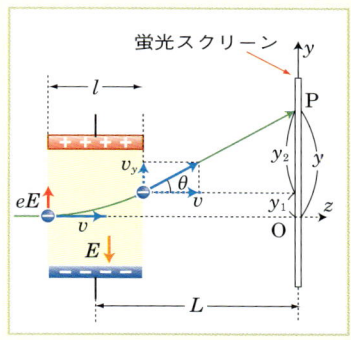

図4. トムソンの実験の構造図

3 電子の速度を測定するには?

■ 図4の極板の部分に, 右の図5のように新たに磁場 B をかけると, 電子は上向きに eE の静電気力を受けると同時に, 下向きに evB のローレンツ力を受ける。

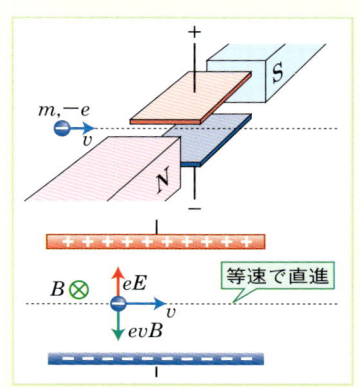

図5. 電場・磁場中の陰極線の運動

電場に垂直に磁場をかけ, $eE = evB$ になるように B を調節して陰極線の粒子を直進させる。

1章 電子と光子

■ この電子が直進するように磁場Bの大きさを変化させると，直進するときには2つの力がつり合っているので，
$$eE = evB$$
となり，速度vは，
$$v = \frac{E}{B} \quad \cdots\cdots② $$
で求められる。

■ ②式を①式に代入することにより，比電荷の値が次のように求められる。
$$\frac{e}{m} = \frac{E\tan\theta}{B^2 l} = 1.76 \times 10^{11}\,\text{C/kg}$$

■ この値は，陰極の材質を変えてもガラス管の中に入れる気体を変えても変化しないことから，**陰極線の粒子（すなわち電子）はすべての原子に含まれている**と考えられるようになった。

■ 1897年に，J. J. トムソンはこの方法によって電子の比電荷の値を求めることに成功し，1906年にノーベル物理学賞を受賞した。

■ 19世紀の後半には，水素原子の比電荷の値は測定されており，その値は電子の比電荷の1800分の1程度であった。電子の電荷eの値と，質量mの値がわかるのは，次節で学習するミリカンの実験によってである。

> 比電荷の値は覚えなくてもよいですが，これを求める方法は理解しておいてね。

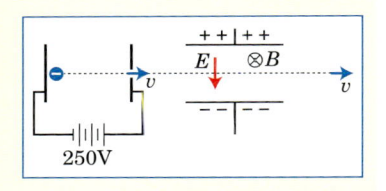

4 エネルギーのもう1つの単位

■ 1Vの電位差で加速された電子のもつ運動エネルギーを，**1電子ボルト〔eV〕**という。電子の電荷の絶対値eは，$e = 1.6 \times 10^{-19}$Cであるから，
$$\frac{1}{2}mv^2 = eV = 1.6 \times 10^{-19} \times 1$$
$$= 1.6 \times 10^{-19}\,\text{J}$$

ポイント　電子ボルト　　$1\,\text{eV} = 1.6 \times 10^{-19}\,\text{J}$

問 1. 左上図のように，250Vで加速された電子が互いに垂直な電場Eと磁場Bの中を直進した。このときのEとBの大きさは，$E = 1.0 \times 10^4$V/m，$B = 1.1 \times 10^{-3}$Tであった。
(1) 電子の速さvを求めよ。
(2) 電子の比電荷の値を求めよ。

解き方　問1.
250Vで加速されるので，
$$eV = \frac{1}{2}mv^2 \quad \cdots\cdots①$$
静電気力とローレンツ力とのつり合いより，
$$eE = evB \quad \cdots\cdots②$$
$$v = \frac{E}{B} = \frac{1.0 \times 10^4}{1.1 \times 10^{-3}}$$
$$\fallingdotseq 9.1 \times 10^6\,\text{m/s}$$
①式より，
$$\frac{e}{m} = \frac{v^2}{2V} \fallingdotseq 1.7 \times 10^{11}\,\text{C/kg}$$

答 (1) 9.1×10^6 m/s
(2) 1.7×10^{11} C/kg

2 電気素量

1 電気素量

■ 電子の比電荷 e/m がわかると，電子の電荷 e か質量 m のどちらかがわかれば，もう一方もわかる。

■ 電荷には最小単位が存在し，すべての電荷はその整数倍のとびとびの値になるという考えはファラデーの時代からあった。ミリカン（アメリカ）は1906年から巧妙な実験を行い，電荷 e を測定した。この e を**電気素量**という。

2 ミリカンの実験

■ 図1の装置で，油を霧吹きで油滴状にし，Aの穴から落下させる。油滴にはたらく重力と空気の抵抗力がつり合い，等速で落下する。抵抗力は落下速度 v_1 に比例するので，比例定数を k とおくと，抵抗力は kv_1 となる。よって，油滴の質量を M とすると，

$$Mg = kv_1 \quad \cdots\cdots\cdots ①$$

■ ここで極板ABに電圧をかけると，この油滴は霧吹きで吹き出したときに摩擦で帯電しているので，上向きの静電気力を受ける。やがて等速で上昇するようになり，このときの速度を v_2，油滴の電荷を q，電場を E とすると，力のつり合いから，

$$qE = Mg + kv_2 \quad \cdots\cdots\cdots ②$$

■ ①，②式より Mg を消去すると，$q = \dfrac{k}{E}(v_1 + v_2)$ となり，油滴の電荷 q が求められる。

■ 油滴によって帯電した電気量 q が異なるので，さまざまな値が得られる。しかし，**電気素量 e が決まっていると考えると，q は e の整数倍になっている**はずである。このことを利用して電気素量を求めた（問1参照）。

$$e = 1.6 \times 10^{-19} \text{C}$$

■ さらに，この値が電子の電荷に等しいと考えて，この値と電子の比電荷 e/m から，電子の質量 m を求めた。

$$m = 9.1 \times 10^{-31} \text{kg}$$

問 1. ミリカンの実験により，油滴の電荷 q の値 4.82，6.43，8.05，9.56，11.22（$\times 10^{-19}$ C）を得た。電気素量 e の値を推定せよ。

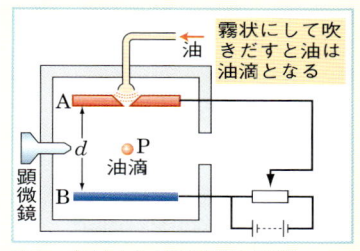

図1．ミリカンの実験の装置図

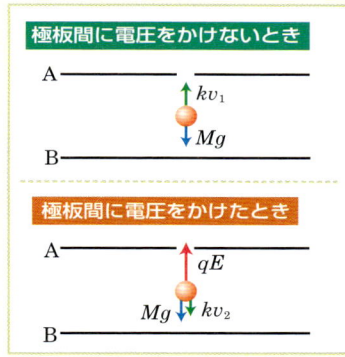

図2．ミリカンの実験

解き方 問1. 各測定値の差を求めてみると，
1.61，1.62，1.51，1.66（$\times 10^{-19}$ C）
となるので，e の値はほぼ 1.6×10^{-19} C と考えられる。よって，q の測定値は順に，$3e$，$4e$，$5e$，$6e$，$7e$ と考えられる。q の測定値の和を
$3 + 4 + 5 + 6 + 7 = 25$
で割ることにより，e の正確な値が求められて，
$e = (4.82 + 6.43 + 8.05$
$\quad + 9.56 + 11.22)$
$\qquad \times 10^{-19}/25$
$= 1.60 \times 10^{-19}$ C …**答**

ミリカンはこの実験を大量に行い，正確な e の値を求めた。これにより，ミリカンは1923年にノーベル物理学賞を受賞した。

3 光電効果

1 金属に光をあてると？

金属の中の自由電子を外部に取り出すには、真空放電や金属を熱する方法（この電子を**熱電子**という）がある。もう1つの方法は、金属に光をあてる方法である。左の図1のように、負に帯電したはく検電器に紫外線をあてると、電荷が失われる。

金属に紫外線のような波長の短い光をあてると、金属から電子が飛び出す。この現象を**光電効果**といい、1887年にヘルツ（ドイツ）によって発見された。これによって出てきた電子を**光電子**という。

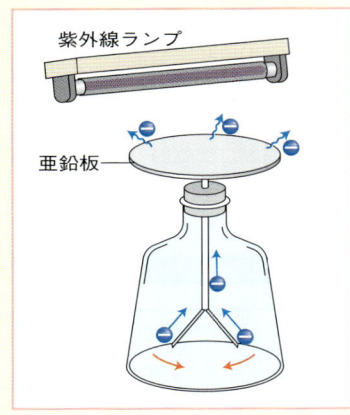

図1. 光電効果
紫外線をあてると、亜鉛板から光電子が飛び出し、負に帯電したはく検電器のはくが閉じることがわかる。

2 光電効果の特徴

光電効果は次のような特徴をもっている。

1. 金属にあてる光の振動数がある値 ν_0〔Hz〕より小さいと、光を強くしても光電子は飛び出さない。この ν_0 を**限界振動数**という。
2. ν_0 は金属の種類によって異なる固有の値である。
3. 金属にあてる光の振動数が ν_0 より大きいと、弱い光でも光電子が飛び出す。
4. 金属から放出される光電子はいろいろな値の運動エネルギーをもつが、その最大値 K_0 は金属にあてる光の振動数によって変化する。
5. 金属にあてる光の振動数を一定のままにしておいて、その光を強くしていくと、それに比例して光電子の数は増加するが、K_0 の値は変化しない。

光電効果の現象は物理学者を悩ませた。それまでの物理学の知識では、光は波であり、そのエネルギーは振動数と振幅によって決まるはずである。したがって、振動数が小さくても振幅の大きな光（強い光）をあてれば、振動数の大きい光と同じエネルギーを電子に与えることができて、電子を飛び出させることができると考えられていた。

しかし実験結果では、限界振動数以下の光をどんなに強くしても、電子は飛び出さない。逆に、振動数が大きい光では、どんなに弱い光であっても光電効果は起こる。

それまでの物理学の理論では説明できない現象の発見によって、物理学が進歩してきました。

3 光電効果の測定実験

■ 図2は光電効果を測定する装置である。光電管とは，真空なガラス管中に陰極Cと陽極Pを封入したものである。

■ 陰極Cと陽極Pの間は，電源によってその電位差を変化させたり，スイッチSによって電位差の向きを逆にできるようになっている。

■ 陰極Cに振動数ν（$\nu > \nu_0$）の光をあてると，光電子が飛び出す（特徴①）。図3のグラフが測定の結果で，横軸が陽極Pの電位，縦軸が電流計に流れる電流Iである。陽極Pを陰極Cより高い電位に設定しておくと，飛び出した光電子をすべてPに集めることができ，電流計には電流が流れる（グラフのaの部分）。

■ Pの電位をCより少し低く設定すると，Pに向かって飛び出した光電子はPと逆向きの静電気力を受けるため，運動エネルギーの大きい光電子だけがPに到達する。このため，流れる電流は少なくなる（グラフのbの部分）。

■ Pの電位をもっと小さくして$-V_0$にすると，最大の運動エネルギーをもった光電子でもPに到達できなくなり，$-V_0$以下では電流が流れなくなる（グラフのcの部分）。このV_0を阻止電圧という。

■ したがって，光電子の最大運動エネルギーK_0は，

$$K_0 = eV_0$$

で表される。

■ 光の振動数を変えないで光を強くした場合には，図4の実線のグラフのようになる。電流が増加するのは，金属から飛び出す光電子の数が増えることによる。しかし阻止電圧V_0の値は変化せず，光を強くしても最大運動エネルギーK_0は変化しないことがわかる（特徴③，⑤）。

■ 金属にあてる光の振動数νをν_0に近づけていくと（$\nu > \nu_0$），阻止電圧は0 Vに近づいていく。つまり最大運動エネルギーは0 Jに近づいていく。逆に，νをν_0から遠ざけていくと，阻止電圧は高くなる。つまり，最大運動エネルギーは大きくなっていく（特徴④）。

■ このことについて実験を行ってデータを取り，グラフにしてみると図5のように直線になる。陰極Cの材質を変えて実験すると，ν_0の値は変わるが，グラフの傾きは同じである（特徴②）。

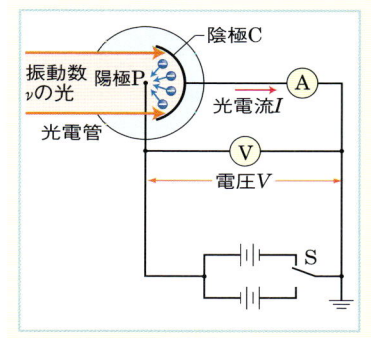

図2．光電効果の実験

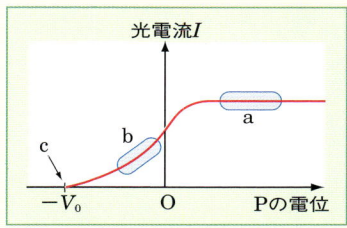

図3．陽極の電位と光電流

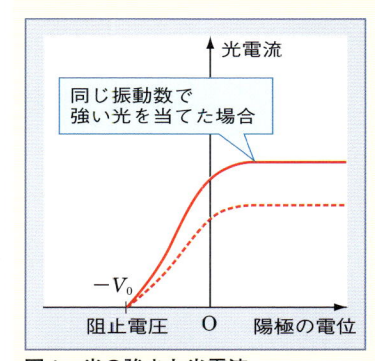

図4．光の強さと光電流

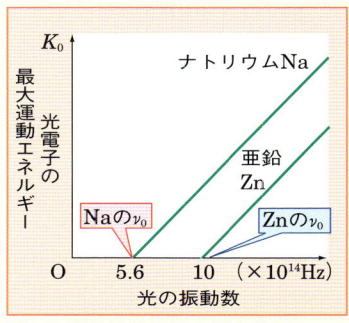

図5．光電効果とその測定結果

1章　電子と光子

4 光量子説と光電効果の解釈

1 光量子説

■ 光は波であるが，切れ切れの短い独立した波になっている。このような独立した波を**波束**という。

■ アインシュタイン（1879〜1955，ドイツ）は，この波束1つ1つが，**あるエネルギーをもった粒子としてふるまう**という考えを提唱した。この粒子のことを，**光子**（フォトン）または**光量子**という。

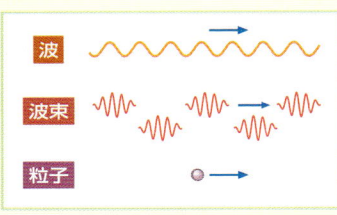

図1．光子のモデル

■ 振動数 ν〔Hz〕の光子1個のもっているエネルギー E〔J〕は，比例定数 h〔J・s〕を使って次の式で表される。

$$E = h\nu$$

■ さらに，光の速さを c〔m/s〕，波長を λ〔m〕とすると，波の基本式より $c = \nu\lambda$ となるので，次のようにも書ける。

$$E = \frac{hc}{\lambda}$$

■ この比例定数 h を**プランク定数**といい，次の値をもつ。

$$h = 6.63 \times 10^{-34} \text{ J・s}$$

ポイント

$$E = h\nu = \frac{hc}{\lambda}$$

光子1個のエネルギー ＝ プランク定数 × 振動数

■ この式により，**青い光のほうが赤い光より振動数が大きいので，光子としてより大きなエネルギーをもっている**ことがわかる。

■ **光は反射，屈折，回折，干渉といった波動としての性質をもっているが，同時に光子としての粒子性をあわせてもっている。** 光量子説によって，光電効果の現象は明確に説明できるようになった。同時に，その後の量子力学の発展を促すものとなった。

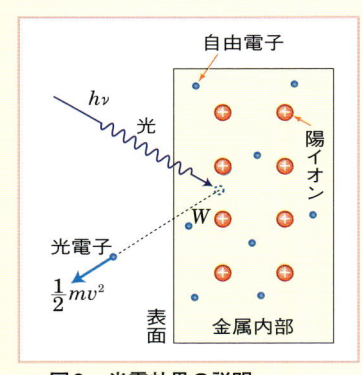

図2．光電効果の説明

2 光電効果の解釈

■ 光量子説によって光電効果は次のように説明された。金属に光があたると，光量子が電子にあたり，エネルギー $h\nu$ を全部電子に与えて消えてしまう。電子はこのエネルギーによって金属の外に飛び出す。

■ 電子が金属の外に飛び出すには，金属イオンの引力にさからって運動するので，仕事をしなければならない。この仕事の最小値Wは，それぞれの金属によって異なる。**W**を**仕事関数**という。

■ もし，光量子が電子に与えたエネルギー$h\nu$が仕事関数Wより小さかったら，電子は金属イオンの引力をふりきって金属の外に飛び出すことはできない。これが振動数の小さい光では，光電効果が起こらない理由である。

■ **電子が受け取ったエネルギー$h\nu$がWより大きい場合は，電子は金属の外に飛び出すことができ**，飛び出した電子の運動エネルギーの最大値は，$h\nu$とWの差となる。

■ Wは金属から電子を取り出す仕事の最小値なので，金属内の深いところにあった電子が金属の外に出るには，Wより大きな仕事が必要である。このため，$h\nu$とWの差よりも小さい運動エネルギーしかもたずに飛び出す電子もある。

種類	限界振動数 ($\times 10^{14}$Hz)	限界波長 ($\times 10^{-7}$m)	仕事関数 (eV)
Cs	4.59	6.53	1.9
K	5.32	5.64	2.2
Na	5.50	5.45	2.28
Ca	6.67	4.50	2.76
Al	7.32	4.10	3.03
Ag	8.90	3.37	3.69
Zn	9.43	3.18	3.91
Cu	10.0	3.00	4.14

表1. 金属の仕事関数

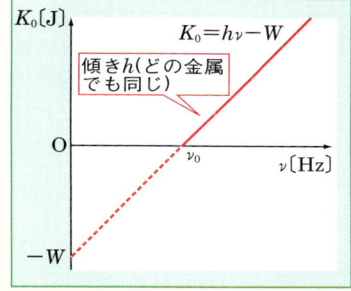

図3. 光電効果で飛び出る電子の最大エネルギー

> **ポイント**
> 光電効果
> $$\frac{1}{2}mv_{\max}^2 = h\nu - W\,(=K_0)$$
> $\begin{pmatrix}\text{光電子の最大運}\\\text{動エネルギー}\end{pmatrix} = \begin{pmatrix}\text{光子のエ}\\\text{ネルギー}\end{pmatrix} - \begin{pmatrix}\text{仕事}\\\text{関数}\end{pmatrix}$
> 仕事関数W $W = h\nu_0$ （hはプランク定数）

■ 限界振動数ν_0の光をあてると，光電子は飛び出すが，その運動エネルギーは0である。上の式を用いると，

$$0 = h\nu_0 - W$$

より，

$$W = h\nu_0$$

である。

問 1. 下のグラフは，光電効果の実験で，光電流Iと陽極の電位Vの関係を表したものである。あとの(1)，(2)の場合のグラフの概形をかけ。

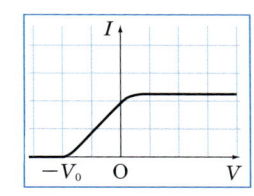

(1) 光の振動数を変えないで，強い光をあてる。
(2) 光の強さを変えないで，振動数を大きくする。

解き方 問1.

(1) 強い光にすると光電子の数が増えるので，Iが増加する。しかしV_0は変化しない。

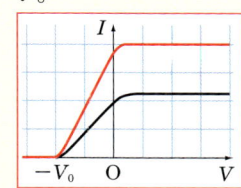

(2) $h\nu$が増えてWは変化しないので，K_0は増える。$K_0 = eV_0$より，V_0も増えるので，左にずれたグラフになる。

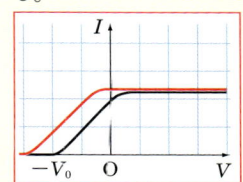

1章 電子と光子

5　X　線

1　正体不明の放射線

■ 1895年，陰極線の研究をしていたレントゲン（1845～1923，ドイツ）は，陰極線管からかなり離れた場所に置いてあった蛍光物質が光っていることから，陰極線とはべつの放射線が出ていることを知り，これを正体不明という意味で **X 線**と名づけた。

■ X線には物質を透過しやすい作用があり，医学の診断にも広く用いられている。

■ その後の研究により，X線の本性は波長の短い（10^{-10} m 前後）電磁波であることがわかった。

✿1. X線の透過度は物質によってちがい，一般に原子量の大きいものほど透過しにくい。そのため人体にあてると，筋肉組織は透過するが，骨は透過しないので，その形がわかる。

2　X線を発生させる装置

■ 図1のように，真空管内で陰極を熱して熱電子を発生させ，これを陽極との間の強い電場で加速して，陽極の重金属に衝突させる。すると，電子は止められ，1個の電子がもっていた運動エネルギーから1個のX線の光量子がつくられる。

■ 電子の電荷をe，加速電圧（陰極と陽極の間にかけられた電圧）をVとすると，電子が陽極に衝突する直前の運動エネルギーはeVである。このエネルギーの全部または一部が光量子のエネルギー$h\nu$になる。X線の波長をλ，光速をcとすると，

$$eV \geqq h\nu = \frac{hc}{\lambda}$$

■ 等号のときX線の振動数が最大，すなわち波長が最小になるので，X線の**最短波長**をλ_{min}とすると，

ポイント

X線の最短波長　　$\lambda_{min} = \dfrac{hc}{eV}$

■ 波長の短いX線を発生させるには，加速電圧Vを大きくすればよい。波長の短いX線ほど透過力が強く，**硬いX線**とよばれる。これに対して，波長の長い透過力の弱いX線は**軟らかいX線**とよばれる。

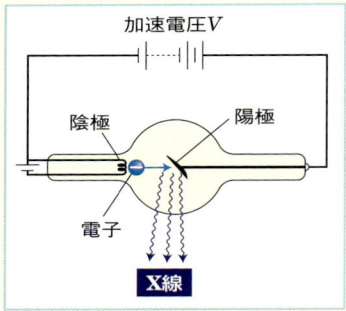

図1．**X線の発生装置**
陰極を熱すると，熱電子が出る。この電子を高い電圧Vで加速して陽極に衝突させると，X線が発生する。

✿2. 5×10^3 V程度以下の加速電圧のときに出るX線は，厚紙ぐらいで止まってしまう。加速電圧が 5×10^4 ～ 10×10^4 V ぐらいになると，人体を容易に透過するようになり，20×10^4 V ぐらいになると，5 mm程度の鉄板を透過するようになる。

問 1. 真空中で5.0×10^4 Vの直流電圧で加速された電子が陽極に衝突し，運動エネルギーがすべてX線のエネルギーに変わったとする。電子の電荷を-1.6×10^{-19} C，プランク定数hを6.6×10^{-34} J·s，光速度を3.0×10^8 m/sとして，次の問いに答えよ。

(1) 電子が陽極に衝突するときの運動エネルギーは何Jか。
(2) X線の波長は何mか。

3 2種類のX線

■ 図1の装置で発生させたX線には，加速電圧によって決まる最短波長$\lambda_{\min}$以上のいろいろな波長のものが含まれ，その分布をグラフに示すと，図2のようになる。これは光の連続スペクトルにあたるので，**連続X線**とよばれる。

■ 加速電圧がある値以上になると，連続X線のほかに，特定の波長のX線が特に強く出るようになる。これを，**固有X線**（特性X線）という。**固有X線の波長は陽極の金属によって決まり**，連続X線とは発生のしくみがちがう。

4 X線の波としての性質

■ X線はバークラ（イギリス）の研究により，**光のような横波**であることがわかった。X線が光と同じ電磁波ならば，回折や干渉を起こすはずである。

■ ところが，ふつうの光学用のスリットを用いても，X線の回折はわからない。**回折したことがわかるためには，スリットの幅が波長と同程度の大きさでなければならない**が，X線の波長は可視光線の$\dfrac{1}{1000}$ぐらいなので，光学用のスリットでは回折がわからないのである。

■ ラウエ（ドイツ）は，**結晶の規則正しく並んだ原子と原子の間隔**が，X線用のちょうどよい回折格子のはたらきをするのではないかと考えて，結晶にX線をあて，図3のような回折像を得た。これを**ラウエの斑点**という。

5 X線の反射条件

■ 波長が一定のX線ビームを結晶にあてて反射させると，特定の方向に強い反射X線が出る。これは次ページの図4のように，1つの結晶面で反射したX線と，次の結晶面で反射したX線とが干渉して強め合うからである。

解き方 問1.

(1) $\dfrac{1}{2}mv^2 = eV$
$= 1.6 \times 10^{-19} \times 5 \times 10^4$
$= 8.0 \times 10^{-15}$ J

(2) $eV = \dfrac{hc}{\lambda}$ より，
$\lambda = \dfrac{hc}{eV}$
$= \dfrac{6.6 \times 10^{-34} \times 3.0 \times 10^8}{8.0 \times 10^{-15}}$
$\fallingdotseq 2.5 \times 10^{-11}$ m $= 250$ nm

答 (1) 8.0×10^{-15} J
(2) 2.5×10^{-11} m

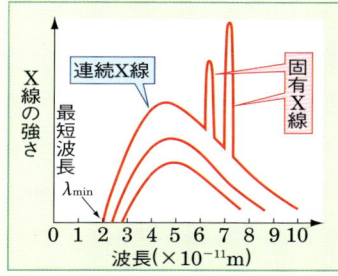

図2. **X線のスペクトル**
上方の曲線ほど加速電圧が大きい。加速電圧が大きいほど，X線の最短波長が小さくなる。加速電圧が大きくなると，連続X線のほかに固有X線が生じる。

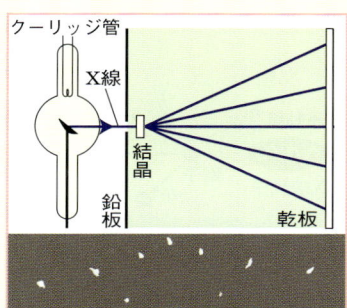

図3. **ラウエの斑点**
結晶にX線をあてると，結晶が回折格子の役割をし，特定の方向に回折したX線が強め合う。

■ X線を結晶に当てたとき，図4のように結晶面と角θをなす方向に反射したX線が強くなったとする。

■ このときのX線ABCとA'B'C'の光路差は，結晶面の間隔をdとすれば，DB'E $= 2d\sin\theta$である。これがX線の波長λの整数倍になっているはずなので，

$$2d\sin\theta = m\lambda \quad (m = 1, 2, 3, \cdots)$$

という関係が成り立つ。これを**ブラッグの条件**という。

ポイント　ブラッグの条件
$$2d\sin\theta = m\lambda \quad (m = 1, 2, 3, \cdots)$$

問 2. 銅の陽極から出る波長1.542×10^{-10} mのX線をNaClの結晶に入射させたとき，いろいろな角度の方向に強い反射が観測され，最小の角度は$15°52'$である。結晶面の間隔はいくらか。ただし$\sin 15°52' = 0.2734$とする。

6 X線の粒子としての性質

■ コンプトン（アメリカ）は，ブラッグの条件を用いて，結晶にあてて散乱されたX線の波長を調べているうちに，**散乱X線の中にもとのX線より波長の長いものが含まれる**ことを発見した。この現象を**コンプトン効果**という。

■ ふつうの波は，散乱しても波長が長くなることはない。そこで，コンプトンは，光子のもつ運動量を考え，次のように説明した。

■ **X線はエネルギー$h\nu$とともに運動量$\dfrac{h\nu}{c}$をもつ光子の集まりである。** 1個のX線光子が1個の電子（結晶中の原子を構成している）に衝突すると，電子がはね飛ばされるが，この衝突は完全弾性衝突で，**衝突の前後で，エネルギー保存の法則と運動量保存の法則が成り立つ。**

■ この結果，散乱されたX線光子のエネルギー$h\nu'$は，最初のエネルギー$h\nu$より，電子に与えたエネルギーのぶんだけ小さくなるから，$\nu > \nu'$となり，散乱X線の波長λ'はもとの波長λよりも長くなるのである。

■ 散乱X線の波長λ'と入射X線の波長λとの関係は，電子の質量をm，散乱角θをとると，

$$\lambda' - \lambda = \frac{h}{mc}(1 - \cos\theta)$$

■ $\dfrac{h}{mc}$を**コンプトン波長**という。

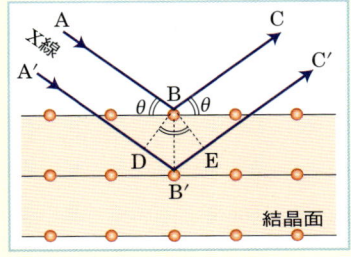

図4．X線の回折と干渉
X線を結晶にあてると，回折していろいろな方向に進むが，そのうちで光路差DB'Eが波長λの整数倍にあたる反射光は，互いに強め合う。

解き方　問2.
反射条件は$2d\sin\theta = m\lambda$である。最小の角なので
$m = 1$
を代入して，
$d = \dfrac{\lambda}{2\sin\theta} = 2.820 \times 10^{-10}$ m
答　2.820×10^{-10} m

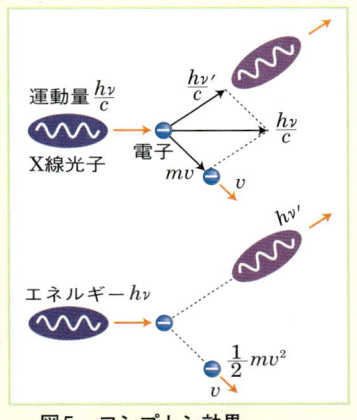

図5．コンプトン効果
X線光子と電子の衝突は完全弾性衝突で，運動量もエネルギーも保存されると考えると，実験事実とよく合う。

6 電子の波動性

1 電子にも波の性質がある

■ 光やX線は，回折や干渉などの現象があるので，波であることははっきりしているのに，光電効果やコンプトン効果が起こることを考えると，粒子の性質をもっていることも事実である。

■ ド・ブロイ（1892～1987，フランス）は，**電子に限らず，すべての粒子は運動しているときは波の性質**を示し，その波長 λ は，粒子の質量を m，速度を v，プランク定数を h とすると，次のように表されると考えた。

■ この波は電磁波とは異なるもので，**物質波**または**ド・ブロイ波**とよばれる。また，物質波の波長を**ド・ブロイ波長**という。

ポイント
$$\lambda = \frac{h}{mv} \quad \text{ド・ブロイ波長} = \frac{\text{プランク定数}}{\text{運動量}}$$

問 1. 次の各粒子がそれぞれ示された速さで運動しているとき，その物質波の波長を求めよ。
(1) 電子（質量 9.1×10^{-31} kg） 速さ 3.0×10^7 m/s
(2) ボール（質量 0.1 kg） 速さ 30 m/s

2 電子波は実在する

■ ド・ブロイの考えた物質波は，発表の4年後にその存在が実証された。デビソン（アメリカ）らが真空管中の電子のふるまいを研究しているうちに，偶然ニッケル電極にあった電子が**回折**することを発見したのである。

■ また，G. P. トムソンはラウエと同じように，電子線を薄い金属はくにあてる実験を行った。このとき，回折・干渉が見られることを発見し，その波長はド・ブロイの式で計算したものとよく一致することを示した。

■ こうして**ミクロの世界では，粒子が波動性をもち，波が粒子性をもつ**ことは，ごくふつうのことであることがわかった。この考えは，原子の構造を解明するうえで大いに役立ち，原子の研究は急速に発展した。

■電子顕微鏡
電子顕微鏡は，電子波を利用して微小なものを見る装置である。
　光学顕微鏡では光の波長よりも短いものを見ることはできないので，その分解能は 10^{-6} m 程度である。一方，電子波の波長は光の $\frac{1}{1000}$ 以下にできるので，10^{-10} m 以下のものまで観察することができる。

解き方 問1.
(1) $\lambda = \dfrac{h}{mv}$
$= \dfrac{6.6 \times 10^{-34}}{9.1 \times 10^{-31} \times 3.0 \times 10^7}$
$\fallingdotseq 2.4 \times 10^{-11}$ m
(2) 同様にして，
$\lambda = 2.2 \times 10^{-34}$ m
このように，身のまわりに生じる物質波の波長は小さすぎて，観測することはできない。

答 (1) 2.4×10^{-11} m
(2) 2.2×10^{-34} m

❂1. ジョージ・パジェット・トムソン（1892～1975）は，イギリスの物理学者である。1937年電子の波動性の証明によってノーベル物理学賞を受賞した。父親がトムソンの実験（→p.193）で有名なジョセフ・ジョン・トムソン（J. J. トムソン）である。

1章 電子と光子

定期テスト予想問題　解答→ p.261~266

1 電子の速さ(1)

静止している電子を100Vで加速すると，電子の速さはいくらになるか。電子の比電荷が1.76×10^{11} C/kgであることを用いて計算せよ。

2 電子の速さ(2)

10 keVの運動エネルギーをもつ電子の速さはいくらになるか。ただし，電気素量は1.6×10^{-19} C，電子の質量は9.1×10^{-31} kgであるとする。

3 トムソンの実験(1)

トムソンの実験について述べた次の文のうち，正しいものを選び，記号で答えよ。
ア　測定結果を分析するときは，重力の影響を考えなければ，誤差が大きくなる。
イ　電子の比電荷の測定にはα線が使われる。
ウ　電子の比電荷を測定した結果は，陰極で用いた金属の種類に関係する。
エ　比電荷の値は，電子1 kgあたりおよそ-2×10^{11} Cの電荷をもつことを示している。

4 トムソンの実験(2)

トムソンは電子の質量と電荷の比を測定するため，図のような装置を用いた。陰極で発生する電子線をCP間にかけた電圧で加速する。電極板B_+，B_-を電池の＋極，－極にそれぞれつなぐと，電子線はB_+極のほうに曲がる。そのため電子線がガラス表面に到達する点が，電池をつながない場合に比べて下方にδだけずれる。電子線への重力による影響はないものとして，あとの問いに答えよ。

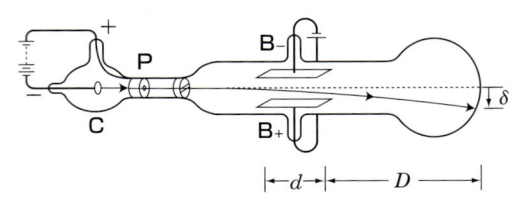

(1) 電子の電荷を$-e$，質量をmとして，δを求めよ。ただし，電極内での電子の放物運動も考慮せよ。また，電極板の長さをd，電極板内の電場の大きさをE，電極板B_+，B_-間に水平方向に入射する電子の速度をv，電子の自由飛行する水平距離をDとせよ。

(2) トムソンは$\dfrac{e}{m}$を決定するため，さらに電場のかわりに磁場を（紙面垂直方向に）加えて電子線のずれを観測した。磁場のはたらいている領域の長さは電場のはたらいていた領域の長さと同じくdであったとして，磁束密度Bによる電子線のずれδ'を求めよ。ただし，磁場による曲がりは小さいので電子は磁場中では一定の力を下向きに受けて放物運動をしていると考えてよい。

5 電子ボルト

電気素量eの値は1.6×10^{-19} Cである。1電子ボルトというのは，電荷$-e$の電子が1Vの電圧で加速されるときに得るエネルギーのことである。このことを用いて，1電子ボルト〔eV〕の値は何ジュール〔J〕になるか計算せよ。

6 電子の運動エネルギーと速さ

真空中で2枚の金属板を陽極と陰極にして，その間に1.82×10^4 Vの電圧を与えた。電子の質量を9.1×10^{-31} kg，電荷を-1.60×10^{-19} Cとして，あとの各問いに答えよ。

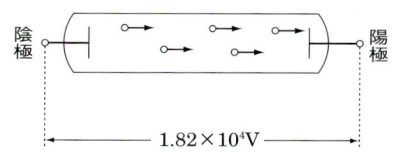

(1) 電場のはたらきによって，電子が得る運動エネルギーを求め，単位Jを使って表せ。
(2) 陽極に到達するときの電子の速さを求めよ。

いま，この極板間に，電子(電荷$-e$〔C〕，質量m〔kg〕)が電場と垂直にv_0〔m/s〕の速さで入射したとすると，電子の軌道はどのくらい曲げられるか。電場がないときに電子が蛍光板にあたってできる輝点と，電場をかけたときにできる輝点との間の距離y〔m〕を求めよ。極板の左端から蛍光板までの距離をl〔m〕とする。

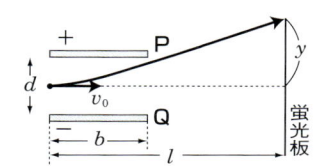

7 電場の中の電子の運動(1)

次の図のように，ある速さで2枚の偏向板の間に平行に入射した電子がある。偏向板にかけられている電位差をV，2枚の偏向板の間隔をd，電子の質量をm，電気素量をeとして，あとの各問いに答えよ。

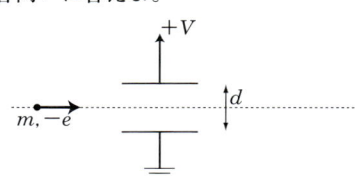

(1) 偏向板の間の電場の強さを表せ。
(2) 電場からはたらく力の大きさを表せ。
(3) 電子の加速度の大きさを表せ。
(4) 電子がこの力を受けはじめてからの時間がtとなったとき，電子は入射前の運動方向からどれだけ振れているか。

9 ミリカンの実験(1)

ミリカンの実験で，いくつかの油滴の電荷を測定したところ，次の表のような結果を得た。
(1) これらの値は，ある数の整数倍になっていると考えて，その値を求めよ。
(2) (1)の値のことを何というか。

測定結果
4.81×10^{-19} C
6.40×10^{-19} C
6.41×10^{-19} C
8.02×10^{-19} C
9.65×10^{-19} C
11.23×10^{-19} C
11.24×10^{-19} C
14.48×10^{-19} C
16.02×10^{-19} C

8 電場の中の電子の運動(2)

長さb〔m〕の2枚の極板P，Qを間隔d〔m〕で平行に保ち，P，Q間にV〔V〕の電位差を与える。

10 ミリカンの実験(2)

ミリカンの実験において，電極の間の電場の強さを400kV/mにしたときに，油滴は静止した。油滴の質量を2.6×10^{-14}kg，重力加速度を9.8m/s^{2}とすると，この油滴がもっている電荷はいくらになるか。

11 ミリカンの実験(3)

下図のように，2枚の極板A，Bを水平にして，上下に向かい合わせ，A，B間に電荷$+q$を帯びた密度ρ_1の油の霧滴を浮かせて，その運動を観察した。半径aの球が空気中を速さvで動くときに受ける抵抗力の大きさは，空気の粘性率をKとすると，$6\pi Kav$となる。重力の加速度をg，空気の密度をρとして，次の問いに答えよ。

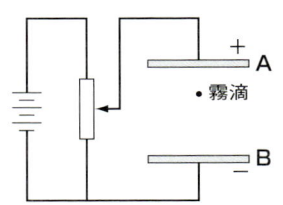

(1) A，B間に電場を与えないとき，油滴は一定の速さv_0で落下した。油滴の半径aを，g，K，ρ，ρ_1およびv_0で表せ。

(2) A，B間に強さEの電場を与えたところ，油滴は一定の速さvで落下した。油滴の電荷qを，K，a，E，v_0およびvで表せ。

12 光の粒子性

波長500nmのレーザー光の出力が0.10mWであるとき，毎秒何個の光子がレーザー光として放出されるか。ただし，プランク定数$h = 6.6 \times 10^{-34}$J・s，光速$c = 3.0 \times 10^8$m/sとする。また，1nm＝10^{-9}mである。

13 光の振動数とエネルギー

波長$\lambda = 5.0 \times 10^{-7}$mの光を考える。
　　　光速$c = 3.0 \times 10^8$m/s
　　　プランク定数$h = 6.6 \times 10^{-34}$J・s
として，以下の問いに答えよ。
(1) この光の振動数は何Hzか。
(2) 光子のもつエネルギーは何Jか。

14 光電効果(1)

波長$\lambda = 3.0 \times 10^{-7}$mの紫外線を金属にあてたところ，光電子の運動エネルギーの最大値$E_{\max} = 1.4 \times 10^{-19}$Jであった。
　　　光速$c = 3.0 \times 10^8$m/s
　　　プランク定数$h = 6.6 \times 10^{-34}$J・s
として，以下の問いに答えよ。
(1) この金属の仕事関数は何Jか。
(2) 限界振動数は何Hzか。

15 光電効果(2)

下図のように配線された光電管の陰極Kに波長λの光をあてたら，検流計Gの針がふれた。このとき入射した光のエネルギーは，単位時間あたりW_0であった。この実験について，光速度，プランク定数，電子の質量を，それぞれc，h，mとして，あとの問いに記号で答えよ。

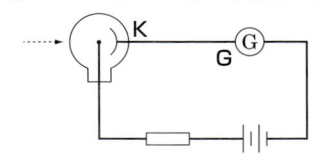

(1) アインシュタインの光の粒子説によると，光子1個のもつエネルギーはどれだけか。

ア $\dfrac{\lambda}{hc}$　イ $\dfrac{c}{h\lambda}$
ウ $\dfrac{hc}{\lambda}$　エ $\dfrac{h\lambda}{c}$

(2) このとき，陰極には単位時間に何個の光子が入射したか。

ア $\dfrac{\lambda}{cW_0}$　イ $\dfrac{ch}{\lambda W_0}$
ウ $\dfrac{\lambda W_0}{ch}$　エ $\dfrac{c\lambda}{hW_0}$

(3) 光電子1個を陰極から外に取り出すのに必要なエネルギーをWとすると，飛び出した直後の光電子の速さはどれだけか。

ア $\sqrt{2m\left(\dfrac{hc}{\lambda} - W\right)}$

イ $\sqrt{\dfrac{2}{m}\left(\dfrac{hc}{\lambda} - W\right)}$

ウ $\sqrt{2m\left(\dfrac{hc}{\lambda} + W\right)}$

エ $\sqrt{\dfrac{2}{m}\left(\dfrac{hc}{\lambda} + W\right)}$

(4) 光電子は，光電限界波長とよばれる波長より長い波長の光の入射によっては放出されない。この陰極をつくっている金属の光電限界波長はどれだけか。

ア $\dfrac{hc}{W}$　イ $\dfrac{hW}{c}$
ウ $\dfrac{h}{cW}$　エ $\dfrac{W}{hc}$

16　X線の最短波長

6.0×10^4 V の電圧で加速された電子を陽極にあてたところ，X線が発生した。

電気素量 $e = 1.6 \times 10^{-19}$ C
電子の質量 $m = 9.1 \times 10^{-31}$ kg
プランク定数 $h = 6.6 \times 10^{-34}$ J・s

として，以下の問いに答えよ。

(1) 電子が陽極に衝突するときの運動エネルギーは何Jか。
(2) 発生したX線の最短波長は何mか。

17　結晶面の間隔

波長 $\lambda = 6.4 \times 10^{-11}$ m のX線を結晶に照射し，反射光の強度を調べた。結晶面と照射X線とがなす角 θ をじょじょに大きくしていったところ，$\theta = 30°$ ではじめて最も強い反射X線を観測した。結晶面の間隔 d は何mか。

18　電子線

波長 $\lambda = 2.0 \times 10^{-11}$ m の電子線をつくりたい。電子の初速度を 0 とし，

電気素量 $e = 1.6 \times 10^{-19}$ C
電子の質量 $m = 9.1 \times 10^{-31}$ kg
プランク定数 $h = 6.6 \times 10^{-34}$ J・s

として，以下の問いに答えよ。

(1) 電子を何Vで加速すればよいか。
(2) この波長をもつ電子線の運動量はいくらか。電子の初速度は 0 とする。

19　電子の運動量と波長

5.0×10^4 V で加速された電子がある。

電気素量 $e = 1.6 \times 10^{-19}$ C
電子の質量 $m = 9.1 \times 10^{-31}$ kg
プランク定数 $h = 6.6 \times 10^{-34}$ J・s

として，以下の問いに答えよ。

(1) 加速された電子のもつ運動量は何kg・m/sか。
(2) 加速された電子の電子波の波長は何mか。

1章　電子と光子

CDで観察する虹

太陽の光や白熱電球から発せられる光は線スペクトルではなく連続スペクトルとよばれます。このスペクトルは，プリズムや分光器を使うほかに，CDなどを使って観察することができます。同心円状のきれいな虹を観察してみましょう。

観察の方法

豆電球よりも光源が小さい麦電球を用意する。これをCDの記録面の中央に，高さ7～8cmの位置にセットする。次の図1では，カーテンレールを用いて固定した。

この状態で，CD中央の真上30cm程度の高さから観察する。目の位置を近づけたり遠ざけたりして，虹が同心円に見える場所を探す。この位置で撮影した写真が，図2である。

図1．麦電球からの光の観察

図2．CDで見える虹

虹が見える原理

CDの表面には，半径方向の1mmあたり625本のみぞが作られている。このみぞとみぞの間の鏡面で反射された光が干渉して虹色をつくっている。つまり，CDは反射型の回折格子（→p.103）としてはたらく。

この回折格子の格子定数dは，
$$d = \frac{1 \times 10^{-3}}{625} = 1.60 \times 10^{-6} \, \text{m}$$
と計算できる。

麦電球からの光がCDに斜めに入射するため，反射前の経路差と反射後の経路差の和が，波長の整数倍となる。

7.5mの高さに設置した麦電球からの白色球が，CDの表面で反射される場合について計算してみる。すると，**最も内側の赤や1次の回折光で，最も外側の赤は2次の回折光**であることがわかる。

光源を太陽光に変えると…

　麦電球のような点光源ではなく，平行光源である太陽光で観察してみよう。図3のように，段ボール箱にCDと同じ大きさの穴を開け，太陽光を穴から入れてCDに反射させる。

　穴の裏側をスクリーンにして，反射光を観察したのが図4の写真である。これを見ると，図2のような麦電球の場合と似た模様ができている。

　この結果だけを見ると，1次と2次の回折光が観察できたように見えるが，実際は違っている。

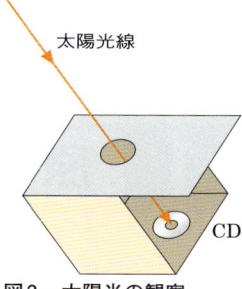

図3．太陽光の観察

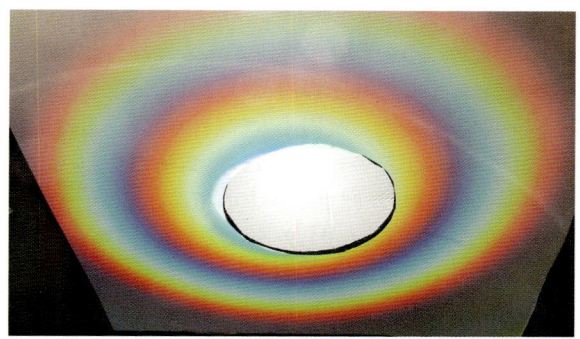

図4．太陽光による虹

内側の赤も外側の赤も1次の回折光

　CDの半分を隠して実験をしてみると，図5の写真のようになる。図6の解説図で，CDの点Pに垂直に入射した太陽光は，1次の回折光が約26°となる位置にできる。

　このとき，像の点R_1，R_2とO′からの距離を見ると，R_1O′のほうがR_2O′よりも短い。

　よって，R_1に到達した光が内側の虹をつくり，R_2に到達した光が外側の虹をつくる。つまり，**両方とも1次の回折光である。**

図5．左半分を隠したときの虹 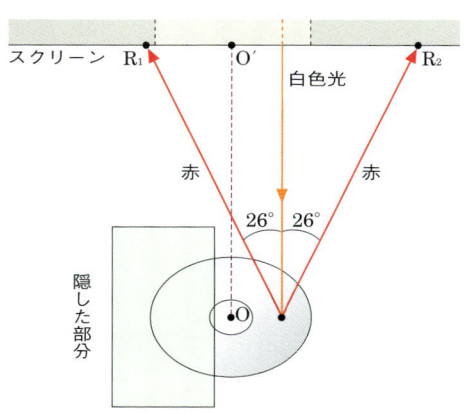　　図6．回折光が分かれるしくみ

　なお，太陽光による回折光は，愛知物理サークルのWebページを参考に追実験したものである。

1章　電子と光子

2章 原子と原子核

1 原子の構造

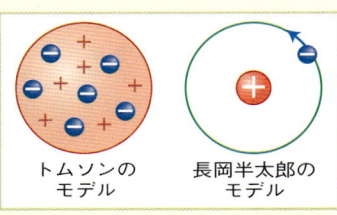

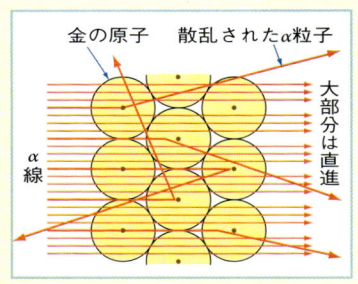

図1．原子のモデル
トムソンのモデル
長岡半太郎のモデル

図2．ラザフォードの実験
金ぱくにα線をあてると，一部のα粒子が散乱される。ラザフォードは，散乱されるα粒子の割合から，原子内の正電気が10^{-15} mほどの範囲に集中していることを明らかにした。

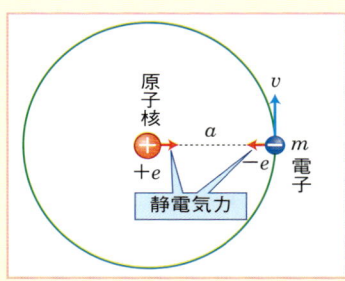

図3．ラザフォードの原子モデル
電子はクーロン力を向心力として原子核のまわりを円運動する。

1 原子の質量は中心に集中

■ 20世紀はじめにはまだ原子の構造は明らかでなく，いろいろなモデルが考えられた。J.J.トムソンは，正に帯電した粒子の内部に，負に帯電した電子がうまっていると考えた。長岡半太郎（日本）は，正に帯電した粒子のまわりを，土星の輪のように，電子がまわっていると考えた。

■ ラザフォードの指導のもと，ガイガーとマースデンは，薄くのばした金ぱくにα線（→p.216）をあてると，大部分のα粒子は金ぱくを素通りするが，中にはいちじるしく進路を曲げられるものがあることを発見した（図2）。

■ α粒子は正電気を帯びているが，質量は電子の7000倍なので，電子によって進路を大きく曲げられたとは考えにくい。ラザフォードは，原子内の正電気を帯びた部分が反発力をおよぼすと考えて計算し，次のことを明らかにした。

1 原子の中心には，原子全体の10万分の1ほどの大きさの正電気を帯びた粒子があり，原子の質量の大部分はここに集中している。これを**原子核**という。
2 原子核は電気素量eの原子番号Z倍の正電気をもつ。
3 原子核のまわりには，原子番号Z個の電子がある。

2 ラザフォードのモデルの難点

■ 正電荷をもつ重い原子核のまわりに負電荷をもつ軽い電子があるとすると，両者の間には静電気力がはたらくから，電子が原子核に引きつけられてしまう。そうならないためには，電子が静電気力を向心力として，原子核のまわりを円運動していると考えなければならない。

■ これは電気振動と同じだから，電磁波が発生し，電子はエネルギーを失って軌道半径が小さくなり，ついには原子核に吸いこまれてしまう。この矛盾を解決するには新しい理論が必要であった。

③ 水素原子のスペクトル

■ 太陽光をプリズムに通したり，回折格子や分光器を使うと，光を赤から紫まで連続的に分けることができる（→ p.108）。これを**連続スペクトル**という。一般に，**高温の固体や液体が発する光（熱放射）は連続スペクトル**である。

■ 希薄な気体を封入した放電管に高電圧をかけると，連続的な光ではなく，とびとびの光が観察される。これを**線スペクトル**という。

■ 図4は水素を封入した放電管が発する光を表したもので，可視光の範囲では4本の線スペクトルが観察できる。

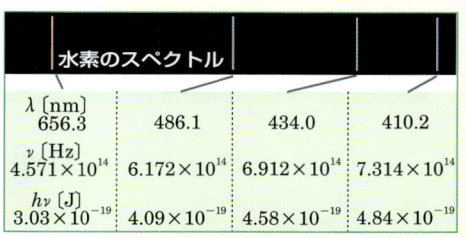

水素のスペクトル			
λ [nm] 656.3	486.1	434.0	410.2
ν [Hz] 4.571×10¹⁴	6.172×10¹⁴	6.912×10¹⁴	7.314×10¹⁴
hν [J] 3.03×10⁻¹⁹	4.09×10⁻¹⁹	4.58×10⁻¹⁹	4.84×10⁻¹⁹

図4．水素の線スペクトルと対応する光子のエネルギー
このスペクトルは1884年にバルマーによって発見された。

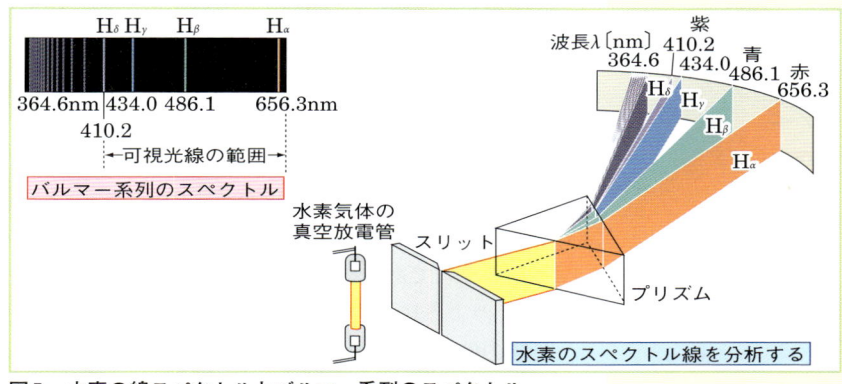

図5．水素の線スペクトルとバルマー系列のスペクトル

■ バルマー（1825〜1898，スイス）は，この光の波長の間に，次のような関係があることを見いだした。これを**バルマー系列**という。

$$\frac{1}{\lambda} = R\left(\frac{1}{2^2} - \frac{1}{n^2}\right) \quad (n = 3, 4, 5, \cdots)$$ ○1

■ 水素の線スペクトルにバルマー系列以外のものが発見され，**紫外領域のものをライマン系列**，**赤外領域のものをパッシェン系列**という。

■ これら3つの線スペクトルの系列は，次のような関係式で表されることがわかった。

$$\frac{1}{\lambda} = R\left(\frac{1}{n'^2} - \frac{1}{n^2}\right) \quad \begin{cases} n'とnは正の整数 \\ n' < n \end{cases}$$

$R = 1.10 \times 10^7 /\text{m}$：リュードベリ定数

$n' = 1$：ライマン系列
$n' = 2$：バルマー系列
$n' = 3$：パッシェン系列

○1．この式は，バルマーの見いだした式を書きかえたものである。この式の構造は，原子の構造を予見するものとなった。

2 ボーア模型

1 ボーアの理論

■ ラザフォードのモデルの難点に対して，ボーア（デンマーク）は1913年，次のような2つの新しい仮定を導入して，原子の安定性と水素原子の線スペクトルを説明した。

■ **仮定1：量子条件** 原子にはいくつかの定常状態があり，定常状態にあるときには電磁波を放出しない。

■ 電子の質量をm〔kg〕，速さをv〔m/s〕，軌道半径をr〔m〕とすると，軌道円周$2\pi r$が$\dfrac{h}{mv}$の整数倍のときに定常状態にあるとした。

■ これは，電子の物質波（→p.203）が軌道上で波長$\lambda = \dfrac{h}{mv}$の定常波をつくると考えることで説明できる。図1のように，電子の軌道の円周が波長の整数倍のときは定常波ができるが，整数倍でないと電子波は打ち消しあって消えてしまうのである。

■ このように，存在しうる定常波は整数nによってとびとびの値となるので，電子のもつエネルギーE_nもとびとびの値となる。nを**量子数**，E_nを**エネルギー準位**という。また，次の①式を**ボーアの量子条件**ともいう。

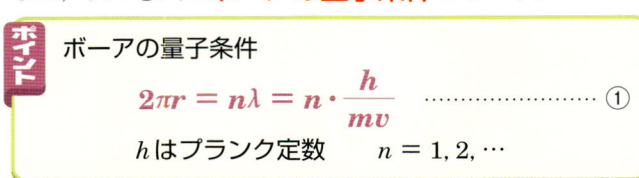

> **ポイント　ボーアの量子条件**
> $$2\pi r = n\lambda = n \cdot \dfrac{h}{mv} \quad \cdots\cdots ①$$
> hはプランク定数　　$n = 1, 2, \cdots$

■ **仮定2：振動数条件** 原子はエネルギーE_nの定常状態から，それよりエネルギーの低い$E_{n'}$の定常状態に移るとき，そのエネルギーの差に等しい電磁波を放出する。逆に$E_{n'}$からE_nに移るときには，そのエネルギーの差に等しい電磁波を吸収する（図2）。

■ このことを式で表すと，次のようになる。

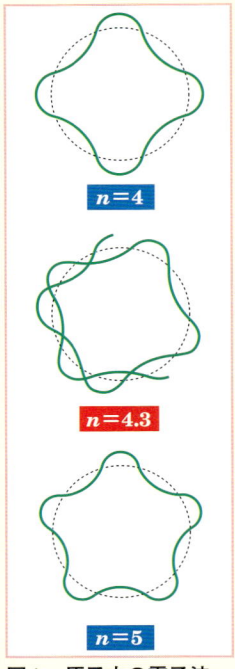

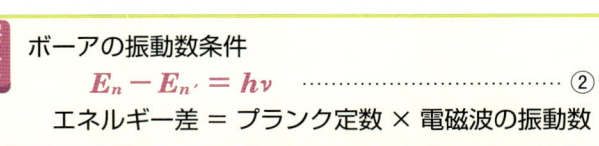

> **ポイント　ボーアの振動数条件**
> $$E_n - E_{n'} = h\nu \quad \cdots\cdots ②$$
> エネルギー差 = プランク定数 × 電磁波の振動数

図1．原子内の電子波
$n = 4, 5$のように整数のときは定常波となるが，$n = 4.3$のときのように整数でないときは定常波にはならない。

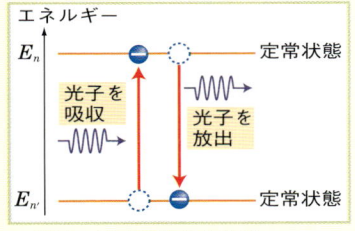

図2．光子の吸収と放出

2 水素原子の半径とエネルギー準位

■ **水素原子の半径** 図3のように，水素原子内の電子が原子核のまわりを速さvで円運動しているとする。**向心力は静電気力である。**電子の運動方程式を立てると，

$$m\frac{v^2}{r} = k_0\frac{e^2}{r^2} \quad \cdots\cdots\cdots\cdots ③$$

①式を用いてvを消去すると，

$$r = \frac{h^2}{4\pi^2 k_0 m e^2} \cdot n^2 \quad (n = 1, 2, 3, \cdots) \quad \cdots\cdots ④$$

$n = 1$のときの半径をa_0とおくと，$n = 2$の場合の半径は$4a_0$，$n = 3$では$9a_0$，…となる（図4）。

■ **エネルギー準位** 電子のもつエネルギーEは，運動エネルギーと静電気力による位置エネルギーの和である。

$$E = \frac{1}{2}mv^2 + \left(-k_0\frac{e^2}{r}\right)$$

③式を用いると，$\frac{1}{2}mv^2 = \frac{1}{2}k_0\frac{e^2}{r}$であるから，

$$E = \frac{1}{2}k_0\frac{e^2}{r} - k_0\frac{e^2}{r} = -\frac{k_0 e^2}{2r}$$

これに④式のrを代入して整理し，EをE_nとすると，

$$E_n = -\frac{2\pi^2 k_0^2 m e^4}{h^2} \cdot \frac{1}{n^2} \quad (n = 1, 2, 3, \cdots) \quad \cdots ⑤$$

■ **$n = 1$のときのエネルギーが最も低く**，この状態を**基底状態**といい，最も安定な状態である。$n \geq 2$の状態を**励起状態**という。

■ **電子のエネルギーの取りうる値**は，⑤式で表されるように，**$n = 1, 2, 3, \cdots$に対応するとびとびの値である**ことがわかる。

■ エネルギーE_nの定常状態から，それよりエネルギーの低い$E_{n'}$の定常状態に移るとき，放出される光（電磁波）の波長λは，②式より

$$\frac{1}{\lambda} = \frac{1}{hc}(E_n - E_{n'})$$

となることを用いると，次の条件を満たす。

$$\frac{1}{\lambda} = \frac{2\pi^2 k_0^2 m e^4}{ch^3}\left(\frac{1}{n'^2} - \frac{1}{n^2}\right) \quad ★1$$

■ バルマーの発見した水素原子のスペクトルは，電子が$n \geq 3$から$n = 2$に移ったときのものである。こうして水素原子のスペクトルを理論的に説明することに成功した。

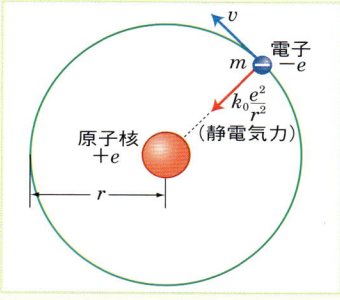

図3．水素原子の電子の運動

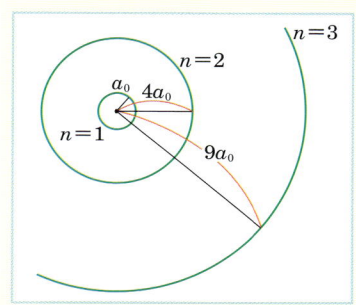

図4．水素原子の電子軌道
電子がとることのできる軌道は，半径$a_0 \times n^2$ $(n = 1, 2, 3, \cdots)$の円軌道のうちの1つである。

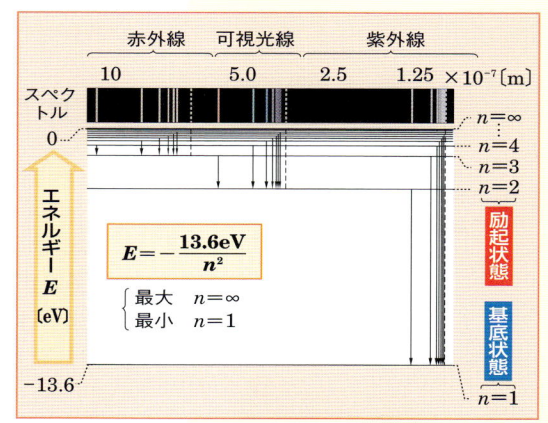

図5．水素原子のスペクトルとエネルギー準位

$E = -\dfrac{13.6\text{eV}}{n^2}$

最大 $n = \infty$
最小 $n = 1$

★1．$\dfrac{2\pi^2 k_0^2 m e^4}{ch^3}$を$R$とおけば，バルマーの発見した式（→p.211）と一致する。

3 原子核

1 原子核のなりたち

■ 原子核は，**陽子**と**中性子**から成り立っている。ほとんどの水素原子核は陽子1個だけからなり，電子と同じ大きさの正電荷eをもっている。**中性子は電荷をもたず，質量は陽子とほぼ同じである**。したがって，原子核の質量は，どれも水素原子の質量のほぼ整数倍になっている。

■ 原子核の中には，元素の原子番号Zに等しい数の陽子が含まれている。陽子数と中性子数の和を**質量数**という。

ポイント 原子核の記号

元素記号の左上に質量数A，左下に原子番号Zを示す（Nは中性子数）。

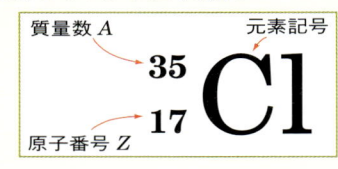

質量数 A　　　　　元素記号
$$^{35}_{17}\text{Cl}$$
原子番号 Z

$$A = Z + N$$
質量数 ＝ 陽子数 ＋ 中性子数

2 中性子数のちがう原子核

■ 元素の化学的性質は，原子核のまわりをまわっている電子の配置状態によって決まる。原子核中の陽子の数が同じであれば，まわりの電子の配置も同じなので，**同じ元素の原子はすべて同数の陽子を原子核の中にもつ**。したがって，原子番号が等しい。

■ 同じ元素であっても，原子核の中の中性子数は必ずしも同じではない。**同じ元素で，陽子数は同じなのに中性子数がちがうものを同位体**（アイソトープ）という。

■ たとえば，水素の原子核の大部分（99.985％）は陽子1個だけからできているが，陽子1個と中性子1個からできた**重水素$^{2}_{1}\text{H}$**とよばれるものがわずかに（0.015％）存在する。さらに，陽子1個と中性子2個からできた**三重水素$^{3}_{1}\text{H}$**とよばれるものが，ごくわずかに存在する。

★1. 陽子と中性子をまとめて**核子**という。

★2. 電子の質量は，陽子の質量の約$\frac{1}{1800}$である。したがって，原子全体の質量は，原子核の質量とほぼ等しい。すなわち，原子の質量は，中心の原子核に集中している（→ p.210）。

★3. 陽子単体と中性子単体の正確な質量は，
　陽子：1.6726×10^{-27}kg
　中性子：1.6750×10^{-27}kg
で，中性子のほうがわずかに重い。

★4. すなわち，同位体は原子番号が同じなのに質量数のちがう原子である。

図1．水素の同位体
水素には3種の同位体がある。三重水素は，地球全体で約10kg（水素全体の10^{-17}〜10^{-15}％）しか存在しない。

5編　原子と原子核

■ 元素はふつう質量数のちがういくつかの同位体が一定の割合で混ざったものになっているため，質量数の平均値（化学で用いる原子量とほぼ等しい）は，整数にはならない。

問 1. ウランの同位体について，次の問いに答えよ。
(1) $^{235}_{92}\text{U}$ の原子核に含まれる陽子と中性子の数は，それぞれいくらか。
(2) ウランには，$^{238}_{92}\text{U}$ と $^{235}_{92}\text{U}$ という同位体がある。これらの原子核は，どこがちがうか。

③ 原子質量単位

■ 原子や原子核の質量を表す単位は，〔kg〕では大きすぎるので，**原子質量単位**（記号：**u**）という単位を導入する。

■ 1uは，^{12}C 原子（質量数12の炭素原子）の質量の $\frac{1}{12}$ を表している。

■ アボガドロ定数（→p.54）を N_A とすると 1uは，

$$1\text{u} = \frac{12\text{g}}{N_A} \times \frac{1}{12} = 1.66 \times 10^{-27} \text{kg}$$

にあたり，ほぼ陽子1個分の質量，中性子1個分の質量を表す。★5

④ 陽子と中性子を結びつける力

■ 原子核は簡単にはこわれない。陽子や中性子の結びつきが非常に強固だからである。

■ 原子核では正電荷をもつ陽子どうしが近接しており，静電気力による反発力がはたらくので，それを上回る力で陽子と中性子が引き合っていると考えられる。この力は，万有引力や静電気力とは別種の力で，**核力**とよばれる。

■ 湯川秀樹（1907〜1981，日本）は，1935年に，核子が**電子の200〜300倍の質量をもつ粒子を放出・吸収して，核子のあいだでやりとりをすることで核力が生じる**と予言した。この粒子は，陽子と電子の中間の質量をもっていることから，**メソン**（**中間子**）という。

■ 湯川の予言した中間子は，1947年になってパウエル（イギリス）らの宇宙線観測によって発見され，π中間子と名付けられた。その後の研究で，π中間子が非常に不安定であり，短時間のうちに**ミュー粒子**と**ミュー・ニュートリノ**（→p.220）に崩壊するとわかっている。

解き方 問1.
(1) $Z = 92$, $A = 235$ なので，$A = Z + N$ より，
$235 = 92 + N$
よって，$N = 143$
(2) 同位体の関係にある原子では，陽子の数は同じだが，中性子の数が変化する。$^{238}_{92}\text{U}$ が $^{235}_{92}\text{U}$ より3個多い。

答 (1) 陽子：**92個**
　　中性子：**143個**
(2) $^{238}_{92}\text{U}$ のほうが中性子が**3個多いところ**

★5. 陽子の質量は 1.00768u，中性子の質量は 1.00866u である。

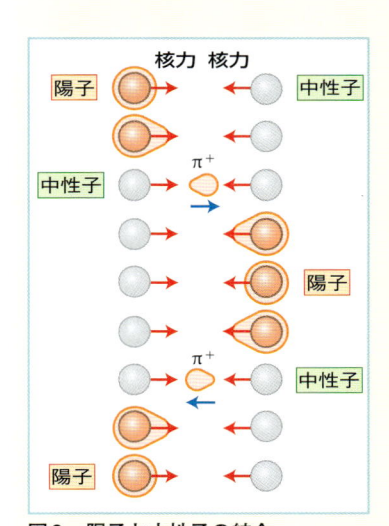

図2. 陽子と中性子の結合
中性子が陽子から，正の電気をもつ中間子（π⁺）をうばうと，中性子が陽子になり，もとの陽子は中性子となる。原子核の中では，陽子と中性子が中間子をやりとりしながら結びついている。

4 原子核の崩壊

1 放射線を出す元素

■ 1896年，X線の研究をしていたベクレル（フランス）は，ウランの化合物から強力な放射線が出ることを発見した。この放射線はラザフォードによってα線，β線，γ線の3種類からなることが明らかにされた（図1）。

■ α線は高速の正の電荷をもつヘリウム原子核（$_2^4$He）の流れで，電離作用，写真作用，蛍光作用が3つのうちでいちばん強い。

■ β線は高速の負の電荷をもつ電子の流れで，電離作用，写真作用，蛍光作用は3つの中間の強さをもつ。

■ γ線はX線よりも波長の短い電磁波で，電離作用，写真作用，蛍光作用は3つのうちでいちばん弱いが，透過力はいちばん強い。

■ 放射線を出す元素を**放射性元素**という。ウランにつづいて，ポロニウム，ラジウムなどの放射性元素が，キュリー夫妻（フランス，ポーランド）によって発見された。原子が放射線を出す性質を**放射能**という。

■ α線，β線，γ線以外に，X線や中性子線，高速の陽子の流れなども，放射線の一種である。

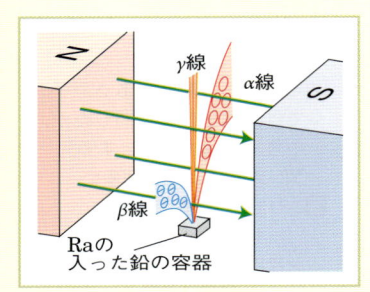

図1．磁場内の放射線の進み方

✿1．高速の中性子の流れを**中性子線**といい，透過力が非常に強い。

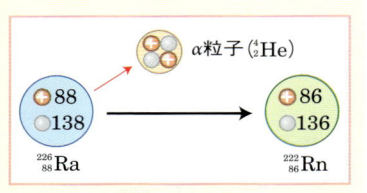

図2．α崩壊の例
ラジウム226がα粒子を放出してラドン222に変わる。
$_{88}^{226}$Ra ⟶ $_2^4$He + $_{86}^{222}$Rn

2 原子核が変化する

■ 放射性元素の原子核は，放射線を出すとべつの原子核に変化する。これを**原子核の崩壊**という。

■ **α崩壊**は原子核の中からα粒子（$_2^4$He）が飛び出す崩壊。**原子番号が2減少し，質量数が4減少する**（図2）。

■ **β崩壊**は原子核の中からβ粒子（電子）が飛び出す崩壊。この電子は，原子核中の中性子が陽子に変わる過程で発生する。このため**陽子数が1増加する**。すなわち，β崩壊すると，**原子番号が1増加するが質量数は変化しない**（図3）。

■ 原子核の中からγ線が出ても，原子番号，質量数は変化しない。

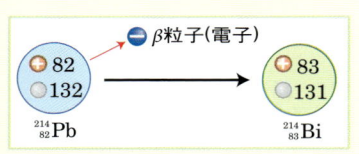

図3．β崩壊の例
鉛214がβ粒子を放出してビスマス214に変わる。
$_{82}^{214}$Pb ⟶ e^- + $_{83}^{214}$Bi

> **ポイント**
> α崩壊：原子番号が2減少，質量数が4減少
> β崩壊：原子番号が1増加，質量数は変化なし

問 1. $^{238}_{92}$U は，自然に放射性崩壊をつづけて，最後に $^{206}_{82}$Pb になる。この間に，α崩壊とβ崩壊をそれぞれ何回ずつ行うか。

解き方 問1.
α崩壊が x 回，β崩壊が y 回起こったとする。
質量数：$238 - 4x = 206$
原子番号：$92 - 2x + y = 82$
2式より，
$x = 8, \ y = 6$

答 α崩壊：**8回**
　　　β崩壊：**6回**

3 放射性原子の寿命

■ 原子核の崩壊は，外部からの作用で起こるのではなく，原子核自身のもつエネルギーによって起こる。したがって，**熱を加えても力を加えても崩壊の速さは変わらない**。

■ 1個の放射性原子がいつ放射線を出して崩壊するかはわからないが，同種の放射性原子の集団が崩壊する速さは決まっている。

■ 同種の放射性原子の集団があって，たとえばその10％が崩壊するのに1sかかったとすると，残りの原子の10％が崩壊するのにも，同じように1sかかる。

■ すなわち，**放射性原子の毎秒あたりの崩壊数は，そのときに存在する放射性原子の数に比例する**。これを**崩壊の法則**という。

4 量が半減する時間は一定

■ いま，N_0 個の放射性原子の集団があって，T〔s〕間にその半分が崩壊したとすると，残りの $\frac{N_0}{2}$ 個の原子は，次の T〔s〕間にまたその半分が崩壊して $\frac{N_0}{4}$ 個になる。さらに T〔s〕たつと，またその半分になって $\frac{N_0}{8}$ 個になる。

■ **放射性原子の量が現在の半分になるまでの時間 T を半減期**という。半減期の長さは，原子核の種類によって決まっている（表1）。

■ 半減期 T〔s〕の放射性元素が N_0 あるとき，t〔s〕後に残っている原子の量を N とすると，次の関係が成り立つ。

ポイント 半減期と原子の量　$N = N_0 \left(\frac{1}{2}\right)^{\frac{t}{T}}$

問 2. 半減期1600年のラジウム226がちょうど1gある。このラジウムは6400年後には，何gのラジウムになるか。また，800年後には何gのラジウムになるか。

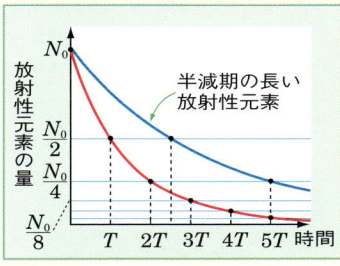

図4．放射性元素の残量
放射性元素の量は，半減期 T ごとに半分になる。半減期の長い元素は減り方が遅い。

表1．放射性同位体と半減期

放射性同位体		半減期
ビスマス	^{209}Bi	1.9×10^{19} 年
ウラン	^{238}U	4.47×10^9 年
カリウム	^{40}K	1.28×10^9 年
炭素	^{14}C	5.73×10^3 年
鉛	^{210}Pb	22.3 年
セシウム	^{134}Cs	2.06 年
ラドン	^{222}Rn	3.83 日
アクチニウム	^{228}Ac	6.15 時間
タリウム	^{210}Tl	1.30 分
ケイ素	^{27}Si	4.16 秒
アスタチン	^{218}At	1.5 秒
ポロニウム	^{212}Po	2.99×10^{-7} 秒

解き方 問2.
6400年後は，
$$N = N_0 \left(\frac{1}{2}\right)^{\frac{t}{T}} = 1 \times \left(\frac{1}{2}\right)^{\frac{6400}{1600}}$$
$$= 1 \times \left(\frac{1}{2}\right)^4 = \frac{1}{16}$$
$$= 0.0625 \, \text{g}$$
800年後は，
$$1 \times \left(\frac{1}{2}\right)^{\frac{800}{1600}} = \left(\frac{1}{2}\right)^{\frac{1}{2}} = \frac{1}{\sqrt{2}}$$
$$\fallingdotseq 0.707 \, \text{g}$$

答 6400年後：**0.0625 g**
　　　800年後：**0.707 g**

5 核反応と核エネルギー

1 原子は不変ではない

放射性元素の発見によって，原子は不変という考えは捨てられた。放射性元素は自然に崩壊するが，放射能をもたない安定な原子核でも，大きなエネルギーを与えれば変換できるのではないかと考えられるようになった。

1919年，ラザフォードは低圧の窒素ガスの中にα線を出す物質を入れたところ，高エネルギーの陽子が発生することを発見した。これは，α粒子（$^4_2$He）が窒素の原子核（$^{14}_7$N）に衝突し，次のような反応によって，陽子（$^1_1$H）をたたき出したものと考えられた（図1）。

$$^4_2He + {}^{14}_7N \longrightarrow {}^{17}_8O + {}^1_1H$$

このような原子核と粒子との衝突による反応を**核反応**といい，核反応を示す上のような式を**核反応式**という。次の関係が成り立つ。

> **ポイント**
> 左辺の**原子番号**の和 = 右辺の**原子番号**の和
> 左辺の**質量数**の和 = 右辺の**質量数**の和

2 原子核の人工変換

ラザフォードの実験以後，原子核の人工変換がさかんに研究されるようになった。

1932年，コッククロフト（1897～1967，イギリス）はウォルトン（1903～1995，アイルランド）のつくった高電圧装置で陽子を加速して，α粒子より大きなエネルギーをもつ陽子をつくり，これをリチウム（$^7_3$Li）に衝突させて，2個のヘリウム原子核（$^4_2$He）に変換した。これは，人工的に加速された粒子による最初の人工変換である（図2）。

$$^1_1H + {}^7_3Li \longrightarrow {}^4_2He + {}^4_2He$$

1934年，キュリー夫妻はアルミニウム（$^{27}_{13}$Al）にα粒子をあてると，**陽電子**（電子の**反粒子**→p.220であり，正の電荷をもつ）が飛び出すことを発見した。これは，次の反応によって生じたリン（$^{30}_{15}$P）がただちに陽電子を放出するからだと考えられた。

$$^{27}_{13}Al + {}^4_2He \longrightarrow {}^{30}_{15}P + {}^1_0n$$

---

1. ドルトン（1766～1844，イギリス）が1803年に原子論を打ち立てたあと，原子は分割できないものという考えが一般的であったが，原子核の構造が明らかになり，放射性元素が発見されるにおよんで，原子も変化させることができるという考えが現れた。

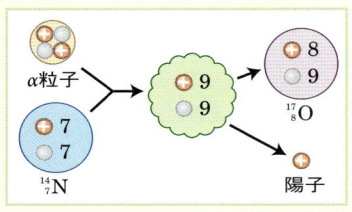

図1. ラザフォードが行った原子核の最初の人工変換
$$^4_2He + {}^{14}_7N \longrightarrow {}^{18}_9F$$
$$\longrightarrow {}^{17}_8O + {}^1_1H$$

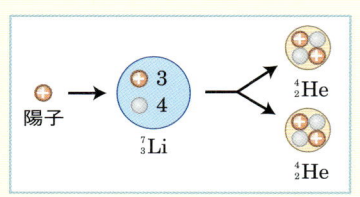

図2. コッククロフトとウォルトンが行った最初の加速粒子による人工変換
これ以後，サイクロトロン，シンクロトロンなどの加速装置の研究がさかんになった。
$$^1_1H + {}^7_3Li \longrightarrow {}^4_2He + {}^4_2He$$

2. $^{30}_{15}$Pは人工的につくられた最初の放射性原子核である。

3 結合すると軽くなる

■ 原子核をつくっている陽子と中性子をばらばらにするためには，強い核力にさからって引き離す仕事をしなければならないから，外から大きなエネルギーを与えなければならない。このエネルギーを**結合エネルギー**という。逆に，陽子と中性子を結合させれば，結合エネルギーに等しいエネルギーが発生することになる。

■ アインシュタインは，1905年に発表した特殊相対性理論の中で，**質量 m をもつことと，それに対応するエネルギー mc^2 をもつことは同じ**であることを導いた。

■ 原子核は陽子と中性子でできているが，原子核の質量を精密にはかると，陽子や中性子の質量にその個数をかけて足し合わせた値より小さい。この差を**質量欠損**という。

> **ポイント**
> 質量 Δm 〔kg〕が失われるときに発生するエネルギー ΔE 〔J〕は，真空中の光速を c 〔m/s〕とすると，
> $$\Delta E = \Delta m c^2$$
> エネルギー ＝ 質量 ×（光速）^{2}

■ たとえば，重水素の原子核は，陽子1個と中性子1個からできており，その質量は 3.3435×10^{27} kg である。陽子の質量は 1.6725×10^{-27} kg，中性子の質量は 1.6748×10^{-27} kg であるから，図3のように重水素の原子核は陽子と中性子の質量の和より 0.0038×10^{-27} kg だけ小さい。

図3．質量欠損
原子核の質量は，それを構成する陽子と中性子の質量の和として計算した値よりも少し小さい。これは，結合エネルギーが減少したぶん外部にエネルギーが発生するからである。

✱3．この値を $\Delta E = \Delta m c^2$ に代入して求めたエネルギーの値は，重水素の結合エネルギーとよく一致する。

4 核エネルギーの利用

■ 核子1個あたりの結合エネルギーは，図4のように，質量数が小さい場合は，質量数が大きいほど大きくなるが，質量数が70より大きくなると，質量数が大きいものほど小さくなる傾向がある。

■ このことから，**質量数の小さい原子核を合体させて質量数の大きな原子核にすると，エネルギーを発生させることができる**とわかる。これを**核融合**という。太陽のエネルギーは，水素の核融合によってつくり出されている。

■ 反対に，**質量数の大きい原子核を分裂させて質量数の小さい原子核にしても，エネルギーを発生させることができる**。これを**核分裂**という。原子炉に利用されているのは，ウランの核分裂によって発生するエネルギーである。

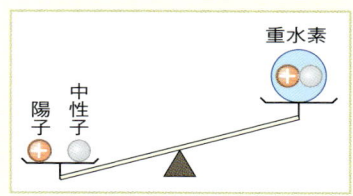

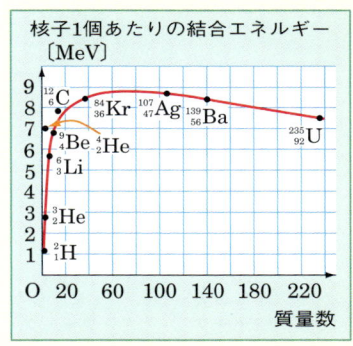

図4．核子1個あたりの結合エネルギーと質量数

6 素粒子

1 素粒子

■ 19世紀のはじめにドルトンが原子論を確立した頃は，原子が物質を構成する基本粒子と考えられていた。

■ しかし，その後，すべての物質は分子から原子，原子は原子核と電子，原子核は陽子と中性子へと，その構成要素に分割することができることがわかっていった。

■ 今日では，陽子や中性子もさらに基本的な構成要素から成り立っていることがわかっている。**物質を構成する究極の構成要素としての粒子のことを素粒子**という。

■ ある素粒子には，質量が等しく，反対符号の電荷をもつ大きさの等しい粒子が存在している。これを**反粒子**という。

■ 現在では，次に述べる6種類の**クォーク**と6種類の**レプトン**，力を媒介する**ゲージ粒子**，およびそれらの**反粒子**が素粒子であると考えられている。

■ クォークは，**u**（アップ），**d**（ダウン），**c**（チャーム），**s**（ストレンジ），**t**（トップ），**b**（ボトム）からなり，電気素量をeとすると，電荷は$\frac{2}{3}e$および$-\frac{1}{3}e$である。[1]

■ **レプトン**とは，電荷$-e$をもつ**電子(e)**，**ミュー粒子(μ)**，**タウ粒子(τ)**，および，次に述べる弱い相互作用においてこれらの粒子と対をなして現れる**電子ニュートリノ(ν_e)**，**ミュー・ニュートリノ(ν_μ)**，**タウ・ニュートリノ(ν_τ)**をいう。これらのニュートリノは電荷をもたない。

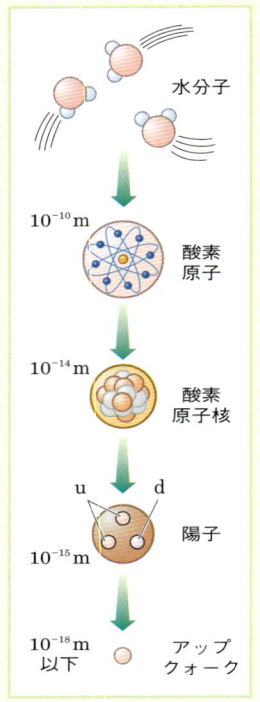

図1．物質の構成

[1]．クォークの反粒子は，電荷が正負反転している。たとえば，uの反粒子（ū：ユー・バー）の電荷は$-\frac{2}{3}e$である。

クォーク		レプトン		ゲージ粒子
電荷：$\frac{2}{3}e$	電荷：$-\frac{1}{3}e$	電荷：$-e$	電荷：0	
u アップクォーク	d ダウンクォーク	e^- 電子	ν_e 電子ニュートリノ	g グルーオン
c チャームクォーク	s ストレンジクォーク	μ^- ミュー粒子	ν_μ ミュー・ニュートリノ	W^+ Z^0 W^- ウィークボソン
t トップクォーク	b ボトムクォーク	τ^- タウ粒子	ν_τ タウ・ニュートリノ	γ 光子
				G 重力子（未発見）

表1．素粒子

2 4つの基本的な力

■ 3つのクォークから構成される粒子を**バリオン**という。陽子や中性子はバリオンであり，陽子はuud，中性子はuddからなる。

■ クォークとその反粒子である反クォークから構成される粒子を**メソン**（**中間子**）という。メソンにはπ中間子（→p.215）やK中間子などがあり，それぞれ正電荷，負電荷，中性電荷をもつ3種類がある。バリオンとメソンを総称して**ハドロン**という。

■ 力のことを**相互作用**ともいう。基本的な力には次の4つがある。

1. **強い力**はクォークを結びつけてハドロンを構成する力である。**原子核をつくる力（核力），α崩壊をもたらす力**などで，4つの基本的な力の中で最も強い。力のおよぶ距離は原子核の大きさ程度（10^{-15} m）である。

2. **弱い力**はたとえば，**原子核のβ崩壊を引き起こす力**で，力のおよぶ距離は10^{-18} mと非常に短い。

3. **電磁気力**は電荷をもった粒子の間にはたらく力で，力のおよぶ距離は非常に長い。

4. **重力**は質量をもった粒子の間にはたらく力で，力のおよぶ距離は非常に長いが，強さは4つの基本的な力の中で最も弱い。このため，素粒子どうしがおよぼしあう力としては無視することもできる。

■ これらの4つの力は，宇宙の初期には1つだったと考えられている。現在，これらの4つの力を統一する理論が研究されている。

力	強さ	到達距離	力の例	媒介粒子
強い力	1	10^{-15}	核力	グルーオン
弱い力	10^{-10}	10^{-18}	β崩壊	ウィークボソン
電磁気力	10^{-3}	∞	静電気力 磁気力	光子
重力	10^{-39}	∞	万有引力	重力子

表2. 4つの基本的な力の特徴
力の大きさは強い力を1としたときの相対的な大きさを表す。到達距離の単位はmである。

✿2. 素粒子の分野では万有引力（→p.40）を重力とよぶことが多い。

3 基本的な力を媒介する粒子

■ 電磁気力は**電場**や**磁場**という空間（場）のはたらきによっておよぼされる。このことは，**電場や磁場に対応する光子**の媒介によって力がおよぼされると考えることもできることが明らかになった。光子のように**力を媒介する粒子**が**ゲージ粒子**である。

■ 強い力は**グルーオン**（この粒子は単独では存在しない）により，弱い力は**ウィークボソン**（ウィークボゾン）により，重力は**重力子**（**グラビトン**ともいい，未発見）により媒介されると考えられている。

グルーオンのグルーというのは，接着剤という意味です。クォークどうしをのりのようにくっつけることから名づけられています。

2章 原子と原子核 221

定期テスト予想問題 解答 → p.266~268

1 水素の原子スペクトル

次の文を読んで，空欄に適した語句を書け。
水素原子のスペクトル線の波長 λ は，次の関係を満たす。

$$\frac{1}{\lambda} = R\left(\frac{1}{n_1^2} - \frac{1}{n_2^2}\right)$$

（R はリュードベリ定数）

$n_1 = 1$ の場合は ① 系列とよばれ，② 領域のスペクトルを表している。
$n_1 = 2$ の場合は ③ 系列とよばれ，④ 領域のスペクトルを表している。
$n_1 = 3$ の場合は ⑤ 系列とよばれ，⑥ 領域のスペクトルを表している。

2 原子模型

ボーアの原子模型によると，水素原子は $+e$ の電荷をもつ原子核のまわりを，電荷 $-e$，質量 m の電子が速さ v で円運動している。静電気力におけるクーロンの比例定数を k として，原子核の中心より距離 r の点で電子のもつ位置エネルギーは $-\dfrac{ke^2}{r}$ と表される。次の問いに答えよ。

(1) 電子の円運動の半径が r のとき，電子の全力学的エネルギーを k，e，r で表せ。

(2) 電子が量子数 $n = 1$ の軌道にあるときのエネルギー準位は，$E_1 = -13.6\,\mathrm{eV}$ である。このときの円軌道の半径を求めよ。
ただし，
$$k = 9.0 \times 10^9\,\mathrm{N \cdot m^2/C^2}$$
$$e = 1.6 \times 10^{-19}\,\mathrm{C}$$
とする。

3 原子の質量の表し方

次の [ ] には語句を，□ には数値を書け。
原子や原子核などの質量はきわめて小さいので，kg 単位ではなく [①]（記号 u）という単位で表すことが多い。この単位は $^{12}\mathrm{C}$ の原子 1 個の質量の $\dfrac{1}{12}$ と決められている。$^{12}\mathrm{C}$ の原子 1 mol の質量は ② kg である。また，1 mol あたりに含まれる原子の数を [③] といい，その値は ④ /mol なので，$^{12}\mathrm{C}$ の 1 原子の質量が求まる。それの $\dfrac{1}{12}$ を求めると，1 u = ⑤ kg となる。

4 放射線

次の文中の空欄にあてはまる語句または数値を書け。
原子番号が同じで質量数が異なる原子を ① という。この中には，自然に崩壊してほかの元素に変わるものがある。崩壊のときに放出される放射線は，下図のように電場での曲げられ方から ② 線，③ 線，④ 線の3種類に分けられる。キュリー夫妻が発見した $^{218}_{84}\mathrm{Po}$ は，質量数が218，原子番号が84である。この物質が1回 α 崩壊すると，新しくできた物質の質量数は ⑤ ，原子番号は ⑥ となる。

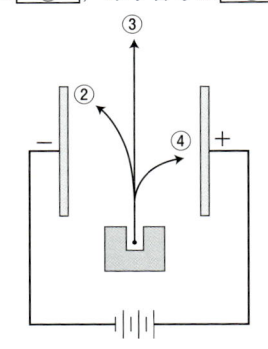

5 α 崩壊と β 崩壊

$^{235}_{92}\mathrm{U}$ は，α 崩壊，β 崩壊を何回か行って，最終的に安定した原子核になる。

(1) このときの最終的に安定な原子核は，次のうちのどれか。

$^{206}_{82}\mathrm{Pb}$　　$^{207}_{82}\mathrm{Pb}$　　$^{208}_{82}\mathrm{Pb}$　　$^{209}_{83}\mathrm{Bi}$

(2) α 崩壊，β 崩壊の回数はそれぞれ何回か。

6 放射性崩壊

次の式の空欄にあてはまる文字や数字を答えよ。

$$^{238}_{①}U \xrightarrow{\alpha崩壊} {}^{234}_{90}Th \xrightarrow{②崩壊}$$

$$^{234}_{91}Pa \xrightarrow{\beta崩壊} {}^{③}_{④}U \xrightarrow{⑤崩壊}$$

$$^{230}_{90}Th \xrightarrow{⑥崩壊} {}^{226}_{88}Ra$$

7 半減期

半減期が7日の放射性の原子核がある。35日たつと，最初の量の何分の1の原子が残っていることになるか。

8 核反応(1)

静止しているホウ素 $^{10}_{5}B$ に中性子があたり，$^{7}_{3}Li$ に変換してα粒子を放出する原子核反応がある。中性子の運動エネルギーは無視でき，質量は中性子が $1.0087u$，$^{10}_{5}B$ が $10.0168u$，$^{7}_{3}Li$ が $7.0160u$，α粒子が $4.0015u$ とし，$1u = 1.66 \times 10^{-27}$ kg，光速 $c = 3.0 \times 10^8$ m/s とする。このとき，次の問いに答えよ。

(1) この原子核反応式を書け。

(2) この反応で生じた $^{7}_{3}Li$ の速さ v に対するα粒子の速さ v_α の比 $\dfrac{v_\alpha}{v}$ はいくらか求め，簡単な分数で答えよ。

9 核分裂

毎秒 4.7×10^{-4} g の $^{235}_{92}U$ が核分裂を起こす原子炉で発生するエネルギーを用いて発電するとき，得られる電力は何 kW か。ただし，$^{235}_{92}U$ 原子核1個の核分裂によって放出されるエネルギーを 2.0×10^8 eV，1 eV $= 1.6 \times 10^{-19}$ J，1 mol 中の原子数を 6.0×10^{23}，$^{235}_{92}U$ の原子量を235とし，核分裂によって解放されるエネルギーのうち15%が電気エネルギーに変えられるものとする。

10 核反応(2)

それぞれ 1 MeV (10^6 eV) の運動エネルギーをもつ2つの重水素 $^{2}_{1}H$ の原子核が正面衝突して，

$$^{2}_{1}H + {}^{2}_{1}H \longrightarrow {}^{3}_{1}H + {}^{1}_{1}H$$

の反応が起こったとする。衝突において運動量保存則が成り立つことを考慮して，次の問いに答えよ。ただし，$^{1}_{1}H$，$^{2}_{1}H$，$^{3}_{1}H$ の原子核の質量は，それぞれ

$$1.0073u, \quad 2.0136u, \quad 3.0156u$$

で，$1u = 1.66 \times 10^{-27}$ kg である。また，

光速度は 3.00×10^8 m/s

1 J は 6.24×10^{12} MeV

である。

(1) 反応の結果欠損した質量は，何 u か。

(2) (1)で求めた質量がすべて運動エネルギーに変換されるとすれば，そのエネルギーは，何 MeV か。

(3) 生成される $^{1}_{1}H$ の運動エネルギーは，何 MeV か。

11 ハドロンの電荷

クォークの電荷は，u，c，t クォークが電気素量の $+\dfrac{2}{3}$ 倍，d，s，b クォークは電気素量の $-\dfrac{1}{3}$ 倍である。また，反クォークの電荷はもとのクォークの逆符号である。このことから，以下のクォークで構成される粒子の電荷は，それぞれ電気素量の何倍になるか。ここで，u の反クォークを $\bar{u}$ というように，反クォークは $\bar{}$ の記号を用いて表している。

(1) uud　　(2) u$\bar{s}$　　(3) uuc

(4) b$\bar{u}$　　(5) $\bar{u}$dd

復習も また楽し クロスワードパズル

ホッとタイム

物理の学習も最終コーナーにさしかかりました。ここでは少し趣向を変えて総復習をしてみましょう。マス目に入る言葉（ワード）には，これまでに物理で学んできた重要な用語がたくさん入っています。腕試しに，リラックスしてチャレンジしてみましょう。　　　　　　　　　　　　　　　　　　　（答え→p.268）

タテのカギ

1. 2つの音波の干渉によって，音が大きくなったり小さくなったりする現象のこと。
2. 電流を通す物質のことを，○○体といいます。
3. 物質も光も，すべて波の性質と○○○○の性質をあわせもっています。
4. 浮力を利用して，物体が水中に沈まないようにする道具。海水浴などで使うものに○○輪があります。
6. 力がはたらいていない物体は，等速○○○○○運動をします。
8. 縦波は，このような別名でもよばれます。
10. 原子の中心には，プラスの電気を帯びた小さな原子○○があります。
14. 金属板に磁石を近づけると，金属の中には○○電流が生まれます。
16. 電池から流れ出る電流など，電圧が一定で変化しない電流を○○○○○電流といいます。
18. 中に反射板が入っていて，レンズが交換できるカメラのことを一眼○○といいます。
19. 十分に小さくて，大きさの無視できる物体を，質○○といいます。
21. ケプラーが発見した，天体の動く速さについての法則が，○○積速度一定の法則です。
24. 原子核が放射線を出して別の種類の原子核に変わること。
25. 物理から離れて…言葉や表現の表す内容。これがわからないことを，○○不明などといいます。
26. 大きさだけで向きをもたない量のこと。
28. 物理量の最小単位量。電気素量もそのひとつです。
29. 電場の変化と磁場の変化が，波となって伝わるもの。
32. 中央がふくらんだレンズを○○レンズといいます。

ヨコのカギ

1. 質量と速度の積で表されるベクトルのこと。
5. 重力や静電気力によるエネルギーは物体の場所だけで決まるので，○○エネルギーといいます。
7. 高校の物理は，「物理○○」と「物理」という2科目に分かれています。
9. 物理・化学・生物・地学を合わせた教科。
11. **タテのカギ3**としての性質に注目するとき，光をこのようにいいます。別名フォトン。
12. 交流を直流に変換する途中にあらわれる，向きが一定で強さの変動する電流を○○○流といいます。これをコンデンサーなどで整流して，直流をつくります。
13. 気圧の非常に低いところに高電圧をかけると，真○○放電がおこります。
15. 非常に磁化しやすい金属のひとつ。この名前をとって，性能を良くするためにコイルの中に入れる芯のことを，○○心といいます。
17. 位相のそろった2つの波は強めあいますが，位相の○○が大きくなっていくと，波は弱めあうようになります。
20. 波の位相が等しい点をつらねた面。平面上の波の場合，波線ということもあります。
22. 電子の反粒子を，○○電子といいます。
23. 物理から離れて…自分の意思や希望と異なった結果を，○○○○○な結果といいます。
27. 基本となる単位の1000分の1を表すときに使うことば。○○メートルや○○アンペアなどのように使います。
30. 入射角を大きくしていったときに，それ以上入射角が大きくなると全反射が起こる限界の角度。
31. 三角関数のひとつ，コサインの別名。
32. 物体に一定の大きさの向心力だけがはたらくとき，物体は○○速円運動をします。
33. 磁束の単位。磁束密度の単位Tをつかうと，$T \cdot m^2$と表せます。
34. 電子などの物質を，波としての性質に注目したとき，このようにいいます。別名ド・ブロイ波。

定期テスト予想問題 の解答

1編 物体の運動

1章 さまざまな運動 …… p.17

1
(1) **5.0 m/s**
(2) **川の流れに対して斜め後ろ向きで、流れとの角度をθとしたとき、$\cos\theta = \dfrac{3}{4}$となる向き**
(3) **2.6 m/s**

考え方 (1) 水の流れの速度と、水に対する船の速度の合成なので、下図のようになる。

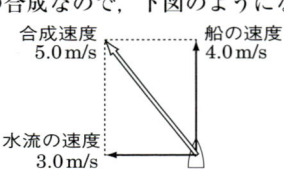

合成速度 5.0 m/s　船の速度 4.0 m/s
水流の速度 3.0 m/s

よって岸から見た速さは、三平方の定理より、
$\sqrt{3.0^2 + 4.0^2} = 5.0 \text{ m/s}$

(2) 岸から見た速度の、岸にそった成分が0になればよい。川の流れと船を進める向きとのなす角をθ ($0° \leq \theta \leq 90°$)とおくと、

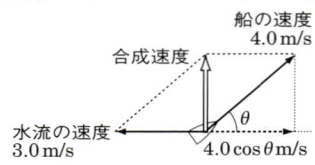

船の速度 4.0 m/s
合成速度
水流の速度 3.0 m/s　θ　$4.0\cos\theta$ m/s

よって、$4.0 \times \sin\theta - 3.0 = 0$となるので、
$\cos\theta = \dfrac{3}{4}$

(3) 水の速度の、岸に垂直な成分は0なので、船の速度の岸に垂直な成分について考えればよい。よって、
$4.0 \times \cos\theta = 4.0 \times \sqrt{1 - \left(\dfrac{3}{4}\right)^2}$
$= \sqrt{7} ≒ 2.6 \text{ m/s}$

2
5.8 m/s

考え方 電車は水平方向に運動し、風がないので雨粒は鉛直下向きに落下している。よって、求める速度をvとおくと、
$v = 10 \times \tan 60° = \dfrac{10}{\sqrt{3}} ≒ 5.8 \text{ m/s}$

3
(1) **49 m/s**　(2) **130 m/s**
(3) **9.0 s**　(4) **1.1×10^3 m**

考え方 小物体は飛行機といっしょに120 m/sの速さで飛んでいるときに手放されたのであるから、水平方向に初速度120 m/sで投げ出されたのと同じである。
(1) 鉛直方向は自由落下と同じだから、
$v_y = gt = 9.8 \times 5.0 = 49 \text{ m/s}$
(2) 水平成分と鉛直成分を合成したものになる。水平成分v_xは変化しないので、
$v = \sqrt{v_x^2 + v_y^2} = \sqrt{120^2 + 49^2}$
$≒ 130 \text{ m/s}$
(3) 自由落下の式 $y = \dfrac{1}{2}gt^2$ より、
$t = \sqrt{\dfrac{2y}{g}} = \sqrt{\dfrac{2 \times 396.9}{9.8}} = 9.0 \text{ s}$
(4) 飛行機は等速直線運動するので、
$x = v_x t = 120 \times 9.0 = 1080 \text{ m}$

4
(1) **1.4 s**　(2) **21 m**
(3) **21 m/s**

考え方 (1) 初速度の鉛直成分は0であるから、鉛直方向の運動は自由落下と同じである。
$10 = \dfrac{1}{2} \times 9.8 \times t^2$
ゆえに、
$t = \sqrt{\dfrac{10}{4.9}} = \sqrt{\dfrac{100}{49}} = \dfrac{10}{7} ≒ 1.4 \text{ s}$

(2) 水平方向には，速さ$15\,\text{m/s}$の等速直線運動をするから，
$$x = vt = 15 \times \frac{10}{7} \fallingdotseq 21\,\text{m}$$

(3) 地面にぶつかるときの小球の速度の水平成分をv_x，鉛直成分をv_yとすると，
$$v_x = 15\,\text{m/s}$$
$$v_y = gt = 9.8 \times \frac{10}{7} = 14\,\text{m/s}$$
よって，速さvは，
$$v = \sqrt{v_x{}^2 + v_y{}^2} = \sqrt{15^2 + 14^2} \fallingdotseq 21\,\text{m/s}$$

❺ $V_0 : \sqrt{\left(\dfrac{gt}{2}\right)^2 + \left(\dfrac{x}{t}\right)^2}$, $\tan\theta : \dfrac{gt^2}{2x}$

[考え方] 落下点の座標を$(x,\,0)$とすると，x, t, V_0, θ, gの関係は，
$$x = V_0 \cos\theta \cdot t \quad\cdots\cdots\cdots① $$
$$0 = V_0 \sin\theta \cdot t - \frac{1}{2}gt^2 \quad\cdots\cdots② $$

①，②より，θを消去してV_0を求める。

①より，$V_0 \cos\theta = \dfrac{x}{t}\quad\cdots\cdots③$

②より，$V_0 \sin\theta = \dfrac{gt}{2}\quad\cdots\cdots④$

$\sin^2\theta + \cos^2\theta = 1$であるから，
$$V_0{}^2 = V_0{}^2 \sin^2\theta + V_0{}^2 \cos^2\theta = \left(\frac{gt}{2}\right)^2 + \left(\frac{x}{t}\right)^2$$
ゆえに，
$$V_0 = \sqrt{\left(\frac{gt}{2}\right)^2 + \left(\frac{x}{t}\right)^2}$$

次に，$\tan\theta = \dfrac{\sin\theta}{\cos\theta}$であるから，
$$\tan\theta = \frac{V_0 \sin\theta}{V_0 \cos\theta} = \frac{gt}{2} \times \frac{t}{x} = \frac{gt^2}{2x}$$

❻

(1) 高さ：**$15\,\text{m}$**，時間：**$1.8\,\text{s}$**
(2) 時間：**$3.5\,\text{s}$**，距離：**$35\,\text{m}$**

[考え方] (1) 最高点では，速度の鉛直成分が0になる。鉛直成分の運動を考えると，初速度の鉛直成分v_{0y}は，上向きを正として，
$$v_{0y} = 20\sin 60° = 10 \times \sqrt{3}$$
$$\fallingdotseq 17.3\,\text{m/s}$$

最高点で$v_y = 0$となるので，落下運動の式$v_y{}^2 - v_{0y}{}^2 = -2gy$より，最高点の高さを$y_1$とすると，
$$y_1 = \frac{v_{0y}{}^2}{2g} = \frac{300}{2 \times 9.8} = 15.3\cdots \fallingdotseq 15\,\text{m}$$
また，最高点に到達するまでの時間t_1は，$v_{0y} - gt_1 = 0$となるので，
$$t_1 = \frac{v_{0y}}{g} = \frac{17.3}{9.8} = 1.76\cdots \fallingdotseq 1.8\,\text{s}$$

(2) 重力以外の力がはたらいていないので，小球が投げ上げた同じ高さまで落下する時間t_2は，投げ上げてから最高点までの時間t_1のちょうど2倍である。よって，
$$t_2 = 2t_1 = 3.53\cdots \fallingdotseq 3.5\,\text{s}$$
また，速度の水平成分v_xは一定なので，
$$v_x = 20\cos 30° \fallingdotseq 10\,\text{m/s}$$
よって，水平到達距離x_2は，
$$x_2 = 10 \times 3.5 = 35\,\text{m}$$

❼

(1) **$2.0\,\text{s}$**　(2) **$20\,\text{m}$**　(3) **$36\,\text{m/s}$**

[考え方] (1) 放物運動の軌道は最高点を通る軸について対称だから，最高点までの時間は落下までの時間のちょうど半分である。

(2) 初速度の大きさをv_0，その水平成分，鉛直成分をそれぞれv_{0x}, v_{0y}とする。また，$t\,[\text{s}]$後の速度のx成分，y成分をv_x, v_yとする。最高点では，$v_y = 0$となるから，
$$v_y = v_{0y} - gt = v_{0y} - 9.8 \times 2.0 = 0$$
ゆえに，
$$v_{0y} = 19.6 \fallingdotseq 20\,\text{m/s}$$
最高点の高さは，
$$y = v_{0y}t - \frac{1}{2}gt^2$$
$$= 19.6 \times 2.0 - \frac{1}{2} \times 9.8 \times 2.0^2$$
$$= 19.6 \fallingdotseq 20\,\text{m}$$

(3) v_{0x}の大きさは，
$$v_{0x} \times 4.0 = 120 \text{より，} v_{0x} = 30\,\text{m/s}$$
初速度の大きさは，
$$v_0 = \sqrt{v_{0x}{}^2 + v_{0y}{}^2} = \sqrt{30^2 + 19.6^2}$$
$$\fallingdotseq 36\,\text{m/s}$$

8

(1) **1.0 s**　(2) **19.6 m**
(3) **3.0 s**　(4) **51 m**

考え方　点Aを原点とし，水平方向，物体を投げ出すほうにx軸，鉛直上向きにy軸をとる。初速度のx成分，y成分をそれぞれv_{0x}，v_{0y}とすると，

$$v_{0x} = 19.6\cos 30° = 19.6 \times \frac{\sqrt{3}}{2} ≒ 17.0\,\text{m/s}$$

$$v_{0y} = 19.6 \times \sin 30° = 19.6 \times \frac{1}{2} = 9.8\,\text{m/s}$$

(1) 最高点では，速度のy成分$v_y = 0$になる。求める時間を$t_1\,[\text{s}]$とすると，

$$v_y = v_{0y} - gt_1 = 9.80 - 9.8t_1 = 0$$

ゆえに，$t_1 = 1.0\,\text{s}$

(2) 点Bの，点Aを基準とした高さは，

$$y = v_{0y}t_1 - \frac{1}{2}gt_1^2$$
$$= 9.80 \times 1.0 - \frac{1}{2} \times 9.8 \times 1.0^2$$
$$= 4.9\,\text{m}$$

よって，水面からの高さは，
$$14.7 + 4.9 = 19.6\,\text{m}$$

(3) 点Cの，点Aを基準とした高さは$-14.7\,\text{m}$である。求める時間を$t_2\,[\text{s}]$として，鉛直方向の運動を考えると，

$$-14.7 = v_{0y}t_2 - \frac{1}{2}gt_2^2$$
$$= 9.80t_2 - \frac{1}{2} \times 9.8t_2^2$$

この2次方程式を解くと，$t_2 = 3.0\,\text{s}$，$-1.0\,\text{s}$であり，$t_2 = -1.0\,\text{s}$は適さない。

(4) 水平方向の運動を考えると，
$$\text{DC} = v_{0x}t_2 = 17.0 \times 3.0 = 51\,\text{m}$$

9

(1) **1.8 s**　(2) 速さ：**10 m/s**，高さ：**15 m**
(3) **3.5 s**　(4) **35 m**

考え方　放物運動は，水平方向の運動と鉛直方向の運動に分解して考える。

(1) 求める時間を$t_1\,[\text{s}]$とすると，点Pでは
$$v_y = 0$$
となるから，
$$0 = 20\sin 60° - 9.8 \times t_1$$
ゆえに，$t_1 = \dfrac{10\sqrt{3}}{9.8} ≒ 1.8\,\text{s}$

(2) 点Pでの速さを$v\,[\text{m/s}]$，点Pの高さを$H\,[\text{m}]$とすると，vは初速度の水平成分に等しくて，
$$v = 20\cos 60° = 10\,\text{m/s}$$
Hは時刻t_1でのy座標なので，
$$H = 20\sin 60° \times t_1 - \frac{1}{2} \times 9.8 \times t_1^2$$
$$= 20\sin 60° \times 1.8 - \frac{1}{2} \times 9.8 \times 1.8^2$$
$$≒ 15\,\text{m}$$

(3) 求める時間を$t_2\,[\text{s}]$とすると，点Qでは
$$y = 0$$
となるから，
$$0 = 20\sin 60° \times t_2 - \frac{1}{2} \times 9.8 \times t_2^2$$
$t_2 > 0$だから，
$$t_2 = \frac{20\sqrt{3}}{9.8} ≒ 3.5\,\text{s}$$

(4) 求める距離を$D\,[\text{m}]$とすると，
$$D = 20\cos 60° \times t_2 = 20 \times \frac{1}{2} \times \frac{20\sqrt{3}}{9.8}$$
$$≒ 35\,\text{m}$$

10

① $\dfrac{1}{2}$　② $\dfrac{\sqrt{3}}{2}$　③ $\dfrac{1}{2}$　④ $\dfrac{\sqrt{3}}{2}$
⑤ $\sqrt{3}$　⑥ 2　⑦ $\dfrac{\sqrt{3}}{4}$　⑧ $\dfrac{3}{8}$

考え方　① x方向の速度は初速度のx成分のままであるから，$v_x = v_0\cos 60° = \dfrac{1}{2}v_0$

② y方向には加速度$-g$の等加速度運動をする。初速度のy成分は$v_0\sin 60°$であるから，
$$v_y = v_0\sin 60° - gt = \frac{\sqrt{3}}{2}v_0 - gt$$

③ x方向には，等速直線運動をするから，
$$x = v_x t = \frac{1}{2}v_0 t$$

④ y 方向には，等加速度運動をするから，
$$y = (v_0 \sin 60°)t - \frac{1}{2}gt^2 = \frac{\sqrt{3}}{2}v_0 t - \frac{1}{2}gt^2$$

⑤⑥ ③の式を変更すると，$t = \dfrac{2x}{v_0}$ となる。これを④の式に代入して，
$$y = \frac{\sqrt{3}}{2}v_0 \cdot \frac{2x}{v_0} - \frac{g}{2}\left(\frac{2x}{v_0}\right)^2 = \sqrt{3}x - \frac{2g}{v_0^2}x^2$$

⑦ 最高点では $v_y = 0$ となるから，②の式より，
$$\frac{\sqrt{3}}{2}v_0 - gt = 0$$
ゆえに，$t = \dfrac{\sqrt{3}}{2} \cdot \dfrac{v_0}{g}$
この t を③の式に代入して，
$$X = \frac{v_0}{2} \cdot \frac{\sqrt{3}}{2} \cdot \frac{v_0}{g} = \frac{\sqrt{3}}{4} \cdot \frac{v_0^2}{g}$$

⑧ ⑦で求めた t を④に代入して，
$$Y = \frac{\sqrt{3}v_0}{2} \cdot \frac{\sqrt{3}}{2} \cdot \frac{v_0}{g} - \frac{g}{2}\left(\frac{\sqrt{3}v_0}{2g}\right)^2 = \frac{3}{8} \cdot \frac{v_0^2}{g}$$

（別解）初速度の y 成分を v_{0y} とすると，等速度運動の式より，
$$v_{0y}^2 - 0^2 = 2gY$$
となるので，これを解いて，
$$Y = \frac{1}{2g} \times \left(\frac{\sqrt{3}}{2}v_0\right)^2 = \frac{3v_0^2}{8g}$$

⑪
(1) $g\sin\theta - \dfrac{kv}{m}$ (2) $\dfrac{mg\sin\theta}{k}$

考え方 (1) 物体にはたらく抵抗力が kv であり，重力の斜面成分が $mg\sin\theta$ なので，求める加速度を a とおくと，運動方程式より，
$$ma = mg\sin\theta - kv$$
よって，$a = g\sin\theta - \dfrac{kv}{m}$

(2) 重力の斜面方向成分の大きさは $mg\sin\theta$，抵抗力は kv である。終端速度 v_∞ のとき，この重力の斜面方向成分と抵抗力とがつり合うので，$mg\sin\theta = kv_\infty$ となり，
$$v_\infty = \frac{mg\sin\theta}{k}$$

⑫
(1) F_A : $0\,\text{N·m}$，F_B : $3.0\,\text{N·m}$
(2) $4.0\,\text{N}$ (3) $0.75\,\text{m}$

考え方 (1) F_A の点 A のまわりの力のモーメント N_A は，
$$N_A = 1.0 \times 0 = 0\,\text{N·m}$$
F_B の点 A のまわりの力のモーメントの大きさ N_B は，
$$N_B = 3.0 \times 1.0 = 3.0\,\text{N·m}$$

(2) F_A，F_B ともに鉛直下向きだから，合力は鉛直下向きで，大きさは，
$$F_A + F_B = 1.0 + 3.0 = 4.0\,\text{N}$$

(3) 求める位置を点 A より x [m] の位置とすると，
$$F_A : F_B = (1.0 - x) : x$$
$$1.0 : 3.0 = (1.0 - x) : x$$
$$x = 3.0 - 3.0x$$
これを解いて，
$$x = \frac{3.0}{4.0} = 0.75\,\text{m}$$

⑬
$2.4\,\text{N}$

考え方 求める力を F とすると，ちょうつがいのまわりの力のモーメントのつり合いより，
$$0.40 \times 9.8 \times 0.60 = 1.0 \times F$$
$$\therefore\ F = 2.352 \fallingdotseq 2.4\,\text{N}$$

⑭
$\dfrac{\sqrt{3}}{6}mg$

考え方 すべりださない最小の摩擦力を F，壁の垂直抗力を N_1，床の垂直抗力を N_2，はしごの長さを l，はしごの両端を A，B とする。水平方向の力のつり合いより，
$$F = N_1 \quad \cdots\cdots ①$$
点 A のまわりの力のモーメントのつり合いより，
$$N_1 l\cos\theta = mg\frac{l}{2}\sin\theta \quad \cdots ②$$
①，②式より
$$F = \frac{mg}{2}\tan\theta$$
$\theta = 30°$ だから，
$$F = \frac{mg}{2}\tan 30° = \frac{mg}{2} \times \frac{1}{\sqrt{3}} = \frac{\sqrt{3}}{6}mg$$

⑮

(1) **0.60 m**

(2) 左側（r 軸の負の側）に $\dfrac{r}{6}$

考え方 (1) 求める位置を x_G とすると，重心の式から，
$$x_G = \dfrac{1.0 \times 0 + 2.0 \times 0.90}{1.0 + 2.0} = 0.60\,\text{m}$$

(2) 半径 r の円盤，半径 $\dfrac{r}{2}$ の円盤，斜線の部分は上下対称なので，重心は x 軸上にある。
（半径 r の円盤の重心）は，（半径 $\dfrac{r}{2}$ の円盤の重心）と（斜線の部分の重心）で考えればよいから，点 O を原点として，斜線の部分の重心の座標を x とすると，
$$0 = \dfrac{\pi \cdot \left(\dfrac{r}{2}\right)^2 \cdot \dfrac{r}{2} + \left\{\pi r^2 - \pi \cdot \left(\dfrac{r}{2}\right)^2\right\} \cdot x}{\pi r^2}$$
これを解いて，
$$x = -\dfrac{r}{6}$$

2章 運動量と力積 ……… p.30

❶
(1) **8.25 N·s**　(2) **413 N**

考え方 (1) 力積 $\vec{F} \cdot \Delta t$ は $\vec{F}$ も Δt も与えられていない場合でも，
$$\vec{F} \cdot \Delta t = mv - mv_0$$
の関係を使って，運動量の変化の大きさを計算できる。よって，150 g = 0.150 kg に注意して代入すると，
$$|\vec{F} \cdot \Delta t| = |0.150 \times (-25) - 0.150 \times 30|$$
$$= |-8.25| = 8.25\,\text{N·s}$$

(2) $|\vec{F}| \times 2.00 \times 10^{-2} = 8.25$ より，
$$|\vec{F}| = 412.5\,\text{N}$$

❷
(1) **5.00 kg·m/s**

(2) **1.00 × 10³ N**

考え方 (1) 40.0 g = 4.00×10^{-2} kg なので，運動量の変化は，
$$|mv' - mv| = |4.00 \times 10^{-2} \times (-5)$$
$$\qquad - 4.00 \times 10^{-2} \times 120|$$
$$= 5.00\,\text{kg·m/s}$$

(2) 運動量の変化は力積に等しい。平均の力を F とすると，
$$Ft = 5.00$$
ゆえに，
$$F = \dfrac{5.00}{t} = 5.00 \div \dfrac{1}{200}$$
$$= 1.00 \times 10^3\,\text{N}$$

❸
はじめと反対向きに **0.4 m/s**

考え方 求める速度を v [m/s] とし，A のはじめの速度の向きを正として，運動量保存の法則を用いると，
$$0.20 \times 2.0 = 0.20v + 0.60 \times 0.80$$
ゆえに，
$$v = -0.4\,\text{m/s}$$

❹
(1) **2.4 m/s**　(2) **2.0 m/s**

(3) 衝突前の A と同じ向きに **2.2 m/s**

考え方 (1) 衝突後の速度を v' [m/s] とすると，運動量保存の法則より，
$$2.0 \times 6.0 = (2.0 + 3.0)v'$$
ゆえに，
$$v' = 2.4\,\text{m/s}$$

(2) 衝突後の A の速度を v' [m/s] とすると，運動量保存の法則より，
$$2.0 \times 10 = 2.0 \times v' + 4.0 \times 6.0$$
ゆえに $v' = -2.0$ m/s なので，求める速さは 2.0 m/s

(3) 衝突前の A の向きを正の向きとし，衝突後の速度を v' とすると，運動量保存の法則より，
$$6.0 \times 5.0 + 4.0 \times (-2.0) = (6.0 + 4.0)v'$$
ゆえに，$v' = 2.2$ m/s となり，$v' > 0$ であるから，衝突前の A と同じ向き。

❺
0.40 m/s

考え方 運動量保存の法則より，
$$m_A v_A + m_B v_B = (m_A + m_B)v$$
それぞれの数値を代入して，
$$1.0 \times 0.3 + 2.0 \times 0.45 = (1.0 + 2.0)v$$
ゆえに，$v = 0.40$ m/s

❻
(1) 大きさ：**120 kg·m/s**，向き：**東向き**
(2) 大きさ：**200 kg·m/s**
　　向き：**考え方の図参照**
(3) 速さ：**2.0 m/s**，向き：**考え方の図参照**

考え方 (1) 運動量は質量 × 速度なので，
$$60 \text{ kg} \times 2.0 \text{ m/s} = 120 \text{ kg·m/s}$$
(2) 運動量はベクトルであるから，ベクトルの和を求めればよい。下図よりその大きさは，
$$\sqrt{160^2 + 120^2} = 200 \text{ kg·m/s}$$
で，向きは図の通り。

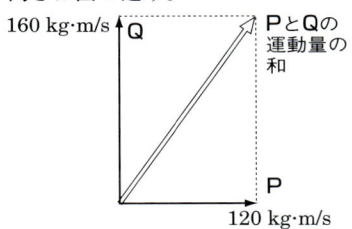

(3) 衝突後は，上図に示したP君とQさんの運動量の和の矢印の向きに，くっついたまま動いていく。その運動量 mv は，速さを v〔m/s〕とすると，
$$mv = (60 + 40)v$$
となり，これが(2)の答えに等しい。したがって，次の式が成り立つ。
$$(60 + 40)v = 200$$
ゆえに，$v = 2.0$ m/s

❼
速さ：**4 m/s**，向き：**x 軸の正の向き**

考え方 運動量保存の法則より，
$$MV = m_A v_A + m_B v_B$$
それぞれの数値を代入して，
$$10 \times 2.0 = 4 \times (-1.0) + 6 \times v_B$$
ゆえに，$v_B = 4$ m/s となり，$v_B > 0$ なので，向きは x 軸正の向きである。

❽
(1) **0.8**　　(2) **−3.6 kg·m/s**

考え方 (1) 反発係数の式より，
$$e = -\frac{v'}{v} = -\frac{-8}{10} = 0.8$$
(2) 200 g $= 0.200$ kg なので，
$$mv - mv_0 = 0.200 \times (-8) - 0.200 \times 10$$
$$= 0.200 \times (-18)$$
$$= -3.6 \text{ kg·m/s}$$

❾
(1) **0.71**　　(2) **1.6 m**

考え方 (1) 第2回目に床にあたる直前の速さを v_1，第2回目に床ではね返った直後の速さを v_2 とすると，力学的エネルギー保存の法則より，
$$\frac{1}{2}mv_1^2 = mg \times 0.80 \quad \text{ゆえに，} v_1 = \sqrt{1.6g}$$
$$\frac{1}{2}mv_2^2 = mg \times 0.40 \quad \text{ゆえに，} v_2 = \sqrt{0.80g}$$
よって，反発係数 e は，
$$e = \frac{v_2}{v_1} = \sqrt{\frac{0.80g}{1.6g}} = \frac{\sqrt{2}}{2} \fallingdotseq 0.71$$

(2) 求める高さを h，第1回目に床にあたる直前の速さを v_0 とすると，力学的エネルギー保存の法則より，
$$\frac{1}{2}mv_0^2 = mgh \quad \cdots\cdots ①$$
第1回目にはね返った直後の速さは v_1 であるから，次の式が成り立つ。
$$e = \frac{v_1}{v_0} \quad \cdots\cdots ②$$
①，②式から v_0 を消去して，h を求めると，
$$h = \frac{v_1^2}{2ge^2} = \frac{1.6g}{g} = 1.6 \text{ m}$$

⑩
0.8

考え方 反発係数の式より，反発係数 e は，
$$e = -\frac{v_A' - v_B'}{v_A - v_B}$$
$$= -\frac{12.0 - 8.8}{6 - 10} = 0.8$$

⑪
$$u_1': \frac{(m_1 - em_2)u_1 + (1+e)m_2 u_2}{m_1 + m_2}$$
$$u_2': \frac{(1+e)m_1 u_1 + (m_2 - em_1)u_2}{m_1 + m_2}$$

考え方 運動量保存の法則より，
$$m_1 u_1' + m_2 u_2' = m_1 u_1 + m_2 u_2 \quad \cdots\cdots ①$$
反発係数の定義より，
$$u_1' - u_2' = -e(u_1 - u_2) \quad \cdots\cdots ②$$
①，②より，u_2' を消去して u_1' を求めると，
$$u_1' = \frac{(m_1 - em_2)u_1 + (1+e)m_2 u_2}{m_1 + m_2}$$
①，②から u_1' を消去して u_2' を求めると，
$$u_2' = \frac{(1+e)m_1 u_1 + (m_2 - em_1)u_2}{m_1 + m_2}$$

⑫
(1) 速さ：**2.0 m/s**，向き：**左向き**
(2) **0.20**　　(3) **1.6 N·s**

考え方 (1) 右向きを正として，運動量保存の法則の式を立てると，次のようになる。
$$0.10 \times 10.0 + 0.20 \times (-10.0)$$
$$= 0.10 \times (-6.0) + 0.20 \times v_B'$$
これを解いて，
$$v_B' = -2.0 \,\text{m/s}$$
よって，B は左向きに 2.0 m/s の速さ。

(2) 反発係数の式より，
$$e = -\frac{v_A' - v_B'}{v_A - v_B}$$
$$= -\frac{(-6.0) - (-2.0)}{10.0 - (-10.0)} = 0.20$$

(3) B に与えた力積は，B の運動量の変化から計算すればよい。
$$F\Delta t = m_B v_B' - m_B v_B$$
$$= 0.20 \times (-2.0) - 0.20 \times (-10.0)$$
$$= 1.6 \,\text{N·s}$$

⑬
A：大きさ…**12 m/s**，向き…**右向き**
B：大きさ…**6 m/s**，向き…**右向き**

考え方 静止している A に対して，B が右向きに衝突したとし，衝突後の A の速度を v_A'，B の速度を v_B' とする。右向きを正として，反発係数の式を立てると，
$$0.6 = -\frac{v_A' - v_B'}{0 - 10}$$
ゆえに，
$$6 = v_A' - v_B' \quad \cdots\cdots ①$$
運動量保存の法則の式を立てると，
$$m_B v_B = m_A v_A' + m_B v_B'$$
ゆえに，
$$6.0 \times 10 = 2 v_A' + 6 v_B' \quad \cdots\cdots ②$$
①，②式を連立方程式として解くと，
$$v_A' = 12 \,\text{m/s}, \quad v_B' = 6 \,\text{m/s}$$
いずれも正（＋）なので，向きは右向きである。

3章 円運動と万有引力 ……… p.46

①
(1) **10 s**　　(2) **0.096 回/s**
(3) **0.60 rad/s**　　(4) **0.18 m/s²**
(5) **0.018 N**

考え方 (1) 周期 $T = \dfrac{2\pi r}{v}$ より，
$$T = \frac{2 \times 3.14 \times 0.50}{0.30} = 10.4\cdots \fallingdotseq 10 \,\text{s}$$

(2) 回転数 $n = \dfrac{1}{T}$ より，
$$n = \frac{0.30}{3.14} = 0.0955\cdots \fallingdotseq 0.096 \,\text{回/s}$$

(3) 速さ $v = r\omega$ より，
$$\omega = \frac{v}{r} = \frac{0.30}{0.50} = 0.60 \,\text{rad/s}$$

(4) 加速度 $a = \dfrac{v^2}{r}$ より，

$$a = \dfrac{0.30^2}{0.50} = 0.18\,\text{m/s}^2$$

(5) 運動方程式より，

$$F = ma = 0.10 \times 0.18 = 0.018\,\text{N}$$

2

(1) $mg\tan\theta$　　(2) $2\pi\sqrt{\dfrac{l\cos\theta}{g}}$

(3) **1.9 s**　　(4) **1.7 s**　　(5) **1.2 倍**

考え方 (1) 糸の張力を S，向心力を F とすると，

$F = S\sin\theta$ ……①

$S\cos\theta = mg$ ……②

①，②式より，S を消去して，

$F = mg\tan\theta$

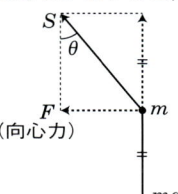

(2) 運動方程式 $mr\omega^2 = F$ に，$F = mg\tan\theta$，$r = l\sin\theta$，$\omega = \dfrac{2\pi}{T}$ を代入して，

$$ml\sin\theta\left(\dfrac{2\pi}{T}\right)^2 = mg\tan\theta$$

となるので，これを解いて，

$$T = 2\pi\sqrt{\dfrac{l\cos\theta}{g}} \quad\cdots\cdots\cdots ①$$

(3) ①式に，$\theta = 30°$，$l = 1.0\,\text{m}$，$g = 9.8\,\text{m/s}^2$ を代入して，$T \fallingdotseq 1.9\,\text{s}$ を得る。

(4) ①式に，$\theta = 45°$，$l = 1.0\,\text{m}$，$g = 9.8\,\text{m/s}^2$ を代入して，$T \fallingdotseq 1.7\,\text{s}$ を得る。

(5) $S\cos\theta = mg$ より，$S = \dfrac{mg}{\cos\theta}$ なので，

$$\dfrac{\dfrac{mg}{\cos 45°}}{\dfrac{mg}{\cos 30°}} = \dfrac{\cos 30°}{\cos 45°} = \dfrac{\dfrac{\sqrt{3}}{2}}{\dfrac{1}{\sqrt{2}}} = \sqrt{\dfrac{3}{2}}$$

$\fallingdotseq 1.2$

3

(1) **0.098 N**　　(2) **0.71 s**

(3) **0.25 m**

考え方 (1) 運動方程式より，

$F = ma = 0.10 \times 0.98 = 0.098\,\text{N}$

このとき，慣性力の向きは図の左向き。

(2) 鉛直方向の運動は自由落下と同じだから，

$$2.5 = \dfrac{1}{2} \times 9.8t^2$$

よって，

$$t = \sqrt{\dfrac{5.0}{9.8}} = \sqrt{\dfrac{25}{49}} = \dfrac{5.0}{7.0} \fallingdotseq 0.71\,\text{s}$$

(3) 水平方向には，加速度 $0.98\,\text{m/s}^2$ で等加速度運動をするから，0.71 s 間に動く距離は，

$$\dfrac{1}{2}at^2 = \dfrac{1}{2} \times 0.98 \times \left(\dfrac{5.0}{7.0}\right)^2 = 0.25\,\text{m}$$

4

(1) 等加速度直線運動

(2) 等速直線運動　　(3) **5.0 s**

考え方 (1) 台車は慣性力を受けるので，押し出した向きと反対向きに $2.0\,\text{m/s}^2$ の加速度を生じ，負の等加速度直線運動をする。

(2) 台車の外から見ると，台車には水平方向の力がはたらかないので，等速直線運動をする。

(3) $v = v_0 - at$ の式を用いて，

$0 = 10 - 2.0t$

よって，

$t = 5.0\,\text{s}$

5

5.0 cm 以内

考え方 向心力 $mr\omega^2$ が最大静止摩擦力 μN より小さい範囲ならばよい。よって，

$mr\omega^2 \leqq \mu N = \mu mg$

ゆえに，

$r \leqq \dfrac{\mu g}{\omega^2}$

この場合の角速度 ω は，周期が $T = 1\,\text{s}$ なので，

$\omega = \dfrac{2\pi}{T} = 2\pi\,\text{rad/s}$

よって，

$r \leqq \dfrac{0.20 \times 9.8}{(2 \times 3.14)^2} = 4.97 \times 10^{-2}\,\text{m}$

$\fallingdotseq 5.0\,\text{cm}$

6

1.8 s

[考え方] 物体の O からの変位を x とすると，物体にはたらいている力 F は，比例定数を k として，
$$F = -kx$$
と表される。負号は，力の向きが変位の向きと反対向きであることを示し，物体は単振動をすることがわかる。比例定数 k の値を求めると，
$$-19.6 = -k \times 1.00$$
となり，これを整理し，
$$k = 19.6 \, \text{N/m}$$
振動の周期 $T = 2\pi\sqrt{\dfrac{m}{k}}$ なので，
$$T = 2\pi\sqrt{\dfrac{1.6}{19.6}} = 2\pi\sqrt{\dfrac{4.0^2}{14.0^2}}$$
$$= 1.79\cdots \fallingdotseq 1.8 \, \text{s}$$

7

(1) P_0, P_4 (2) P_2, P_6
(3) P_2, P_6 (4) P_0, P_4

[考え方] (1)(2) 速さは，振動の中心で最大になり，振動の両端で 0 になる。
(3)(4) 加速度は，振動の中心から離れるほど大きくなるから，振動の両端で最大になり，振動の中心では 0 となる。

8

0.90 s

[考え方] ばね定数 k を求めると，運動方程式
$$mg = kx$$
より，
$$k = \dfrac{mg}{x} = \dfrac{0.50 \times 9.8}{0.10}$$
$$= 49 \, \text{N/m}$$
よって，周期は，
$$T = 2\pi\sqrt{\dfrac{m}{k}} = 2 \times 3.14 \times \sqrt{\dfrac{1.00}{49}}$$
$$\fallingdotseq 0.90 \, \text{s}$$

9

(1) 長くなる (2) 変わらない
(3) 変わらない (4) 長くなる

[考え方] 単振り子の周期 T は，糸の長さ l と重力加速度 g を使って $T = 2\pi\sqrt{\dfrac{l}{g}}$ と表される。

(1) 周期の式より，糸が長くなると振動の周期は長くなる。
(2) 単振り子の周期はおもりの質量にはよらないので，振動の周期は変化しない。
(3) 振れ幅が小さければ，単振り子の周期は振れ幅によらないので，振動の周期は変化しない。
(4) 万有引力の法則より，地上よりも高い場所では重力が小さくなる。よって，周期の式より，振動の周期は長くなる。

10

質量：$6.0 \times 10^{24} \, \text{kg}$
平均密度：$5.5 \times 10^3 \, \text{kg/m}^3$

[考え方] 運動方程式 $mg = G\dfrac{Mm}{R^2}$ より，
$$R = 6.4 \times 10^3 \, \text{km} = 6.4 \times 10^6 \, \text{m}$$
に注意して，
$$M = \dfrac{gR^2}{G} = \dfrac{9.8 \times (6.4 \times 10^6)^2}{6.7 \times 10^{-11}}$$
$$\fallingdotseq 6.0 \times 10^{24} \, \text{kg}$$
地球の体積を V，地球の密度を ρ とすると，
$V = \dfrac{4}{3}\pi R^3$ であるから，
$$\rho = \dfrac{M}{V} = \dfrac{\dfrac{gR^2}{G}}{\dfrac{4}{3}\pi R^3} = \dfrac{3g}{4\pi GR}$$
$$= \dfrac{3 \times 9.8}{4 \times 3.14 \times 6.7 \times 10^{-11} \times 6.4 \times 10^6}$$
$$\fallingdotseq 5.5 \times 10^3 \, \text{kg/m}^3$$

11

$2.0 \times 10^{30} \, \text{kg}$

考え方 運動方程式より，
$$mr \cdot \left(\frac{2\pi}{T}\right)^2 = G\frac{Mm}{r^2}$$
なので，
$$M = \frac{4\pi^2 r^3}{GT^2}$$
$$= \frac{4 \times 3.14^2 \times (1.5 \times 10^{11})^3}{6.7 \times 10^{-11} \times (3.16 \times 10^7)^2}$$
$$\fallingdotseq 2.0 \times 10^{30}\,\text{kg}$$

⓬

27 日

考え方 運動方程式より，
$$mr\left(\frac{2\pi}{T}\right)^2 = G\frac{Mm}{r^2}$$
なので，
$$T = 2\pi\sqrt{\frac{r^3}{GM}} = 2\pi r\sqrt{\frac{r}{GM}}$$
これに，$r = 60R$，$GM = gR^2$ を代入して，
$$T = 2\pi \times 60R \times \sqrt{\frac{60R}{gR^2}}$$
$$= 120\pi R\sqrt{\frac{60}{gR}}$$
$$= 120\pi\sqrt{\frac{60R}{g}}$$
$$= 120 \times 3.14 \times \sqrt{\frac{60 \times 6.4 \times 10^6}{9.8}}$$
$$\fallingdotseq 2.36 \times 10^6\,\text{s}$$
$$\fallingdotseq 27\,\text{日}$$

⓭

(1) $3.9 \times 10^3\,\text{N}$ (2) $7.4 \times 10^3\,\text{m/s}$
(3) **99 分**

考え方 (1) 地球が人工衛星に及ぼす重力が向心力になるから，この位置における重力加速度を g' とおくと，
$$mg' = 500 \times 7.8 = 3.9 \times 10^3\,\text{N}$$
(2) 人工衛星は等速円運動をしていると考えると，運動方程式 $m\dfrac{v^2}{r} = F = mg'$ より，
$$v = \sqrt{g'r} = \sqrt{7.8 \times 7.00 \times 10^6}$$
$$= 7.38\cdots \times 10^3\,\text{m/s}$$

(3) 周期 T は，
$$T = \frac{2\pi r}{v} = 2\pi r\sqrt{\frac{m}{mg'r}}$$
$$= 2\pi\sqrt{\frac{r}{g'}}$$
$$= 5.949\cdots \times 10^3\,\text{s}$$
$$\fallingdotseq 99\,\text{分}$$

⓮

(1) $f = mr\left(\dfrac{2\pi}{T}\right)^2$ (2) $F = G\dfrac{Mm}{r^2}$
(3) $T^2 = \dfrac{4\pi^2}{GM}r^3$
(4) 惑星の公転周期の 2 乗と公転半径の 3 乗との比は一定である。

考え方 (1) 等速円運動の向心力 f は，角速度を ω として，
$$f = mr\omega^2 \quad \cdots\cdots\cdots ①$$
と表される。また，角速度 ω は，
$$\omega = \frac{2\pi}{T} \quad \cdots\cdots\cdots ②$$
であるから，①，②式より，$f = mr\left(\dfrac{2\pi}{T}\right)^2$

(2) 万有引力の法則 $F = G\dfrac{Mm}{r^2}$ を用いる。
(3) 万有引力が向心力となるので，$f = F$ である。よって，
$$mr\left(\frac{2\pi}{T}\right)^2 = G\frac{Mm}{r^2}$$
ゆえに，
$$T^2 = \frac{4\pi^2}{GM}r^3$$
(4) 万有引力定数 G と太陽の質量 M が一定なので，(3)で求めた式より，T^2 は r^3 と比例する。

2編 熱とエネルギー

1章 気体の状態方程式 ……… p.58

1
(1) 導けない　(2) p_0S_1
(3) $\dfrac{S_1}{S_2}$

考え方 (1) 気体全体は右にも左にも動いていないので，左右にはたらく力はつり合っているといえる。
しかし，$F_1 = F_2$ とはいえない。それは，まず，大気圧 p_0 による力を考慮していないからである。この力は，ピストンAに対して右向きに p_0S_1，ピストンBに対して左向きに p_0S_2 である。
では，つり合いの式は，これらの力を考慮して，$F_1 + p_0S_1 = F_2 + p_0S_2$ で与えられるかというと，これも正しくない。これらに加え，下図に示した容器の内面から気体にはたらく力 f や f' の右向き成分も考慮に入れる必要があるからである。

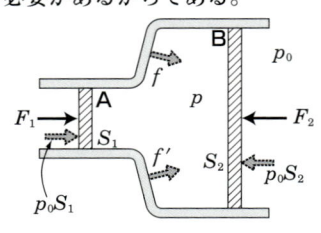

(2) ピストンAにはたらく大気圧による力は p_0S_1 である。
(3) 次の2点から求める。
　(i) 気体の圧力は，容器内のどこでも一定値 p である。
　(ii) ピストンA，Bにはたらく力は，それぞれつり合っている。
ピストンAにはたらく力のつり合いより，
　　$pS_1 = F_1 + p_0S_1$ ……………①

ピストンBにはたらく力のつり合いより，
　　$pS_2 = F_2 + p_0S_2$ ……………②
①，②式をそれぞれ p について求めて等しいとおけば，
$$\dfrac{F_1}{S_1} + p_0 = \dfrac{F_2}{S_2} + p_0 \quad \text{ゆえに，} \dfrac{F_1}{S_1} = \dfrac{F_2}{S_2}$$
よって，$\dfrac{F_1}{F_2} = \dfrac{S_1}{S_2}$

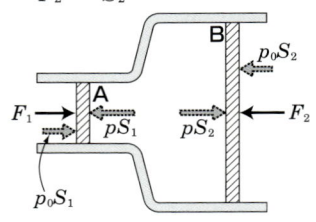

2
圧力：A，B $\cdots \dfrac{p_0(T_1 + T_2)}{2T_0}$

体積：A $\cdots \dfrac{2V_0T_1}{T_1 + T_2}$，B $\cdots \dfrac{2V_0T_2}{T_1 + T_2}$

考え方 ピストンをつなぐ棒にはたらく力のつり合いから，AのピストンとBのピストンに加わる力は等しい。2つのピストンの断面積が同じなので，AとBの圧力は等しい。この圧力を p とし，A，Bの体積を V_A，V_B として，A，Bのそれぞれにボイル・シャルルの法則をあてはめると，

A：$\dfrac{p_0V_0}{T_0} = \dfrac{pV_A}{T_1}$

B：$\dfrac{p_0V_0}{T_0} = \dfrac{pV_B}{T_2}$

これらを整理して，

$V_A = \dfrac{p_0}{p} \cdot \dfrac{T_1}{T_0} \cdot V_0$ ……………①

$V_B = \dfrac{p_0}{p} \cdot \dfrac{T_2}{T_0} \cdot V_0$ ……………②

となる。また，ピストンがつながっているので，V_A と V_B には，次の関係が成り立つ。

$V_A + V_B = 2V_0$ ……………③

①，②式より V_A，V_B を求め，③式に代入して p を求めると，$p = \dfrac{p_0(T_1 + T_2)}{2T_0}$

この p を①，②式に代入して，V_A，V_B を求めると，

$$V_A = \frac{2V_0 T_1}{T_1 + T_2}$$

$$V_B = \frac{2V_0 T_2}{T_1 + T_2}$$

❸

$5.0 \times 10^{-3} \text{ m}^3$

[考え方] 気体の状態方程式を用いる。

$2.0 \times 10^5 \times V = 0.40 \times 8.3 \times 300$

ゆえに，

$V = 4.98 \times 10^{-3} \text{ m}^3$

❹

(1) **0.178 g**　　(2) **0.17 気圧**

(3) $\dfrac{273}{473}$

[考え方] (1) アルゴンは標準状態で22.4Lの質量が39.9gである。A内のアルゴンの標準状態での体積を V [L] とすれば，ボイルの法則より，

$\dfrac{1}{10} \times 1 = 1 \times V$

ゆえに，$V = \dfrac{1}{10}$ L

したがって，A内のアルゴンの質量は，

$39.9 \times \dfrac{1}{22.4} \times \dfrac{1}{10} \fallingdotseq 0.178$ g

(2) 求める圧力を p [気圧] とすると，ボイル・シャルルの法則より，

$\dfrac{\dfrac{1}{10} \times 1}{273} = \dfrac{p \times 1}{273 + 200}$

ゆえに，

$p \fallingdotseq 0.17$ 気圧

(3) コックCを開いたあとのA内のアルゴンの物質量を n_A [mol]，B内のアルゴンの物質量を n_B [mol] とする。気体の移動が止まるのは，AとBの圧力が等しくなったときなので，この圧力を p として，A，Bそれぞれに気体の状態方程式を用いると，

$p \times 1 = n_A R \times (273 + 200)$ ………①

$p \times 1 = n_B R \times 273$ ………②

①，②式の辺ぺんを割って，p と R を消去すると，

$\dfrac{n_A}{n_B} = \dfrac{273}{473}$

❺

(1) $pV = nRT$　　(2) $pV = \dfrac{m}{M}RT$

(3) $R = 8.31 \text{ J/(mol·K)}$　　(4) $\dfrac{1}{273}$

[考え方] (2) モル質量は物質量あたりの質量なので，モル質量 M [g/mol] の気体 m [g] は $\dfrac{m}{M}$ [mol] である。

(3) $pV = RT$ に，

$p = 1.013 \times 10^5 \text{ N/m}^2$

$V = 22.4 \text{ L} = 22.4 \times 10^{-3} \text{ m}^3$

$T = 273 \text{ K}$

を代入して，R を求める。

$R = \dfrac{pV}{T} = \dfrac{1.013 \times 10^5 \times 22.4 \times 10^{-3}}{273}$

$= 8.311\cdots \text{ J/(mol·K)}$

(4) $0\,℃\,(T_0$ とする) のときの体積を V_0 とすると，

$pV = RT \quad pV_0 = RT_0$

この2式から p と R を消去して，

$V = V_0 \cdot \dfrac{T}{T_0} = V_0 \cdot \dfrac{273 + t}{273} = V_0\left(1 + \dfrac{1}{273}t\right)$

よって，与えられた式と比較して，$\beta = \dfrac{1}{273}$

❻

2.5×10^{19} 個

[考え方] 気体は，標準状態（0℃，1気圧）で，体積22.4L中に 6.0×10^{23} 個の分子を含む。15℃，0.99気圧，1 cm³ の気体の標準状態における体積を V [cm³] とすると，ボイル・シャルルの法則より，

$\dfrac{0.99 \times 1}{273 + 15} = \dfrac{1 \times V}{273}$

ゆえに，$V = 0.938$ cm³

この中に含まれている分子の数は，1 L = 1000 cm³ であることに注意して，

$6.0 \times 10^{23} \times \dfrac{0.938}{22.4 \times 10^3} = 2.5 \times 10^{19}$ 個

❼
5.8×10^2 m/s

考え方 単原子分子理想気体の圧力 p〔Pa〕は，単位体積あたりの分子数 N〔/m³〕，分子1個の質量 m〔kg〕，分子の速さの2乗平均 $\overline{v^2}$〔m²/s²〕を使って，次のように表せる。
$$p = \frac{1}{3} N m \overline{v^2} \quad \cdots\cdots ①$$

ここで，問題のネオンは 1 mol であり，さらに標準状態なので，体積は 22.4 L = 2.24×10^{-2} m³ である。よって，アボガドロ定数 N_A〔/mol〕を用いると，
$$N = \frac{1 \times N_A}{2.24 \times 10^{-2}}$$
となる。

また，ネオン 1 mol の質量が 20 g = 2.0×10^{-2} kg なので，
$$m = \frac{2.0 \times 10^{-2}}{1 \times N_A}$$

よって，①式に値を代入して，
$$1.0 \times 10^5 = \frac{1}{3} \cdot \frac{1 \times N_A}{2.24 \times 10^{-2}} \cdot \frac{2.0 \times 10^{-2}}{1 \times N_A} \cdot \overline{v^2}$$

となるので，これを $\overline{v^2}$ について解いて，
$$\overline{v^2} = 1.0 \times 10^5 \times 3 \times \frac{2.24 \times 10^{-2}}{2.0 \times 10^{-2}}$$
$$= 3.36 \times 10^6$$

よって，求める値は，
$$\sqrt{\overline{v^2}} = \sqrt{3.36 \times 10^6} \fallingdotseq 5.8 \times 10^2 \text{ m/s}$$

❽
(1) **493 m/s** (2) **697 m/s**

考え方 理想気体の並進運動のエネルギーの式 $\frac{1}{2} m \overline{v^2} = \frac{3}{2} kT$ が成り立つ。

(1) $\overline{v^2}$ は分子の質量 m に反比例するから，273 K における一酸化炭素の 2 乗平均速度を $\sqrt{\overline{v_1^2}}$ とすると，
$$\frac{461^2}{\overline{v_1^2}} = \frac{28}{32}$$
ゆえに，
$$\sqrt{\overline{v_1^2}} \fallingdotseq 493 \text{ m/s}$$

(2) $\overline{v^2}$ は絶対温度に比例するから，564 K での一酸化炭素の 2 乗平均速度を $\sqrt{\overline{v_2^2}}$ とすると，
$$\frac{493^2}{\overline{v_2^2}} = \frac{273}{546}$$
ゆえに，
$$\sqrt{\overline{v_2^2}} \fallingdotseq 697 \text{ m/s}$$

❾
① $v_x^2 + v_y^2 + v_z^2$
② $2mv_x$
③ $\dfrac{v_x}{2l}$
④ $\dfrac{Nmv_x^2}{l}$
⑤ $\dfrac{Nmv_x^2}{l^3}$
⑥ $\dfrac{1}{3}$
⑦ l^3
⑧ $\dfrac{Nm\overline{v^2}}{3V}$
⑨ $\dfrac{Nm\overline{v^2}}{3}$

考え方 ① 三平方の定理より，
$$v = \sqrt{v_x^2 + v_y^2 + v_z^2}$$

② 完全弾性衝突だから，壁に衝突する速さとはね返る速さは等しい。よって，このときの運動量の変化は，
$$mv_x - (-mv_x) = 2mv_x$$

③ 分子は 1 秒間に v_x だけ進み，$2l$ 進むごとに同じ壁に衝突するから，1 秒間の衝突回数 n は，
$$n = \frac{v_x}{2l}$$

④ ②と③の積が，分子 1 個が受ける力積なので，
$$N \times 2mv_x \times \frac{v_x}{2l} = \frac{Nmv_x^2}{l}$$

⑤ 壁が受ける平均の力を F とすると，1 秒間の力積の大きさが④に等しいから，
$$F\Delta t = F \times 1 = \frac{Nmv_x^2}{l}$$
ゆえに，$F = \dfrac{Nmv_x^2}{l}$

圧力は，$p = \dfrac{F}{l^2} = \dfrac{Nmv_x^2}{l^3}$

⑥ $\overline{v_x^2} = \overline{v_y^2} = \overline{v_z^2}$ であるから，①より，
$$\overline{v^2} = 3 \overline{v_x^2}$$
ゆえに，$\overline{v_x^2} = \dfrac{1}{3} \overline{v^2}$

⑦ 1辺がlの立方体なので，体積Vは，
$V = l \times l \times l = l^3$
⑧ ⑤の答えに，⑥，⑦の答えを代入する。
⑨ ⑧の答えにVをかける。

2章 気体の変化とエネルギー … p.69

1

(ア) $\dfrac{1}{2}m\overline{v^2}N_A$ (イ) T

(ウ) $\dfrac{3}{2}RT$

[考え方] (ア) 分子1個のエネルギーは$\dfrac{1}{2}m\overline{v^2}$であるから，1 molの分子全体のエネルギーは，
$\dfrac{1}{2}m\overline{v^2} \times N_A = \dfrac{1}{2}m\overline{v^2}N_A$

(イ) 1 molの気体の状態方程式
$pV = RT$
と②式から，
$\dfrac{2}{3}N_A \varepsilon = RT$
ゆえに，
$\varepsilon = \dfrac{3R}{2N_A}T$
R，N_Aは定数であるから，εはTだけの関数となる。

(ウ) $\dfrac{2}{3}U = \dfrac{2}{3}N_A\varepsilon = RT$
ゆえに，
$U = \dfrac{3}{2}RT$

2

(1) 8.0×10^{-2} mol
(2) 1.0×10^2 J
(3) 1.5×10^2 J
(4) 2.5×10^2 J

[考え方] (1) 状態方程式$pV = nRT$より，
$V = 2.0$ L $= 2.0 \times 10^{-3}$ m^3
に注意して，
$n = \dfrac{pV}{RT} = \dfrac{1.0 \times 10^5 \times 2.0 \times 10^{-3}}{8.3 \times (273 + 27)}$
$\fallingdotseq 8.0 \times 10^{-2}$ mol

(2) 膨張したあとの体積をV'とすると，シャルルの法則より，
$\dfrac{2.0 \times 10^{-3}}{273 + 27} = \dfrac{V'}{273 + 177}$
ゆえに，$V' = 3.0 \times 10^{-3}$ m^3
よって，気体が外部にした仕事Wは，
$W = p\Delta V = p(V' - V)$
$= 1.0 \times 10^5 \times (3.0 - 2.0) \times 10^{-3}$
$= 1.0 \times 10^2$ J

(3) 単原子分子理想気体の内部エネルギー
$\Delta U = \dfrac{3}{2}nR\Delta T$
より，
$\Delta U = \dfrac{3}{2} \times 8.0 \times 10^{-2} \times 8.3 \times (177 - 27)$
$\fallingdotseq 1.5 \times 10^2$ J

(4) 熱力学の第1法則$\Delta U = Q + W$より，
$Q = \Delta U - W$
$= 1.5 \times 10^2 - (-1.0 \times 10^2)$
$= 2.5 \times 10^2$ J

3

(1) 1倍   (2) 2倍   (3) 0.6倍

[考え方] (1) 分子の運動エネルギーは，気体の温度だけに関係する。温度が一定だから，変化しない。

(2) ボイル・シャルルの法則より，
$\dfrac{pV}{T} = \dfrac{p \cdot 2V}{T'}$
ゆえに，$T' = 2T$となり，温度が2倍になるから，運動エネルギーも2倍になる。

(3) ボイル・シャルルの法則より，
$\dfrac{pV}{T} = \dfrac{0.3p \cdot 2V}{T''}$
ゆえに，$T'' = 0.6T$
温度が0.6倍になるから，運動エネルギーも0.6倍になる。

④

(1) $U_A = \dfrac{C_V(p-p_0)V_0 + C_p p(V-V_0)}{R} - p(V-V_0)$

$U_B = \dfrac{C_p p_0(V-V_0) + C_V(p-p_0)V}{R} - p_0(V-V_0)$

(2) 考え方参照

考え方 (1) 気体の内部エネルギーの増加は，外から与えられた熱量と仕事の和に等しい。圧力p_0，体積V_0のときの温度をT_0とし，p，Vのときの温度をTとする。また，過程Aで，p，V_0のときの温度をT_A，過程Bで，p_0，Vのときの温度をT_Bとすれば，次の4つの状態方程式が成り立つ。

$$\left.\begin{array}{ll} p_0 V_0 = RT_0 & pV = RT \\ pV_0 = RT_A & p_0 V = RT_B \end{array}\right\} \quad\cdots\cdots\text{①}$$

過程Aでの内部エネルギー増加U_Aは，

$U_A = C_V(T_A - T_0) + C_p(T - T_A)$
$\qquad - p(V - V_0) \quad\cdots\cdots$②

②式に①式から得られるT_0，T_A，Tを代入すると，

$U_A = \dfrac{C_V(p-p_0)V_0 + C_p p(V-V_0)}{R} - p(V-V_0)$

過程Bでの内部エネルギーの増加U_Bは，

$U_B = C_p(T_B - T_0) - p_0(V - V_0)$
$\qquad + C_V(T - T_B) \quad\cdots\cdots$③

③式に①式から得られるT_0，T_B，Tを代入すると，

$U_B = \dfrac{C_p p_0(V-V_0) + C_V(p-p_0)V}{R} - p_0(V-V_0)$

(2) 過程A，Bのどちらでも，最初と最後の状態は同じなので，$U_A = U_B$となる。
よって，②，③式を代入すると，

$\dfrac{C_p(p-p_0)(V-V_0) + C_V(p-p_0)(V-V_0)}{R}$
$= (p - p_0)(V - V_0)$

となり，

$C_p - C_V = R$

⑤

圧力：2.1×10^{-1} 気圧
温度：$-84\ ℃$

考え方 空気の体積を急に変えるときは，外部から熱がほとんど加えられていないから，断熱変化とみなしてよく，

$pV^\gamma = $ 一定

の関係が成り立つ。ここで，

$\gamma = \dfrac{C_p}{C_V} = \dfrac{7}{5} = 1.4$

である。
はじめの体積をVとし，体積を3倍にしたときの圧力をp〔気圧〕とすると，

$1 \times V^{1.4} = p \times (3V)^{1.4}$

ゆえに，

$p = \left(\dfrac{1}{3}\right)^{1.4}$

ここで，両辺の常用対数をとると，

$\log_{10} p = \log_{10} 3^{-1.4} = -1.4 \log_{10} 3$
$\qquad\qquad = -1.4 \times 0.48$
$\qquad\qquad ≒ -0.67$

さらに，

$-0.67 = -1 + 0.33$

なので，

$\log_{10} p = \log_{10} 10^{-1} + \log_{10} 2.14$

対数法則 $\log_a p + \log_a q = \log_a pq$ より，

$\log_{10} p = \log_{10}(2.14 \times 10^{-1})$

よって，

$p = 2.14 \times 10^{-1}$

すなわち，求める圧力は2.1×10^{-1}気圧となる。
次に，求める温度をt〔℃〕とすると，ボイル・シャルルの法則より，

$\dfrac{1 \times V}{273 + 27} = \dfrac{0.21 \times 3V}{273 + t}$

ゆえに，$t = -84\ ℃$

（補足）$x = a^y$ という関係にあるとき，xからyを求める関数を対数関数といい，

$y = \log_a x$

と表す。
対数関数には，次のような性質がある。

$k \log_a p = \log_a(p^k)$

$\log_a p + \log_a q = \log_a pq$

$\log_a p - \log_a q = \log_a(p \cdot q^{-1}) = \log_a \dfrac{p}{q}$

❻
(1) B：600 K，C：900 K，D：3V
(2) 5.00×10^{-2} mol
(3) 仕事：125 J，熱量：314 J

考え方 (1) B，Cの温度をそれぞれT_B，T_C，Dの体積をV_Dとすれば，ボイル・シャルルの法則より，

$$\dfrac{pV}{300} = \dfrac{2pV}{T_B} = \dfrac{2p \times 1.5V}{T_C} = \dfrac{pV_D}{T_C}$$

ゆえに，
$T_B = 600$ K，$T_C = 900$ K，$V_D = 3V$

(2) A→Bの過程で外から与えられた熱量はすべて内部エネルギーの増加になるから，この気体の物質量をn〔mol〕とすれば，
$12.6n(600 - 300) = 189$
ゆえに，
$n = 5.00 \times 10^{-2}$ mol

(3) 気体が外部へした仕事は，
$W = 2p(1.5V - V) = nR(T_C - T_B)$
$\quad = 5.00 \times 10^{-2} \times 8.31 \times 300$
$\quad = 124.65$ J

B→Cの過程では，A→Bと同じだけ温度が上がったから，内部エネルギーも同じく189 J増加した。したがって，外から与えた熱量は，熱力学の第1法則により，
$Q = 189 + 124.65 = 313.65$ J

❼
(1) 60 J　(2) −60 J

考え方 この気体1 molの質量が20 gなので，この気体の物質量は，$n = \dfrac{1}{20}$ molである。

(1) 内部エネルギーの増加は，
$\Delta U = \dfrac{3}{2}nR\Delta T = \dfrac{3}{2}nN_Ak\Delta T$
$\quad = \dfrac{3}{2} \times \dfrac{1}{20} \times 6.0 \times 10^{23}$
$\quad\quad \times 1.4 \times 10^{-23} \times (123 - 27)$
$\quad \fallingdotseq 60$ J

(2) 断熱変化ならば，熱力学の第1法則
$\Delta U = Q + W$
において，$Q = 0$とすると，$\Delta U = W$となる。ただし，Wは外部から加えられる仕事である。したがって，気体が外部に対してした仕事W'は，
$W' = -\Delta U = -60$ J

❽
30 %

考え方 バスは等速直線運動をしているから，バスにはたらく力はつり合っている。バスの推進力fは，
$f = mg\sin 5° + \mu' mg\cos 5°$
$\quad = 4 \times 10^3 \times 10 \times 0.10 +$
$\quad\quad 0.5 \times 4 \times 10^3 \times 10 \times 1.0$
$\quad = 2.4 \times 10^4$ N

バスの速さは，$v = 5$ m/sであるから，エンジンの仕事率Pは，
$P = fv = 2.4 \times 10^4 \times 5 = 1.2 \times 10^5$ W

ガソリンの毎秒あたりの発熱量Qは，
$Q = 10 \times 4 \times 10^4 = 4 \times 10^5$ J

したがって，熱効率e〔%〕は，
$e = \dfrac{P}{Q} \times 100 = \dfrac{1.2 \times 10^5}{4 \times 10^5} \times 100$
$\quad = 30$ %

3編 波

1章 波の性質 p.83

❶

(1) 下図参照

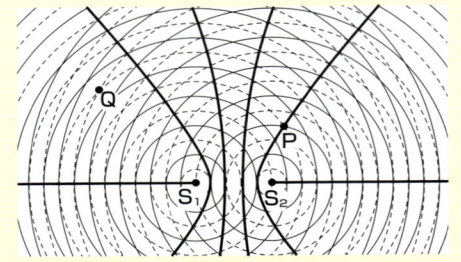

(2) **1.5倍**　　(3) **弱めあっている。**
(4) **1.0 cm**　(5) **弱めあっている。**

考え方 (1) S_1，S_2 から左右にのびる節線を忘れないこと。

(2) 図より，$S_1P = \dfrac{7}{2}\lambda$，$S_2P = \dfrac{4}{2}\lambda$ だから，
$|S_1P - S_2P| = \left|\dfrac{7}{2}\lambda - \dfrac{4}{2}\lambda\right| = \dfrac{3}{2}\lambda$

つまり，$|S_1P - S_2P|$ は波長の $\dfrac{3}{2}$ 倍である。

(3) S_1，S_2 の振動は同位相なので，弱めあっている。また，図で山と谷が重なっていることからもわかる。

(4) 1.0 s 経過したときには，波は $\dfrac{1}{2}\lambda = 1.0$ cm 進み，点Q に S_1，S_2 からの波の山が重なるので，変位はもとの波の振幅の2倍になる。つまり，この場所の変位は，
$2A = 2 × 0.50 = 1.0$ cm
である。

(5) $|S_1R - S_2R| = |12 - 15|$
$= |-3| = 3$ cm $= 1.5\lambda$

つまり，$|S_1R - S_2R|$ は波長の 1.5 倍である。

S_1，S_2 の振動は同位相なので，弱めあっている。

❷

(1) 振幅：**2 m**，周期：**2.0 s**，波長：**8.0 m**
(2) **0.50 Hz**　(3) **4.0 m/s**　(4) $\dfrac{\pi}{4}$

考え方 (1) 正弦波の一般式は，振幅を A，周期を T，波長を λ とおくと，
$$y = A\sin 2\pi\left(\dfrac{t}{T} - \dfrac{x}{\lambda}\right)$$
となるので，比較すると $A = 2$ m，$T = 2.0$ s，$\lambda = 8.0$ m となる。

(2) 振動数 f〔Hz〕と周期 T〔s〕には，$T = \dfrac{1}{f}$ という関係があるので，
$f = \dfrac{1}{T} = \dfrac{1}{2.0} = 0.50$ Hz

(3) 波の速さを v〔m/s〕とすると，波の基本式
$v = f\lambda$
が成り立つので，
$v = f\lambda = 0.5 × 8.0 = 4.0$ m/s

(4) 時刻 t のとき，$x = 0$ での位相は $2\pi \cdot \dfrac{t}{T}$，$x = 1$ m での位相は $2\pi\left(\dfrac{t}{T} - \dfrac{1.0\text{ m}}{8.0\text{ m}}\right)$ なので，このときの位相差 ϕ は，
$\phi = 2\pi \cdot \dfrac{t}{T} - 2\pi\left(\dfrac{t}{T} - \dfrac{1.0\text{ m}}{8.0\text{ m}}\right) = \dfrac{\pi}{4}$

❸

(1) ① 速さ　② A　③ BB′　④ B′　⑤ I
　　⑥ 波面　⑦ AA′
(2) ① **6.0**　② A　③ **4.5**t　④ B′　⑤ II
　　⑥ A′B′　⑦ BB′　⑧ **1.3**

2章 音波 p.90

❶

(1) **0.0812 m ～ 12.4 m**
(2) **66.7 kHz**

考え方 (1) $v = f\lambda$ より，最も高音の波長は，
$$\frac{v}{f} = \frac{340}{4186} \fallingdotseq 0.0812\,\text{m}$$
最も低音の波長は，
$$\frac{v}{f} = \frac{340}{27.5} \fallingdotseq 12.4\,\text{m}$$
(2) $0.510\,\text{cm} = 5.1 \times 10^{-3}\,\text{m}$ なので，$v = f\lambda$ より，
$$f = \frac{v}{\lambda} = \frac{340}{5.1 \times 10^{-3}} \fallingdotseq 66.7 \times 10^3\,\text{Hz}$$
$$= 66.7\,\text{kHz}$$

2
① $331.5 + 0.60t$
② 344
③ 反射
④ 速さ
⑤ 回折
⑥ 位相

考え方 ② ①の式に $t = 20$ を代入して，
$v = 331.5 + 12 = 343.5 \fallingdotseq 344\,\text{m/s}$

3
(1) 屈折
(2) 反射
(3) 回折

考え方 (1) 昼間より夜間のほうが遠くの音が聞こえやすいのは，大気の温度分布で音の屈折のしかたが変化するからである（→p.85）。
(2) 室内では音が反射するため聞こえやすいが，屋外では反射せず広がっていくので聞こえづらい。
(3) 窓を少し開けただけでも，すきまを通った音が回折するので，室内のどの場所からも音が聞こえるようになる。

4
(1) 0.227
(2) コ

考え方 (1) 媒質 I に対する媒質 II の屈折率 n_{21} は，各媒質中での波の速さを v_1, v_2 として，
$n_{21} = \dfrac{v_1}{v_2}$ なので，
$$n_{21} = \frac{v_1}{v_2} = \frac{340}{1500} = \frac{17}{75} \fallingdotseq 0.227$$
(2) $n_{21} = \dfrac{\sin\theta_1}{\sin\theta_2}$ より，
$$\sin\theta_2 = \frac{\sin\theta_1}{n_{21}} = \frac{75}{17} \times 0.17 = 0.75$$
よって，三角関数表より，この条件に最も近い角はコの $50°$ である。

5
(1) $0.40\,\text{m}$
(2) $8.5 \times 10^2\,\text{Hz}$

考え方 (1) 点 P は AB の垂直二等分線上にあるので，AP = BP となる。また，
$AQ = \sqrt{2.00^2 + 4.80^2} = 5.20\,\text{m}$
であり，$BQ = 4.80\,\text{m}$ なので，
$|AQ - BQ| = 0.40\,\text{m}$
よって，この経路差が 1 波長 λ の長さにあたるので，
$\lambda = 0.40\,\text{m}$
(2) 波の基本式 $v = f\lambda$ より，
$$f = \frac{v}{\lambda} = \frac{340}{0.40} = 8.5 \times 10^2\,\text{Hz}$$

6
波長：$0.10\,\text{m}$，振動数：$3.4 \times 10^3\,\text{Hz}$

考え方 可動部 F を 5 cm 引き出すと，ABFCD の経路は 10 cm 増える。同位相の波は，経路差が波長の整数倍のときに強めあうので，求める波長はこのときの経路差に等しく，$10\,\text{cm} = 0.10\,\text{m}$ である。
よって，振動数 f は，波の基本式 $v = f\lambda$ より，
$$f = \frac{v}{\lambda} = \frac{340}{0.10} = 3.4 \times 10^3\,\text{Hz}$$

❼

(1) ① **680 Hz**　② **0.500 m**

(2) ① **604 Hz**　② **0.563 m**

考え方 (1) ① 音源が移動してドップラー効果が起こっているので，振動数 f_1 は，
$$f_1 = \frac{V}{V - v_s}f = \frac{340}{340 - 20} \times 640$$
$$= 680\,\text{Hz}$$

② 波の基本式 $v = f\lambda$ より，波長 λ_1 は，
$$\lambda_1 = \frac{V}{f_1} = \frac{340}{680} = 0.500\,\text{m}$$

(2) ① 音源が移動してドップラー効果が起こっているので，振動数 f_2 は，
$$f_2 = \frac{V}{V + v_s}f = \frac{340}{340 + 20} \times 640$$
$$\fallingdotseq 604\,\text{Hz}$$

② 波の基本式 $v = f\lambda$ より，波長 λ_2 は，
$$\lambda_2 = \frac{V}{f_2} = \frac{340}{\frac{340}{360} \times 640} = 0.5625\,\text{m}$$

❽

(1) ① **540 Hz**　② **0.630 m**

(2) ① **480 Hz**　② **0.708 m**

考え方 (1) ① 観測者が移動してドップラー効果が起こっているので，振動数 f_1 は，
$$f_1 = \frac{V + v_0}{V}f = \frac{340 + 20}{340} \times 510$$
$$= 540\,\text{Hz}$$

② 波の基本式 $v = f\lambda$ より，波長 λ_1 は，
$$\lambda_1 = \frac{V}{f_1} = \frac{340}{540} \fallingdotseq 0.630\,\text{m}$$

(2) ① 音源が移動してドップラー効果が起こっているので，振動数 f_2 は，
$$f_2 = \frac{V - v_0}{V}f = \frac{340 - 20}{340} \times 510$$
$$= 480\,\text{Hz}$$

② 波の基本式 $v = f\lambda$ より，波長 λ_2 は，
$$\lambda_2 = \frac{v}{f_2} = \frac{340}{480} \fallingdotseq 0.708\,\text{m}$$

❾

(1) **201 Hz**　(2) **207 Hz**

(3) **6 Hz のうなり**

考え方 (1) 直接音にはドップラー効果が起こっていないので，振動数は変わらず，201 Hz である。

(2) 岸壁の受ける音の振動数 f は，音源だけが近づくドップラー効果と同じなので，
$$f = \frac{V}{V - v_0}f_0 = \frac{340}{340 - 5.0} \times 201$$
$$= 204\,\text{Hz}$$

である。反射によって振動数は変わらないので，岸壁で反射される音の振動数は 204 Hz であり，この音を移動する観測者が聞くことになるので，求める周波数 f' は，
$$f' = \frac{V + v_0}{V}f_0 = \frac{340 + 5.0}{340} \times 204$$
$$= 207\,\text{Hz}$$

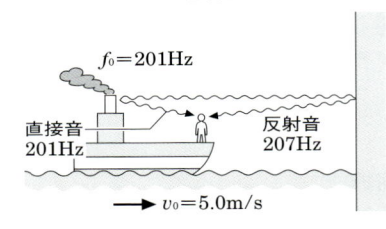

(3) 201 Hz と 207 Hz の音を同時に聞くことになるので，振動数 $|201 - 207| = 6\,\text{Hz}$ のうなりが聞こえる。

3章 光 波 …………… p.111

❶

(1) $3.0 \times 10^8\,\text{m/s}$　(2) $5.0 \times 10^2\,\text{s}$

考え方 (1) 光の速さ c は，1 s に光の進む距離なので，
$$c = 40000 \times 7.5 = 3.0 \times 10^5\,\text{km/s}$$
$$= 3.0 \times 10^8\,\text{m/s}$$

(2) 時間 $= \dfrac{距離}{速さ} = \dfrac{1.5 \times 10^{11}}{3.0 \times 10^8} = 500\,\text{s}$

2

(1) $30°$ (2) $\dfrac{1}{\sqrt{3}}$ (3) $45°$

(4) $\sin 45° = \dfrac{1}{\sqrt{2}} > \dfrac{1}{\sqrt{3}} = \sin\theta_0$ であり，入射角が臨界角 θ_0 より大きいから全反射する。

(5) $60°$

考え方 (1) 屈折の法則より，
$$\dfrac{\sin 60°}{\sin\alpha} = \sqrt{3}$$
これを整理して，
$$\sin\alpha = \dfrac{\sqrt{3}}{2} \times \dfrac{1}{\sqrt{3}} = \dfrac{1}{2}$$
よって，$\alpha = 30°$

(2) 臨界角 θ_0 は，屈折する側に対する入射側の相対屈折率 n を用いて，$\sin\theta_0 = \dfrac{1}{n}$ で求められるので，$\sin\theta_0 = \dfrac{1}{n} = \dfrac{1}{\sqrt{3}}$

(3) 図のように O，P をとる。

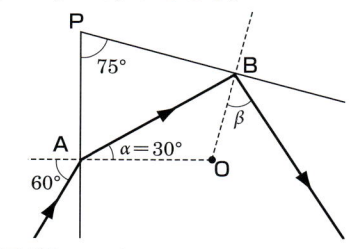

∠PAB $= 90° - 30° = 60°$
△PAB より，
∠PBA $= 180° - (75° + 60°) = 45°$
よって，点 B での入射角 ∠OBA は，
∠OBA $= 90° - 45° = 45°$
反射の法則より，$\beta = $ ∠OBA $= 45°$

(5) 入射角は $30°$ だから，屈折の法則より，
$$\dfrac{\sin 30°}{\sin\gamma} = \dfrac{1}{\sqrt{3}}$$
これを整理して，
$$\sin\gamma = \dfrac{1}{2} \times \sqrt{3} = \dfrac{\sqrt{3}}{2}$$
よって，$\gamma = 60°$

3

(1) 下図参照

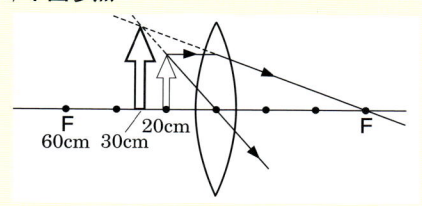

(2) レンズの前方（左側）$30\,\text{cm}$ (3) 虚像

(4) 1.5 倍

(5) 像：下図参照
位置：レンズの前方（左側）$15\,\text{cm}$

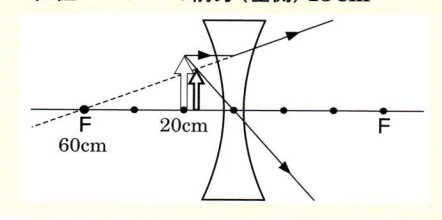

考え方 (1) まず，像の端から出た光の進む道筋を作図する。凸レンズでは，光軸に平行な光がレンズを通ったあと，後方（左側）の焦点を通る。また，レンズの中心を通る光は，レンズを通ってもそのまま直進する。像の位置は，レンズを通ったあとの光をそれぞれ延長したときの交点になる。

(2) 像の位置を b〔cm〕とすると，レンズの写像公式より，
$$\dfrac{1}{60} = \dfrac{1}{20} + \dfrac{1}{b} \quad \therefore\quad b = -30\,\text{cm}$$
つまり，レンズの前方（左側）$30\,\text{cm}$ の位置。

(3) $b < 0$ より，虚像である。

(4) 倍率 $= \left|\dfrac{b}{a}\right| = \left|\dfrac{-30}{20}\right| = 1.5$

(5) 凹レンズでは，光軸に平行な光がレンズを通ったあと，後方（左側）の焦点から出てきたように進むので，(1) と同様に像の端から出た光の進む道筋を作図して交点を求める。レンズの写像公式より，像の位置 b〔cm〕は
$$\dfrac{1}{-60} = \dfrac{1}{20} + \dfrac{1}{b} \quad \therefore\quad b = -15\,\text{cm}$$
つまり，前方（左側）$15\,\text{cm}$ に虚像ができる。

❹
(1) $|l_1 - l_2| = m\lambda$ (2) 7.0×10^{-7} m
(3) $L = nl$ (4) **1.3倍**

考え方 (1) 光の経路差が波長の整数倍のとき明線ができる。
(2) (1)の左辺は，$l \gg d$，$l \gg x$ では，
$$|l_1 - l_2| \fallingdotseq \frac{dx}{l}$$
となる。$\frac{d \cdot \Delta x}{l} = \lambda$ だから，単位を m に統一して代入すると，
$$\lambda = \frac{0.25 \times 10^{-3} \times 1.6 \times 10^{-3}}{57 \times 10^{-2}}$$
$$\fallingdotseq 7.0 \times 10^{-7} \text{ m}$$
(3) 光の光学的距離は媒質の屈折率に比例する。よって，
$$\frac{L}{n} = \frac{l}{1} \quad \text{なので,} \quad L = nl$$
(4) 光学的距離 $L = nl$ だから，
$$\frac{d \cdot \Delta x'}{nl} = \lambda$$
$$\Delta x' = \frac{nl\lambda}{d} = n\Delta x$$
よって，
$$\frac{\Delta x'}{\Delta x} = n = 1.3$$

❺
$x : \dfrac{l}{2d} m\lambda$，間隔：$\dfrac{l\lambda}{2d}$

考え方 反射光は，MM′について S と対称な点 S′ から出た光のように進むから，ヤングの干渉実験でスリット間隔を $2d$ とした場合に相当するが，MM′ で反射するとき，位相が半波長変化するので，明暗の条件が反対になる。したがって，点 P が暗線になるのは，
$$\frac{2dx}{l} = m\lambda$$
すなわち，
$$x = \frac{l}{2d} m\lambda$$
よって，暗線の間隔 Δx は
$$\Delta x = \frac{l}{2d}(m+1)\lambda - \frac{l}{2d} m\lambda = \frac{l\lambda}{2d}$$

❻
5.0×10^{-7} m

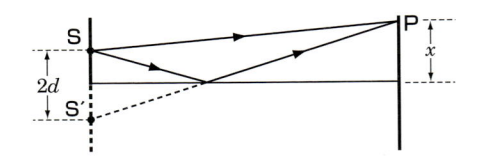

考え方 格子定数 d は，$1.0\,\text{cm} = 1.0 \times 10^{-2}$ m に注意して，
$$d = \frac{1.0 \times 10^{-2}}{5000} = 2.0 \times 10^{-6} \text{ m}$$
だから，回折格子の式に代入して，
$$2.0 \times 10^{-6} \times \sin 30° = 2 \times \lambda$$
よって，$\lambda = 5.0 \times 10^{-7}$ m

❼
(1) 1.0×10^{-7} m
(2) 4.0×10^{-7} m
(3) ようす：暗く見える。
　理由：油膜の下の面で反射した光も位相が半波長ずれるので，油膜の上下の面で反射した光が弱めあうため。
(4) 4.2×10^{-7} m

考え方 (1) 薄膜の干渉の式より，
$$2 \times 1.5 \times d = \left(m + \frac{1}{2}\right) \times 6.0 \times 10^{-7}$$
$$(m = 0, 1, 2 \cdots)$$
d が最小となるのは $m = 0$ のときなので，
$$d = 1.0 \times 10^{-7} \text{ m}$$
(2) 屈折の法則より，求める波長を λ' とすると，
$$\frac{6.0 \times 10^{-7}}{\lambda'} = 1.5$$
よって，
$$\lambda' = 4.0 \times 10^{-7} \text{ m}$$
(4) (1)と同様にして，光の波長を λ'' とすると，
$$2 \times 1.5 \times 1.0 \times 10^{-7} \times \cos 45° = \frac{\lambda''}{2}$$
よって，
$$\lambda'' \fallingdotseq 4.2 \times 10^{-7} \text{ m}$$

8

(1) 7.0×10^{-5} m   (2) 6.04×10^{-7} m

考え方 ガラス板のなす角を θ, 暗線の間隔を Δx, 光の波長を λ とすると, となりあう暗線の位置での空気層の厚さの差は $\dfrac{\lambda}{2}$ であるから,

$$\tan\theta = \dfrac{\dfrac{\lambda}{2}}{\Delta x} = \dfrac{\lambda}{2\Delta x}$$

(1) 紙の厚さ d は,
$$\begin{aligned}
d &= 30 \times 10^{-2} \times \tan\theta \\
&= 30 \times 10^{-2} \times \dfrac{\lambda}{2\Delta x} \\
&= 30 \times 10^{-2} \times \dfrac{650 \times 10^{-9}}{2 \times 1.40 \times 10^{-3}} \\
&= 6.96\cdots \times 10^{-5} \\
&\fallingdotseq 7.0 \times 10^{-5}\,\text{m}
\end{aligned}$$

(2) 求める波長を λ', 暗線の間隔を $\Delta x'$ とすると,
$$\tan\theta = \dfrac{\lambda'}{2\Delta x'} = \dfrac{\lambda}{2\Delta x}$$

よって,
$$\begin{aligned}
\lambda' &= \dfrac{\Delta x'}{\Delta x}\lambda = \dfrac{1.30}{1.40} \times 650 \times 10^{-9} \\
&= 6.035\cdots \times 10^{-7} \\
&\fallingdotseq 6.04 \times 10^{-7}\,\text{m}
\end{aligned}$$

4編 電気と磁気

1章 電場と電位 …… p.121

1

$$q = r\sqrt{\dfrac{mg\tan\theta}{k}}$$

考え方 小球にはたらく重力 mg〔N〕, 静電気力 F〔N〕, 糸の張力のつり合いから,
$$F = mg\tan\theta \quad \cdots\cdots ①$$
クーロンの法則より,
$$F = k\dfrac{q^2}{r^2} \quad \cdots\cdots ②$$
①, ②式より,
$$q = r\sqrt{\dfrac{mg\tan\theta}{k}}$$

2

強さ:2.9×10^2 N/C
向き:M→P の向き

考え方 $AP = BP = \sqrt{0.3^2 + 0.4^2} = 0.5$ m だから, 点 P における A, B の電場 E_A, E_B の大きさは,
$$\begin{aligned}
E_A = E_B &= 9.0 \times 10^9 \times \dfrac{5.0 \times 10^{-9}}{0.5^2} \\
&= 180\,\text{N/C}
\end{aligned}$$

$\vec{E_A}$, $\vec{E_B}$ の合成電場 $\vec{E}$ は, $\vec{E_A}$ と $\vec{E}$ のなす角を θ とすれば,
$$\begin{aligned}
E &= E_A\cos\theta + E_B\cos\theta = 2 \times 180 \times \dfrac{4}{5} \\
&= 288 \\
&\fallingdotseq 2.9 \times 10^2\,\text{N/C}
\end{aligned}$$

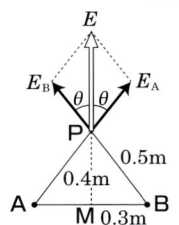

❸

(1) **20 V**　　(2) **A**
(3) 強さ：**10 V/m**，向き：**A→B**
(4) 大きさ：**40 N**，向き：**A→B**

考え方 (1) $W = qV$ より，
$V = \dfrac{W}{q} = \dfrac{50}{2.5} = 20\,\text{V}$

(2) 負電荷を移動させるのに仕事が必要だったので，Aのほうが電位が高い。

(3) 一様な電場なので，その強さEは，
$E = \dfrac{V}{d} = \dfrac{20}{2.0} = 10\,\text{V/m}$
また，Aのほうが電位が高いので，A→Bの向き。

(4) $F = qE = 4.0 \times 10 = 40\,\text{N}$
また，正電荷の受ける力の向きは電場の向きと同じ。

❹

(1) 下図参照　　(2) 下図参照

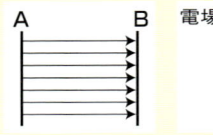

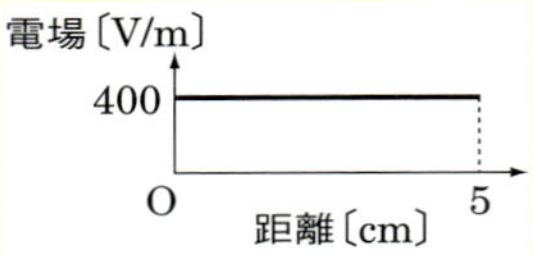

(3) **−12 V**
(4) ① $1.0 \times 10^3\,\text{N}$　（A→B）
　　② **0**　③ **0**
(5) $2.1 \times 10^6\,\text{m/s}$
(6) 下図参照

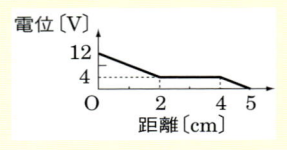

考え方 (2) 電場は一様で，その強さは，
$E = \dfrac{V}{d} = \dfrac{20}{0.05} = 400\,\text{V/m}$

(3) P_3とAの電位差は，
$V = Ed = 400 \times 0.03 = 12\,\text{V}$
である。P_3の電位はAの電位より低いので，Aを基準にとると−12Vとなる。

(4) −2.5Cの電荷が電場から受ける力は，
$F = qE = 2.5 \times 400 = 1.0 \times 10^3\,\text{N}$
向きはB→Aである。よって，それに逆らう力が必要である。②の場合は，力を加えなくても電場からの力によって動いていく。③は等電位面上の移動であるから，力は必要ない。

(5) 電子がP_3からAに達する間に，位置エネルギーが，
$qV = 1.6 \times 10^{-19} \times 12\,\text{J}$
減少し，そのぶんだけ運動エネルギーが増す。よって，
$\dfrac{1}{2} \times 9.1 \times 10^{-31} \times v^2 = 1.6 \times 10^{-19} \times 12$
ゆえに，
$v \fallingdotseq 2.1 \times 10^6\,\text{m/s}$

(6) 極板の電気量は変化しないので，極板間の電場の強さも変化しない。よって，電位の傾きが変化しない。また，金属内部は等電位である。

2章　電磁誘導とコンデンサー … p.130

❶

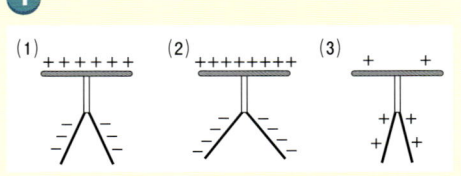

考え方 (2) 金属板CのA側に負電荷が誘導され，これに引かれてAに正電荷が生じるので，そのぶんだけはくに負電荷が生じて，はくが大きく開く。

(3) 手を触れても，Aの電荷は帯電体に引きつけられて移動しないが，はくの電荷は手をつたって逃げてしまう。帯電体を遠ざけると，Aの正電荷が全体に広がる。

2

(1) 8.9×10^{-12} F　(2) 4.5×10^{-9} C
(3) 2.7×10^{-8} F

考え方 (1) 平行板コンデンサーの容量の式より，
$$C = \varepsilon_0 \frac{S}{d} = 8.9 \times 10^{-12} \times \frac{0.10^2}{1.0 \times 10^{-2}}$$
$$= 8.9 \times 10^{-12} \text{ F}$$
(2) 電気容量の式より，
$$Q = CV = 8.9 \times 10^{-12} \times 500$$
$$≒ 4.5 \times 10^{-9} \text{ C}$$
(3) 比誘電率 ε_r の誘電体をすき間なくつめると，電気容量は ε_r 倍になる。
$$C' = \varepsilon_r C = 3000 \times 8.9 \times 10^{-12}$$
$$≒ 2.7 \times 10^{-8} \text{ F}$$

3

(1) 1.00×10^{-3} C　(2) $1.25\,\mu$F
(3) 1.00×10^{-3} C　(4) 800 V
(5) 1 倍　(6) $2.50\,\mu$F
(7) 400 V　(8) $\dfrac{1}{2}$ 倍

考え方 (1) $Q = CV = 5.00 \times 10^{-6} \times 200$
$= 1.00 \times 10^{-3}$ C
(2) 電気容量は極板の間隔に反比例するから，
$$C_1 = 5.00 \times \frac{1}{4} = 1.25\,\mu\text{F}$$
(3) 電源から切り離されているので，電気量は変化しない。
(4) $V_1 = \dfrac{Q}{C_1} = \dfrac{1.00 \times 10^{-3}}{1.25 \times 10^{-6}} = 800$ V
(5) 電気量が変化しないから，電場も変化しない。
(6) 電気容量は極板の面積に比例するから，
$$C_2 = 1.25 \times 2 = 2.50\,\mu\text{F}$$
(7) $V_2 = \dfrac{Q}{C_2} = \dfrac{1.0 \times 10^{-3}}{2.5 \times 10^{-6}} = 400$ V
(8) 電気量の総量は変化しないが，極板の面積が2倍になったので，単位面積あたりの電気量が $\dfrac{1}{2}$ になる。よって，電場の強さも $\dfrac{1}{2}$ になる。

4

① 自由電子　② 正　③ V
④ 静電誘導　⑤ 負電荷　⑥ 増加

5

(1) $9.0\,\mu$F　(2) 3.0

考え方 (1) 誘電体を入れたとき，電位差が $\dfrac{1}{3}$ になったが，電池を切り離してあるので，電気量は変化しないで，電気容量が3.0倍になる。
(2) $C = \varepsilon_r C_0$ より $\varepsilon_r = 3.0$ である。

6

電圧：60 V
電荷：$C_1 \cdots 6.0 \times 10^{-5}$ C，$C_2 \cdots 2.4 \times 10^{-4}$ C

考え方 はじめの C_1，C_2 の電気量をそれぞれ，Q_1，Q_2 とする。
C_1 と C_2 を接続したあとの電位差を V，電気量を Q_1'，Q_2' とすると，$Q = CV$ より，
$$Q_1' = 1.0 \times 10^{-6} V, \quad Q_2' = 4.0 \times 10^{-6} V$$
電気量は保存されるから，
$$Q_1 + Q_2 = Q_1' + Q_2'$$
以上の式から，
$$V = 60 \text{ V}$$
$$Q_1' = 6.0 \times 10^{-5} \text{ C}$$
$$Q_2' = 2.4 \times 10^{-4} \text{ C}$$

7

(1) $6.0\,\mu$F
(2) $2.0\,\mu$F
(3) AB間：4.0 V
　　BC間：2.0 V
(4) C_1
(5) 1.2×10^{-5} C

考え方 (1) C_2 と C_3 の合成容量を C_{23}〔μF〕とすると，
$$C_{23} = C_2 + C_3 = 2.0 + 4.0 = 6.0\,\mu\text{F}$$

(2) C_1とC_{23}が直列になっているから，合成容量をC〔μF〕とすると，
$$\frac{1}{C} = \frac{1}{C_1} + \frac{1}{C_{23}} = \frac{1}{3.0} + \frac{1}{6.0}$$
よって，
$$C = 2.0\,\mu\text{F}$$

(3) AB間，BC間の電圧をV_1，V_2とすると，このコンデンサー群にたくわえられている電荷Qは，$Q = C_1V_1 = C_{23}V_2$
これから，
$$\frac{V_1}{V_2} = \frac{C_{23}}{C_1} = \frac{6.0}{3.0}$$
よって，　$V_1 = 2.0\,V_2$ ………………①
また，$V_1 + V_2 = 6.0$ ………………②
①，②式から，
$$V_1 = 4.0\,\text{V}, \quad V_2 = 2.0\,\text{V}$$

(4) C_2とC_3の電荷の和とC_1の電荷が等しいから，C_1が最も多くの電荷をたくわえている。

(5) $Q = CV$ より，
$$Q = C_1V_1 = 3.0 \times 10^{-6} \times 4.0$$
$$= 1.2 \times 10^{-5}\,\text{C}$$

❽

(1) $9.0 \times 10^{-1}\,\text{J}$　(2) $1.8\,\text{J}$

(3) 導線でジュール熱として消費されるため，差がある。

(4) $15\,\text{A}$

[考え方] (1) 静電エネルギーをVとおくと，
$$U = \frac{1}{2}CV^2 = \frac{1}{2} \times 5.0 \times 10^{-6} \times 600^2$$
$$= 9.0 \times 10^{-1}\,\text{J}$$

(2) 電池がコンデンサーに送りこんだ電荷Qは，
$$Q = CV = 5.0 \times 10^{-6} \times 600$$
$$= 3.0 \times 10^{-3}\,\text{C}$$
よって，電池がした仕事は，
$$W = QV = 3.0 \times 10^{-3} \times 600 = 1.8\,\text{J}$$

(4) コンデンサーにたくわえられていた電荷が$t = 2.0 \times 10^{-4}\,\text{s}$の間に流れ出たから，平均電流$I$は，
$$I = \frac{Q}{t} = \frac{3.0 \times 10^{-3}}{2.0 \times 10^{-4}} = 15\,\text{A}$$

❾

(1) 電荷：Q
　　エネルギー：$\dfrac{Q^2 t}{2\varepsilon_0 S}$減少

(2) 電荷：$\dfrac{d}{d-t}Q$
　　エネルギー：$\dfrac{Q^2 dt}{2\varepsilon_0 S(d-t)}$増加

[考え方] (1) 電池をはずすと，たくわえられた電荷Qは変化しない。金属板を挿入する前の電気容量Cは，
$$C = \varepsilon_0 \frac{S}{d}$$
であるから，エネルギーUは，
$$U = \frac{1}{2} \cdot \frac{Q^2}{C} = \frac{dQ^2}{2\varepsilon_0 S}$$
金属板を挿入すると，極板間隔が$(d-t)$になるから，電気容量C'は，
$$C' = \varepsilon_0 \frac{S}{d-t}$$
となり，エネルギーU'は，
$$U' = \frac{1}{2} \cdot \frac{Q^2}{C'} = \frac{(d-t)Q^2}{2\varepsilon_0 S}$$
よって，エネルギーの変化量ΔUは，
$$\Delta U = U' - U = \frac{(d-t)Q^2}{2\varepsilon_0 S} - \frac{dQ^2}{2\varepsilon_0 S}$$
$$= -\frac{Q^2 t}{2\varepsilon_0 S}$$

(2) 電池を接続したままのときは，極板間の電位差がVに保たれるから，たくわえられる電荷Q'は，
$$Q' = C'V = C' \times \frac{Q}{C} = \frac{Qd}{d-t}$$
となり，エネルギーの変化量は，
$$\frac{1}{2}C'V^2 - \frac{1}{2}CV^2 = \frac{V^2}{2}(C' - C)$$
$$= \frac{V^2}{2}\left(\frac{\varepsilon_0 S}{d-t} - \frac{\varepsilon_0 S}{d}\right)$$
$$= \frac{\varepsilon_0 S V^2 t}{2d(d-t)}$$
$$= \frac{Q^2 dt}{2\varepsilon_0 S(d-t)}$$

3章 直流回路 ……… p.153

1

(1) $45\,\Omega$　(2) $1.1 \times 10^3\,\mathrm{J}$
(3) **2倍**

考え方 (1) オームの法則より,
$$R = \frac{V}{I} = \frac{9.0}{0.200} = 45\,\Omega$$

(2) $Q = IVt = 0.200 \times 9.0 \times (10 \times 60) = 1080\,\mathrm{J}$

(3) ニクロム線の長さを半分にすると,抵抗値が半分になる。$Q = \dfrac{V^2 t}{R}$ より,電圧が同じならジュール熱は抵抗に反比例するので,このときの発熱量 Q' は,
$$Q' = \frac{Q}{\frac{1}{2}} = 2Q$$

2

(1) A:$2.00\,\mathrm{A}$, B:$5.00\,\mathrm{A}$
(2) A:$50.0\,\Omega$, B:$20.0\,\Omega$
(3) $4.2 \times 10^4\,\mathrm{J}$　(4) $175\,\mathrm{W}$　(5) $41\,\mathrm{W}$

考え方 (1) 電力の公式 $P = IV$ より,
$$I_\mathrm{A} = \frac{200}{100} = 2.00\,\mathrm{A}$$
$$I_\mathrm{B} = \frac{500}{100} = 5.00\,\mathrm{A}$$

(2) オームの法則より,
$$R_\mathrm{A} = \frac{100}{2} = 50.0\,\Omega$$
$$R_\mathrm{B} = \frac{100}{5} = 20.0\,\Omega$$

(3) AとBの合成抵抗を R とすると,
$$\frac{1}{R} = \frac{1}{50} + \frac{1}{20} = \frac{7}{100}$$
ゆえに,$R = \dfrac{100}{7}\,\Omega$
したがって,求める熱量 Q は,
$$Q = \frac{V^2}{R}t = \frac{100^2}{\frac{100}{7}} \times 60 = 4.2 \times 10^4\,\mathrm{J}$$

(4) $P = \dfrac{V^2}{R} = \dfrac{50^2}{\frac{100}{7}} = 175\,\mathrm{W}$

(5) AとBの合成抵抗は,$R' = 50 + 20 = 70\,\Omega$
電流 I は,$I = \dfrac{100}{70} = \dfrac{10}{7}\,\mathrm{A}$
Bの電力 P_B は,
$$P_\mathrm{B} = I^2 R_\mathrm{B} = \left(\frac{10}{7}\right)^2 \times 20 \fallingdotseq 41\,\mathrm{W}$$

3

(1) ① $1.0\,\mathrm{A}$　② $30\,\mathrm{V}$　③ $-10\,\mathrm{V}$
(2) ① $1.6\,\mathrm{A}$　② $0.64\,\mathrm{A}$
　　③ $19\,\mathrm{V}$　④ $-16\,\mathrm{V}$

考え方 (1) R_1, R_2, R_3 が直列に接続された回路になる。
① 回路の合成抵抗は,
$R_1 + R_2 + R_3 = 8.0 + 10 + 30 = 48\,\Omega$
であるから,電流 I_1 は,オームの法則より,
$$I_1 = \frac{E}{R} = \frac{48}{48} = 1.0\,\mathrm{A}$$
② 点Bより R_3 の電圧降下のぶんだけ高い。
$V_\mathrm{A} = R_3 I_1 = 30 \times 1.0 = 30\,\mathrm{V}$
③ 点Bより R_2 の電圧降下のぶんだけ低い。
$V_\mathrm{C} = 0 - R_2 I_1 = -10 \times 1 = -10\,\mathrm{V}$

(2) ① R_3 と R_4 の合成抵抗を R' とする。スイッチを閉じると,R_1, R', R_2 が直列に接続された回路になる。
$$\frac{1}{R'} = \frac{1}{30} + \frac{1}{20} = \frac{5}{60}$$
ゆえに,
$R' = 12\,\Omega$
よって,回路の全抵抗 R は,
$R = 8.0 + 12 + 10 = 30\,\Omega$
R_1 を流れる電流 I_2 は,オームの法則より,
$$I_2 = \frac{E}{R} = \frac{48}{30} = 1.6\,\mathrm{A}$$
② 並列部分を流れる電流は,各抵抗の抵抗値に反比例するから,
$$I' = 1.6 \times \frac{20}{30 + 20} = 0.64\,\mathrm{A}$$
③ 点Bより R_3 の電圧降下のぶんだけ高い。
$V_\mathrm{A}' = R_3 I' = 30 \times 0.64 = 19.2\,\mathrm{V}$
④ 点Bより R_2 の電圧降下のぶんだけ低い。
$V_\mathrm{C}' = 0 - R_2 I_2 = -10 \times 1.6$
　　　$= -16\,\mathrm{V}$

❹

(1) R_1：大きさ…**0.50 A**，向き…**右向き**
　　R_2：大きさ…**0 A**，向き…**なし**
　　R_3：大きさ…**0.50 A**，向き…**下向き**
(2) P：**0 V**，Q：**−30 V**

考え方 (1) R_1, R_2, R_3 を流れる電流を，それぞれ I_1, I_2, I_3 とし，その向きを図のように仮定する。内部抵抗を含めると，次のようになる。

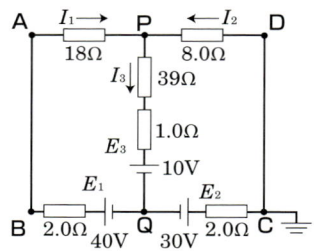

点Pについて，キルヒホッフの第1法則を用いると，
$$I_1 + I_2 = I_3 \quad \cdots\cdots① $$
回路APQBAについて，キルヒホッフの第2法則を用いると，
$$-18I_1 - 39I_3 - 1.0 \cdot I_3 - 10 + 40 - 2.0I_1 = 0 \quad \cdots\cdots②$$
回路DPQCDについて，キルヒホッフの第2法則を用いると，
$$-8I_2 - 39I_3 - 1.0 \cdot I_3 - 10 + 30 - 2.0I_2 = 0 \quad \cdots\cdots③$$
①〜③より，
$$I_1 = 0.50\,\text{A},\ I_2 = 0\,\text{A},\ I_3 = 0.50\,\text{A}$$

(2) $I_2 = 0$ だから，点Pの電位は点Cと同じで0Vである。また，電池 E_2 にも電流が流れていないから，E_2 の内部抵抗で電位が変化しないので，点Qの電位は点Cより30V低い。

❺

(1) 上から順に，**1.5 A，2.1 A，0.62 A**
(2) 点Pのほうが **13 V** だけ高い。

考え方 (1) 各抵抗に流れる電流 i_1, i_2, i_3 を，図のような向きとし，M，Nの2つの回路をとり，時計まわりを正とする。

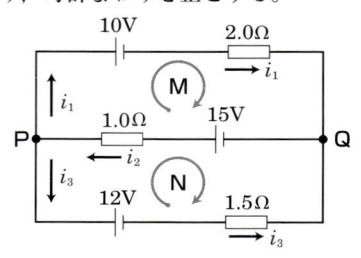

点Pでキルヒホッフの第1法則を用いると，
$$i_1 + i_3 = i_2 \quad \cdots\cdots①$$
回路M，Nについて，第2法則を用いると，
$$-1 \cdot i_2 - 10 - 2 \cdot i_1 + 15 = 0 \quad \cdots\cdots②$$
$$+12 + 1 \cdot i_2 - 15 + 1.5 \cdot i_3 = 0 \quad \cdots\cdots③$$
①〜③式より，
$$i_1 \fallingdotseq 1.46\cdots\text{A},\ i_2 \fallingdotseq 2.07\cdots\text{A},$$
$$i_3 \fallingdotseq 0.615\cdots\text{A}$$

(2) 点Qの電位を基準にとると，点Pの電位は，
$$V_P = 15 - i_2 \times 1 = 12.9\cdots\text{V}$$

❻

(1) **8.0 Ω**　　(2) **1.2 A**
(3) **点D**　　(4) **0.075 m**

考え方 (1) R_1 と R_2 は直列だから，その合成抵抗 R_{12} は，
$$R_{12} = R_1 + R_2 = 30 + 10 = 40\,\Omega$$
R_{12} と R_3 は並列だから，全体の合成抵抗 R は，
$$\frac{1}{R} = \frac{1}{R_{12}} + \frac{1}{R_3} = \frac{1}{40} + \frac{1}{10} = \frac{5}{40}$$
ゆえに，$R = \dfrac{40}{5} = 8.0\,\Omega$

(2) ABの両端には12Vの電圧がかかっている。オームの法則より，電流は，
$$I = \frac{E}{R_3} = \frac{12}{10} = 1.2\,\text{A}$$

(3) 電池 E の−極を電位0の点とする。直列抵抗の電圧降下は抵抗に比例するので，R_2 の電圧降下は，
$$12 \times \frac{10}{30 + 10} = 3.0\,\text{V}$$

よって，点Cの電位は3.0 Vである。点Dの電位は，ABの中点の電位と等しいから，
$$12 \times \frac{1}{2} = 6.0\text{ V}$$
となり，点Dの電位のほうが高い。

(4) ABは太さが一様だから，ASとBSの抵抗値はその長さに比例する。
したがって，AB：BS $= R_1 : R_2$ になればよい。
$$\frac{\text{AS}}{\text{BS}} = \frac{R_1}{R_2} = \frac{30}{10}$$
ゆえに，AS $=$ 3 BS
$$\text{AS} = 0.10 \times \frac{\text{AS}}{\text{AS} + \text{BS}}$$
$$= 0.10 \times \frac{3\text{ BS}}{3\text{ BS} + \text{BS}}$$
$$= 0.10 \times \frac{30}{40} = 0.075\text{ m}$$

❼
(1) **12 Ω**　(2) **1.8 V**　(3) **0.10 A**
(4) **0.45 V**　(5) **2.5 Ω**

考え方　(1) 回路 R_0E_0AB の合成抵抗は，$R_0 + 18\text{ Ω}$ であるから，オームの法則より，
$$(18 + R_0) \times 0.1 = 3$$
ゆえに，
$$R_0 = 12\text{ Ω}$$

(2) AB間の電圧の値まで測定できる。
$$V_{\text{AB}} = R_{\text{AB}}I = 18 \times 0.1 = 1.8\text{ V}$$

(3) 検流計に電流が流れないから，ABを流れる電流は変化しない。

(4) AP間の電圧に等しい。AP間の抵抗値は，
$$R_{\text{AP}} = 18 \times \frac{25}{100} = 4.5\text{ Ω}$$
であるから，
$$V_{\text{AP}} = R_{\text{AP}}I = 4.5 \times 0.10 = 0.45\text{ V}$$

(5) この場合のAP間の電圧は，
$$V_{\text{AP}}' = \frac{20}{100}V_{\text{AB}} = \frac{20}{100} \times 1.8 = 0.36\text{ V}$$
これは，R_1にかかる電圧，およびE_1の端子電圧に等しい。R_1およびE_1に流れる電流をi，E_1の内部抵抗をrとすると，
$$10 \times i = 0.36 \quad \cdots\cdots\text{①}$$
$$0.45 - ri = 0.36 \quad \cdots\cdots\text{②}$$

①，②式より，
$$i = 0.036\text{ A},\ r = 2.5\text{ Ω}$$

❽
(1) **1.5 V**　(2) **0.2 Ω**　(3) **1.4 V**
(4) **7.0 V**　(5) **0.30 A**

考え方　(1) 起電力は，電流が0のときの電池の両極間の電圧に等しいから，グラフより，
$$E = 1.5\text{ V}$$

(2) グラフから，1.0 Aの電流が流れるときの電圧が1.3 Vであるから，$V = E - rI$ より，
$$1.3 = 1.5 - r \times 1.0$$
ゆえに，
$$r = 0.2\text{ Ω}$$

(3) 回路の合成抵抗は，
$$0.2 + 1.8 = 2.0\text{ Ω}$$
であるから，電流は，
$$I_1 = \frac{1.5}{2.0} = 0.75\text{ A}$$
よって，電池の端子電圧は，
$$V = E - rI = 1.5 - 0.2 \times 0.75 = 1.35\text{ V}$$

(4) 電池5個を直列につないだものは，
　起電力：$E_1 = 1.5 \times 5 = 7.5\text{ V}$
　内部抵抗：$r_1 = 0.2 \times 5 = 1\text{ Ω}$
の電池1個と同じである。これを14 Ωの抵抗につないだとき流れる電流は，
$$I_2 = \frac{7.5}{1 + 14} = 0.5\text{ A}$$
よって，電池の端子電圧は，
$$V' = E_1 - r_1I_2 = 7.5 - 1 \times 0.5 = 7.0\text{ V}$$

(5) 電池4個を並列につないだものは，起電力1.5 Vであり，内部抵抗が
$$0.2 \times \frac{1}{4} = 0.05\text{ Ω}$$
の電池1個と同じである。これを1.2 Ωの抵抗につないだときに流れる電流は，
$$I_3 = \frac{1.5}{0.05 + 1.2} = 1.2\text{ A}$$
電池1個に流れる電流は，
$$\frac{I_3}{4} = \frac{1.2}{4} = 0.30\text{ A}$$

9

(1) 電流計の内部抵抗が R にくらべて十分には小さくなく，電圧計の内部抵抗が R にくらべて十分には大きくないため。
(2) $59\,\Omega$

考え方 (1) 電流計は直列につなぐので，十分に小さい内部抵抗でなければ無視できない。また，電圧計は並列につなぐので，十分に大きい内部抵抗でなければ無視できない。
(2) 図1では，電圧計は電流計の内部抵抗 r_A と R の電圧降下の和を示す。
$$20 = 0.32(r_A + R) \quad \cdots\cdots\cdots ①$$
図1の電圧計の値から，電池の電圧が20V であるから，図2の電流計には，
$$20 - 18 = 2\,\mathrm{V}$$
の電圧がかかっている。よって，
$$2 = 0.66 r_A \quad \cdots\cdots\cdots ②$$
①，②式より，
$$R ≒ 59.46\cdots\Omega$$

10

(1) $150\,\mathrm{mA}$　(2) $420\,\mathrm{mA}$

考え方 (1) 直列の場合は，電流が共通だから，同じ大きさの電流を流すときの L_1，L_2 の電圧の和が40Vになる。電流の値を定めてそのときの L_1，L_2 の電圧の値を読み，その和が40Vになるような電流の値を探す。
(2) L_1，L_2 のどちらにも40Vの電圧が加わるから，それぞれの電流をグラフから求め，その和を求める。
　$L_1: 240\,\mathrm{mA}$
　$L_2: 180\,\mathrm{mA}$
なので，求める電流は，
$$240 + 180 = 420\,\mathrm{mA}$$

4章 電流と磁場 ……… p.166

1

(1) ① **0.96**　② **イ**
(2) ① **ア**　② **25**
(3) ① **2.0×10^3**　② **B**

考え方 (1) 十分に長い導線を流れる直線電流のつくる磁場は同心円状になっている。磁力線の向きは，右手の親指を電流の向きに向けて導線をつかむとき，4本の指が巻きつく方向である。

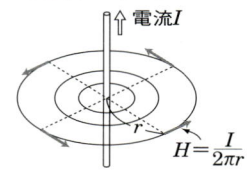

または，右ねじを電流の向きに進めるときに右ねじをまわす向きである（右ねじの法則）。磁場の大きさ H は，電流 I に比例，半径 r に反比例する。

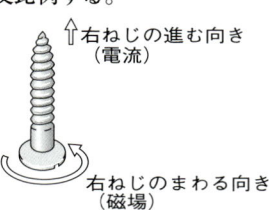

① $H = \dfrac{I}{2\pi r} = \dfrac{3.0}{2\pi \times 0.50} = \dfrac{3.0}{\pi}$
　　　 $≒ 0.96\,\mathrm{A/m}$

② 電流の向き（下図参照）と右ねじの法則より，磁場の向きは図のようになるので，**イ** となる。

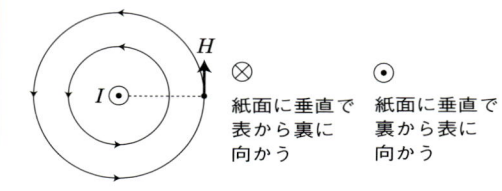

(2) 円形電流Iがその中心につくる磁場の向きも，右ねじの法則で求まる。

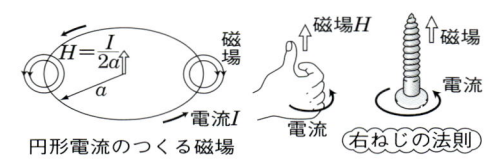

円形電流のつくる磁場　　右ねじの法則

① 中心の磁場の向きは，右ねじの法則より，アの向き。

② $H = \dfrac{I}{2a} = \dfrac{10}{2 \times 0.2} = 25\,\text{A/m}$

(3) 細長い導線を均一で密に巻いた長い円筒状のコイルをソレノイドという。電流を流すと，内部には軸に平行でほぼ一様な強さの磁場ができ，その強さは単位長さあたりの巻き数nと電流の強さIに比例する。磁力線は一方の口からわき出し，他方の口に入るので，磁石と同様にN，S極をもつと考えてもよい。内部の磁場の向きやN極の位置は，次のようにして求める。
まず，右手の親指以外の4本の指をそろえ，コイルの電流の向きにあわせてコイルを握る。次に，親指をのばす（立てる）。この親指の向きが内部の磁場の向きで，N極側を示す。鉄心を入れることで強い電磁石になる。

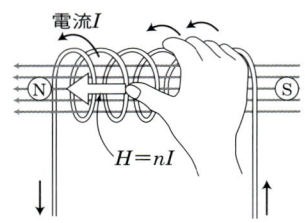

$H = nI$
（n：単位長さあたりの巻き数）

① 単位長さあたりの巻き数$n = \dfrac{N}{l}$と電流Iより，

$H = nI = \dfrac{N}{l}I = \dfrac{1200}{0.30} \times 0.50$
$\qquad = 2.0 \times 10^3\,\text{A/m}$

② 磁力線がわき出してくるほうがN極。上の図と電流の向きが反対なので，N極になるのはB。

2

(1) $3.0 \times 10^4\,\text{A/m}$
(2) 磁束密度：$3.8 \times 10^{-2}\,\text{T}$
　　磁束：$4.7 \times 10^{-5}\,\text{Wb}$

考え方 (1) 磁場の強さをHとすれば，
$H = nI = \dfrac{N}{l} \cdot I = \dfrac{2.0 \times 10^4}{0.40} \times 0.60$
$\qquad = 3.0 \times 10^4\,\text{A/m}$

(2) 磁束密度をBとすれば，
$B = \mu_0 H = 4\pi \times 10^{-7} \times 3.0 \times 10^4$
$\qquad = 3.768 \times 10^{-2}\,\text{T}$
ソレノイドの断面積をSとすれば，
$S = \pi r^2 = 3.14 \times (2.0 \times 10^{-2})^2$
$\qquad = 1.256 \times 10^{-3}\,\text{m}^2$
$\Phi = BS = 3.768 \times 10^{-2} \times 1.256 \times 10^{-3}$
$\qquad = 4.73\cdots \times 10^{-5}\,\text{Wb}$

3

(1) ア　　(2) $15\,\text{A/m}$
(3) $6.0 \times 10^{-6}\,\text{N}$　　(4) $30°$

考え方 (1) 磁針のふれ方から，円筒内に東向きの磁場ができたことがわかる。右ねじの法則で考えればよい。

(2) $H = \dfrac{nI}{2r} = \dfrac{10 \times 0.3}{2 \times 0.10} = 15\,\text{A/m}$

(3) $F = mH = 4.0 \times 10^{-7} \times 15 = 6.0 \times 10^{-6}\,\text{N}$

(4) 磁針は，電流のつくる磁場と地磁気の水平成分との合成磁場の方向を向く。合成磁場と南北方向とのなす角をθとすると，
$\tan\theta = \dfrac{15}{26} \fallingdotseq \dfrac{1}{1.73} \fallingdotseq \dfrac{1}{\sqrt{3}}$
よって，
$\theta = 30°$

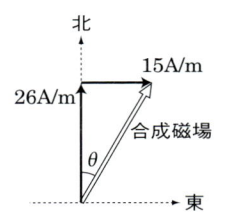

❹

(1) **0**
(2) **0.35 N**
(3) **0.70 N**

考え方 磁束密度をB，電流の強さをI，導線の長さをl，IとBのなす角をθとすると，導線が受ける力の大きさFは，$F = IBl\sin\theta$である。よってそれぞれの値を代入して，

(1) $F = IBl\sin 0° = 0$
(2) $F = IBl\sin 30° = 2.5 \times 2.8 \times 0.10 \times \dfrac{1}{2}$
　　　　　　　　　　$= 0.35\,\mathrm{N}$
(3) $F = IBl\sin 90° = 2.5 \times 2.8 \times 0.10$
　　　　　　　　　　$= 0.70\,\mathrm{N}$

❺

大きさ：**0.5 N**
向き：$\overrightarrow{\mathrm{PR}}$の向き

考え方 Pの電流はQと反対だから，QはPから反発力を受ける。大きさは，1 m につき，

$$F_1 = \dfrac{\mu_0 I_0{}^2}{2\pi a} \times 1$$
$$= \dfrac{4\pi \times 10^{-7} \times 50^2}{2\pi \times 1 \times 10^{-3}}$$
$$= 0.5\,\mathrm{N}$$

Rの電流はQと同じ向きだから，QはRから引力を受け，大きさはF_1と同じ。

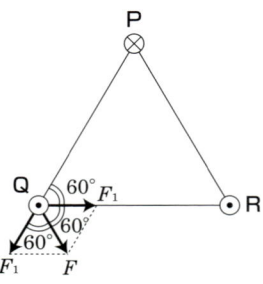

合力の大きさは図より，
　　$F = F_1 = 0.5\,\mathrm{N}$
向きは$\overrightarrow{\mathrm{PR}}$の向きである。

❻

(1) AB：$+y$の向き，CD：$-y$の向き
(2) BC：$+z$の向き，DA：$-z$の向き
(3) 大きさ：$\dfrac{\mu_0 I_1 I_2}{4\pi}$，向き：$-y$の向き

考え方 (1)(2) 電流I_1が導線AB，BC，CD，DAの位置につくる磁場の向きは，$-x$の向きである。電磁力の向きは，フレミングの左手の法則で考えればよい。

(3) 導線BCとDAの受ける力は大きさが等しく，向きが反対であるから，つり合う。
電流I_1がCDの位置につくる磁場の大きさは$H_1 = \dfrac{I_1}{2\pi a}$であるから，CDが受ける力の大きさは，
$$F_1 = I_2 B_1 a = I_2 \mu_0 H_1 a = \dfrac{\mu_0 I_1 I_2}{2\pi}$$
同様に，ABが受ける力の大きさは，
$$F_2 = I_2 B_2 a = I_2 \mu_0 H_2 a = \dfrac{\mu_0 I_1 I_2}{4\pi}$$
$F_1 \geqq F_2$より，$\overrightarrow{F_1}$と$\overrightarrow{F_2}$の合力の向きは$-y$の向きであり，その大きさは，
$$F_1 - F_2 = \dfrac{\mu_0 I_1 I_2}{2\pi} - \dfrac{\mu_0 I_1 I_2}{4\pi} = \dfrac{\mu_0 I_1 I_2}{4\pi}$$

❼

① $neSv$　　② IBl
③ $neSvBl$　④ $+z$
⑤ nSl　　　⑥ evB

考え方 荷電粒子の電荷の大きさをq，速さをv，磁束密度をBとすると，速度と磁場が垂直であるとき，ローレンツ力は$f = qvB$である。力の向きは，荷電粒子の運動を微小な電流とみなし（正電荷の運動の向きが電流の向き），右ねじの法則などから求めればよい。

②③ 電磁力の公式より，
　　$F = IBl = neSvBl$
④ 右ねじの法則より，$+z$方向
⑤ $N = $ 自由電子の密度 $\times$ 体積 $= nSl$
⑥ $f = \dfrac{F}{N} = \dfrac{neSvBl}{nSl} = evB$

8
① qvB　② 垂直
③ 向心力　④ $\dfrac{mv}{qB}$
⑤ $\dfrac{2\pi m}{qB}$　⑥ 速さ

5章 電磁誘導と電磁波 ……… p.183

1
① 2.5　② 0
③ －5.0

考え方　磁束 $\Phi = B \times 5.0 \times 10^{-4}$ Wb の変化を表すと，図のようになる。

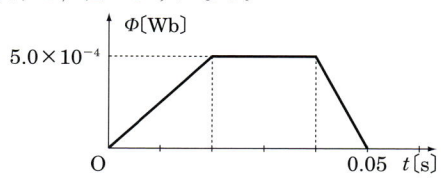

① $t = 0 \sim 0.02$ s：磁束の変化率は，
$$\dfrac{\Delta\Phi}{\Delta t} = \dfrac{5.0 \times 10^{-4}}{0.02} = 2.5 \times 10^{-2} \text{ Wb/s}$$
これが1巻きあたりの起電力である。100回巻きであるから，コイル全体に生じている起電力の大きさは，$V_1 = 2.5 \times 10^{-2} \times 100 = 2.5$ V となる。次に，この起電力の向きを調べよう。図のような電流の向きを a，b とする。

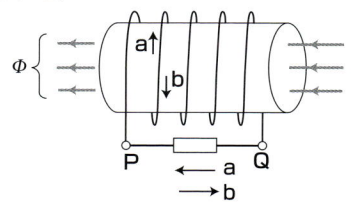

いま，図の磁束 Φ が増加し，起電力が発生して回路に誘導電流が流れている。
それは a，b のどちらであろうか。a である

と仮定してみる。この電流による磁力線は，磁束 Φ をさらに増やす向きであることがわかる。これはレンツの法則「誘導電流は磁束の変化をさまたげる向きに流れる」に反する。ここでは，磁束 Φ は増加しているから，磁束の向きと反対向きの磁場をつくるように誘導電流が流れる。それは b である。抵抗には，電位の高いほうから低いほうへ電流が流れるから，P のほうが高電位であることがわかる。P，Q 間に抵抗がないときもコイルに生じる起電力はまったく同じである。よって，Q に対する P の電位は正で，2.5 V

② $t = 0.02 \sim 0.04$ s：磁束は一定なので，起電力は 0
よって，Q に対する P の電位も 0 V

③ $t = 0.04 \sim 0.05$ s：磁束は減少しているので，起電力の向きは①と反対。変化率の大きさは①の 2 倍である。
よって，求める電位差は(1)の－2倍で，
－5.0 V

2
① evB　② Q→P
③ 負　④ vB
⑤ vBl　⑥ P→Q

考え方　電子は導体とともに速さ v で運動する。電子の電荷は負である。磁場から受けるローレンツ力は，Q→P…②の向きで，その大きさは，
$$f_B = evB \quad \cdots\cdots\cdots ①$$
導体内の自由電子が上向きのローレンツ力を受けるので，P が負に，反対に Q は正に帯電する。 …③
すると Q→P の向きに電場が生じる。この大きさを E とおく。
電子はこの電場 E から電気力 $f_E = eE$ を受ける。$f_E < f_B$ なら，さらに電子が移動，P，Q の電荷が増え，電場 E が大きくなる。

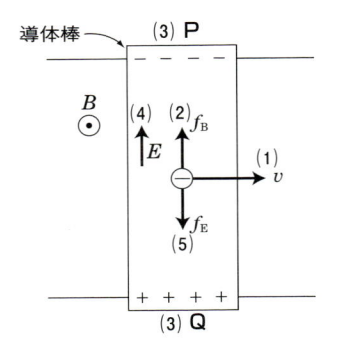

最終的には，f_E と f_B がつり合う。つり合いの式は，
$$eE = evB$$
ゆえに，
$$E = vB \quad \cdots\cdots ④$$
PQ間の電位差は，
$$V = El = vBl \quad \cdots\cdots ⑤$$

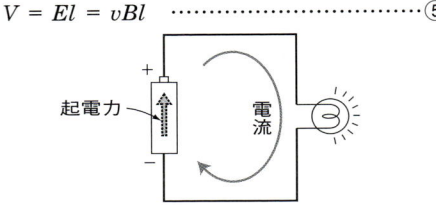

電池の起電力の向きは，上図のように約束する。スイッチを閉じると，Q→(抵抗)→P の向きに電流が流れるから，導体棒に生じた起電力の向きは，P→Q である。 $\cdots\cdots ⑥$

❸

(1) $-vBl$ (2) Q

(3) $\dfrac{vBl}{R}$ (4) $-\dfrac{vB^2l^2}{R}$

(5) 下図参照

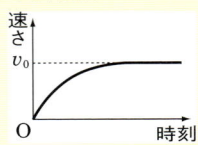

(6) $\dfrac{MgR}{B^2l^2}$

考え方 (1) 回路PQDCの面積は，1sの間に vl 〔m²〕ずつ減少するから，単位時間あたりの磁束の増加量は，
$$B \times (-vl) = -vBl$$

(2) 誘導起電力によって生じる電流が，磁束変化をさまたげる向きになるので，右ねじの法則より，P→Q の向きになる。

(3) 誘導起電力は vBl 〔V〕，回路の抵抗は R 〔Ω〕であるから，電流は，
$$I = \dfrac{vBl}{R}$$

(4) 力の向きは，フレミングの左手の法則から，運動方向と逆向き。したがって，
$$F = -BIl = -\dfrac{vB^2l^2}{R}$$

(6) 等速運動をするのは，電磁力と糸の張力（おもりの重力と等しい）とがつり合っているときであるから，
$$\dfrac{v_0 B^2 l^2}{R} = Mg$$
ゆえに，
$$v_0 = \dfrac{MgR}{B^2l^2}$$

❹

(1) 大きさ：$er\omega B$
　向き：O→Aの向き

(2) 大きさ：$r\omega B$
　向き：O→Aの向き

(3) 下図参照

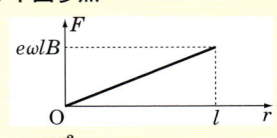

(4) $\dfrac{e\omega Bl^2}{2}$

(5) $\dfrac{\omega Bl^2}{2}$

考え方 (1) 点Pにある電子の速さ v は，$v = r\omega$ である。したがって，ローレンツ力の大きさ f は，$f = evB = er\omega B$ で，向きは O→A となる。

(2) 電子が電場から受ける力は，ローレンツ力とつり合っている。点Pにおける電場の強さをEとして，
$$eE = er\omega B$$
よって，
$$E = r\omega B$$
ローレンツ力は$O \to A$の向きだから，電子が電場から受ける力の向きは$A \to O$の向きである。電子の電荷は負なので，電場から受ける力は電場の向きと逆である。したがって，電場は$O \to A$の向きである。

(3) 電子が電場から受ける力の大きさFは，
$$F = eE = er\omega B$$
よって，前図のグラフを得る。

(4) 求める仕事をWとすると，WはF-rグラフの面積にあたるので，
$$W = \frac{1}{2} \times l \times e\omega lB = \frac{e\omega Bl^2}{2}$$

(5) 起電力の大きさをVとする。(4)の仕事Wは，電場にさからって電子を移動させる力と等しく，$W = eV$と表されるので，
$$eV = \frac{e\omega Bl^2}{2}$$
よって，$V = \dfrac{\omega Bl^2}{2}$

5

① **2.0**
② **10**
③ **1.0×10^3**

考え方 ① 抵抗やコイルを電流の向きに通過するときの電位変化は，次の図の通りである。

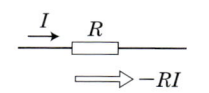

$\xrightarrow{I} \;\; R \;\; \Rightarrow -RI$
$\xrightarrow{I} \;\; L \;\; \Rightarrow -L\dfrac{\Delta I}{\Delta t}$

回路を下図のルート㋐に沿って1周する。このとき，電位変化の合計は0にならないといけないから（キルヒホッフの第2法則），
電圧の式㋐：$E - RI - L\dfrac{\Delta I}{\Delta t} = 0$

ゆえに，
$$10I + 20 \cdot \frac{\Delta I}{\Delta t} = 100 \quad \cdots\cdots \boxed{1}$$

$I = 6.0\,\text{A}$のとき$\boxed{1}$式は$60 + 20 \cdot \dfrac{\Delta I}{\Delta t} = 100$

よって，$\dfrac{\Delta I}{\Delta t} = 2.0\,\text{A/s}$

② 電流が一定になったとき，$\dfrac{\Delta I}{\Delta t} = 0$

よって，$\boxed{1}$式は$10I = 100 \quad I = 10\,\text{A}$

③ コイルのエネルギーは，
$$U = \frac{1}{2}LI^2 = \frac{1}{2} \times 20 \times 10^2 = 1.0 \times 10^3\,\text{J}$$

6

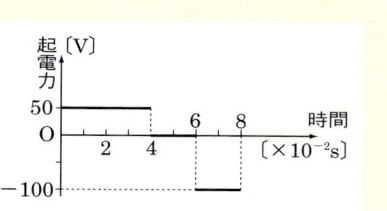

考え方 $t = 0 \sim 4 \times 10^{-2}\,\text{s}$のときは，コイル1の電流が0から4Aまで増加するので，コイル2に生じる相互誘導起電力の大きさは，
$$V_1 = M\frac{\Delta I}{\Delta t} = 0.5 \times \frac{4 - 0}{4 \times 10^{-2}}$$
$$= 50\,\text{V}$$

コイル1にできる左向きの磁束が，鉄心を通って，コイル2を右向きに貫く。その磁束の増加をさまたげる向きに誘導起電力ができるから，誘導電流は，$A \to R \to B$の向きに流れる。
$t = 4 \times 10^{-2} \sim 6 \times 10^{-2}\,\text{s}$のときは，電流の変化がないから，誘導起電力$V_2 = 0$
$t = 6 \times 10^{-2} \sim 8 \times 10^{-2}\,\text{s}$のときは，誘導起電力の大きさは，
$$V_3 = 0.5 \times \frac{4 - 0}{(8 - 6) \times 10^{-2}} = 100\,\text{V}$$
誘導起電力の向きは，$t = 0 \sim 4 \times 10^{-2}\,\text{s}$のときと逆である。

7
(1) スイッチを閉じた瞬間明るくつくが，すぐに暗くなる。
(2) スイッチを開いた瞬間非常に明るくなるが，すぐに消える。

考え方 (1) スイッチを閉じた瞬間は，コイルの自己誘導によって，電池の電流と逆向きの起電力ができるので，電流はコイルを流れず，AとRだけを流れる。しかし，誘導起電力はすぐ消え，コイルにも電流が流れるようになると，Rの電圧降下が大きくなるので，豆電球に加わる電圧は小さくなり，豆電球は暗くなる。
(2) スイッチを開いた瞬間は，コイルの自己誘導によって，電池の電流と同じ向きに，大きな起電力ができるので，豆電球は非常に明るくなるが，誘導起電力はすぐ消え，豆電球も消えてしまう。

8
① $2\pi f L$　② $\dfrac{1}{2\pi f C}$
③ 1.3　④ 0.75

考え方 ①，② 角周波数 $\omega = 2\pi f$ なので，コイルのリアクタンス $X_L = 2\pi f L$，コンデンサーのリアクタンス $X_C = \dfrac{1}{2\pi f C}$ である。
③ $V = IX_L$ なので，
$$I = \dfrac{V}{2\pi f L} = \dfrac{100}{2 \times 3.14 \times 60 \times 0.20}$$
$$= 1.32\,\text{A}$$
④ $V = IX_C$ なので，
$$I = 2\pi f C V$$
$$= 2 \times 3.14 \times 60 \times 20 \times 10^{-6} \times 100$$
$$= 0.7536 \fallingdotseq 0.75\,\text{A}$$

9
(1) イ　(2) ウ
(3) ウ，エ　(4) ウ，エ
(5) ア，イ

考え方 50 Hz の交流に対するインピーダンス（直流回路の全抵抗にあたる）を求める。
ア：$Z_a = 2\pi f L \times 2$
$= 2 \times 3.14 \times 50 \times 10 \times 10^{-3} \times 2$
$= 6.28\,\Omega$
イ：$Z_b = 2\pi f L \times \dfrac{1}{2} = 6.28 \times \dfrac{1}{4} = 1.57\,\Omega$
ウ：合成容量が $200 \times \dfrac{1}{2} = 100\,\mu\text{F}$ であるから，
$$Z_c = \dfrac{1}{2\pi f C} = \dfrac{1}{2 \times 3.14 \times 50 \times 100 \times 10^{-6}}$$
$$\fallingdotseq 31.8\,\Omega$$
エ：合成容量が
$200 \times 2 = 400\,\mu\text{F}$
であるから，
$$Z_d = Z_c \times \dfrac{1}{4} = \dfrac{31.8}{4} = 7.95\,\Omega$$

(1) インピーダンスが最小のものはイ。
(2) インピーダンスが最大のものはウ。
(3) Z_a と Z_b は f に比例し，Z_c と Z_d は f に反比例するので，f が大きくなったときに Z が小さくなるのはウ，エ。
(4) ウ，エはコンデンサーだけからなる回路なので，電圧に対して電流が $\dfrac{\pi}{2}$ 進む。
(5) ア，イはコイルだけからなる回路なので，電圧に対して電流が $\dfrac{\pi}{2}$ 遅れる。

10
(1) $3.2 \times 10^{-2}\,\text{s}$
(2) $8.9 \times 10^{-3}\,\text{H}$
(3) $4.1 \times 10^{-3}\,\text{s}$

考え方 周期を T として，C の電圧 V_C の時間変化を表すと，次の図のようになる。

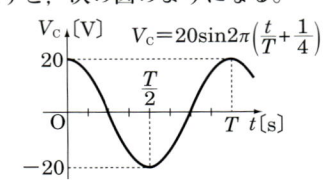

(1) 8.1×10^{-3} s は周期の $\dfrac{1}{4}$ であるから，
$T = 4 \times 8.1 \times 10^{-3} = 3.24 \times 10^{-2}$ s

(2) $T = 2\pi\sqrt{LC}$ であるから，
$L = \dfrac{T^2}{4\pi^2 C} = \dfrac{(3.24 \times 10^{-2})^2}{4 \times 3.14^2 \times 3.0 \times 10^{-3}}$
$\fallingdotseq 8.9 \times 10^{-3}$ H

(3) C のエネルギーが最初の半分になったときなので，このとき V_C は，
$\dfrac{1}{2} CV_C{}^2 = \dfrac{1}{2} \times \left(\dfrac{1}{2} C \times 20^2 \right)$
より，
$V_C = \dfrac{20}{\sqrt{2}}$

$V_C = 20 \sin 2\pi \left(\dfrac{t}{T} + \dfrac{1}{4} \right)$ の式より，

$V_C = \dfrac{20}{\sqrt{2}}$ となるのは，$t = \dfrac{T}{8}$ のとき。

よって，
$\dfrac{T}{8} = \dfrac{4 \times 8.1 \times 10^{-3}}{8} \fallingdotseq 4.1 \times 10^{-3}$ s

⓫
(1) イ　(2) エ
(3) 1.6×10^2 Hz

[考え方] (1) コンデンサーの b の側の極板は，はじめ正に帯電している。

(2) コイルに流れる電流の位相は，加わる電圧の位相より $\dfrac{\pi}{2}$ rad だけ遅れる。加わる電圧は Q の電荷に比例するので，(1)の答えより $\dfrac{\pi}{2}$ rad 遅れることになる。

(3) $f = \dfrac{1}{2\pi\sqrt{LC}}$
$= \dfrac{1}{2 \times 3.14\sqrt{0.1 \times 10 \times 10^{-6}}}$
$= 159.\cdots$ Hz

5編 原子と原子核

1章 電子と光子 ……………… p.204

①
5.9×10^6 m/s

[考え方] 仕事の原理より，
$\dfrac{1}{2} mv^2 = eV$
なので，
$v = \sqrt{\dfrac{2eV}{m}} = \sqrt{2 \cdot \dfrac{e}{m} \cdot V}$
$= \sqrt{2 \times 1.76 \times 10^{11} \times 100}$
$\fallingdotseq 5.9 \times 10^6$ m/s

②
5.9×10^7 m/s

[考え方] 1 eV $= 1.6 \times 10^{-19}$ J なので，
10 keV $= 10^4$ eV $= 1.6 \times 10^{-19} \times 10^4$ J
$= 1.6 \times 10^{-15}$ J

仕事の原理より，
$\dfrac{1}{2} mv^2 = W$ なので，
$v = \sqrt{\dfrac{2W}{m}} = \sqrt{\dfrac{2 \times 1.6 \times 10^{-15}}{9.1 \times 10^{-31}}}$
$\fallingdotseq 5.9 \times 10^7$ m/s

③
エ

[考え方] ア：電子の質量が非常に小さいので，重力は無視してよい。
イ：比電荷の測定には，α線ではなく電子の流れが用いられる。
ウ：電子の性質は，極板の金属の種類とは無関係である。

4

(1) $\dfrac{eEd}{mv^2}\left(\dfrac{d}{2}+D\right)$

(2) $\dfrac{eBd}{mv}\left(\dfrac{d}{2}+D\right)$

考え方 (1) 電極板B+，B−間で電子に生じる加速度の大きさをaとすれば，運動方程式は，
$$ma = eE$$
となるので，
$$a = \dfrac{eE}{m}$$
電極板B+，B−間を通過する時間t_1は，
$$t_1 = \dfrac{d}{v}$$
であるから，電極板B+，B−間を出るときの電極方向の変位δ_1は，
$$\delta_1 = \dfrac{1}{2}at_1^2 = \dfrac{1}{2}\times\dfrac{eE}{m}\times\left(\dfrac{d}{v}\right)^2 = \dfrac{eEd^2}{2mv^2}$$
電極板B+，B−間を出たあとは，等速直線運動をするので，電極板B+，B−間を出るときの電極板に平行な方向の速さはv，垂直な方向の速さv_yは，
$$v_y = at_1 = \dfrac{eE}{m}\times\dfrac{d}{v} = \dfrac{eEd}{mv}$$
電極板を出てからガラス表面に到達するまでの時間t_2は，
$$t_2 = \dfrac{D}{v}$$
であるから，電極板B+，B−間を出たあとの電極方向の変位δ_2は，
$$\delta_2 = \dfrac{eEd}{mv}\times\dfrac{D}{v} = \dfrac{eEdD}{mv^2}$$
よって，
$$\delta = \delta_1 + \delta_2 = \dfrac{eEd^2}{2mv^2} + \dfrac{eEdD}{mv^2}$$
$$= \dfrac{eEd}{mv^2}\left(\dfrac{d}{2}+D\right)$$

(2) 電極板B+，B−間で電子に生じる加速度の大きさをa'とすれば，運動方程式は，
$$ma' = evB$$
となるので，
$$a' = \dfrac{evB}{m}$$

電極板B+，B−間を通過する時間t_1'は，$t_1' = \dfrac{d}{v}$であるから，電極板B+，B−間を出るときの電極板方向の変位δ_1'は，
$$\delta_1' = \dfrac{1}{2}a'(t_1')^2 = \dfrac{1}{2}\times\dfrac{evB}{m}\times\left(\dfrac{d}{v}\right)^2$$
$$= \dfrac{eBd^2}{2mv}$$
電極板B+，B−間を出たあとは等速直線運動をするので，電極板B+，B−間を出るときの電極板に平行な方向の速さはv，垂直な方向の速さは，
$$a't_1' = \dfrac{evB}{m}\times\dfrac{d}{v} = \dfrac{eBd}{m}$$
電極板を出てからガラス表面に到達するまでの時間t_2'は，
$$t_2' = \dfrac{D}{v}$$
であるから，電極板B+，B−間を出たあとの電極方向の変位δ_2'は，
$$\delta_2' = \dfrac{eBd}{m}\times\dfrac{D}{v} = \dfrac{eBdD}{mv}$$
よって，
$$\delta' = \delta_1' + \delta_2' = \dfrac{eBd^2}{2mv} + \dfrac{eBdD}{mv}$$
$$= \dfrac{eBd}{mv}\left(\dfrac{d}{2}+D\right)$$

5

1.6×10^{-19} J

考え方 $W = qV$であるから，
$$1\text{ eV} = 1.6\times 10^{-19}\times 1 = 1.6\times 10^{-19}\text{ J}$$

6

(1) 2.9×10^{-15} J (2) 8.0×10^7 m/s

考え方 (1) 電子が電場からされる仕事が電子の運動エネルギーになるから，
$$\dfrac{1}{2}mv^2 = eV = 1.60\times 10^{-19}\times 1.82\times 10^4$$
$$= 2.912\times 10^{-15}$$
$$\fallingdotseq 2.91\times 10^{-15}\text{ J}$$

(2) $\frac{1}{2}mv^2 = eV$ より，

$$v = \sqrt{\frac{2eV}{m}} = \sqrt{\frac{2 \times 2.91 \times 10^{-15}}{9.1 \times 10^{-31}}}$$
$$= 8.0 \times 10^7 \text{m/s}$$

❼

(1) $\dfrac{V}{d}$ (2) $e\dfrac{V}{d}$

(3) $\dfrac{eV}{md}$ (4) $\dfrac{eVt^2}{2md}$

考え方 (1) $V = Ed$ より，

$$E = \frac{V}{d} \quad \cdots\cdots ①$$

(2) $F = eE$ に，①式を代入する。

$$F = e\frac{V}{d} \quad \cdots\cdots ②$$

(3) 運動方程式 $ma = F$ より，

$$a = \frac{F}{m}$$

この式に，②式を代入すると，

$$a = \frac{eV}{md}$$

(4) 下図において，時間 t 後の位置を求めればよい。

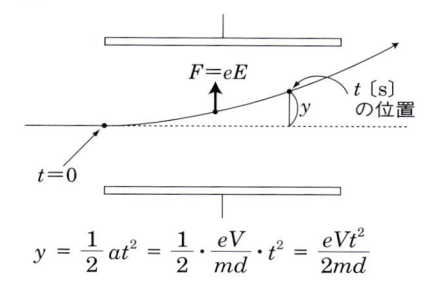

$$y = \frac{1}{2}at^2 = \frac{1}{2} \cdot \frac{eV}{md} \cdot t^2 = \frac{eVt^2}{2md}$$

❽

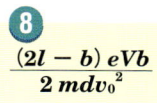

$$\frac{(2l-b)eVb}{2mdv_0^2}$$

考え方 極板間の電場の強さは $\dfrac{V}{d}$ [V/m] であるから，電場内で電子に加わる力は，上向きに $e\dfrac{V}{d}$ [N] である。

したがって，電子の運動方程式は，

$$ma = e\frac{V}{d}$$

よって，電子の加速度は，

$$a = \frac{eV}{md}$$

となる。電子は電場と垂直な方向には，速さ v_0 で等速運動をするから，電子が極板間を通りぬけるのに要する時間 t は，$t = \dfrac{b}{v_0}$ である。

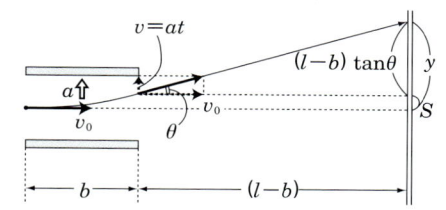

よって，電子が極板の右端に達したときの電場方向の変位 S [m] は，

$$S = \frac{1}{2}at^2 = \frac{1}{2} \cdot \frac{eV}{md}\left(\frac{b}{v_0}\right)^2 = \frac{eVb^2}{2mdv_0^2}$$

となる。
電子が極板の右側に達したときの速度の電場方向成分 v は，

$$v = at = \frac{eV}{md} \cdot \frac{b}{v_0} = \frac{eVb}{mdv_0}$$

であるから，このときの速度の向きが入射方向となす角を θ とすると，

$$\tan\theta = \frac{v}{v_0} = \frac{eVb}{mdv_0^2}$$

となる。電子は極板間を出たあとは力を受けないので，等速直線運動をして蛍光板にあたる。図より求める値 y は，

$$y = S + (l-b)\tan\theta$$
$$= \frac{eVb^2}{2mdv_0^2} + \frac{(l-b)eVb}{mdv_0^2}$$
$$= \frac{(2l-b)eVb}{2mdv_0^2}$$

（補足） y の式を書きなおすと，

$$y = \frac{eVb}{mdv_0^2}\left(l - \frac{b}{2}\right) = \left(l - \frac{b}{2}\right)\tan\theta$$

となる。このことから，極板間を通りぬけたあとの電子の軌跡を反対側に延長すると，極板の中央で，電子の入射方向を延長した直線と交わることがわかる。

❾

(1) 1.6×10^{-19} C　　(2) 電気素量

考え方 (1) 下に示したように，各値間の差をとると，①～⑥の6個の値が得られる。⑤の値以外はほぼ同じ大きさであるから，⑤の値を $\frac{1}{2}$ にして，6個の平均値を求める。これを e とすると，

$e = 1.595 \times 10^{-19} \fallingdotseq 1.6 \times 10^{-19}$ C

となる。もとの値は，この平均値のほぼ整数倍になっているので，この値が電荷の最小単位電気素量と推定できる。

```
 4.81 ( × 10⁻¹⁹ C )
              1.59    ①
 6.40 ⎫
 6.41 ⎬ 同じものとみなす
              1.61    ②
 8.02
              1.63    ③
 9.65
              1.58    ④
11.23 ⎫
11.24 ⎬ 同じものとみなす
              3.24    ⑤
14.48
              1.54    ⑥
16.02
```

❿

6.4×10^{-19} C

考え方 力がつり合っていて，油滴は静止しているので，図において，$mg = qE$ が成り立っている。

$q = \dfrac{mg}{E} = \dfrac{2.6 \times 10^{-14} \times 9.8}{400000}$
　　$\fallingdotseq 6.4 \times 10^{-19}$ C

⓫

(1) $3\sqrt{\dfrac{Kv_0}{2g(\rho_1 - \rho)}}$　　(2) $\dfrac{6\pi Ka(v - v_0)}{E}$

考え方 (1) A，B間に電場がないときは，油滴には重力，空気の浮力，空気の抵抗力の3つの力がはたらいてつり合っている。

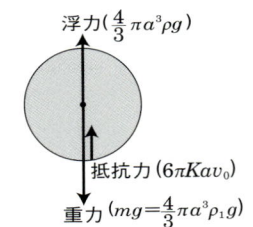

浮力 $(\frac{4}{3}\pi a^3 \rho g)$
抵抗力 $(6\pi K a v_0)$
重力 $(mg = \frac{4}{3}\pi a^3 \rho_1 g)$

油滴の体積は，$V = \dfrac{4}{3}\pi a^3$ であるから，重力は $\dfrac{4}{3}\pi a^3 \rho_1 g$，浮力は $\dfrac{4}{3}\pi a^3 \rho g$ と表される。よって，つり合いの式は，

$\dfrac{4}{3}\pi a^3 \rho g + 6\pi K a v_0 = \dfrac{4}{3}\pi a^3 \rho_1 g$ ……①

①式を解いて，

$a = 3\sqrt{\dfrac{Kv_0}{2g(\rho_1 - \rho)}}$

(2) A，B間に強さ E の電場がA→Bの向きに与えられると，油滴には電気力 qE が下向きにはたらくから，このときのつり合いの式は，

$\dfrac{4}{3}\pi a^3 \rho g + 6\pi K a v = \dfrac{4}{3}\pi a^3 \rho_1 g + qE$ …②

①，②式から ρ，ρ_1 を消去して，

$q = \dfrac{6\pi Ka(v - v_0)}{E}$

⓬

2.5×10^{14} 個

考え方 光子1個のエネルギーは $\dfrac{hc}{\lambda}$ だから，毎秒 x 個の光子が放出されるとすると，

$\dfrac{hc}{\lambda} \cdot x = 0.10 \times 10^{-3}$

ゆえに，

$x = \dfrac{1.0 \times 10^{-4} \lambda}{hc} = \dfrac{1.0 \times 10^{-4} \times 500 \times 10^{-9}}{6.6 \times 10^{-34} \times 3.0 \times 10^{8}}$
　　$\fallingdotseq 2.5 \times 10^{14}$ 個

⑬

(1) 6.0×10^{14} Hz (2) 4.0×10^{-19} J

考え方 (1) 波の基本式より $c = \nu\lambda$ なので，
$$\nu = \frac{c}{\lambda} = \frac{3.0 \times 10^8}{5.0 \times 10^{-7}} = 6.0 \times 10^{14} \text{ Hz}$$
(2) 光子のエネルギー $E = h\nu$ より，
$$E = 6.6 \times 10^{-34} \times 6.0 \times 10^{14}$$
$$= 3.96 \times 10^{-19} \text{ J}$$

⑭

(1) 5.2×10^{-19} J (2) 7.9×10^{14} Hz

考え方 (1) $E_{\max} = h\nu - W = \dfrac{hc}{\lambda} - W$ より，
$$W = \frac{hc}{\lambda} - E_{\max}$$
$$= 6.6 \times 10^{-34} \times \frac{3.0 \times 10^8}{3.0 \times 10^{-7}}$$
$$- 1.4 \times 10^{-19}$$
$$= 5.2 \times 10^{-19} \text{ J}$$
(2) 限界振動数を ν_0 [Hz] とすれば，$W = h\nu_0$ であるから，
$$\nu_0 = \frac{W}{h} = \frac{5.2 \times 10^{-19}}{6.6 \times 10^{-34}} \fallingdotseq 7.9 \times 10^{14} \text{ Hz}$$

⑮

(1) ウ (2) ウ (3) イ (4) ア

考え方 (1) 振動数 ν の光の光子1個のエネルギーは，
$$h\nu = h \cdot \frac{c}{\lambda}$$
(2) 単位時間内に入射した光子のエネルギーの総量が W_0 だから，
$$W_0 \div \frac{hc}{\lambda} = \frac{\lambda W_0}{ch}$$
(3) 求める速さを v とすると，
$$\frac{1}{2}mv^2 = \frac{hc}{\lambda} - W$$
ゆえに，
$$v = \sqrt{\frac{2}{m}\left(\frac{hc}{\lambda} - W\right)}$$

(4) 飛び出す電子の速度が0になるときの波長が限界波長であるから，
$$0 = \frac{hc}{\lambda} - W$$
ゆえに，
$$\lambda = \frac{hc}{W}$$

⑯

(1) 9.6×10^{-15} J (2) 2.1×10^{-11} m

考え方 (1) 電子は電圧でされた仕事だけ運動エネルギーが増加するので，
$$\frac{1}{2}mv^2 = eV = 1.6 \times 10^{-19} \times 6.0 \times 10^4$$
$$= 9.6 \times 10^{-15} \text{ J}$$
(2) 電子のもっていたエネルギーがすべてX線光子に与えられたとき，発生するX線の波長が最も短くなるので，発生したX線の最短波長を $\lambda_{\min}$ とすれば，$h \cdot \dfrac{c}{\lambda_{\min}} = eV$ となる。よって，
$$\lambda_{\min} = \frac{hc}{eV} = \frac{6.6 \times 10^{-34} \times 3.0 \times 10^8}{1.6 \times 10^{-19} \times 6.0 \times 10^4}$$
$$= 2.0625 \times 10^{-11} \text{ m}$$

⑰

6.4×10^{-11} m

考え方 ブラッグの反射条件より，
$$2d\sin\theta = n\lambda \quad (n = 1, 2, 3, \cdots)$$
はじめて最も強い反射X線を観測したことから，上の式で $n = 1$ の場合であることがわかる。よって，
$$d = \frac{\lambda}{2\sin\theta} = \frac{6.4 \times 10^{-11}}{2\sin 30°} = 6.4 \times 10^{-11} \text{ m}$$

⑱

(1) 3.7×10^3 V
(2) 3.3×10^{-23} kg·m/s

考え方 (1) 電子（電荷 $-e$，質量 m）を電圧 V で加速したとき，速度 v になったとすると，運動エネルギーは，

$$\frac{1}{2}mv^2 = eV \quad \cdots\cdots\cdots ①$$

速度 v の電子の電子波の波長 λ は,

$$\lambda = \frac{h}{mv} \quad \cdots\cdots\cdots ②$$

①, ②式より,

$$V = \frac{h^2}{2me\lambda^2}$$
$$= \frac{(6.6 \times 10^{-34})^2}{2 \times 9.1 \times 10^{-31} \times 1.6 \times 10^{-19} \times (2.0 \times 10^{-11})^2}$$
$$\fallingdotseq 3.7 \times 10^3 \text{ V}$$

(2) 電子の運動量は,②式より,

$$mv = \frac{h}{\lambda} = \frac{6.6 \times 10^{-34}}{2.0 \times 10^{-11}}$$
$$\fallingdotseq 3.3 \times 10^{-23} \text{ kg·m/s}$$

⑲
(1) 1.2×10^{-22} kg·m/s
(2) 5.5×10^{-12} m

考え方 (1) 電子は電位差によってされた仕事だけ運動エネルギーが増加するので,

$$\frac{1}{2}mv^2 = eV$$

この両辺に $2m$ をかけると, $m^2v^2 = 2meV$ となるので,

$$mv = \sqrt{2meV}$$
$$= \sqrt{2 \times 9.1 \times 10^{-31} \times 1.6 \times 10^{-19} \times 5.0 \times 10^4}$$
$$\fallingdotseq 1.20\cdots \times 10^{-22} \text{ kg·m/s}$$

(2) ド・ブロイ波長の公式により,

$$\lambda = \frac{h}{mv} = \frac{6.6 \times 10^{-34}}{1.20 \times 10^{-22}} = 5.5 \times 10^{-12} \text{ m}$$

2章 原子と原子核 ……………… p.222

❶
① ライマン   ② 紫外
③ バルマー   ④ 可視光
⑤ パッシェン ⑥ 赤外

考え方 ボーアの原子模型は,水素原子のスペクトルの波長の規則性を表す式を論理的に説明することができたので,認められることになった。

(参考) ボーア模型
[1] 水素原子では,陽子のまわりを電子が等速円運動している。
[2] 量子条件:電子の軌道の円周の長さは,電子の波長の整数倍しかとれない。
[3] 振動数条件:電子が軌道を移るとき,軌道のエネルギーの差に等しいエネルギーをもつ光子を1個放出する。

❷
(1) $-\dfrac{ke^2}{2r}$ (2) 5.3×10^{-11} m

考え方 (1) 静電気力が向心力となっているから,

$$k\frac{e^2}{r^2} = m\frac{v^2}{r}$$

よって,電子の運動エネルギー K は,

$$K = \frac{1}{2}mv^2 = \frac{1}{2}\cdot\frac{ke^2}{r}$$

また,位置エネルギー U は, $U = -k\dfrac{e^2}{r}$

全力学的エネルギーは,運動エネルギーと位置エネルギーの和なので,

$$E = \frac{1}{2}\cdot\frac{ke^2}{r} + \left(-\frac{ke^2}{r}\right) = -\frac{ke^2}{2r}$$

(2) $13.6 \text{ eV} = 13.6 \times 1.6 \times 10^{-19}$ J であるから,

$$-13.6 \times 1.6 \times 10^{-19}$$
$$= -\frac{9.0 \times 10^9 \times (1.6 \times 10^{-19})^2}{2r}$$

ゆえに,
$$r \fallingdotseq 5.3 \times 10^{-11} \text{ m}$$

❸
① 原子質量単位   ② 0.012
③ アボガドロ定数 ④ 6.0×10^{23}
⑤ 1.7×10^{-27}

考え方 ② ^{12}C の原子1 mol の質量は12 g なので,単位をkgになおすと,0.012 kg である。
⑤ 1 mol には, 6.0×10^{23} 個の原子が集まっているので,

$$\frac{0.012}{6.0 \times 10^{23}} \times \frac{1}{12} = 1.66\cdots \times 10^{-27} \text{ kg}$$

4

① 同位体（アイソトープ）
② α　　③ γ　　④ β
⑤ 214　　⑥ 82

考え方 ②～④ α線は正の電荷，β線は負の電荷をおびているので，それぞれ－極，＋極に引きつけられる。γ線は電荷をおびていないので，電場や磁場では曲げられない。
⑤⑥ 1回のα崩壊で，質量数が4，原子番号が2減少するので，求める値は，
　質量数：$218 - 4 = 214$
　原子番号：$84 - 2 = 82$

5

(1) $^{207}_{82}\text{Pb}$　　(2) α崩壊：7回，β崩壊：4回

考え方 (1) β崩壊では質量数 A は変化せず，α崩壊では1回につき，質量数 A が4減り，原子番号 Z が2減る。したがって，235から4ずつ減らしていくと，231，227，223，219，215，211，207，203，…となり，与えられた4つの原子核の中では $^{207}_{82}\text{Pb}$ があてはまる。
(2) α崩壊の回数を a，β崩壊の回数を b とすると，
　質量数：$235 - 4a = 207$
　原子番号：$92 - 2a + b = 82$ ………①
これを a，b について解くと，
　$a = 7$，$b = 4$
（別解）α崩壊の回数は，上のように質量数を4ずつ減らしていって，7回とわかる。この値を①式に代入して b を求める。

6

① 92　　② β　　③ 234
④ 92　　⑤ α　　⑥ α

考え方 α崩壊では，質量数－4，原子番号－2となること，β崩壊では，質量数不変，原子番号＋1となることに注意して，前後関係から判断すればよい。

7

$\dfrac{1}{32}$

考え方 $\dfrac{35}{7} = 5$ であるから，原子核の量が $\dfrac{1}{2}$，$\dfrac{1}{4}$，…というように，5回，半分になる。
よって，
$$\left(\dfrac{1}{2}\right)^5 = \dfrac{1}{2^5} = \dfrac{1}{32}$$

8

(1) $^{10}_{5}\text{B} + ^{1}_{0}\text{n} \longrightarrow ^{7}_{3}\text{Li} + ^{4}_{2}\text{He}$
(2) $\dfrac{7}{4}$

考え方 (1)（補足）中性子の記号は，添字を省略してnと書くこともある。
(2) 運動量が保存される。$^{7}_{3}\text{Li}$ とα粒子の質量を m，m_α，速度を v，v_α とすると，反応前の運動量は0であるから，
　$mv - m_\alpha v_\alpha = 0$
ゆえに，原子の質量比は質量数比に等しいから，
$$\dfrac{v_\alpha}{v} = \dfrac{m}{m_\alpha} = \dfrac{7}{4}$$

9

$5.8 \times 10^3 \text{ kW}$

考え方 $^{235}_{92}\text{U}$ の 4.7×10^{-4} g は $\dfrac{4.7 \times 10^{-4}}{235}$ mol であるから，核分裂する原子の数は，毎秒
$$n = 6.0 \times 10^{23} \times \dfrac{4.7 \times 10^{-4}}{235} = 1.2 \times 10^{18}$$
したがって，発生するエネルギーは，毎秒
$E = 2.0 \times 10^8 \times 1.2 \times 10^{18} \text{ eV}$
　$= 2.0 \times 10^8 \times 1.2 \times 10^{18} \times 1.6 \times 10^{-19}$ J
　$= 3.84 \times 10^7$ J
この15％が電気エネルギーになるから，電力は，
$P = 3.84 \times 10^7 \times 0.15$
　$≒ 5.8 \times 10^6$ W
　$= 5.8 \times 10^3$ kW

⑩
(1) 4.3×10^{-3} u (2) $4.0\,\mathrm{MeV}$
(3) $4.5\,\mathrm{MeV}$

考え方 (1) $(^2_1\mathrm{H} + ^2_1\mathrm{H})$ と $(^3_1\mathrm{H} + ^1_1\mathrm{H})$ の質量の差 Δm を求める。
$$\Delta m = 2.0136 \times 2 - (3.0156 + 1.0073)$$
$$= 0.0043\,\mathrm{u}$$

(2) $E = \Delta m \cdot c^2$
$$= 4.3 \times 10^{-3} \times 1.66 \times 10^{-27}$$
$$\quad\times (3.00 \times 10^8)^2$$
$$\fallingdotseq 6.42 \times 10^{-13}\,\mathrm{J}$$
$$= 6.42 \times 10^{-13} \times 6.24 \times 10^{12}\,\mathrm{MeV}$$
$$\fallingdotseq 4.0\,\mathrm{MeV}$$

(3) $^1_1\mathrm{H}$ と $^3_1\mathrm{H}$ の質量比はほぼ $1:3$ であるから,これらの質量を m, $3m$ とし,それぞれの速度を v_1, v_3 とする。
衝突前の運動量の和は 0 であるから,運動量保存の法則より,
$$mv_1 + 3mv_3 = 0 \quad\cdots\cdots ①$$
$^1_1\mathrm{H}$ と $^3_1\mathrm{H}$ の運動エネルギーを E_1, E_3 とすると,
$$E_1 = \frac{1}{2}mv_1^2$$
$$E_3 = \frac{1}{2}\cdot 3mv_3^2 = \frac{3}{2}mv_3^2$$
ゆえに,
$$\frac{E_1}{E_3} = \frac{v_1^2}{3v_3^2} \quad\cdots\cdots ②$$
①,②式より,
$$E_1 = 3E_3 \quad\cdots\cdots ③$$
また,エネルギー保存の法則より,
$$E_1 + E_3 = 1.0 + 1.0 + 4.0 = 6.0\,\mathrm{MeV}$$
$$\quad\cdots\cdots ④$$
③,④式より,
$$E_1 = 4.5\,\mathrm{MeV}$$

⑪
(1) 1 倍 (2) 1 倍 (3) 2 倍
(4) -1 倍 (5) 0 倍

考え方 反粒子の電荷は,もとの粒子の電荷の符号を逆にしたものである。

u, c, t クォークの電荷は $+\frac{2}{3}e$ であるから,$\bar{\mathrm{u}}$, $\bar{\mathrm{c}}$, $\bar{\mathrm{t}}$ クォークの電荷は $-\frac{2}{3}e$ である。d, s, b クォークの電荷は $-\frac{1}{3}e$ であるから,$\bar{\mathrm{d}}$, $\bar{\mathrm{s}}$, $\bar{\mathrm{b}}$ クォークの電荷は $+\frac{1}{3}e$ である。

(1) uud の電荷は, $+\frac{2}{3}e + \frac{2}{3}e + \left(-\frac{1}{3}e\right) = e$

(2) $\mathrm{u}\bar{\mathrm{s}}$ の電荷は, $+\frac{2}{3}e + \frac{1}{3}e = e$

(3) uuc の電荷は, $+\frac{2}{3}e + \frac{2}{3}e + \frac{2}{3}e = 2e$

(4) $\mathrm{b}\bar{\mathrm{u}}$ の電荷は, $-\frac{1}{3}e + \left(-\frac{2}{3}e\right) = -e$

(5) $\bar{\mathrm{u}}\bar{\mathrm{d}}\bar{\mathrm{d}}$ の電荷は, $-\frac{2}{3}e + \frac{1}{3}e + \frac{1}{3}e = 0$

ホッとタイム の解答

p.224

¹ウ	ンドウ	²リョウ	■	³イ	⁴チ
⁵ナ	■	⁶ウ	⁷キ	ソ	ヨ
⁹リ	¹⁰カ	¹¹コ	ウ	シ	¹²ミ	¹³ヤ	ク

(以下略、クロスワードパズル)

さくいん

●色数字は中心的に説明してあるページを示す。

1・A・α

1次コイル ……………… **174**,177
1次電圧 ………………………… 177
1次の虹 ………………………… 108
2次コイル …………… **174**,177
2次電圧 ………………………… 177
2次の虹 ………………………… 108
A→アンペア …………… 134
AC→交流 ……………… 175
ACアダプター …… 149,**188**
b→ボトムクォーク … 220
C→クーロン …………… 114
c→チャーム
　　クォーク ……………… 220
d→ダウンクォーク … 220
DC→直流 ……………… 175
eV→電子ボルト ……… 194
F→ファラド …………… 125
H→ヘンリー ……… **173**,174
J/(g・K)→ジュール
　毎グラム毎ケルビン … 66
J/(mol・K)→ジュール
　毎モル毎ケルビン … 66
K→ケルビン …………… 53
/K→毎ケルビン ……… 147
kg・m/s→キログラム
　メートル毎秒 ………… 20
K中間子 ………………… 221
LC振動回路 …………… 180
mol→モル ……………… 54
N/C→ニュートン
　毎クーロン …………… 116
N・m→ニュートン
　メートル ……………… 13
N・s→ニュートン秒 … 21
N/Wb→ニュートン
　毎ウェーバ …………… 157
n型半導体 ……………… 148
N極 ……………………… 156
pF→ピコファラド … 125
p-Vグラフ ……………… 62
p型半導体 ……………… 149
rad→ラジアン ………… 32

s→ストレンジ
　クォーク ……………… 220
S極 ……………………… 156
T→テスラ ……………… 163
t→トップクォーク … 220
u→アップクォーク … 220
u→原子質量単位 …… 215
V→ボルト …………… **118**,140
Wb→ウェーバ ………… 156
X線 …………………… **200**,216
α線 ……………………… 216
α崩壊 …………………… 216
β線 ……………………… 216
β崩壊 …………………… 216
γ線 ……………………… 216
Δ ………………………… 60
μF→マイクロ
　ファラド ……………… 125
π中間子 ……………… **215**,221

あ

アース …………………… 118
アイソトープ ………… 214
圧気発火器 ……………… 65
アップクォーク ……… 220
アボガドロ定数 ………… 54
暗環 ……………………… 106
暗線 …………………… **101**,102,107
アンペア ………………… 134
位相(円運動) …………… 36
位相(光波) ……………… 104
位相(交流) …………… **175**,186
位相(正弦波) …………… 78
位相差 …………………… 78
位置エネルギー
　(静電気力) ………… 118
位置エネルギー
　(万有引力) …………… 43
一様な電場 …………… 118
陰極線 ………………… 192
ウィークボソン ……… 221
ウェーバ ……………… 156

宇宙速度
　→第1宇宙速度 ……… 42
宇宙速度
　→第2宇宙速度 ……… 43
うで ……………………… 13
運動量 …………………… 20
運動量保存の法則 …… 22
永久機関 ………………… 68
エネルギー準位 ……… 212
エレクトロニクス …… 192
円形電流 ……………… 160
円形波 …………………… 79
遠心力 …………………… 35
凹レンズ ………………… 98
オームの法則 ………… 135
音 ………………………… 84
おんさ …………………… 86
音速 ……………………… 84
温度係数 ……………… 147
音波 ……………………… 84

か

回折 ………… **79**,85,203,208
回折格子 …………… **103**,208
外力 ……………………… 22
可逆変化 ………………… 68
拡散 ……………………… 55
核子 …………………… 214
角速度 …………………… 32
核反応 ………………… 218
核反応式 ……………… 218
核分裂 ………………… 219
核融合 ………………… 219
核力 …………………… 215
可変抵抗器 …………… 138
干渉 ……… 74,86,100,104
干渉じま …………… 100,102
慣性力 …………………… 34
完全弾性衝突 ………… 26
完全非弾性衝突 ……… 26
気体定数 ………………… 54
基底状態 ……………… 213
起電力 …………… **140**,152

逆位相 ……………… 74,78
逆比内分点 ……………… 14
逆方向 ………………… 149
キャリア ……………… 148
球面波 …………………… 79
仰角 ……………………… 10
共振 …………………… 181
共振回路 ……………… 181
極板 …………………… 124
虚像 ……………………… 99
キルヒホッフの法則 … 136
キログラム
　メートル毎秒 ………… 20
クインケ管 ……………… 86
空気の抵抗力 …………… 12
偶力 ……………………… 14
クーロン ……………… 114
クーロンの法則
　(磁気) ……………… 156
クーロンの法則
　(静電気) …………… 115
クォーク ……………… 220
くさび形空気層 ……… 107
屈折 ……………… **81**,84,96
屈折角 …………………… 81
屈折の法則 ……………… 81
屈折率 ……………… **81**,96
グラビトン …………… 221
グルーオン …………… 221
系 ………………………… 22
経路差 ………………… 100
ゲージ粒子 …………… 220
撃力 ……………………… 21
結合エネルギー ……… 219
ケプラーの法則 ………… 40
ケルビン ………………… 53
限界振動数 …………… 196
原子核 ………… **114**,210,214
原子質量単位 ………… 215
原子量 …………………… 54
減衰振動 ……………… 180
検流計 ………………… 138
コイル ……… **161**,174,178
光学的距離 …………… 105

光学的に疎 …… 97,104	周期 …… 32,77	前方(レンズ) …… 99	電圧 …… 118
光学的に密 …… 97,104	周期運動 …… 32	疎(光学的に疎) …… 97,104	電圧計 …… 143
光子 …… 198,221	重水素 …… 15	相互インダクタンス …… 174	電位 …… 118
格子定数 …… 103,110	重水素 …… 214	相互作用 …… 221	電位差 …… 118
向心加速度 …… 33	終端速度 …… 12	相互誘導 …… 174	電荷 …… 114
向心力 …… 33	自由電子 …… 122,134,148	相対屈折率 …… 81	電界 …… 116
合成速度 …… 6	重力 …… 41	相対速度 …… 7	電気石 …… 94
合成容量 …… 126	重力(基本的な力) …… 221	速度の合成 …… 6	電気振動 …… 180
剛体 …… 13	重力子 …… 221	素元波 …… 79	電気素量 …… 195
光電効果 …… 196	ジュール熱 …… 135	阻止電圧 …… 197	電気容量 …… 124
光電子 …… 196	ジュール毎グラム	素粒子 …… 220	電気力線 …… 117
光波 …… 94	毎ケルビン …… 66	ソレノイド …… 161	電気量 …… 114
後方(レンズ) …… 99	ジュール毎モル		電子 …… 114,193,220
交流 …… 175	毎ケルビン …… 66	**た**	電磁気力 …… 221
光量子→光子 …… 198,221	順方向 …… 149		電子顕微鏡 …… 203
光路長 …… 105	衝撃波 …… 89	第1宇宙速度 …… 42	電子ニュートリノ …… 220
弧度法 …… 32	状態変化 …… 62	第2宇宙速度 …… 43	電磁波 …… 94,182
固有X線 …… 201	状態方程式 …… 54	ダイオード …… 149	電子ボルト …… 194
固有振動数 …… 181	焦点 …… 98	帯電 …… 114	電磁誘導 …… 168
コンデンサー	焦点距離 …… 98,109	耐電圧 …… 127	電磁力 …… 162
…… 124,132,144,179	衝突 …… 26	タウ・ニュートリノ …… 220	電池 …… 140,152
コンデンサーの	磁力 …… 156	タウ粒子 …… 220	点電荷 …… 117
接続 …… 126,190	磁力線 …… 157	ダウンクォーク …… 220	電場 …… 116
コンプトン効果 …… 202	真空管 …… 192	端子電圧 …… 141	天文単位 …… 40
コンプトン波長 …… 202	真空の透磁率 …… 163	単色光 …… 108	電流 …… 134
	真空の誘電率 …… 125	単振動 …… 36,50	電流計 …… 142
さ	真空放電 …… 192	弾性衝突 …… 26	電力 …… 135
	人工衛星 …… 42	断熱変化 …… 65	同位相 …… 74,78
サイクル …… 67	振動回路 …… 180	単振り子 …… 39,44	同位体 …… 214
最短波長 …… 200	振動数条件 …… 212	力のモーメント …… 13	等温変化 …… 64
残響 …… 84	振幅 …… 36	地磁気 …… 157	透過型の回折格子 …… 103
三重水素 …… 214	水素原子 …… 213	チャームクォーク …… 220	等時性 …… 39
散乱 …… 108	水平投射 …… 8	中間子 …… 215,221	透磁率 …… 163
磁界 …… 157	ストレンジクォーク …… 220	中性(電気的に中性) …… 114	等速円運動 …… 32
磁気 …… 156	スペクトル …… 108,211	中性子 …… 214	導体 …… 122,148
磁極 …… 156	正弦波 …… 77	中性子線 …… 216	等電位線 …… 119
磁気力 …… 156	正孔 …… 148	直線電流 …… 158	等電位面 …… 119
自己インダクタンス …… 173	静止衛星 …… 42	直線波 …… 79	特性X線 …… 201
仕事関数 …… 199	静電エネルギー …… 128	直流 …… 175	トップクォーク …… 220
自己誘導 …… 172	静電気力 …… 115	直列接続	ドップラー効果 …… 87,93
磁束 …… 169	静電気力による	(コンデンサー) …… 126	凸レンズ …… 98,109
磁束密度 …… 163	位置エネルギー …… 118	直列接続(抵抗) …… 137	ド・ブロイ波 …… 203
実効値 …… 176	静電しゃへい …… 123	強い力 …… 221	トムソンの実験 …… 193
実像 …… 98	静電状態 …… 122	定圧変化 …… 63	
質点 …… 13	静電誘導 …… 122	定圧モル比熱 …… 66	**な**
質量欠損 …… 219	整流作用 …… 149,188	抵抗 …… 147	
質量数 …… 214	絶縁体 …… 123,148	抵抗の接続 …… 137	内部エネルギー …… 60
磁場 …… 157	摂氏温度 …… 53	抵抗率 …… 147,148	内部抵抗 …… 141,142,152
射線 …… 79	節 …… 75	抵抗力 …… 12	内力 …… 22
写像公式 …… 99	絶対温度 …… 53	定常電流 …… 136	虹 …… 108
斜方投射 …… 10	絶対屈折率 …… 96	定積変化 …… 62	入射角 …… 80
シャボン玉 …… 104	線スペクトル …… 108,211	定積モル比熱 …… 66	ニュートリノ …… 220
シャルルの法則 …… 53	全反射 …… 97	テスラ …… 163	ニュートン秒 …… 21

ニュートン
　　毎ウェーバ………… 157
ニュートン
　　毎クーロン………… 116
ニュートンメートル…… 13
ニュートンリング…… 106
熱機関………………… 68,71
熱気球………………… 52
熱効率………………… 68
熱電子………………… 196
熱力学の第1法則……… 61
熱力学の第2法則……… 68

は

倍率（レンズ）………… 99
倍率器………………… 143
はく検電器…………… 123
白色光………………… 108
薄膜…………………… 104
波束…………………… 198
パッシェン系列……… 211
ハドロン……………… 221
はね返り係数………… 26
ばね振り子…………… 38
波面…………………… 79
腹……………………… 74
バリオン……………… 221
バルマー系列………… 211
半減期………………… 217
反射…………………… 80,84,96
反射角………………… 80
反射型の
　　回折格子………… 103,208
反射の法則…………… 80
バンデグラフ………… 133
半導体………………… 148
半導体ダイオード…… 149
反発係数……………… 26
万有引力……………… 40
万有引力定数………… 40
万有引力による
　　位置エネルギー…… 43

反粒子………………… 220
光……………………… 94
ピコファラド………… 125
非線形抵抗…………… 146
非弾性衝突…………… 26
非直線抵抗…………… 146
比電荷………………… 193
比熱…………………… 66
比熱比………………… 65
比誘電率……………… 125
標準状態……………… 55
ファラデーの
　　電磁誘導の法則…… 169
ファラド……………… 125
フィゾーの実験……… 95
ブーメラン…………… 49
フォトン→光子…… 198,221
不可逆変化…………… 68
節……………………… 74
物質波………………… 203
物質量………………… 54
物体系………………… 22
不導体………………… 123,148
ブラッグの条件……… 202
プランク定数………… 198
振り子………………… 39
プリズム……………… 97,108
フレミングの
　　左手の法則……… 162
分散…………………… 108
分子スペクトル……… 108
分子量………………… 54
分流器………………… 142
平行板コンデンサー…… 124
平凸レンズ…………… 106
平面波………………… 79
並列接続
　　（コンデンサー）…… 127
並列接続（抵抗）……… 137
変圧器………………… 177
変位…………………… 6
偏光…………………… 94
偏光板………………… 94

ヘンリー…………… 173,174
ポアソンの法則……… 65
ホイートストン
　　ブリッジ………… 138
ホイヘンスの原理…… 79
ボイル・シャルルの
　　法則……………… 53
ボイルの法則………… 52,57
崩壊…………………… 216
放射性元素…………… 216
放射線………………… 216
放射能………………… 216
放電（コンデンサー）… 128
放電（真空放電）……… 192
包絡面………………… 79
ボーアの量子条件…… 212
ポーラロイド………… 94
ホール………………… 148
保存…………………… 22
ボトムクォーク……… 220
ボルツマン定数……… 56
ボルト……………… 118,140

ま

マイクロファラド…… 125
毎ケルビン…………… 147
右ねじ………………… 158
密（光学的に密）…… 97,104
脈流…………………… 188
ミュー・
　　ニュートリノ… 215,220
ミュー粒子………… 215,220
ミリカンの実験……… 195
無次元………………… 78
無重量状態…………… 48
明環…………………… 106
明線………………… 101,102,107
メートルブリッジ
　　…………………… 139,151
メソン……………… 215,221
面積速度一定の法則…… 40

モーメント
　　→力のモーメント…… 13
モル…………………… 54
モル質量……………… 54
モル比熱……………… 66

や

ヤングの干渉実験…… 100
誘電体………………… 125
誘電分極……………… 123
誘電率……………… 123,125
誘導起電力………… 168,170
誘導電流……………… 168
陽子………………… 114,214
陽電子………………… 218
弱い力………………… 221

ら

ライマン系列………… 211
ラウエの斑点………… 201
ラジアン……………… 32
リアクタンス………… 178
力積…………………… 21
理想気体……………… 53
理想気体の状態方程式…… 54
立体視………………… 92
リュードベリ定数…… 211
量子条件……………… 212
量子数………………… 212
臨界角………………… 97
励起状態……………… 213
レプトン……………… 220
レンズ……………… 98,109
レンズの式…………… 99
連続X線……………… 201
連続スペクトル
　　………………… 108,208,211
レンズの法則………… 168
ローレンツ力………… 164

■ 本書をつくるにあたって，次の方々にたいへんお世話になりました。
● 図版作成　アート工房　　小倉デザイン事務所　　甲斐美奈子　　清武博二
● 写真提供　Ben Grader　　ESA/Hubble　　GeoffreyWhiteway　　haveseen/photoXpress
　　　　　　Kevin Connors　　OPO　　木村守男　　中込八郎　　豊田博慈　　仲下雄久
　　　　　　吉澤純夫

シグマベスト	編　者	文英堂編集部
これでわかる物理	発行者	益井英郎
	印刷所	図書印刷株式会社
本書の内容を無断で複写（コピー）・複製・転載することは，著作者および出版社の権利の侵害となり，著作権法違反となりますので，転載等を希望される場合は前もって小社あて許諾を求めてください。	発行所	株式会社　文英堂 〒601-8121　京都市南区上鳥羽大物町28 〒162-0832　東京都新宿区岩戸町17 （代表）03-3269-4231

© 吉澤純夫　2014　　　Printed in Japan　　　● 落丁・乱丁はおとりかえします。